物理・工学における偏微分方程式　上

コシリヤコフ，グリニエル，スミルノフ

物理・工学における

偏微分方程式

上

藤田　宏
池部晃生　訳
高見頴郎

岩波書店

Н. С. КОШЛЯКОВ, Э. Б. ГЛИНЕР, М. М. СМИРНОВ

ДИФФЕРЕНЦИАЛЬНЫЕ
УРАВНЕНИЯ
МАТЕМАТИЧЕСКОЙ
ФИЗИКИ

ГОСУДАРСТВЕННОЕ ИЗДАТЕЛЬСТВО
ФИЗИКО-МАТЕМАТИЧЕСКОЙ ЛИТЕРАТУРЫ
МОСКВА 1962

訳者から

　序文で原著者たちもいっているように，物理・工学に応用される数学は，ますます多彩な本格的なものになってきている．たとえば，群論やトポロジーなどの代数・幾何の比較的新しい分野も現代の応用数学には欠かせないし，解析学に話を限れば，すでに関数解析学や超関数論は応用の諸分野に滲透している．このような新しい視点に立っても，やはり偏微分方程式の応用上の重要性は抜きん出ている．特に，現象の数学的解析を基礎的な物理法則にもとづいてすすめることを目指すときにはそうであろう．また，計算機を活用して有限要素法などの数値解法を試みるにしても，基礎となるのは偏微分方程式についての信頼できる知識である．

　コシリヤコフ達によるこの本は，<u>物理・工学における偏微分方程式がどのようにして導かれるか，それを解くにはどのような解析的方法があるかを，多くの具体的な問題に即して丁ねいに教えてくれる教科書</u>である．本書での具体的な問題は数学的な方法の例示のためにだけ呼び出されるのではなく，物理（古典物理であるが）や工学の立場からの興味と重要性によって呼び出されている．読者は，一つの数学的方法がいくつもの問題に適用されるのを見て，その方法の普遍性を理解すると共に，使い方に習熟することができる．すなわち，読者が短気をおこさずに，ロシヤ文学を想わせるような悠揚とした本書のペースに付合っていかれるならば，偏微分方程式の理論の生きた知識を，現象の具体的なイメージと共に身につけることができる．

　このような実直な教科書を多忙な物理・工学の専門家や学生が利用しやすいように邦訳しておくことは，一般性や洗練さにおいて定評のある近代的偏微分方程式論の教科書がすでにいくつか存在している現在においても，いささか役に立つことではないかと私達は思ったのである．

　数学的な立場から偏微分方程式に興味を持つ人達に対しては，本書の内容は，理論を先導する直観的イメージ作りの素材として，また，問題提起のきっかけとして役立つことが期待できる．

訳者から

　訳のすすめ方としては，池部と高見がそれぞれおよそ前半と後半を受持って，North-Holland 社から出ている英訳を参照しながら原著にもとづいて第1次稿をつくり，それから藤田も加わって全員で仕上げをした．最初の段階では，明治大学の金子幸臣助教授の助力を得ている．

　勤勉とはいい難い私達がともかくもこの大部の訳を卒えることができたのは，度重なる停滞にも耐えて温く励ましつづけて下さった岩波書店の荒井秀男氏の人徳によるものである．ここに敬意と謝意を表しておきたい．

　1974, 3, 8.

藤　田　　　宏
池　部　晃　生
高　見　穎　郎

原著序文

　科学技術の急速な発展にともなって，現代の理工学者にはますます深い数学的素養が要求されるようになった．その結果，技術者や理工系の学生に役立つような，基礎的な数学の諸分野とその応用についての完備した解説書の刊行が要望されている．

　この本では，2階偏微分方程式に帰着する理工学の問題を考察する．また，相当に多くのページ数がこのような偏微分方程式の理論の説明に当てられている．そのほか，この本は，応用数学としては先駆的な性格の章や節をいくつか含んでいる．これらの章や節の内容は，まだ直接の応用面には定着していないが，最近の数理科学の文献を理解するためには大切である．

　具体的な応用としては，弦・膜・棒の弾性振動，導線内の電気振動，静電場の問題，重力測定の基本問題，電磁波の放射とアンテナ，導波管内での電磁波の伝播，音の放射と分散，流体面上の重力波，固体内での熱伝導，などを取上げた．また，極めて簡単な問題にも，かなり複雑な問題に対しても，本文の中で解をきちんと与えている．これによって読者は，この本で述べた数学的方法を現象の物理とともに会得することができるだろう．ほとんどの章には，応用上の腕前を上達させることを目的として練習問題をつけておいた．

　この本では，数理物理の問題の近似解法については手がまわらなかった．もしこれを解説するとすればページ数がずっと増すことになるからである．一方，最近になって漸く解法が見出されたような，いくつかの特殊ではあるが重要な問題にも触れていない(たとえば，原子炉の物理に関する問題)．

　この本の作製は，ソ連科学アカデミー準会員ニコライ・セルゲーヴィチ・コシリヤコフ教授の指導と著者としての参加のもとに進められたが，同教授は出版の前に時ならず世を去った．ニコライ・セルゲーヴィチは，解析的整数論および超越関数論の権威であるが，数理物理の分野でも一連の仕事を行なっている．彼の科学研究と教育における活動は30年間にわたり，また，工学の応用問題と取組んだ期間も15年におよんでいるが，その間ニコライ・セルゲーヴィ

チは技術者の数学教育に深い関心を持ちつづけてきた．卓越した講義と指導によって，ニコライ・セルゲーヴィチは聴講者や学生達から変らない敬愛を得ていたのである．以前に彼が書いた教科書'数理物理学の基礎方程式'は4版を重ねたが，その中のいくつかの章はこの本でも用いられている．

執筆は，第0章と第I, III部をコシリヤコフとスミルノフが受持ち，第II, IV部をコシリヤコフとグリニエルが受持った．

最後に，お世話になった方々に御礼を申し述べたい．アカデミー準会員イ・エム・ゲリファント氏，ゲ・イ・ゼリツェル氏，ゲ・ペ・サモシューク助教授の3人は親切にこの本の各部に目を通して下さったし，ゲ・ユ・ジャネリーゼ教授とエス・イ・アモソフ教授は原稿について詳しい批評を寄せて下さった．また，科学編集員のアキロフ助教授にも格別の御世話になった．これらの方々から頂いた御注意によって，本の内容を改良し，いくつかの誤りをのぞくことができた．

レニングラードにおいて
1961年9月5日

エ・ベ・グリニエル
エム・エム・スミルノフ

目　次

訳者から
原著序文

第0章　はじめに … 1
§1　数理物理の基礎方程式 … 1
§2　2階方程式の標準形 … 2
§3　混合型の2階方程式の標準形 … 9
§4　多変数の2階方程式の分類 … 15

第Ⅰ部　双曲型微分方程式

第1章　双曲型方程式の一般解の見つけ方 … 20
§1　一般的注意と例 … 20
§2　Euler-Darboux の方程式 … 25

第2章　平面上の Cauchy 問題 … 33
§1　Cauchy 問題と Riemann の方法 … 33
§2　Riemann の方法の応用例 … 37

第3章　特性曲線の方法の弦の微小振動への応用 … 45
§1　弦の振動の方程式 … 45
§2　無限に長い弦の振動 … 48
§3　両端を固定した弦の振動 … 53
§4　特性曲線の性質 … 57
§5　両端を固定した弦における波の反射 … 58
§6　一般化された解 … 60

第4章　棒の縦振動 … 63

§1 棒の縦振動の方程式．初期条件および境界条件 ……………… 63
§2 一端を固定した棒の振動 ……………………………………… 65
§3 棒の軸方向の衝撃 ……………………………………………… 69

第5章 特性曲線の方法の導体中の電気振動への応用 …………… 75

§1 電気的自由振動の方程式 ……………………………………… 75
§2 電信方程式 ……………………………………………………… 76
§3 Riemann の方法による電信方程式の解法 …………………… 77
§4 無限導体における電気振動 …………………………………… 79
§5 波形がゆがまない導線中の電気振動 ………………………… 82
§6 有限の長さの導体に対する境界条件 ………………………… 84

第6章 波動方程式 …………………………………………………… 86

§1 膜の振動の方程式 ……………………………………………… 86
§2 流体力学の方程式と音波の伝播 ……………………………… 89
§3 Poisson の公式 ………………………………………………… 94
§4 空間における音波の伝播 ……………………………………… 97
§5 柱面波 …………………………………………………………… 99
§6 平面波 …………………………………………………………… 101
§7 球面波 …………………………………………………………… 102
§8 非同次な波動方程式 …………………………………………… 107
§9 一意性の定理 …………………………………………………… 111

第7章 関数的に不変な解 …………………………………………… 115

§1 2変数の双曲型方程式の関数的に不変な解 ………………… 115
§2 波動方程式の関数的に不変な解 ……………………………… 121
§3 弾性平面波の反射 ……………………………………………… 122

第8章 Fourier の方法の弦および棒の自由振動への応用 ……… 127

§1 弦の自由振動の Fourier の方法による扱い ………………… 127
§2 つまみ上げて放した弦の振動 ………………………………… 133

§3　はじかれた弦の振動 ……………………………………134
　　§4　棒の縦振動 ………………………………………………134
　　§5　Fourier の方法の一般的な手順 ………………………138
第9章　弦および棒の強制振動 ……………………………………145
　　§1　両端を固定した弦の強制振動 …………………………145
　　§2　集中力による弦の強制振動 ……………………………148
　　§3　重い棒の強制振動 ………………………………………150
　　§4　動く端点をもつ弦の強制振動 …………………………152
　　§5　混合問題の解の一意性 …………………………………156
第10章　棒のねじれ振動 …………………………………………159
　　§1　棒のねじれ振動の方程式 ………………………………159
　　§2　円板をとりつけた棒のねじれ振動 ……………………161
第11章　導線内の電気振動 ………………………………………169
　　§1　導線内の過渡現象 ………………………………………169
　　§2　電圧をかけた回路の過渡現象 …………………………170
第12章　Bessel 関数 ………………………………………………175
　　§1　Bessel の微分方程式 …………………………………175
　　§2　特別な次数の Bessel 関数 ……………………………179
　　§3　Bessel 関数の直交性と零点 …………………………181
　　§4　Bessel 関数による任意関数の展開 …………………185
　　§5　Bessel 関数の積分表示 ………………………………187
　　§6　Hankel 関数 ……………………………………………191
　　§7　変形 Bessel 関数 ………………………………………192
第13章　つり下げた糸の微小振動 ………………………………196
　　§1　つり下げた糸の自由振動 ………………………………196
　　§2　つり下げた糸の強制振動 ………………………………200
第14章　気体の球対称な微小振動 ………………………………206

§1 球内の気体の球対称振動 …………………………………………206
§2 無限円柱内の気体の軸対称振動 ………………………………212

第15章 Legendre の多項式 …………………………………………218
§1 Legendre の微分方程式 …………………………………………218
§2 Legendre の多項式の直交性とノルム ………………………220
§3 Legendre の多項式のいくつかの性質 ………………………223
§4 Legendre の多項式の積分表示 …………………………………224
§5 Legendre の多項式の母関数 ……………………………………226
§6 Legendre の多項式の漸化式 ……………………………………227
§7 第2種の Legendre 関数 …………………………………………228
§8 回転する弦の微小振動 ……………………………………………228

第16章 Fourier の方法の長方形および円形の膜の微小振動への応用 …………………………………234
§1 長方形膜の自由振動 ………………………………………………234
§2 円形膜の自由振動 …………………………………………………238

第Ⅱ部　楕円型微分方程式

第17章 楕円型方程式の理論における積分公式 …………………248
§1 定義と記号 …………………………………………………………248
§2 Gauss–Ostrogradskii の公式と Green の公式 ………………250
§3 Green の公式の変形 ………………………………………………254
§4 Levi 関数 ……………………………………………………………255
§5 Green–Stokes の公式 ……………………………………………259
§6 2次元の Green–Stokes の公式 …………………………………263
§7 いくつかの微分作用素の直交座標系での表示 ………………264

第18章 Laplace の方程式と Poisson の方程式 …………………273
§1 Laplace の方程式と Poisson の方程式．Laplace の方程式に帰着される問題の例 ……………………………………………273

- §2 境界値問題 …………………………………………… 279
- §3 調和関数 ……………………………………………… 282
- §4 境界値問題の解の一意性 …………………………… 288
- §5 Laplace の方程式の基本解．調和関数論の基本公式 ………… 293
- §6 Poisson の公式．球に対する Dirichlet 問題の解 ……………… 298
- §7 Green 関数 …………………………………………… 301
- §8 平面上の調和関数 …………………………………… 306

第19章 ポテンシャル論 ……………………………………… 312
- §1 Newton ポテンシャル ……………………………… 312
- §2 いろいろな次数のポテンシャル …………………… 314
- §3 多重極(多極子) ……………………………………… 317
- §4 多重極によるポテンシャルの展開と球面関数 …… 320
- §5 1重層および2重層ポテンシャル ………………… 324
- §6 Ljapunov 曲面 ……………………………………… 325
- §7 広義積分のパラメータに関する一様収束と連続性 ……… 328
- §8 台を通過するときの1重層ポテンシャルとその法線導関数のふるまい ……… 330
- §9 1重層ポテンシャルの接線導関数と任意方向の導関数 ……… 334
- §10 台を通過するときの2重層ポテンシャルのふるまい ……… 340

第20章 対数ポテンシャル論のあらまし ……………………… 342
- §1 対数ポテンシャル …………………………………… 342
- §2 2重層対数ポテンシャル …………………………… 344
- §3 台の上での1重層対数ポテンシャルの法線導関数の不連続 ……… 347
- §4 面分布する質量の対数ポテンシャル ……………… 348

上巻引用文献 ……………………………………………………… 351

下巻目次

第21章 球面関数
第22章 重力測定と地球の形状の理論からの問題
第23章 数理物理の問題への球面関数の応用
第24章 流体表面の重力波
第25章 Helmholtzの方程式
第26章 音の放射と散乱
第27章 一般の楕円型方程式

第III部 放物型方程式
第28章 熱伝導方程式に帰着する簡単な問題. 一般的定理
第29章 無限に長い棒の中の熱伝導
第30章 境界値問題へのFourierの方法の応用

第IV部 補足
第31章 数理物理の問題への積分変換の応用
第32章 有限積分変換の応用例
第33章 無限領域における積分変換の応用例
第34章 Maxwellの方程式
第35章 電磁波の放射
第36章 指向性をもつ電磁波
第37章 電磁ホーンと電磁共鳴器
第38章 粘性流体の運動
第39章 超関数
文献

第 0 章 は じ め に

§1 数理物理の基礎方程式

力学や物理学の問題の多くは，2 階の偏微分方程式を解くことに帰着される．たとえば，1) 弾性波，音波，電磁波などの波動現象，また，いろいろの振動現象の解析にあたっては，**波動方程式**

$$\frac{\partial^2 u}{\partial t^2} = c^2 \left(\frac{\partial^2 u}{\partial x^2} + \frac{\partial^2 u}{\partial y^2} + \frac{\partial^2 u}{\partial z^2} \right) \tag{1}$$

が現われる．ただし，c は与えられた媒質中での波の伝播速度である．2) 一様な等方性の物体の中での熱伝導や拡散現象などは，**熱伝導方程式**

$$\frac{\partial u}{\partial t} = a^2 \left(\frac{\partial^2 u}{\partial x^2} + \frac{\partial^2 u}{\partial y^2} + \frac{\partial^2 u}{\partial z^2} \right) \tag{2}$$

で記述される．3) 一様な等方性の物体の中での熱的な定常状態を考察するときには，**Poisson の方程式**

$$\frac{\partial^2 u}{\partial x^2} + \frac{\partial^2 u}{\partial y^2} + \frac{\partial^2 u}{\partial z^2} = -f(x, y, z) \tag{3}$$

に出会う．この際，もし物体中に熱源がなければ，(3)は **Laplace の方程式**

$$\frac{\partial^2 u}{\partial x^2} + \frac{\partial^2 u}{\partial y^2} + \frac{\partial^2 u}{\partial z^2} = 0 \tag{4}$$

となる．重力場や定常な電場のポテンシャルも，質量や電荷が存在しない場所では，Laplace の方程式を満足する．

方程式(1)-(4)は，しばしば数理物理の基礎方程式とよばれる．これらを研究することによって，広い範囲の物理現象の理論を編み出し，また，物理学や工学におけるいろいろな問題を解くことができるのである．

上の方程式(1)-(4)は，どれも無数に多くの特解をもっている．具体的な物理の問題では，これらの特解のうちから，問題の物理的意味にもとづいて課せられるいくつかの附加条件を満足するものを選び出すことが必要である．いいかえれば，数理物理の問題は，いくつかの附加条件を満たす偏微分方程式の解を求めることにある．これらの附加条件は，いわゆる**境界条件**，すなわち，考

えている媒質の境界の上で与えられた条件の形をとったり，あるいは，問題の物理現象の考察の時間的な起点，つまり，初期時刻における**初期条件**の形をとるのがふつうである．

ここで，数理物理の問題の性格について重要な注意をしておこう．

数理物理の問題は，問題の要求するすべての条件を満足する解が，存在し，一意であり，さらに，安定であるとき，**適正**[1]であるという．ただし，解が**安定**であるとは，問題のデータ(data)に微小な変化があった場合に，それに応じて解に微小な変化しか現われないことである．解の存在と一意性の要求は，与えられるデータに矛盾するものがなく，また，それらがただ1つの解を選び出すのに十分な限定を与えるものであることを意味している．一方，安定性の要請は，つぎの理由によって必要である．具体的な問題のデータには，特にそれらが実験的に得られた場合には，つねにいくらかの誤差が含まれているのだから，取り扱われる問題はデータの微小誤差が解の微小な不確かさだけをひき起こすようなものでなければならない．この要求は，提起された問題が，物理的な確定性をもっていることを表わしているわけである．

問題の立て方が適正であるかどうかを数学的に研究することは，偏微分方程式論における重要，かつ，困難な問題である．この数学的な研究には，本書ではあまり深入りしない．

つぎの3節では，2階の方程式

$$\sum_{i,j=1}^{n} A_{ij}(x_1, \cdots, x_n)\frac{\partial^2 u}{\partial x_i \partial x_j} + F\left(x_1, \cdots, x_n, u, \frac{\partial u}{\partial x_1}, \cdots, \frac{\partial u}{\partial x_n}\right) = 0$$

の分類，および，変数が2つの場合に標準形になおすことについて述べる．

§2　2階方程式の標準形

2階偏導関数について線形な，すなわち，半線形な2変数の2階偏微分方程式

$$A\frac{\partial^2 u}{\partial x^2} + 2B\frac{\partial^2 u}{\partial x \partial y} + C\frac{\partial^2 u}{\partial y^2} + F\left(x, y, u, \frac{\partial u}{\partial x}, \frac{\partial u}{\partial y}\right) = 0 \qquad (5)$$

---

[1]〔訳注〕　英語では well posed, あるいは correctly posed. この概念は J. Hadamard による．

§2 2階方程式の標準形

を考えよう．ここに，A, B, C は x, y の関数で，連続的に2回微分可能であるとする．

いま，x, y のかわりに新しい変数 ξ, η を，
$$\xi = \varphi_1(x, y), \quad \eta = \varphi_2(x, y) \tag{6}$$
とおいて，導入する．ただし，φ_1, φ_2 は2回連続微分可能で，その Jacobi 行列式[1]は，考えている領域で0にならないと仮定する：

$$\frac{D(\varphi_1, \varphi_2)}{D(x, y)} = \begin{vmatrix} \dfrac{\partial \varphi_1}{\partial x} & \dfrac{\partial \varphi_1}{\partial y} \\ \dfrac{\partial \varphi_2}{\partial x} & \dfrac{\partial \varphi_2}{\partial y} \end{vmatrix} \neq 0. \tag{7}$$

もとの変数についての偏導関数は，新しい変数ではつぎのように表わされる：

$$\left.\begin{aligned}
\frac{\partial u}{\partial x} &= \frac{\partial u}{\partial \xi}\frac{\partial \xi}{\partial x} + \frac{\partial u}{\partial \eta}\frac{\partial \eta}{\partial x}, \quad \frac{\partial u}{\partial y} = \frac{\partial u}{\partial \xi}\frac{\partial \xi}{\partial y} + \frac{\partial u}{\partial \eta}\frac{\partial \eta}{\partial y}, \\
\frac{\partial^2 u}{\partial x^2} &= \frac{\partial^2 u}{\partial \xi^2}\left(\frac{\partial \xi}{\partial x}\right)^2 + 2\frac{\partial^2 u}{\partial \xi \partial \eta}\frac{\partial \xi}{\partial x}\frac{\partial \eta}{\partial x} + \frac{\partial^2 u}{\partial \eta^2}\left(\frac{\partial \eta}{\partial x}\right)^2 + \\
&\quad + \frac{\partial u}{\partial \xi}\frac{\partial^2 \xi}{\partial x^2} + \frac{\partial u}{\partial \eta}\frac{\partial^2 \eta}{\partial x^2}, \\
\frac{\partial^2 u}{\partial y^2} &= \frac{\partial^2 u}{\partial \xi^2}\left(\frac{\partial \xi}{\partial y}\right)^2 + 2\frac{\partial^2 u}{\partial \xi \partial \eta}\frac{\partial \xi}{\partial y}\frac{\partial \eta}{\partial y} + \frac{\partial^2 u}{\partial \eta^2}\left(\frac{\partial \eta}{\partial y}\right)^2 + \\
&\quad + \frac{\partial u}{\partial \xi}\frac{\partial^2 \xi}{\partial y^2} + \frac{\partial u}{\partial \eta}\frac{\partial^2 \eta}{\partial y^2}, \\
\frac{\partial^2 u}{\partial x \partial y} &= \frac{\partial^2 u}{\partial \xi^2}\frac{\partial \xi}{\partial x}\frac{\partial \xi}{\partial y} + \frac{\partial^2 u}{\partial \xi \partial \eta}\left(\frac{\partial \xi}{\partial x}\frac{\partial \eta}{\partial y} + \frac{\partial \xi}{\partial y}\frac{\partial \eta}{\partial x}\right) + \\
&\quad + \frac{\partial^2 u}{\partial \eta^2}\frac{\partial \eta}{\partial x}\frac{\partial \eta}{\partial y} + \frac{\partial u}{\partial \xi}\frac{\partial^2 \xi}{\partial x \partial y} + \frac{\partial u}{\partial \eta}\frac{\partial^2 \eta}{\partial x \partial y}.
\end{aligned}\right\} \tag{8}$$

(8)を方程式(5)に代入すれば

$$\overline{A}(\xi, \eta)\frac{\partial^2 u}{\partial \xi^2} + 2\overline{B}(\xi, \eta)\frac{\partial^2 u}{\partial \xi \partial \eta} + \overline{C}(\xi, \eta)\frac{\partial^2 u}{\partial \eta^2} + $$
$$+ \overline{F}\left(\xi, \eta, u, \frac{\partial u}{\partial \xi}, \frac{\partial u}{\partial \eta}\right) = 0 \tag{9}$$

が得られる．ただし，

---

[1]〔訳注〕 ヤコビアン (Jacobian) あるいは関数行列式ともいう．

$$\left.\begin{aligned}\overline{A}(\xi,\eta) &= A\left(\frac{\partial \xi}{\partial x}\right)^2 + 2B\frac{\partial \xi}{\partial x}\frac{\partial \xi}{\partial y} + C\left(\frac{\partial \xi}{\partial y}\right)^2, \\ \overline{B}(\xi,\eta) &= A\frac{\partial \xi}{\partial x}\frac{\partial \eta}{\partial x} + B\left(\frac{\partial \xi}{\partial x}\frac{\partial \eta}{\partial y} + \frac{\partial \xi}{\partial y}\frac{\partial \eta}{\partial x}\right) + C\frac{\partial \xi}{\partial y}\frac{\partial \eta}{\partial y}, \\ \overline{C}(\xi,\eta) &= A\left(\frac{\partial \eta}{\partial x}\right)^2 + 2B\frac{\partial \eta}{\partial x}\frac{\partial \eta}{\partial y} + C\left(\frac{\partial \eta}{\partial y}\right)^2.\end{aligned}\right\} \quad (10)$$

直接代入することによって,

$$\overline{B}^2 - \overline{A}\overline{C} = (B^2 - AC)\left(\frac{\partial \xi}{\partial x}\frac{\partial \eta}{\partial y} - \frac{\partial \xi}{\partial y}\frac{\partial \eta}{\partial x}\right)^2 \quad (11)$$

が, 容易に確かめられる.

変換(6)の φ_1, φ_2 の選び方には任意性があるが, つぎの条件のどれか1つを満足するように φ_1, φ_2 を選び得ることを示そう:

1) $\overline{A}=0$, $\overline{C}=0$,　　2) $\overline{A}=0$, $\overline{B}=0$,　　3) $\overline{A}=\overline{C}$, $\overline{B}=0$.

このように選べば, 変換された方程式(9)が簡単な形になることは明らかである.

さて, つぎの1階方程式を考える:

$$A\left(\frac{\partial \varphi}{\partial x}\right)^2 + 2B\frac{\partial \varphi}{\partial x}\frac{\partial \varphi}{\partial y} + C\left(\frac{\partial \varphi}{\partial y}\right)^2 = 0. \quad (12)$$

領域全体を通じて B^2-AC の符号が一定であると仮定するが, それにしても, $B^2-AC>0$, $B^2-AC=0$, $B^2-AC<0$ となるそれぞれの場合を, 別々に調べる必要がある. B^2-AC が領域内で符号を変える場合は, つぎの節でとりあげる.

場合1　考えている領域で $B^2-AC>0$ とする. このとき, 方程式は**双曲型**であるという. $A=C=0$ の場合は後に別に注意することとして, $A\neq 0$, あるいは, $C\neq 0$ の場合を考えよう. 一般性を失うことなく, いたるところ $A\neq 0$ と仮定する. このとき, 方程式(12)はつぎの形に書ける:

$$\left[A\frac{\partial \varphi}{\partial x} + (B+\sqrt{B^2-AC})\frac{\partial \varphi}{\partial y}\right]\left[A\frac{\partial \varphi}{\partial x} + (B-\sqrt{B^2-AC})\frac{\partial \varphi}{\partial y}\right] = 0.$$

この方程式は2つにわかれて,

$$A\frac{\partial \varphi}{\partial x} + (B+\sqrt{B^2-AC})\frac{\partial \varphi}{\partial y} = 0, \quad (12a)$$

$$A\frac{\partial \varphi}{\partial x} + (B-\sqrt{B^2-AC})\frac{\partial \varphi}{\partial y} = 0. \quad (12b)$$

§2 2階方程式の標準形

すなわち(12a), (12b)の解は方程式(12)の解である.

方程式(12a)および(12b)を積分するために,対応する常微分方程式の系[1][1)]

$$\frac{dx}{A} = \frac{dy}{B+\sqrt{B^2-AC}}, \quad \frac{dx}{A} = \frac{dy}{B-\sqrt{B^2-AC}}$$

あるいは

$$\left.\begin{array}{l} Ady-(B+\sqrt{B^2-AC})dx = 0, \\ Ady-(B-\sqrt{B^2-AC})dx = 0 \end{array}\right\} \quad (13)$$

をつくる.方程式(13)は単独の方程式

$$Ady^2 - 2Bdxdy + Cdx^2 = 0 \quad (13a)$$

の形にまとめて書けることを注意しておこう.いま,

$$\varphi_1(x,y) = \text{const}, \quad \varphi_2(x,y) = \text{const} \quad (14)$$

を(13)のそれぞれの方程式の積分としよう.このとき,よく知られているように,(14)の左辺は(12a),(12b),すなわち(12)の解となる.

曲線(14)は方程式(5)の**特性曲線**,方程式(12)は**特性方程式**とよばれる.

双曲型の方程式に対しては,$B^2-AC>0$であるから,積分(14)は実で,かつ,互いに異なる.このとき2つの互いに異なる実特性曲線が得られるわけである.

$\varphi_1(x,y), \varphi_2(x,y)$を方程式(12)の解として,(6)で

$$\xi = \varphi_1(x,y), \quad \eta = \varphi_2(x,y)$$

とおく.そうすると(10)によって,方程式(9)で$\overline{A}=\overline{C}=0$となる.係数$\overline{B}$は考えている領域の全体で$\neq 0$である.このことは(7)と(11)から出る.方程式(9)を係数$2\overline{B}\neq 0$で割ると,つぎの形の式になる:

$$\frac{\partial^2 u}{\partial \xi \partial \eta} = F_1\left(\xi, \eta, u, \frac{\partial u}{\partial \xi}, \frac{\partial u}{\partial \eta}\right). \quad (15)$$

これが**双曲型方程式の標準形**である.

$A=C=0$のときも,方程式(5)は双曲型であるが,すでに標準形になっている.

方程式(5)が関数uおよびその1階導関数についても線形ならば,変換された方程式も線形となる:

---

1)〔訳注〕 たとえば,寺沢寛一[1],第8章3節,あるいは,吉田耕作[1],第Ⅱ篇1章.なお,本文中の〔 〕をつけた数字は,原著における参考書の引用番号である.

$$\frac{\partial^2 u}{\partial \xi \partial \eta} + a(\xi, \eta)\frac{\partial u}{\partial \xi} + b(\xi, \eta)\frac{\partial u}{\partial \eta} + c(\xi, \eta)u = f(\xi, \eta). \tag{16}$$

いま，さらに
$$\xi = \mu + \nu, \qquad \eta = \mu - \nu$$
とおけば，方程式(15)はつぎの形になる：
$$\frac{\partial^2 u}{\partial \mu^2} - \frac{\partial^2 u}{\partial \nu^2} = \Phi\left(\mu, \nu, u, \frac{\partial u}{\partial \mu}, \frac{\partial u}{\partial \nu}\right).$$

これは**双曲型方程式の第2の標準形**である．

場合2 考えている領域で $B^2 - AC = 0$ とする．このとき，方程式(5)は**放物型**であるという．考えている領域で方程式(5)の係数が，同時にすべて0になることはないと仮定しよう．$B^2 - AC = 0$ とこの仮定から，領域の各点で係数 A, C の中どちらかは0にならないことがわかる．一般性を失うことなく，考えている領域の到る所で $A \neq 0$ と考えてよい．このとき(12a)と(12b)は一致して，1つの方程式

$$A\frac{\partial \varphi}{\partial x} + B\frac{\partial \varphi}{\partial y} = 0 \tag{17}$$

となる．すぐにわかるように，$B^2 - AC = 0$ によって，(17)の解は，自然につぎの方程式も満足する：

$$B\frac{\partial \varphi}{\partial x} + C\frac{\partial \varphi}{\partial y} = 0. \tag{18}$$

放物型の方程式に対しては，(14)の2つの積分は一致してしまい，実特性曲線 $\varphi_1(x, y) = $ const という1つの族しか得られないことに注意しよう．

$\varphi_1(x, y)$ を(17)の1つの解として
$$\xi = \varphi_1(x, y)$$
ととる．(6)における $\varphi_2(x, y)$ としては Jacobi 行列式 $D(\varphi_1, \varphi_2)/D(x, y) \neq 0$ となるような勝手な関数をとる．いまは，$A \neq 0$，したがって $\frac{\partial \varphi_1}{\partial y} \neq 0$ であるから[1]，$\varphi_2 = x$ ととることができる．(10)からわかるように，このとき方程式(9)で $\overline{A} \equiv 0$ であり，一方，$\frac{\partial^2 u}{\partial \xi \partial \eta}$ の係数をつぎの形に書くことができる：

$$\overline{B} = \left(A\frac{\partial \varphi_1}{\partial x} + B\frac{\partial \varphi_1}{\partial y}\right)\frac{\partial \varphi_2}{\partial x} + \left(B\frac{\partial \varphi_1}{\partial x} + C\frac{\partial \varphi_1}{\partial y}\right)\frac{\partial \varphi_2}{\partial y}.$$

---

[1]〔訳注〕 もともと $\frac{\partial \varphi_1}{\partial x} = \frac{\partial \varphi_1}{\partial y} = 0$ となる解は考えない．

(17), (18)によれば，考えている領域で $\bar{B}\equiv 0$ である．方程式(9)の係数 $\bar{C}$ は

$$\bar{C} = \frac{1}{A}\left(A\frac{\partial\varphi_2}{\partial x}+B\frac{\partial\varphi_2}{\partial y}\right)^2$$

の形になる．これから $\bar{C}\neq 0$ が出る．というのは，そうでないとすると，(17)によって $D(\varphi_1,\varphi_2)/D(x,y)=0$ となるからである．$\bar{C}\neq 0$ で割ると方程式(9)は

$$\frac{\partial^2 u}{\partial\eta^2} = F_2\left(\xi,\eta,u,\frac{\partial u}{\partial\xi},\frac{\partial u}{\partial\eta}\right) \tag{19}$$

の形になる．

これが放物型方程式の標準形である．

もしも(5)が線形なら，(19)も線形となって，

$$\frac{\partial^2 u}{\partial\eta^2}+a_1(\xi,\eta)\frac{\partial u}{\partial\xi}+b_1(\xi,\eta)\frac{\partial u}{\partial\eta}+c_1(\xi,\eta)u = f_1(\xi,\eta). \tag{20}$$

場合3 考えている領域で $B^2-AC<0$ とする．このとき，方程式(5)は**楕円型**であるという[1]．容易にわかるように，この場合には積分(14)は互いに複素共役となり，実特性曲線は存在しない．

φ_1,φ_2 を方程式(12)の複素共役な解として

$$\xi+i\eta = \varphi_1(x,y), \quad \xi-i\eta = \varphi_2(x,y)$$

とおこう．

$\varphi_1(x,y)=\xi+i\eta$ を(12)に代入すると，

$$A\left(\frac{\partial\xi}{\partial x}\right)^2+2B\frac{\partial\xi}{\partial x}\frac{\partial\xi}{\partial y}+C\left(\frac{\partial\xi}{\partial y}\right)^2-A\left(\frac{\partial\eta}{\partial x}\right)^2-2B\frac{\partial\eta}{\partial x}\frac{\partial\eta}{\partial y}-C\left(\frac{\partial\eta}{\partial y}\right)^2+$$
$$+2i\left[A\frac{\partial\xi}{\partial x}\frac{\partial\eta}{\partial x}+B\left(\frac{\partial\xi}{\partial x}\frac{\partial\eta}{\partial y}+\frac{\partial\xi}{\partial y}\frac{\partial\eta}{\partial x}\right)+C\frac{\partial\xi}{\partial y}\frac{\partial\eta}{\partial y}\right]=0$$

となる．この恒等式の実数および虚数部分を0とおけば，

$$A\left(\frac{\partial\xi}{\partial x}\right)^2+2B\frac{\partial\xi}{\partial x}\frac{\partial\xi}{\partial y}+C\left(\frac{\partial\xi}{\partial y}\right)^2 = A\left(\frac{\partial\eta}{\partial x}\right)^2+2B\frac{\partial\eta}{\partial x}\frac{\partial\eta}{\partial y}+C\left(\frac{\partial\eta}{\partial y}\right)^2,$$

$$A\frac{\partial\xi}{\partial x}\frac{\partial\eta}{\partial x}+B\left(\frac{\partial\xi}{\partial x}\frac{\partial\eta}{\partial y}+\frac{\partial\xi}{\partial y}\frac{\partial\eta}{\partial x}\right)+C\frac{\partial\xi}{\partial y}\frac{\partial\eta}{\partial y} = 0.$$

これから(10)によって

$$\bar{A} = \bar{C}, \quad \bar{B} = 0$$

---

[1] 楕円型方程式を標準形に帰着するのに，本書では解析的係数の場合に限ることにする．このとき(12a), (12b)の解を解析関数の形で求めることができる．

が出る．$\overline{A} \neq 0$ で割ると，方程式(9)の形は

$$\frac{\partial^2 u}{\partial \xi^2} + \frac{\partial^2 u}{\partial \eta^2} = F_3\left(\xi, \eta, u, \frac{\partial u}{\partial \xi}, \frac{\partial u}{\partial \eta}\right) \tag{21}$$

となる．これが**楕円型方程式の標準形**である．

方程式(5)が線形ならば，(21)も線形となる：

$$\frac{\partial^2 u}{\partial \xi^2} + \frac{\partial^2 u}{\partial \eta^2} + a_2(\xi, \eta)\frac{\partial u}{\partial \xi} + b_2(\xi, \eta)\frac{\partial u}{\partial \eta} + c_2(\xi, \eta)u = f_2(\xi, \eta). \tag{22}$$

例 つぎの方程式を考察しよう：

$$x^2 \frac{\partial^2 u}{\partial x^2} - y^2 \frac{\partial^2 u}{\partial y^2} = 0 \quad (x>0, \ y>0). \tag{23}$$

この方程式は双曲型である．なぜなら，

$$B^2 - AC = x^2 y^2 > 0.$$

一般論に従って特性方程式をつくると，

$$x^2 dy^2 - y^2 dx^2 = 0,$$

あるいは，

$$xdy + ydx = 0, \quad xdy - ydx = 0.$$

これを積分すれば，

$$xy = C_1, \quad \frac{y}{x} = C_2$$

を得る．したがって，新しい変数 ξ, η を

$$\xi = xy, \quad \eta = \frac{y}{x}$$

によって導入する．そうすると(8)により

$$\frac{\partial^2 u}{\partial x^2} = y^2 \frac{\partial^2 u}{\partial \xi^2} - 2\frac{y^2}{x^2}\frac{\partial^2 u}{\partial \xi \partial \eta} + \frac{y^2}{x^4}\frac{\partial^2 u}{\partial \eta^2} + 2\frac{y}{x^3}\frac{\partial u}{\partial \eta},$$

$$\frac{\partial^2 u}{\partial y^2} = x^2 \frac{\partial^2 u}{\partial \xi^2} + 2\frac{\partial^2 u}{\partial \xi \partial \eta} + \frac{1}{x^2}\frac{\partial^2 u}{\partial \eta^2}.$$

これらの2階導関数を方程式(23)に代入して

$$\frac{\partial^2 u}{\partial \xi \partial \eta} - \frac{1}{2\xi}\frac{\partial u}{\partial \eta} = 0 \quad (\xi>0, \ \eta>0)$$

という標準形に行きつく．

§3 混合型の2階方程式の標準形

ふたたび方程式

$$A\frac{\partial^2 u}{\partial x^2}+2B\frac{\partial^2 u}{\partial x\partial y}+C\frac{\partial^2 u}{\partial y^2}+F\left(x,y,u,\frac{\partial u}{\partial x},\frac{\partial u}{\partial y}\right)=0 \quad (24)$$

を考える.

方程式(24)を1点の近傍ではなく,全領域 D で考えると,§2で述べた3つの型は,2階の方程式の完全な分類を与えない.すなわち,一般には B^2-AC は領域全体で符号を一定に保たない.したがって,特性曲線がある部分では実,他の部分では虚ということがおこり得る.

このように,もしも B^2-AC の符号が領域 D で変るときは,方程式(24)は**混合型**であるという.方程式 $B^2-AC=0$ によって決る曲線 γ は**放物型曲線**[1]とよばれるが,この曲線によって分けられる D の2つの部分は,$B^2-AC<0$ であるか $B^2-AC>0$ であるかに従って,それぞれ,**楕円型領域**あるいは**双曲型領域**とよばれる.

§2で行なったように,x,y の代りに新しい独立変数

$$\xi=\xi(x,y), \quad \eta=\eta(x,y) \quad (25)$$

を導入しよう.そうすると方程式(24)は,新しい変数 ξ,η では,つぎの形に書かれる:

$$\overline{A}(\xi,\eta)\frac{\partial^2 u}{\partial \xi^2}+2\overline{B}(\xi,\eta)\frac{\partial^2 u}{\partial \xi \partial \eta}+\overline{C}(\xi,\eta)\frac{\partial^2 u}{\partial \eta^2}+\overline{F}\left(\xi,\eta,u,\frac{\partial u}{\partial \xi},\frac{\partial u}{\partial \eta}\right)=0. \quad (26)$$

ここに,

$$\left.\begin{aligned}\overline{A}(\xi,\eta)&=A\left(\frac{\partial \xi}{\partial x}\right)^2+2B\frac{\partial \xi}{\partial x}\frac{\partial \xi}{\partial y}+C\left(\frac{\partial \xi}{\partial y}\right)^2,\\ \overline{B}(\xi,\eta)&=A\frac{\partial \xi}{\partial x}\frac{\partial \eta}{\partial x}+B\left(\frac{\partial \xi}{\partial x}\frac{\partial \eta}{\partial y}+\frac{\partial \xi}{\partial y}\frac{\partial \eta}{\partial x}\right)+C\frac{\partial \xi}{\partial y}\frac{\partial \eta}{\partial y},\\ \overline{C}(\xi,\eta)&=A\left(\frac{\partial \eta}{\partial x}\right)^2+2B\frac{\partial \eta}{\partial x}\frac{\partial \eta}{\partial y}+C\left(\frac{\partial \eta}{\partial y}\right)^2.\end{aligned}\right\} \quad (27)$$

関数 $\xi(x,y)$, $\eta(x,y)$ のとり方には任意性があるが,これらをつぎの条件が満たされるようにとることにしよう:

---

[1] 〔訳注〕 その上で方程式が放物型となる曲線という意味.この用語はそれほど定着していない.

$$A\frac{\partial \xi}{\partial x}\frac{\partial \eta}{\partial x}+B\Big(\frac{\partial \xi}{\partial x}\frac{\partial \eta}{\partial y}+\frac{\partial \xi}{\partial y}\frac{\partial \eta}{\partial x}\Big)+C\frac{\partial \xi}{\partial y}\frac{\partial \eta}{\partial y}=0, \tag{28}$$

$$A\Big(\frac{\partial \eta}{\partial x}\Big)^2+2B\frac{\partial \eta}{\partial x}\frac{\partial \eta}{\partial y}+C\Big(\frac{\partial \eta}{\partial y}\Big)^2 \neq 0. \tag{29}$$

放物型曲線 γ の上では $AC-B^2=0$ であるから, $AC-B^2$ を

$$AC-B^2 = H^n(x,y)M(x,y) \tag{30}$$

と表わすことができる[1]. ここに $M(x,y)$ は領域 D で $\neq 0$ であり, $H(x,y)=0$ は曲線 γ の方程式で, $\dfrac{\partial H}{\partial x}, \dfrac{\partial H}{\partial y}$ は同時に 0 とはならないと仮定する.

2つの場合を考察しよう.

場合 1　放物型曲線 γ の上の点における, 方程式 (24) の特性曲線の方向が, γ の接線方向と一致しない場合, すなわち γ に沿って

$$A\Big(\frac{\partial H}{\partial x}\Big)^2+2B\frac{\partial H}{\partial x}\frac{\partial H}{\partial y}+C\Big(\frac{\partial H}{\partial y}\Big)^2 \neq 0 \tag{31}$$

が満たされている場合.

このとき,

$$\eta = H(x,y) \tag{32}$$

とおく.

関数 $\xi=\xi(x,y)$ としては, 方程式

$$\Big(A\frac{\partial H}{\partial x}+B\frac{\partial H}{\partial y}\Big)\frac{\partial \xi}{\partial x}+\Big(B\frac{\partial H}{\partial x}+C\frac{\partial H}{\partial y}\Big)\frac{\partial \xi}{\partial y}=0 \tag{33}$$

の解をとる. このように $\xi=\xi(x,y)$ と $\eta=\eta(x,y)$ とを選ぶことによって, 条件 (28), (29) を満たすことができる.

これらの関数の Jacobi 行列式が曲線 γ の近傍で 0 にならないことを示そう. 実際, (33) により

$$\frac{\partial \xi}{\partial x}=\rho\Big(B\frac{\partial H}{\partial x}+C\frac{\partial H}{\partial y}\Big), \quad \frac{\partial \xi}{\partial y}=-\rho\Big(A\frac{\partial H}{\partial x}+B\frac{\partial H}{\partial y}\Big) \tag{34}$$

とおけば, γ に沿って $\rho(x,y) \neq 0$ で, さらに

$$\frac{D(\xi,\eta)}{D(x,y)} = \frac{\partial \xi}{\partial x}\frac{\partial \eta}{\partial y} - \frac{\partial \xi}{\partial y}\frac{\partial \eta}{\partial x}$$

---

[1] 〔訳注〕 たとえば, 係数 A, B, C などが, すべて解析的な場合を考えてのことであろう. このあたりの取り扱いはやや形式的である.

§3 混合型の2階方程式の標準形

$$= \rho\left[\left(B\frac{\partial H}{\partial x}+C\frac{\partial H}{\partial y}\right)\frac{\partial H}{\partial y}+\left(A\frac{\partial H}{\partial x}+B\frac{\partial H}{\partial y}\right)\frac{\partial H}{\partial x}\right]$$

$$= \rho\left[A\left(\frac{\partial H}{\partial x}\right)^2+2B\frac{\partial H}{\partial x}\frac{\partial H}{\partial y}+C\left(\frac{\partial H}{\partial y}\right)^2\right] \neq 0$$

となる.A, B, C および H の連続性によって,Jacobi 行列式は γ のある近傍で 0 ではない.ゆえに,この近傍では,変数変換(25)で

$$\xi = \xi(x, y), \quad \eta = \eta(x, y) = H(x, y)$$

ととってよい.このとき,(27)と(33)からわかるように,(26)の左辺において $\overline{B}=0$ となる.係数 $\overline{C}$ は γ の近傍で $\neq 0$ である.方程式(26)を $\overline{C}$ で割ると

$$\frac{\overline{A}}{\overline{C}}\frac{\partial^2 u}{\partial \xi^2}+\frac{\partial^2 u}{\partial \eta^2} = F_1\left(\xi, \eta, u, \frac{\partial u}{\partial \xi}, \frac{\partial u}{\partial \eta}\right),$$

あるいは,(27),(30),(32),(34)に注意すれば,結局

$$\eta^n K_1(\xi, \eta)\frac{\partial^2 u}{\partial \xi^2}+\frac{\partial^2 u}{\partial \eta^2} = F_1\left(\xi, \eta, u, \frac{\partial u}{\partial \xi}, \frac{\partial u}{\partial \eta}\right) \tag{35}$$

となる.ここに γ の近傍で $K_1(\xi, \eta) \neq 0$.

場合2 放物型曲線 γ が特性曲線であるか,または特性曲線の族の包絡線になっている場合,すなわち γ のすべての点で

$$A\left(\frac{\partial H}{\partial x}\right)^2+2B\frac{\partial H}{\partial x}\frac{\partial H}{\partial y}+C\left(\frac{\partial H}{\partial y}\right)^2 = 0 \tag{36}$$

が成り立つ場合.

γ 上で $A \geq 0$,$C \geq 0$ と仮定しよう.そうすると $B^2-AC=0$ だから,条件(36)は,$\varepsilon = \mathrm{sgn}\, B$ [1] として,

$$\sqrt{A}\frac{\partial H}{\partial x}+\varepsilon\sqrt{C}\frac{\partial H}{\partial y} = 0 \tag{37}$$

という形に書ける.$B=0$ ならば,γ に沿って $A=0$ または $C=0$ である.したがって,(37)により $H_y=0$ または $H_x=0$ である.

関数 $\eta=\eta(x,y)$ として方程式

$$n(x, y)\frac{\partial \eta}{\partial x}-m(x, y)\frac{\partial \eta}{\partial y} = 0 \tag{38}$$

の解をとる.ここに $n(x,y), m(x,y)$ は γ の近傍で条件

$$Am^2+2Bmn+Cn^2 \neq 0 \tag{39}$$

---

[1] 〔訳注〕 記号 sgn は符号を表わし,日本語ではシグナムあるいは符号と読む.

を満足する関数である．たとえば，領域 D で $A \neq 0$ ならば $m=1$, $n=0$ として $\eta=x$ をとり，$C \neq 0$ ならば，$m=0$, $n=1$ として $\eta=y$ をとることができる．

関数 $\xi=\xi(x,y)$ としては方程式

$$\left(A\frac{\partial \eta}{\partial x}+B\frac{\partial \eta}{\partial y}\right)\frac{\partial \xi}{\partial x}+\left(B\frac{\partial \eta}{\partial x}+C\frac{\partial \eta}{\partial y}\right)\frac{\partial \xi}{\partial y}=0 \tag{40}$$

の解をとる．ここに $\eta(x,y)$ は (38) の解である．

このように関数 $\xi(x,y), \eta(x,y)$ を選べば，条件 (28), (29) が満足される．

ここで，曲線 $\eta(x,y)=0$ と γ の交点で $\xi(x,y)=0$ となるように方程式 (40) の解を選ぶことが，つねに可能なことに注意しておこう．

場合1と同様に，γ 上で $D(\xi,\eta)/D(x,y) \neq 0$ となることが容易にわかる．よって，関数 A, B, C, m, n の連続性から，この Jacobi 行列式は γ のある近傍で 0 ではない．

さて，$H(x,y)=\bar{H}(\xi,\eta)$ とおけば，

$$\left.\begin{aligned}\frac{\partial \bar{H}}{\partial \xi} &= \frac{\partial H}{\partial x}\frac{\partial x}{\partial \xi}+\frac{\partial H}{\partial y}\frac{\partial y}{\partial \xi}=\frac{H_x\eta_y-H_y\eta_x}{\xi_x\eta_y-\xi_y\eta_x}, \\ \frac{\partial \bar{H}}{\partial \eta} &= \frac{\partial H}{\partial x}\frac{\partial x}{\partial \eta}+\frac{\partial H}{\partial y}\frac{\partial y}{\partial \eta}=-\frac{H_x\xi_y-H_y\xi_x}{\xi_x\eta_y-\xi_y\eta_x}.\end{aligned}\right\} \tag{41}$$

曲線 $\eta=$const は決して γ に接することがないから，γ に沿っては $\partial \bar{H}/\partial \xi \neq 0$ である．(37) から，γ に沿って

$$\frac{\partial H}{\partial x}=-\sigma\varepsilon\sqrt{C}, \quad \frac{\partial H}{\partial y}=\sigma\sqrt{A} \quad (\sigma(x,y) \neq 0)$$

と書けるが，これを (41) に代入して

$$\frac{\partial \bar{H}}{\partial \eta}=\frac{\sigma}{\xi_x\eta_y-\xi_y\eta_x}\left(\sqrt{A}\frac{\partial \xi}{\partial x}+\varepsilon\sqrt{C}\frac{\partial \xi}{\partial y}\right)=0 \tag{42}$$

を得る．というのは，γ の上では，方程式 (40) は $B^2-AC=0$ を用いて，

$$\sqrt{A}\frac{\partial \xi}{\partial x}+\varepsilon\sqrt{C}\frac{\partial \xi}{\partial y}=0$$

の形になおせるからである．

$\bar{H}(\xi,\eta)=0$ から

$$\frac{d\xi}{d\eta}=-\frac{\bar{H}_\eta}{\bar{H}_\xi}$$

が得られるので，(42) によって，γ 上で $\xi=$const となる．ところが，γ と $\eta=0$

§3 混合型の2階方程式の標準形

との交点において $\xi=0$ であったから，γ の上では $\xi=0$ となる．したがって，$\overline{H}(0,\eta)=0$ となり，つぎのように書ける:

$$\overline{H}(\xi,\eta) = \xi\overline{H}_\xi(\theta(\xi,\eta)\xi,\eta) = \xi N(\xi,\eta), \tag{43}$$

ここに

$$0 < \theta(\xi,\eta) < 1, \quad N(\xi,\eta) \neq 0.$$

(28), (29) からわかるように，γ の近傍では，変換された方程式(26)において $\overline{B}=0$，$\overline{C}\neq 0$ である．(26) を $\overline{C}\neq 0$ で割ると，

$$\frac{\overline{A}}{\overline{C}}\frac{\partial^2 u}{\partial \xi^2} + \frac{\partial^2 u}{\partial \eta^2} = F_2\left(\xi,\eta,u,\frac{\partial u}{\partial \xi},\frac{\partial u}{\partial \eta}\right).$$

ところが

$$\frac{\overline{A}}{\overline{C}} = \frac{A\left(\frac{\partial \xi}{\partial x}\right)^2 + 2B\frac{\partial \xi}{\partial x}\frac{\partial \xi}{\partial y} + C\left(\frac{\partial \xi}{\partial y}\right)^2}{A\left(\frac{\partial \eta}{\partial x}\right)^2 + 2B\frac{\partial \eta}{\partial x}\frac{\partial \eta}{\partial y} + C\left(\frac{\partial \eta}{\partial y}\right)^2} = \rho^2(AC-B^2)$$

$$= \rho^2 H^n(x,y)M(x,y) = \xi^n \rho^2 N^n M = \xi^n K_2(\xi,\eta)$$

であるから，結局

$$\xi^n K_2(\xi,\eta)\frac{\partial^2 u}{\partial \xi^2} + \frac{\partial^2 u}{\partial \eta^2} = F_2\left(\xi,\eta,u,\frac{\partial u}{\partial \xi},\frac{\partial u}{\partial \eta}\right) \tag{44}$$

となる．ただし，γ の近傍で $K_2(\xi,\eta)\neq 0$ である．

例 つぎの方程式を考える:

$$(1-x^2)\frac{\partial^2 u}{\partial x^2} - 2xy\frac{\partial^2 u}{\partial x \partial y} - (1+y^2)\frac{\partial^2 u}{\partial y^2} - 2x\frac{\partial u}{\partial x} - 2y\frac{\partial u}{\partial y} = 0. \tag{45}$$

この方程式は，

$$AC - B^2 = x^2 - y^2 - 1 = H(x,y)$$

であるから，混合型である．領域 $1-x^2+y^2>0$ では方程式は双曲型，領域 $1-x^2+y^2<0$ では楕円型である．曲線 $x^2-y^2=1$ は放物型曲線となる．

$$A\left(\frac{\partial H}{\partial x}\right)^2 + 2B\frac{\partial H}{\partial x}\frac{\partial H}{\partial y} + C\left(\frac{\partial H}{\partial y}\right)^2 = 4x^2(1-x^2) + 8x^2y^2 - 4y^2(1+y^2)$$

$$= 4(y^2-x^2)(x^2-y^2-1) = 0$$

が γ 上で満たされるから，これは場合2になる．一般論に従って，関数 $\xi(x,y)$，$\eta(x,y)$ として方程式(38), (40) の解をとることにしよう．

たとえば，$n=1+x$，$m=-y$ とすると，(38) はつぎの形になる:

$$(1+x)\frac{\partial \eta}{\partial x}+y\frac{\partial \eta}{\partial y}=0.$$

これの特解のひとつは，

$$\eta=\frac{y}{1+x}.$$

この $\eta(x,y)$ を(40)に代入すれば，

$$y(1+x)\frac{\partial \xi}{\partial x}+(1+x+y^2)\frac{\partial \xi}{\partial y}=0.$$

この方程式はつぎの特解をもつ：

$$\xi(x,y)=\frac{x^2-y^2-1}{4(1+x)^2}.$$

こうして，新しい変数 ξ, η を式

$$\xi=\frac{x^2-y^2-1}{4(1+x)^2}, \qquad \eta=\frac{y}{1+x}$$

で導入することになる．すると，公式(8)によって

$$\left.\begin{aligned}
\frac{\partial u}{\partial x} &= \frac{1+x+y^2}{2(1+x)^3}\frac{\partial u}{\partial \xi}-\frac{y}{(1+x)^2}\frac{\partial u}{\partial \eta}, \\
\frac{\partial u}{\partial y} &= -\frac{y}{2(1+x)^2}\frac{\partial u}{\partial \xi}+\frac{1}{1+x}\frac{\partial u}{\partial \eta}, \\
\frac{\partial^2 u}{\partial x^2} &= \frac{(1+x+y^2)^2}{4(1+x)^6}\frac{\partial^2 u}{\partial \xi^2}-\frac{y(1+x+y^2)}{(1+x)^5}\frac{\partial^2 u}{\partial \xi \partial \eta}+ \\
&\quad +\frac{y^2}{(1+x)^4}\frac{\partial^2 u}{\partial \eta^2}-\frac{2+2x+3y^2}{2(1+x)^4}\frac{\partial u}{\partial \xi}+\frac{2y}{(1+x)^3}\frac{\partial u}{\partial \eta}, \\
\frac{\partial^2 u}{\partial y^2} &= \frac{y^2}{4(1+x)^4}\frac{\partial^2 u}{\partial \xi^2}-\frac{y}{(1+x)^3}\frac{\partial^2 n}{\partial \xi \partial \eta}+ \\
&\quad +\frac{1}{(1+x)^2}\frac{\partial^2 u}{\partial \eta^2}-\frac{1}{2(1+x)^2}\frac{\partial u}{\partial \xi}, \\
\frac{\partial^2 u}{\partial x \partial y} &= -\frac{y(1+x+y^2)}{4(1+x)^5}\frac{\partial^2 u}{\partial \xi^2}+\frac{1+x+2y^2}{2(1+x)^4}\frac{\partial^2 u}{\partial \xi \partial \eta}- \\
&\quad -\frac{y}{(1+x)^3}\frac{\partial^2 u}{\partial \eta^2}+\frac{y}{(1+x)^3}\frac{\partial u}{\partial \xi}-\frac{1}{(1+x)^2}\frac{\partial u}{\partial \eta}.
\end{aligned}\right\} \quad (46)$$

(46)を方程式(45)に代入すると，これはつぎの標準形に帰着される：

$$\xi\frac{\partial^2 u}{\partial \xi^2}+\frac{\partial^2 u}{\partial \eta^2}+\frac{1}{2}\frac{\partial u}{\partial \xi}=0.$$

§4 多変数の2階方程式の分類

2階の線形方程式

$$\sum_{i,j=1}^{n} A_{ij}\frac{\partial^2 u}{\partial x_i \partial x_j} + \sum_{i=1}^{n} B_i \frac{\partial u}{\partial x_i} + Cu + F = 0 \tag{47}$$

を考察する．ここに A_{ij}, B_i, C, F は独立変数 $x_1, x_2, \cdots, x_n$ の実関数である．

$x_1, x_2, \cdots, x_n$ の代りに新しい独立変数 $\xi_1, \xi_2, \cdots, \xi_n$ を導入する．ここで

$$\xi_k = \xi_k(x_1, x_2, \cdots, x_n) \quad (k=1, 2, \cdots, n) \tag{48}$$

は2回連続微分可能な関数とし，変換の Jacobi 行列式は考えている領域で0にならないものとする．このとき，

$$\frac{\partial u}{\partial x_i} = \sum_{k=1}^{n} \frac{\partial u}{\partial \xi_k}\frac{\partial \xi_k}{\partial x_i}, \tag{49}$$

$$\frac{\partial^2 u}{\partial x_i \partial x_j} = \sum_{k,l=1}^{n} \frac{\partial^2 u}{\partial \xi_k \partial \xi_l}\frac{\partial \xi_k}{\partial x_i}\frac{\partial \xi_l}{\partial x_j} + \sum_{k=1}^{n}\frac{\partial u}{\partial \xi_k}\frac{\partial^2 \xi_k}{\partial x_i \partial x_j}. \tag{50}$$

(49), (50) の偏導関数を方程式 (47) に代入すれば，

$$\sum_{k,l=1}^{n} \overline{A}_{kl}\frac{\partial^2 u}{\partial \xi_k \partial \xi_l} + \sum_{k=1}^{n} \overline{B}_k \frac{\partial u}{\partial \xi_k} + Cu + F = 0 \tag{51}$$

となる．ただし，

$$\overline{A}_{kl} = \sum_{i,j=1}^{n} A_{ij}\frac{\partial \xi_k}{\partial x_i}\frac{\partial \xi_l}{\partial x_j},$$

$$\overline{B}_k = \sum_{i,j=1}^{n} A_{ij}\frac{\partial^2 \xi_k}{\partial x_i \partial x_j} + \sum_{i=1}^{n} B_i \frac{\partial \xi_k}{\partial x_i}.$$

ある点 $M(x_1^0, x_2^0, \cdots, x_n^0)$ に注目し，この点において

$$\frac{\partial \xi_k}{\partial x_i} = \alpha_{ki} \tag{52}$$

とおこう．このとき，A_{ij} の変換の公式は

$$\overline{A}_{kl} = \sum_{i,j=1}^{n} A_{ij}\alpha_{ki}\alpha_{lj} \tag{53}$$

と書けるが，これは，2次形式

$$\sum_{i,j=1}^{n} A_{ij}p_i p_j \tag{54}$$

において変数変換

$$p_i = \sum_{k=1}^{n} \alpha_{ki} q_k \tag{55}$$

を行なった結果が
$$\sum \overline{A}_{kl} q_k q_l \tag{56}$$
であるとしたときの2次形式の係数の変換公式と一致する.

したがって，方程式(47)の係数 A_{ij} は考えている点 $(x_1{}^0, x_2{}^0, \cdots, x_n{}^0)$ において，2次形式(54)の係数が線形変換(55)によって変換されるのと全く同様に変換される．(54)の係数 A_{ij} は定数であるが，方程式(47)の係数は $A_{ij}(x_1, \cdots, x_n)$ の点 $(x_1{}^0, x_2{}^0, \cdots, x_n{}^0)$ での値にほかならない．

代数学で，実係数 A_{ij} の2次形式(54)を
$$\sum_{i=1}^{m} \pm q_i{}^2 \qquad (m \leqq n) \tag{57}$$
に移すような，正則な変換[1])(55)の存在が知られている．この際，正号の項数と負号の項数は(54)によって完全に決定され，変換(55)の選び方にはよらない（2次形式の慣性則）[1][2)].

さて，変換(55)によって(54)が(57)に移されるものと仮定しよう．そのとき条件(52)を満足する変換(48)は方程式(47)を(51)の形
$$\sum_{k,l=1}^{n} \overline{A}_{kl} \frac{\partial^2 u}{\partial \xi_k \partial \xi_l} + \sum_{k=1}^{n} \overline{B}_k \frac{\partial u}{\partial \xi_k} + Cu + F = 0$$
に移すが，ここで
$$\overline{A}_{kl}(x_1{}^0, \cdots, x_n{}^0) = \pm 1 \qquad (k=l \leqq m),$$
$$\overline{A}_{kl}(x_1{}^0, \cdots, x_n{}^0) = 0 \qquad (k \neq l \text{ または } k=l>m)$$
である．この形を方程式(47)の，点 $(x_1{}^0, x_2{}^0, \cdots, x_n{}^0)$ における<u>標準形</u>という．

このように，各点 $(x_1{}^0, x_2{}^0, \cdots, x_n{}^0)$ に対して，(47)をその点における標準形に移すような正則な変換(48)を見出すことができる．

方程式(47)は点 $(x_1{}^0, x_2{}^0, \cdots, x_n{}^0)$ において，その標準形の方程式(51)の n 個の係数 $\overline{A}_{kk}(x_1{}^0, \cdots, x_n{}^0)$ がすべて0と異なり，一定符号ならば，**楕円型**；$n-1$ 個の係数 $\overline{A}_{kk}(x_1{}^0, \cdots, x_n{}^0)$ が一定符号で，1つだけ異符号の場合には，**双曲型**；正の係数 $\overline{A}_{kk}(x_1{}^0, \cdots, x_n{}^0)$ が1個より多く，負の係数 $\overline{A}_{kk}(x_1{}^0, \cdots, x_n{}^0)$ も1個より多く，かつ $m=n$ ならば，**超双曲型**；係数 $\overline{A}_{kk}(x_1{}^0, \cdots, x_n{}^0)$ の中で0となるものがあれば，**広義の放物型**；係数 $\overline{A}_{kk}(x_1{}^0, \cdots, x_n{}^0)$ の中で0となるものがた

---

1)〔訳注〕　この場合は，可逆な線形変換.
2)〔訳注〕　たとえば，佐武一郎 [1], 第4章4節.

だ1つだけで他はすべて一定符号ならば，**狭義の放物型**または単に**放物型**とよぶ．

方程式(47)は，領域 D の各点で楕円型(双曲型,…)であれば，領域 D において楕円型(双曲型,…)であるとよばれる．

一般にいえば，方程式(47)がある型に属しているような領域の全体にわたって，ただ一つの変換によって方程式を標準形に帰着することはできないことを注意しておこう．実際，変換(48)によってある領域で方程式(47)を標準形に帰着しようとすれば，n 個の関数 $\xi_i(x_1,\cdots,x_n)$ に対して $\dfrac{n(n-1)}{2}$ 個の条件

$$\overline{A}_{kl} = \sum_{i,j=1}^{n} A_{ij} \frac{\partial \xi_k}{\partial x_i}\frac{\partial \xi_l}{\partial x_j} = 0 \qquad (k \neq l)$$

を満たすようにしなければならない．

$n>3$ の場合，一般には，この連立方程式は解けない．というのは方程式の個数が，定めるべき関数の個数より多いからである．$n=3$ の場合には連立方程式の解は存在するが，$n=2$ の場合とは違って，導関数 $\partial^2 u/\partial \xi^2$ の係数に対してまでもさらに条件を課することは，一般にいって，もはや不可能である．

方程式(47)の係数が定数ならば，同一の変数変換によって，領域のすべての点で方程式を標準形になおすことが可能である．

問　題

1. つぎの方程式を標準形に帰着せよ．

a) $\dfrac{\partial^2 u}{\partial x^2} - 2\sin x \dfrac{\partial^2 u}{\partial x \partial y} - \cos^2 x \dfrac{\partial^2 u}{\partial y^2} - \cos x \dfrac{\partial u}{\partial y} = 0,$

b) $y^2 \dfrac{\partial^2 u}{\partial x^2} + x^2 \dfrac{\partial^2 u}{\partial y^2} = 0 \quad (x>0,\ y>0),$

c) $x^2 \dfrac{\partial^2 u}{\partial x^2} + 2xy \dfrac{\partial^2 u}{\partial x \partial y} + y^2 \dfrac{\partial^2 u}{\partial y^2} = 0 \quad (x>0,\ y>0).$

〔答〕

a) $\dfrac{\partial^2 u}{\partial \xi \partial \eta} = 0, \quad \xi = x+y-\cos x, \quad \eta = x-y+\cos x;$

b) $\dfrac{\partial^2 u}{\partial \xi^2} + \dfrac{\partial^2 u}{\partial \eta^2} + \dfrac{1}{2\xi}\dfrac{\partial u}{\partial \xi} + \dfrac{1}{2\eta}\dfrac{\partial u}{\partial \eta} = 0, \quad \xi = y^2, \quad \eta = x^2;$

c) $\dfrac{\partial^2 u}{\partial \eta^2} = 0, \quad \xi = \dfrac{y}{x}, \quad \eta = y.$

2. 方程式

$$\frac{\partial}{\partial x}\left[\left(1-\frac{x}{h}\right)^2 \frac{\partial u}{\partial x}\right] = \frac{1}{a^2}\left(1-\frac{x}{h}\right)^2 \frac{\partial^2 u}{\partial t^2}$$

は
$$\frac{\partial^2 v}{\partial x^2} = \frac{1}{a^2}\frac{\partial^2 v}{\partial t^2}$$
に帰着できることを示せ.

〔ヒント〕 新しい関数 v をつぎのように導入せよ：
$$v = (h-x)u.$$

3. つぎの方程式を標準形に帰着せよ：
$$b^4 \sin^4(2x+c)\frac{\partial^2 u}{\partial x^2} + 4b^4 \sin^4(2x+c)\, u = \frac{\partial^2 u}{\partial t^2}.$$

〔答〕
$$\frac{\partial^2 v}{\partial \xi \partial \eta} = 0,$$
ここに
$$\xi = t - \frac{1}{2b^2}\cot(2x+c), \qquad \eta = t + \frac{1}{2b^2}\cot(2x+c),$$
$$u = b\sin(2x+c)\, v.$$

4. 方程式
$$(l-x)\frac{\partial^2 u}{\partial x^2} - \frac{\partial^2 u}{\partial y^2} - \frac{\partial u}{\partial x} = 0 \qquad (0<x<l)$$
をつぎの形に帰着できることを示せ：
$$\frac{\partial^2 w}{\partial \xi \partial \eta} + \frac{1}{4}\frac{w}{(\xi+\eta)^2} = 0.$$

〔ヒント〕 つぎのようにおけ：
$$\xi = \sqrt{l-x} + \frac{y}{2}, \qquad \eta = \sqrt{l-x} - \frac{y}{2}, \qquad u = \frac{w}{\sqrt{\xi+\eta}}.$$

5. つぎの方程式を標準形に帰着せよ：
$$(l^2-x^2)\frac{\partial^2 u}{\partial x^2} - \frac{\partial^2 u}{\partial y^2} - 2x\frac{\partial u}{\partial x} - \frac{1}{4}u = 0 \qquad (0<x<l).$$

〔答〕
$$\frac{\partial^2 w}{\partial \xi \partial \eta} - \frac{1}{4}\frac{w}{\sin^2(\xi-\eta)} = 0,$$
ここに
$$\xi = \frac{y+\omega}{2}, \qquad \eta = \frac{y-\omega}{2}, \qquad \omega = \arccos\frac{x}{l}, \qquad u = \frac{w}{\sqrt{\sin(\xi-\eta)}}.$$

第Ⅰ部 双曲型微分方程式

第1章 双曲型方程式の一般解の見つけ方

§1 一般的注意と例

常微分方程式
$$y^{(n)} = f(x, y, y', \cdots, y^{(n-1)})$$
の n 個の任意定数を含む解
$$y = \varphi(x, C_1, \cdots, C_n)$$
が，変数 $x, y, y', \cdots, y^{(n-1)}$ のある領域 D における<u>一般解</u>とよばれるのは，適当に $C_1, C_2, \cdots, C_n$ を選ぶことによって D における勝手な Cauchy 問題の解を与えることができるときである．

偏微分方程式の場合には事情が複雑になるが，この場合でも，一般に方程式の階数に等しい個数の任意関数を含む"一般解"を問題にすることができる．2独立変数の2階双曲型方程式の解で2個の任意関数を含むものが**一般解**であるというのは，任意関数を適当に選ぶことによって非特性曲線上で与えられた勝手な初期値に対する **Cauchy 問題**，すなわち曲線 l 上で初期条件
$$u|_l = \varphi, \quad \frac{\partial u}{\partial n}\bigg|_l = \psi$$
($\partial/\partial n$ は l に対する法線にそっての微分)を満たす方程式の解を求めよ，という問題を解くことができるときである．

場合によっては，一般解を知ることにより，数理物理学の問題を閉じた形に求めることができる．

例1 波動方程式
$$\frac{\partial^2 u}{\partial x^2} - \frac{1}{a^2} \frac{\partial^2 u}{\partial t^2} = 0 \tag{1}$$
の一般解を求めよう．

そのために(1)を標準形になおす．特性曲線に対する方程式は
$$dx^2 - a^2 dt^2 = 0$$
となる．この方程式は2つの積分

§1 一般的注意と例

$$x-at = \text{const}, \quad x+at = \text{const}$$

をもつから,一般論によって,つぎのようにおく:

$$\xi = x-at, \quad \eta = x+at. \tag{2}$$

(1)に現われる2階偏導関数は ξ, η による微分を用いれば

$$\frac{\partial^2 u}{\partial x^2} = \frac{\partial^2 u}{\partial \xi^2} + 2\frac{\partial^2 u}{\partial \xi \partial \eta} + \frac{\partial^2 u}{\partial \eta^2},$$

$$\frac{\partial^2 u}{\partial t^2} = a^2 \frac{\partial^2 u}{\partial \xi^2} - 2a^2 \frac{\partial^2 u}{\partial \xi \partial \eta} + a^2 \frac{\partial^2 u}{\partial \eta^2}.$$

これを(1)に代入して簡単な変形をすると,

$$\frac{\partial^2 u}{\partial \xi \partial \eta} = 0. \tag{3}$$

(3)を

$$\frac{\partial}{\partial \xi}\left(\frac{\partial u}{\partial \eta}\right) = 0$$

という形に書けば明らかなように,

$$\frac{\partial u}{\partial \eta} = \theta(\eta).$$

ここに $\theta(\eta)$ は η の任意関数である.この方程式を η について積分すれば,ξ をパラメータと考えて

$$u = \int \theta(\eta) d\eta + \varphi(\xi)$$

を得る.ここに $\varphi(\xi)$ は ξ の任意関数である.さて

$$\int \theta(\eta) d\eta = \psi(\eta)$$

とおけば

$$u = \varphi(\xi) + \psi(\eta),$$

あるいは,もとの変数 x, t に戻れば,波動方程式(1)の一般解

$$u = \varphi(x-at) + \psi(x+at) \tag{4}$$

を得る.ここに φ, ψ は任意の2回連続微分可能な関数である.波動方程式(1)のこの一般解を **d'Alembert の解**という.

(1)に対する Cauchy 問題を考えよう.すなわち,初期条件

$$u|_{t=0} = f(x), \quad \left.\frac{\partial u}{\partial t}\right|_{t=0} = F(x) \tag{5}$$

を満足する(1)の解を求めよう．ここに $f(x), F(x)$ は与えられた関数である．

一般解(4)における関数 φ, ψ を，初期条件(5)が成り立つように決めよう：

$$\left. \begin{array}{r} \varphi(x) + \psi(x) = f(x), \\ -\varphi'(x) + \psi'(x) = \dfrac{1}{a} F(x). \end{array} \right\} \tag{6}$$

第2式を積分して

$$\frac{1}{a}\int_0^x F(x)dx = -\varphi(x) + \psi(x) + C. \tag{7}$$

ここに C は任意定数である．(6), (7) から φ, ψ を決めると，

$$\varphi(x) = \frac{1}{2}f(x) - \frac{1}{2a}\int_0^x F(z)dz + \frac{C}{2},$$

$$\psi(x) = \frac{1}{2}f(x) + \frac{1}{2a}\int_0^x F(z)dz - \frac{C}{2}.$$

これを(4)に代入すると，

$$u(x,t) = \frac{f(x-at) + f(x+at)}{2} + \frac{1}{2a}\int_{x-at}^{x+at} F(z)dz. \tag{8}$$

$u(x,t)$ に対して得られたこの式が実際に初期条件(5)を満たす(1)の解であることを直接微分して確かめることもやさしい．このためには，$f(x)$ が1階および2階の，$F(x)$ が1階の導関数をもてばよい．

公式(8)を導いた方法は，方程式(1)と初期条件(5)に対する Cauchy 問題の解の一意性を示している．容易にわかるように，問題(1), (5)の解は初期値に連続的に依存している．実際，勝手な $\varepsilon > 0$ に対して $\eta > 0$ を十分小さく定めれば，$f(x), F(x)$ を $f_1(x), F_1(x)$ でおきかえた問題を考えるとき

$$|f(x) - f_1(x)| < \eta, \quad |F(x) - F_1(x)| < \eta$$

が成り立っているかぎり，新しい解ともとの解との差の絶対値は任意の有限な時間区間において ε を越えない．このことは(8)から直ちに出る．

例2 方程式

$$x^2 \frac{\partial^2 u}{\partial x^2} - y^2 \frac{\partial^2 u}{\partial y^2} = 0, \tag{9}$$

初期条件

§1 一般的注意と例

$$u|_{y=1} = f(x), \qquad \frac{\partial u}{\partial y}\bigg|_{y=1} = F(x) \tag{10}$$

を満たす解を求めよ．

すでに示したように(第0章をみよ)，(9)は変数変換

$$\xi = xy, \qquad \eta = \frac{y}{x} \tag{11}$$

によって標準形

$$\frac{\partial^2 u}{\partial \xi \partial \eta} - \frac{1}{2\xi}\frac{\partial u}{\partial \eta} = 0 \tag{12}$$

に移る．

$$w = \frac{\partial u}{\partial \eta} \tag{13}$$

とおけば，(12)は方程式

$$\frac{\partial w}{\partial \xi} - \frac{1}{2\xi}w = 0$$

となり，その一般解は

$$w = \sqrt{\xi}\ \phi_0(\eta). \tag{14}$$

(14)を(13)に代入すると，

$$\frac{\partial u}{\partial \eta} = \sqrt{\xi}\ \phi_0(\eta).$$

これを積分すれば，φ, ψ を任意関数として

$$u = \sqrt{\xi}\int \phi_0(\eta)d\eta + \varphi(\xi) = \sqrt{\xi}\ \psi(\eta) + \varphi(\xi).$$

もとの変数 x, y に戻れば，(9)の一般解は

$$u = \varphi(xy) + \sqrt{xy}\ \psi\!\left(\frac{y}{x}\right). \tag{15}$$

さて条件(10)を満たす解を得るには φ, ψ をどのように選ぶべきかを示そう．そのためにまず，(15)および(10)からつぎの式が出ることを注意しよう：

$$\varphi(x) + \sqrt{x}\ \psi\!\left(\frac{1}{x}\right) = f(x), \tag{16}$$

$$x\varphi'(x) + \frac{\sqrt{x}}{2}\psi\!\left(\frac{1}{x}\right) + \frac{1}{\sqrt{x}}\psi'\!\left(\frac{1}{x}\right) = F(x). \tag{17}$$

(16)を微分して

$$\varphi'(x) + \frac{1}{2\sqrt{x}} \phi\left(\frac{1}{x}\right) - \frac{1}{x\sqrt{x}} \phi'\left(\frac{1}{x}\right) = f'(x). \tag{18}$$

(17), (18) より $\varphi'(x)$ および $\phi(1/x)$ を消去すると

$$\phi'\left(\frac{1}{x}\right) = -\frac{x^{3/2}}{2} f'(x) + \frac{\sqrt{x}}{2} F(x).$$

これより

$$\phi\left(\frac{1}{x}\right) = \frac{1}{2} \int_{x_0}^{x} \frac{f'(z)}{\sqrt{z}} dz - \frac{1}{2} \int_{x_0}^{x} \frac{F(z)}{\sqrt{z^3}} dz + C, \tag{19}$$

ここで C は積分定数である. (19)を(16)に代入すると,

$$\varphi(x) = f(x) - \frac{\sqrt{x}}{2} \int_{x_0}^{x} \frac{f'(z)}{\sqrt{z}} dz + \frac{\sqrt{x}}{2} \int_{x}^{x} \frac{F(z)}{\sqrt{z^3}} dz - C\sqrt{x}. \tag{20}$$

(15), (19)および(20)を用いて, (9)の求める解が容易に得られる：

$$u(x, y) = f(xy) + \frac{\sqrt{xy}}{2} \int_{xy}^{x/y} \frac{f'(z)}{\sqrt{z}} dz - \frac{\sqrt{xy}}{2} \int_{xy}^{x/y} \frac{F(z)}{\sqrt{z^3}} dz,$$

あるいは，最初の積分を部分積分して，結局

$$u(x, y) = \frac{1}{2} f(xy) + \frac{y}{2} f\left(\frac{x}{y}\right) + \frac{\sqrt{xy}}{4} \int_{xy}^{x/y} \frac{f(z)}{\sqrt{z^3}} dz - \frac{\sqrt{xy}}{2} \int_{xy}^{x/y} \frac{F(z)}{\sqrt{z^3}} dz.$$

例3 方程式

$$\frac{\partial^2 u}{\partial t^2} = \frac{2}{2n+1} x \frac{\partial^2 u}{\partial x^2} + \frac{\partial u}{\partial x} \qquad (n=0, 1, 2, \cdots) \tag{21}$$

を考えよう. x の代りに新しい変数

$$y = 2(2n+1)x \tag{22}$$

を導入すると, (21)は

$$\frac{1}{4} \frac{\partial^2 u}{\partial t^2} = y \frac{\partial^2 u}{\partial y^2} + \frac{2n+1}{2} \frac{\partial u}{\partial y} \tag{23}$$

となる. n を与えたとき(23)を満たす関数を u_n で表わせば, u_0 に対してはつぎの方程式が成り立つ:

$$\frac{1}{4} \frac{\partial^2 u_0}{\partial t^2} = y \frac{\partial^2 u_0}{\partial y^2} + \frac{1}{2} \frac{\partial u_0}{\partial y}.$$

y の代りに変数 $\xi = \sqrt{y}$ を導入すれば, 波動方程式

$$\frac{\partial^2 u_0}{\partial t^2} = \frac{\partial^2 u_0}{\partial \xi^2}$$

を得るが，その一般解は

$$u_0 = f_1(\xi-t)+f_2(\xi+t),$$

ここに f_1, f_2 は任意関数. こうして

$$u_0 = f_1(\sqrt{y}-t)+f_2(\sqrt{y}+t). \tag{24}$$

さて, u_n が求められれば u_{n+1} は簡単な微分操作で得られることを示そう. 実際, (23)を y で微分すると, $\partial u_n/\partial y$ に対して

$$\frac{1}{4}\frac{\partial^2}{\partial t^2}\left(\frac{\partial u_n}{\partial y}\right) = y\frac{\partial^2}{\partial y^2}\left(\frac{\partial u_n}{\partial y}\right) + \frac{2(n+1)+1}{2}\frac{\partial}{\partial y}\left(\frac{\partial u_n}{\partial y}\right)$$

を得るが, これは u_{n+1} に対する方程式(23)と一致する. こうして

$$u_{n+1} = \frac{\partial u_n}{\partial y}.$$

この公式を(24)の u_0 に対して n 回適用し, もとの変数 x に戻れば, (21)の求める一般解が得られる:

$$u(x,t) = \frac{\partial^n}{\partial x^n}[f_1(\sqrt{2(2n+1)x}-t)+f_2(\sqrt{2(2n+1)x}+t)]. \tag{25}$$

§2 Euler-Darboux の方程式

1 混合型方程式の境界値問題を取り扱うとき, Euler-Darboux の方程式

$$E(\alpha,\beta) \equiv \frac{\partial^2 u}{\partial x \partial y} - \frac{\beta}{x-y}\frac{\partial u}{\partial x} + \frac{\alpha}{x-y}\frac{\partial u}{\partial y} = 0 \tag{26}$$

がしばしば現われる. ただし, α, β は定数. 新しい関数 $v(x,y)$ を導入して

$$u(x,y) = (x-y)^{1-\alpha-\beta}v(x,y) \tag{27}$$

とおく. すると, (26)はつぎの方程式に帰着する:

$$\frac{\partial^2 v}{\partial x \partial y} - \frac{1-\alpha}{x-y}\frac{\partial v}{\partial x} + \frac{1-\beta}{x-y}\frac{\partial v}{\partial y} = 0. \tag{28}$$

$E(\alpha,\beta)=0$ の勝手な解を $Z(\alpha,\beta)$ で表わせば, (27)によって

$$Z(\alpha,\beta) = (x-y)^{1-\alpha-\beta}Z(1-\beta,1-\alpha). \tag{29}$$

(26)の特解を求めよう. λ をパラメータとしてつぎのようにおく:

$$t = \frac{y}{x}, \quad u = x^\lambda \varphi(t). \tag{30}$$

(30)を(26)に代入し簡単な変形を行なえば, Gauss の(超幾何)方程式が得られる:

$$t(1-t)\varphi''(t)+[1-\lambda-\alpha-(1-\lambda+\beta)t]\varphi'(t)+\lambda\beta\varphi(t) = 0. \tag{31}$$

よく知られているように[1][1)], 方程式(31)は $t=0$ の近傍で2つの線形独立な解

$$\varphi_1(t) = F(-\lambda, \beta, 1-\lambda-\alpha; t),$$
$$\varphi_2(t) = t^{\lambda+\alpha}F(\alpha, \alpha+\beta+\lambda, 1+\alpha+\lambda; t)$$

をもつ．ここに $F(a, b, c; t)$ は超幾何級数で，

$$F(a,b,c;t) = 1 + \frac{ab}{1!c}+t\frac{a(a+1)b(b+1)}{2!c(c+1)}t^2+\cdots+$$
$$+\frac{a(a+1)\cdots(a+n-1)b(b+1)\cdots(b+n-1)}{n!c(c+1)\cdots(c+n-1)}t^n+\cdots.$$

したがって，(30)により(26)は

$$\left.\begin{array}{l} u_1(x,y) = x^\lambda F\left(-\lambda, \beta, 1-\lambda-\alpha; \dfrac{y}{x}\right), \\[6pt] u_2(x,y) = x^{-\alpha}y^{\lambda+\alpha}F\left(\alpha, \alpha+\beta+\lambda, 1+\alpha+\lambda; \dfrac{y}{x}\right) \end{array}\right\} \tag{32}$$

という特解をもつ．λ が正整数ならば $u_1(x,y)$ は λ 次の同次多項式となることを注意しておこう．

2 α, β が正整数の場合に(26)の一般解を求めよう．そのために(26)を

$$(x-y)\frac{\partial^2 u}{\partial x \partial y}-\beta\frac{\partial u}{\partial x}+\alpha\frac{\partial u}{\partial y}=0 \tag{33}$$

の形に書く．(33)を x で微分すると

$$(x-y)\frac{\partial^3 u}{\partial x^2 \partial y}-\beta\frac{\partial^2 u}{\partial x^2}+(1+\alpha)\frac{\partial^2 u}{\partial x \partial y}=0,$$

あるいは，

$$(x-y)\frac{\partial^2}{\partial x \partial y}\left(\frac{\partial u}{\partial x}\right)-\beta\frac{\partial}{\partial x}\left(\frac{\partial u}{\partial x}\right)+(1+\alpha)\frac{\partial}{\partial y}\left(\frac{\partial u}{\partial x}\right)=0.$$

これより明らかなように，$\dfrac{\partial u}{\partial x}$ は

$$E(1+\alpha, \beta) = 0$$

を満たす．したがって

$$\frac{\partial Z(\alpha, \beta)}{\partial x} = Z(1+\alpha, \beta).$$

---

1)〔訳注〕 たとえば，寺沢寛一[1]，第7章15節．

§2 Euler-Darboux の方程式

同様に(33)を y で微分すれば

$$\frac{\partial Z(\alpha, \beta)}{\partial y} = Z(\alpha, 1+\beta).$$

これより一般に，次式を得る：

$$Z(\alpha+m-1, \beta+n-1) = \frac{\partial^{m+n-2}Z(\alpha, \beta)}{\partial x^{m-1}\partial y^{n-1}}. \tag{34}$$

(34)で $\alpha=\beta=1$ とおくと，

$$Z(m, n) = \frac{\partial^{m+n-2}Z(1,1)}{\partial x^{m-1}\partial y^{n-1}}. \tag{35}$$

ここに $Z(1,1)$ は

$$E(1,1) \equiv \frac{\partial^2 u}{\partial x \partial y} - \frac{1}{x-y}\left(\frac{\partial u}{\partial x} - \frac{\partial u}{\partial y}\right) = 0$$

の解であるが，この方程式の一般解は Φ, Ψ を任意関数として

$$Z(1,1) = \frac{\Phi(x) - \Psi(y)}{x-y}$$

で与えられる[1]．ゆえに，方程式

$$E(m,n) \equiv \frac{\partial^2 u}{\partial x \partial y} - \frac{n}{x-y}\frac{\partial u}{\partial x} + \frac{m}{x-y}\frac{\partial u}{\partial y} = 0 \tag{36}$$

の一般解は次式で与えられる：

$$u(x,y) = \frac{\partial^{m+n-2}}{\partial x^{m-1}\partial y^{n-1}}\left[\frac{\Phi(x) - \Psi(y)}{x-y}\right]. \tag{37}$$

3. 今度は α, β を負の整数としよう．(29)によって(34)はつぎのように書きなおせる：

$$(x-y)^{3-m-n-\alpha-\beta}Z(2-\beta-n, 2-\alpha-m) = \frac{\partial^{m+n-2}}{\partial x^{m-1}\partial y^{n-1}}\left[\frac{Z(1-\beta, 1-\alpha)}{(x-y)^{\alpha+\beta-1}}\right].$$

ここで $\alpha, \beta, m-1, n-1$ をそれぞれ $1-\beta, 1-\alpha, n, m$ でおきかえると

$$Z(\alpha-m, \beta-n) = (x-y)^{m+n+1-\alpha-\beta}\frac{\partial^{m+n}}{\partial x^n \partial y^m}\left[\frac{Z(\alpha, \beta)}{(x-y)^{1-\alpha-\beta}}\right].$$

$\alpha=\beta=0$ とおけば

$$Z(-m, -n) = (x-y)^{m+n+1}\frac{\partial^{m+n}}{\partial x^n \partial y^m}\left[\frac{\Phi(x) - \Psi(y)}{x-y}\right]. \tag{38}$$

これは

---

1)〔訳注〕 $(x-y)u=w$ とおけば $w_{xy}=0$ がすぐにわかる．

$$E(-m, -n) \equiv \frac{\partial^2 u}{\partial x \partial y} + \frac{n}{x-y}\frac{\partial u}{\partial x} - \frac{m}{x-y}\frac{\partial u}{\partial y} = 0 \tag{39}$$

の一般解である．

4. α, β が整数でない場合の(26)の一般解を見出そう．まず，

$$u = X(x)Y(y) \tag{40}$$

の形の(26)の特解を求めてみよう．これを(26)に入れれば

$$(x-y)X'(x)Y'(y) - \beta X'(x)Y(y) + \alpha X(x)Y'(y) = 0,$$

すなわち，

$$x + \alpha \frac{X(x)}{X'(x)} = y + \beta \frac{Y(y)}{Y'(y)}.$$

左辺は x だけの，右辺は y だけの関数であるから，等式が成り立つのは両辺が x にも y にもよらないとき，すなわち，同一の定数に等しいときである．これを a とすると

$$x + \alpha \frac{X(x)}{X'(x)} = y + \beta \frac{Y(y)}{Y'(y)} = a.$$

これより2つの方程式

$$\frac{X'(x)}{X(x)} = -\frac{\alpha}{x-a}, \qquad \frac{Y'(y)}{Y(y)} = -\frac{\beta}{y-a}$$

を得るが，これらの特解としてはつぎのものをとる：

$$X(x) = (x-a)^{-\alpha}, \qquad Y(y) = (y-a)^{-\beta}.$$

(40)によって(26)はつぎの特解をもつ：

$$(x-a)^{-\alpha}(y-a)^{-\beta}.$$

直接代入して容易に検証できるように，関数

$$u_1(x, y) = \int_x^y \varphi(\xi)(\xi-x)^{-\alpha}(y-\xi)^{-\beta}d\xi$$

も(26)の解である．ここに $\varphi(\xi)$ は任意関数である．

(29)を考慮すればわかるように，(26)は

$$(x-y)^{1-\alpha-\beta}(x-a)^{\beta-1}(y-a)^{\alpha-1}$$

の形の特解をもっている．したがって，同様にして

$$u_2(x, y) = (y-x)^{1-\alpha-\beta}\int_x^y \psi(\xi)(\xi-x)^{\beta-1}(y-\xi)^{\alpha-1}d\xi$$

も(26)の解である．ここに $\psi(\xi)$ は任意関数である．

§2 Euler-Darboux の方程式

ゆえに，(26) の一般解は

$$u(x, y) = \int_x^y \varphi(\xi)(\xi-x)^{-\alpha}(y-\xi)^{-\beta}d\xi +$$
$$+ (y-x)^{1-\alpha-\beta}\int_x^y \psi(\xi)(\xi-x)^{\beta-1}(y-\xi)^{\alpha-1}d\xi.$$

$\xi = x(1-t) + yt$ とおけば，結局

$$u(x, y) = (y-x)^{1-\alpha-\beta}\int_0^1 \varphi[x+(y-x)t]t^{-\alpha}(1-t)^{-\beta}dt +$$
$$+ \int_0^1 \psi[x+(y-x)t]t^{\beta-1}(1-t)^{\alpha-1}dt, \qquad (41)$$

を得る．ここに φ, ψ は任意関数で，$0<\alpha, \beta<1$, $\alpha+\beta \neq 1$ とする．

$\alpha+\beta=1$ の場合には (26) の一般解はつぎの公式で与えられる：

$$u(x, y) = \int_0^1 \varphi[x+(y-x)t]t^{-\alpha}(1-t)^{-\beta}dt +$$
$$+ \int_0^1 \psi[x+(y-x)t]t^{-\alpha}(1-t)^{\alpha-1}\log[t(1-t)(y-x)]dt. \qquad (42)$$

その他の α, β の値に対しても，(29), (34), (41) および (42) を用いれば (26) の一般解が得られることを注意しておこう．

5. 一般解 (41) の応用例としてつぎの問題を考えよう．

Euler-Darboux の方程式

$$\frac{\partial^2 u}{\partial x \partial y} - \frac{\beta}{x-y}\frac{\partial u}{\partial x} + \frac{\alpha}{x-y}\frac{\partial u}{\partial y} = 0 \qquad (0<\alpha+\beta<1, \ \alpha \geq 0, \ \beta \geq 0)$$

の解でつぎの条件を満たすものを求めよ：

$$u|_{y=x} = f(x), \qquad (y-x)^{\alpha+\beta}\left(\frac{\partial u}{\partial y} - \frac{\partial u}{\partial x}\right)\Big|_{y=x} = F(x). \qquad (43)$$

(41) で $y=x$ とおき (43) を考慮すれば[1]，

$$f(x) = \psi(x)\int_0^1 t^{\beta-1}(1-t)^{\alpha-1}dt = \frac{\Gamma(\alpha)\Gamma(\beta)}{\Gamma(\alpha+\beta)}\psi(x).$$

これより

$$\psi(x) = \frac{\Gamma(\alpha+\beta)}{\Gamma(\alpha)\Gamma(\beta)}f(x), \qquad (44)$$

ここに

---

1) 〔訳注〕 Γ 関数については，たとえば寺沢寛一 [1]，第 5 章 20, 21 節．

$$\Gamma(s) = \int_0^\infty e^{-x} x^{s-1} dx.$$

(41)を y および x で微分すれば，

$$\frac{\partial u}{\partial y} = (1-\alpha-\beta)(y-x)^{-\alpha-\beta}\int_0^1 \varphi[x+(y-x)t]t^{-\alpha}(1-t)^{-\beta}dt+$$

$$+(y-x)^{1-\alpha-\beta}\int_0^1 \varphi'[x+(y-x)t]t^{1-\alpha}(1-t)^{-\beta}dt+$$

$$+\int_0^1 \psi'[x+(y-x)t]t^\beta(1-t)^{\alpha-1}dt,$$

$$\frac{\partial u}{\partial x} = -(1-\alpha-\beta)(y-x)^{-\alpha-\beta}\int_0^1 \varphi[x+(y-x)t]t^{-\alpha}(1-t)^{-\beta}dt+$$

$$+(y-x)^{1-\alpha-\beta}\int_0^1 \varphi'[x+(y-x)t]t^{-\alpha}(1-t)^{1-\beta}dt+$$

$$+\int_0^1 \psi'[x+(y-x)t]t^{\beta-1}(1-t)^\alpha dt.$$

これらに $(y-x)^{\alpha+\beta}$ を掛けて引算すれば，

$$(y-x)^{\alpha+\beta}\left(\frac{\partial u}{\partial y}-\frac{\partial u}{\partial x}\right)= 2(1-\alpha-\beta)\int_0^1 \varphi[x+(y-x)t]t^{-\alpha}(1-t)^{-\beta}dt+$$

$$+(y-x)\int_0^1 \varphi'[x+(y-x)t]t^{-\alpha}(1-t)^{-\beta}(2t-1)dt+$$

$$+(y-x)^{\alpha+\beta}\int_0^1 \psi'[x+(y-x)t]t^{\beta-1}(1-t)^{\alpha-1}(2t-1)dt.$$

この式で $y=x$ とおいて(43)を考慮すれば，

$$F(x) = 2(1-\alpha-\beta)\varphi(x)\int_0^1 t^{-\alpha}(1-t)^{-\beta}dt = 2(1-\alpha-\beta)\frac{\Gamma(1-\alpha)\Gamma(1-\beta)}{\Gamma(2-\alpha-\beta)}\varphi(x).$$

これより

$$\varphi(x) = \frac{\Gamma(2-\alpha-\beta)}{2(1-\alpha-\beta)\Gamma(1-\alpha)\Gamma(1-\beta)}F(x). \tag{45}$$

上に得られた $\varphi(x), \psi(x)$ を(41)に代入すれば，求める問題の解は

$$u(x,y) = \frac{\Gamma(2-\alpha-\beta)(y-x)^{1-\alpha-\beta}}{2(1-\alpha-\beta)\Gamma(1-\alpha)\Gamma(1-\beta)}\int_0^1 F[x+(y-x)t]t^{-\alpha}(1-t)^{-\beta}dt+$$

$$+\frac{\Gamma(\alpha+\beta)}{\Gamma(\alpha)\Gamma(\beta)}\int_0^1 f[x+(y-x)t]t^{\beta-1}(1-t)^{\alpha-1}dt. \tag{46}$$

注意 方程式

$$\frac{\partial^2 u}{\partial x \partial y} - \frac{a}{x-y}\frac{\partial u}{\partial x} + \frac{b}{x-y}\frac{\partial u}{\partial y} - \frac{c}{(x-y)^2}u = 0 \qquad (a, b, c \text{ は定数})$$

は,
$$u = (x-y)^\gamma v(x, y)$$
とおくことによって Euler-Darboux の方程式
$$\frac{\partial^2 v}{\partial x \partial y} - \frac{\beta}{x-y}\frac{\partial v}{\partial x} + \frac{\alpha}{x-y}\frac{\partial v}{\partial y} = 0$$
に帰着される．ここに $\alpha = b+\gamma$, $\beta = a+\gamma$ で，γ は
$$\gamma^2 + (a+b-1)\gamma + c = 0$$
の根である．

問 題

1. つぎの方程式の一般解を求めよ：
$$x^2 \frac{\partial^2 u}{\partial x^2} - y^2 \frac{\partial^2 u}{\partial y^2} - 2y\frac{\partial u}{\partial y} = 0.$$

〔答〕
$$u(x, y) = \sqrt{\frac{x}{y}}\,\varphi(xy) + \phi\left(\frac{y}{x}\right).$$

2. 方程式
$$\frac{\partial^2 u}{\partial t^2} = a^2\left(\frac{\partial^2 u}{\partial x^2} + \frac{2(n+1)}{x}\frac{\partial u}{\partial x}\right)$$
の一般解はつぎのようになることを示せ：
$$u = \left(\frac{\partial}{x\partial x}\right)^n \left[\frac{\varphi(x-at)+\phi(x+at)}{x}\right].$$

3. つぎの方程式と初期条件を満たす解を求めよ：
$$4y^2\frac{\partial^2 u}{\partial x^2} + 2(1-y^2)\frac{\partial^2 u}{\partial x \partial y} - \frac{\partial^2 u}{\partial y^2} - \frac{2y}{1+y^2}\left(2\frac{\partial u}{\partial x} - \frac{\partial u}{\partial y}\right) = 0,$$
$$u|_{y=0} = f(x), \qquad \left.\frac{\partial u}{\partial y}\right|_{y=0} = F(x).$$

〔答〕
$$u(x, y) = f\left(x - \frac{2}{3}y^3\right) + \frac{1}{2}\int_{x-2y^3/3}^{x+2y} F(z)dz.$$

4. 関数
$$u(x, t) = \frac{(h-x+at)f(x-at)+(h-x-at)f(x+at)}{2(h-x)} + \frac{1}{2a}\int_{x-at}^{x+at}\frac{h-z}{h-x}F(z)dz$$
はつぎの方程式と初期条件を満たすことを示せ：

第1章 双曲型方程式の一般解の見つけ方

$$\frac{\partial}{\partial x}\left\{\left(1-\frac{x}{h}\right)^2 \frac{\partial u}{\partial x}\right\} = \frac{1}{a^2}\left(1-\frac{x}{h}\right)^2 \frac{\partial^2 u}{\partial t^2},$$

$$u|_{t=0} = f(x), \qquad \left.\frac{\partial u}{\partial t}\right|_{t=0} = F(x).$$

〔ヒント〕 第0章の問題2の結果を使え．

5. つぎの方程式と初期条件を満たす解を求めよ：

$$y^2 \frac{\partial^2 u}{\partial x^2} - \frac{\partial^2 u}{\partial y^2} + \frac{1}{2}\frac{\partial u}{\partial x} = 0,$$

$$u|_{y=0} = f(x), \qquad \left.\frac{\partial u}{\partial y}\right|_{y=0} = F(x).$$

〔答〕

$$u(x,y) = \frac{\sqrt{\pi}}{2}\frac{y}{\Gamma\left(\frac{7}{8}\right)\Gamma\left(\frac{5}{8}\right)}\int_0^1 F\left[x+y^2\left(t-\frac{1}{2}\right)\right]t^{-1/8}(1-t)^{-3/8}dt +$$

$$+ \frac{\sqrt{\pi}}{\Gamma\left(\frac{3}{8}\right)\Gamma\left(\frac{1}{8}\right)}\int_0^1 f\left[x+y^2\left(t-\frac{1}{2}\right)\right]t^{-5/8}(1-t)^{-7/8}dt.$$

〔ヒント〕 方程式を標準形になおし，定積分で表わされた Euler-Darboux の方程式の解を $\alpha=1/8$, $\beta=3/8$ として用いよ．

第2章 平面上の Cauchy 問題

§1 Cauchy 問題と Riemann の方法

方程式

$$L(u) \equiv \frac{\partial^2 u}{\partial x \partial y} + a(x,y)\frac{\partial u}{\partial x} + b(x,y)\frac{\partial u}{\partial y} + c(x,y)u = f(x,y) \quad (1)$$

を考えよう．すでにみたように，すべての2変数の線形双曲型方程式は上の形に帰着される．第0章§2の方程式(13a)は，特性曲線を定義するものであるが，いまの場合 $dxdy=0$ となり，したがって(1)の特性曲線は座標軸に平行な直線 $x=$const, $y=$const である．

xy 平面に，座標軸に平行な直線と高々1回しか交わらない曲線 AB が与えられたとしよう．また，曲線 AB 上で関数 φ, ψ が与えられたとする．

Cauchy 問題は，このとき AB 上で条件

$$u|_{AB} = \varphi, \quad \frac{\partial u}{\partial n}\bigg|_{AB} = \psi \quad (2)$$

($\partial/\partial n$ は AB の法線 n に沿っての微分)を満たす(1)の解を求めよ，という問題である．以下 Cauchy 問題の解の存在は仮定しよう．

$L(u)=0$ と共に，次式で定義される共役方程式を考える:

$$L^*(v) \equiv \frac{\partial^2 v}{\partial x \partial y} - \frac{\partial(av)}{\partial x} - \frac{\partial(bv)}{\partial y} + cv = 0,$$

ここで係数 a,b は連続な1階導関数をもつものとする．

直接微分することによってつぎの恒等式は容易に確かめられる:

$$vL(u) - uL^*(v) = \frac{1}{2}\frac{\partial}{\partial x}\left(v\frac{\partial u}{\partial y} - u\frac{\partial v}{\partial y} + 2auv\right) +$$
$$+ \frac{1}{2}\frac{\partial}{\partial y}\left(v\frac{\partial u}{\partial x} - u\frac{\partial v}{\partial x} + 2buv\right). \quad (3)$$

さて，任意に点 $M(x_0, y_0)$ をとり，それを通る特性曲線 $x=x_0$, $y=y_0$ を引き，AB との交点をそれぞれ P, Q とする(図1)．これらの直線と曲線 PQ で囲まれた領域を Ω で表わそう．(3)の両辺を Ω で積分し Green の公式を用いれば，

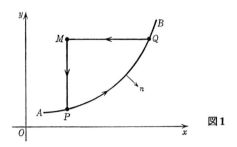

図1

$$\iint_\Omega [vL(u)-uL^*(v)]dxdy = \frac{1}{2}\int_\Gamma \left[-\left(v\frac{\partial u}{\partial x}-u\frac{\partial v}{\partial x}+2buv\right)dx+\right.$$
$$\left.+\left(v\frac{\partial u}{\partial y}-u\frac{\partial v}{\partial y}+2auv\right)dy\right]. \quad (4)$$

ここに積分路 $\Gamma(\Omega$ の境界) は 3 つの部分：特性曲線 QM, MP および弧 PQ よりなる．QM および MP に沿う積分を考えよう．QM 上では x が変るだけであるから，QM に沿う積分としては

$$-\frac{1}{2}\int_{QM}\left(v\frac{\partial u}{\partial x}-u\frac{\partial v}{\partial x}+2buv\right)dx$$

だけが残る．被積分関数は

$$v\frac{\partial u}{\partial x}-u\frac{\partial v}{\partial x}+2buv = \frac{\partial(uv)}{\partial x}+2u\left(bv-\frac{\partial v}{\partial x}\right)$$

と書けるから，

$$-\frac{1}{2}\int_{QM}\left(v\frac{\partial u}{\partial x}-u\frac{\partial v}{\partial x}+2buv\right)dx = \frac{1}{2}(uv)_Q-\frac{1}{2}(uv)_M-$$
$$-\int_{QM}u\left(bv-\frac{\partial v}{\partial x}\right)dx. \quad (5)$$

ここに，たとえば，$(uv)_M$ は積 uv の M における値を表わす．全く同様にして，

$$\frac{1}{2}\int_{MP}\left(v\frac{\partial u}{\partial y}-u\frac{\partial v}{\partial y}+2auv\right)dy = \frac{1}{2}(uv)_P-\frac{1}{2}(uv)_M+$$
$$+\int_{MP}u\left(av-\frac{\partial v}{\partial y}\right)dy. \quad (6)$$

(5), (6) を (4) に代入すると

§1 Cauchy 問題と Riemann の方法

$$(uv)_M = \frac{(uv)_P + (uv)_Q}{2} + \frac{1}{2}\int_{PQ}\Big[-\Big(v\frac{\partial u}{\partial x} - u\frac{\partial v}{\partial x} + 2buv\Big)dx +$$
$$+ \Big(v\frac{\partial u}{\partial y} - u\frac{\partial v}{\partial y} + 2auv\Big)dy\Big] - \int_{QM} u\Big(bv - \frac{\partial v}{\partial x}\Big)dx +$$
$$+ \int_{MP} u\Big(av - \frac{\partial v}{\partial y}\Big)dy - \iint_\Omega [vL(u) - uL^*(v)]dxdy. \quad (7)$$

さて，u を条件 (2) を満たす (1) の解，v を同次共役方程式

$$L^*(v) = 0 \quad (8)$$

の 1 つの解としよう．このとき (7) はつぎのように書ける：

$$(uv)_M = \frac{(uv)_P + (uv)_Q}{2} + \frac{1}{2}\int_{PQ}\Big[-\Big(v\frac{\partial u}{\partial x} - u\frac{\partial v}{\partial x} + 2buv\Big)dx +$$
$$+ \Big(v\frac{\partial u}{\partial y} - u\frac{\partial v}{\partial y} + 2auv\Big)dy\Big] - \int_{QM} u\Big(bv - \frac{\partial v}{\partial x}\Big)dx +$$
$$+ \int_{MP} u\Big(av - \frac{\partial v}{\partial y}\Big)dy - \iint_\Omega vf\,dxdy. \quad (9)$$

(9) の右辺をみれば，u の未知の値が積分

$$\int_{QM} u\Big(bv - \frac{\partial v}{\partial x}\Big)dx, \quad \int_{MP} u\Big(av - \frac{\partial v}{\partial y}\Big)dy \quad (10)$$

の中に含まれている．というのは，特性曲線 QM，MP 上では解 u の値をまだ知らないからである．

Riemann の考え方に従って，共役方程式の解 v を適当に選ぶことにより，これらの未知項を (9) から追い出そう．すなわち，つぎの条件を満たす (8) の解をとる：

$$\left.\begin{array}{ll} 1) & \dfrac{\partial v}{\partial x} - bv = 0 \quad (QM \text{ の上で}), \\[4pt] 2) & \dfrac{\partial v}{\partial y} - av = 0 \quad (MP \text{ の上で}), \\[4pt] 3) & v = 1 \quad (M \text{ において}). \end{array}\right\} \quad (11)$$

すぐにわかるように，このとき (10) の積分は 0 となり，(9) は **Riemann の公式**

$$u(M) = \frac{(uv)_P + (uv)_Q}{2} + \frac{1}{2}\int_{QP}\Big[\Big(v\frac{\partial u}{\partial x} - u\frac{\partial v}{\partial x} + 2buv\Big)dx -$$
$$- \Big(v\frac{\partial u}{\partial y} - u\frac{\partial v}{\partial y} + 2auv\Big)dy\Big] - \iint_\Omega vf(x,y)dxdy \quad (12)$$

となり，これはCauchy問題の解を与える．なぜなら，QP上の積分における被積分関数は曲線AB上で既知の値だけを含むからである．実際，vは上のように定義され，$u, \partial u/\partial x, \partial u/\partial y$は条件(2)によって$AB$上で定まっている，すなわち

$$\left.\frac{\partial u}{\partial x}\right|_{AB} = \frac{\partial u}{\partial s}\cos(s, x) + \left.\frac{\partial u}{\partial n}\cos(n, x)\right|_{AB} = \frac{\partial \varphi}{\partial s}\cos(s, x) + \psi(s)\cos(n, x).$$

$$\left.\frac{\partial u}{\partial y}\right|_{AB} = \frac{\partial u}{\partial s}\cos(s, y) + \left.\frac{\partial u}{\partial n}\cos(n, y)\right|_{AB} = \frac{\partial \varphi}{\partial s}\cos(s, y) + \psi(s)\cos(n, y).$$

ここに$\frac{\partial}{\partial s}$は$AB$の接線$s$の方向の微分を表わす．

さて，(11)を満たす(8)の解vの性質をもう少し詳しく見よう．この解は2組の変数の関数，すなわち，流通座標x, yと点Mの固定座標x_0, y_0との関数とみなすことができる．そこで

$$v = v(x, y; x_0, y_0)$$

と表わせば，条件(11)はつぎのように書きなおされる：

1) $\dfrac{\partial v(x, y_0; x_0, y_0)}{\partial x} = b(x, y_0)v(x, y_0; x_0, y_0)$ (QMの上で)，

2) $\dfrac{\partial v(x_0, y; x_0, y_0)}{\partial y} = a(x_0, y)v(x_0, y; x_0, y_0)$ (MPの上で)，

3) $v(x_0, y_0; x_0, y_0) = 1.$

したがって，積分することによって

$$\left.\begin{array}{l} v(x, y_0; x_0, y_0) = \exp\left(\displaystyle\int_{x_0}^{x} b(x, y_0)dx\right), \\ v(x_0, y; x_0, y_0) = \exp\left(\displaystyle\int_{y_0}^{y} a(x_0, y)dy\right). \end{array}\right\} \quad (13)$$

条件(13)を満たす(8)の解$v(x, y; x_0, y_0)$を**Riemann関数**という．この関数はAB上の**Cauchy**データ[1]にもABの形にもよらない．

上述のRiemannの方法は，Cauchy問題をRiemann関数$v(x, y; x_0, y_0)$を見出すことに帰着させるが，実はその存在と一意性を示すことができる(しかしここではこの問題に立ち入らない)．Riemannの公式(12)がCauchy問題の解

---

1)〔訳注〕 Cauchy問題の初期値として与えられるデータ．いまの場合は，AB上におけるuおよび$\partial u/\partial n$の値．

が存在するという仮定のもとに得られたことをもう一度注意しておこう．このようにCauchy問題の解が存在すれば，それは(12)によって表わされる筈である．このことはCauchy問題の解の一意性を示している[1]．

(12)からすぐにわかるが，AB 上のCauchyデータの変化が十分小さければ，解の変化もまた十分小さい．すなわちCauchy問題の解は初期値に連続に依存する．さらに，解 u の M における値は，M を通る特性曲線によって切りとられた AB の部分，弧 PQ 上の初期値のみに依存することも(12)からわかる．AB 上の PQ 以外の部分でCauchyデータを変えても，P および Q における連続性さえこわさなければ，解の変化は三角領域 MPQ の外部だけにしか現われない．このように，特性曲線は解が変化する領域と変化しない領域とを分離している．したがって，解の特性曲線を越えての延長は一意的でない．

はじめの仮定——座標軸に平行な直線すなわち特性曲線が AB を高々 1 度しか切らない——は本質的である．この条件が満たされなければCauchy問題は一般に解けない．たとえば，AB が図2のようであったとしよう．Riemannの方法を用いて点 M における未知関数 $u(x, y)$ の値を定めるのに，曲三角形 PQM を使っても曲三角形 Q_1PM を使ってもよいわけである．こうして得られる 2 つの値は一般には一致しない，したがってCauchy問題が解けないことになる．

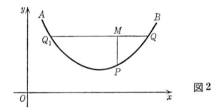

図 2

§2 Riemannの方法の応用例

例1 第1章§1の例2をRiemannの方法で解いてみよう．すなわち，つぎの方程式と初期条件を満たす解を求める：

---

[1]〔訳注〕 これもRiemann関数の存在を前提としてのことである．

$$x^2 \frac{\partial^2 u}{\partial x^2} - y^2 \frac{\partial^2 u}{\partial y^2} = 0, \tag{14}$$

$$u|_{y=1} = f(x), \qquad \frac{\partial u}{\partial y}\bigg|_{y=1} = F(x). \tag{15}$$

変数変換

$$\xi = xy, \qquad \eta = \frac{y}{x} \tag{16}$$

によって(14)は標準形になる:

$$\frac{\partial^2 u}{\partial \xi \partial \eta} - \frac{1}{2\xi} \frac{\partial u}{\partial \eta} = 0. \tag{17}$$

直線 $y=1$ は新しい変数では直角双曲線

$$\xi \eta = 1 \tag{18}$$

となる(図3).さらに,関係

$$x = \sqrt{\frac{\xi}{\eta}}, \qquad y = \sqrt{\xi \eta}$$

から明らかに,

$$\frac{\partial u}{\partial \xi}\bigg|_{\xi\eta=1} = \frac{1}{2} \frac{\partial u}{\partial x} + \frac{1}{2\xi} \frac{\partial u}{\partial y}\bigg|_{\xi\eta=1}, \qquad \frac{\partial u}{\partial \eta}\bigg|_{\xi\eta=1} = -\frac{\xi^2}{2} \frac{\partial u}{\partial x} + \frac{\xi}{2} \frac{\partial u}{\partial y}\bigg|_{\xi\eta=1}.$$

ゆえに,(15)によれば

$$\frac{\partial u}{\partial \xi}\bigg|_{\xi\eta=1} = \frac{1}{2} f'(\xi) + \frac{1}{2\xi} F(\xi), \qquad \frac{\partial u}{\partial \eta}\bigg|_{\xi\eta=1} = -\frac{\xi^2}{2} f'(\xi) + \frac{\xi}{2} F(\xi), \tag{19}$$

$$u|_{\xi\eta=1} = f(\xi). \tag{20}$$

Riemann の公式(12)で $a=0$, $b=-1/(2\xi)$, $f=0$ とおけば

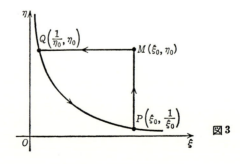

図3

§2 Riemann の方法の応用例

$$u(\xi_0, \eta_0) = \frac{(uv)_P + (uv)_Q}{2} +$$
$$+ \frac{1}{2}\int_{QP}\left[\left(v\frac{\partial u}{\partial \xi} - u\frac{\partial v}{\partial \xi} - \frac{uv}{\xi}\right)d\xi - \left(v\frac{\partial u}{\partial \eta} - u\frac{\partial v}{\partial \eta}\right)d\eta\right].$$
(21)

さて次に Riemann 関数 $v(\xi, \eta; \xi_0, \eta_0)$ を求める. 一般論によれば，これは共役方程式

$$\frac{\partial^2 v}{\partial \xi \partial \eta} + \frac{1}{2\xi}\frac{\partial v}{\partial \eta} = 0 \qquad (22)$$

と特性曲線上での条件

$$\left.\begin{array}{l} v(\xi, \eta_0; \xi_0, \eta_0) = \exp\left(-\int_{\xi_0}^{\xi}\frac{d\xi}{2\xi}\right) = \sqrt{\dfrac{\xi_0}{\xi}} \qquad (MQ \text{ の上で}), \\[1em] v(\xi_0, \eta; \xi_0, \eta_0) = \exp\left(\int_{\eta_0}^{\eta} 0 \cdot d\eta\right) = 1 \qquad (MP \text{ の上で}) \end{array}\right\} \quad (23)$$

を満たさなければならない. 容易に確かめられるように，

$$v(\xi, \eta; \xi_0, \eta_0) = \sqrt{\frac{\xi_0}{\xi}} \qquad (24)$$

は (22) と (23) を満たす. ゆえにこれが求める Riemann 関数である. (19), (20), (24) を (21) に代入して

$$u(P) = f(\xi_0), \qquad u(Q) = f\left(\frac{1}{\eta_0}\right),$$
$$v(P) = v\left(\xi_0, \frac{1}{\xi_0}; \xi_0, \eta_0\right) = 1, \qquad v(Q) = v\left(\frac{1}{\eta_0}, \eta_0; \xi_0, \eta_0\right) = \sqrt{\xi_0\eta_0}$$

に注意すれば，

$$u(\xi_0, \eta_0) = \frac{f(\xi_0)}{2} + \frac{\sqrt{\xi_0\eta_0}}{2}f\left(\frac{1}{\eta_0}\right) + \frac{\sqrt{\xi_0}}{4}\int_{\xi_0}^{1/\eta_0}\frac{f(\xi)}{\xi^{3/2}}d\xi - \frac{\sqrt{\xi_0}}{2}\int_{\xi_0}^{1/\eta_0}\frac{F(\xi)}{\xi^{3/2}}d\xi.$$

ここでもとの変数 x, y に戻れば，Cauchy 問題の解が前に求めたものと同じ形で得られる：

$$u(x, y) = \frac{1}{2}f(xy) + \frac{y}{2}f\left(\frac{x}{y}\right) + \frac{\sqrt{xy}}{4}\int_{xy}^{x/y}\frac{f(z)}{z^{3/2}}dz - \frac{\sqrt{xy}}{2}\int_{xy}^{x/y}\frac{F(z)}{z^{3/2}}dz.$$

例2 方程式

$$x\frac{\partial^2 u}{\partial x^2} - \frac{\partial^2 u}{\partial y^2} + \frac{\partial u}{\partial x} = 0 \qquad (x > 0) \qquad (25)$$

と条件

$$u|_{y=0} = f(x), \quad \left.\frac{\partial u}{\partial y}\right|_{y=0} = F(x) \qquad (26)$$

を満たす解を求めよ．この問題を Riemann の方法で解くために(25)を標準形になおそう．これに対する特性方程式は

$$xdy^2 - dx^2 = 0.$$

これは2つの積分

$$\frac{y}{2} + \sqrt{x} = C_1, \quad \frac{y}{2} - \sqrt{x} = C_2$$

をもつから，新しい変数 ξ, η を

$$\xi = \frac{y}{2} + \sqrt{x}, \quad \eta = \frac{y}{2} - \sqrt{x} \qquad (27)$$

によって導入する．さらに

$$w = u\sqrt{\xi - \eta} \qquad (28)$$

とおいて従属変数も変換すれば，(25)はつぎの標準形になる：

$$\frac{\partial^2 w}{\partial \xi \partial \eta} - \frac{1}{4}\frac{w}{(\xi - \eta)^2} = 0. \qquad (29)$$

さて条件(26)と変換公式(27)に注意すれば，Riemann の方法における曲線 AB としては(象限の)二等分線

$$\eta = -\xi \qquad (30)$$

をとることになる(図4)．Riemann の方法によれば，われわれの問題を解くた

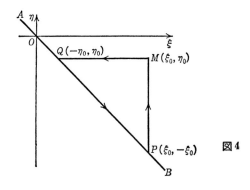

図4

めには，共役方程式

$$\frac{\partial^2 v}{\partial \xi \partial \eta} - \frac{1}{4}\frac{v}{(\xi-\eta)^2} = 0 \tag{31}$$

の特解で特性曲線上の条件

$$\left.\begin{array}{ll} v(\xi_0, \eta; \xi_0, \eta_0) = 1 & (MP の上で), \\ v(\xi, \eta_0; \xi_0, \eta_0) = 1 & (MQ の上で) \end{array}\right\} \tag{32}$$

を満たすものを求めなければならない．(31)の解を

$$v = G(\sigma), \tag{33}$$

ただし

$$\sigma = \frac{(\xi-\xi_0)(\eta-\eta_0)}{(\xi_0-\eta_0)(\xi-\eta)} \tag{34}$$

の形に求めよう．このとき $G(\sigma)$ に対して得られる方程式は

$$\sigma(1-\sigma)G''(\sigma) + (1-2\sigma)G'(\sigma) - \frac{1}{4}G(\sigma) = 0. \tag{35}$$

すぐにわかるように，これは Gauss の超幾何方程式

$$\sigma(1-\sigma)y'' + [\gamma - (1+\alpha+\beta)\sigma]y' - \alpha\beta y = 0 \tag{36}$$

において $\alpha=\beta=1/2$, $\gamma=1$ とした特別の場合になっている．

Gauss の方程式は超幾何級数の特解

$$F(\alpha, \beta, \gamma; \sigma) = 1 + \frac{\alpha\beta}{1!\gamma}\sigma + \frac{\alpha(\alpha+1)\beta(\beta+1)}{2!\gamma(\gamma+1)}\sigma^2 + \cdots \tag{37}$$

をもち，これは $|\sigma|<1$ で絶対収束である．

このことから明らかに，

$$v = G(\sigma) = F\left(\frac{1}{2}, \frac{1}{2}, 1; \sigma\right) = 1 + \left(\frac{1}{2}\right)^2 \sigma + \left(\frac{1}{2}\cdot\frac{3}{4}\right)^2 \sigma^2 + \cdots \tag{38}$$

ととれば(31)および(32)を満足させることができる．ゆえに

$$v = G\left(\frac{(\xi-\xi_0)(\eta-\eta_0)}{(\xi_0-\eta_0)(\xi-\eta)}\right) \tag{39}$$

は求める Riemann 関数である．

さて(25), (26)の解を求める問題にもどろう．Riemann の公式(12)で $a=b=0$, $f=0$ とおけば

$$w(\xi_0, \eta_0) = \frac{w(P)+w(Q)}{2} +$$
$$+ \frac{1}{2}\int_{QP}\left[\left(v\frac{\partial w}{\partial \xi} - w\frac{\partial v}{\partial \xi}\right)d\xi - \left(v\frac{\partial w}{\partial \eta} - w\frac{\partial v}{\partial \eta}\right)d\eta\right].$$

ここに関数 v は (38), (39) で定義されている．(30) を考慮すれば

$$w(\xi_0, \eta_0) = \frac{w(P)+w(Q)}{2} + \frac{1}{2}\int_{-\eta_0}^{\xi_0} v\left(\frac{\partial w}{\partial \xi} + \frac{\partial w}{\partial \eta}\right)d\xi -$$
$$- \frac{1}{2}\int_{-\eta_0}^{\xi_0} w\left(\frac{\partial v}{\partial \xi} + \frac{\partial v}{\partial \eta}\right)d\xi. \tag{40}$$

(40) に出てくる導関数を計算しよう．関係式

$$x = \frac{1}{4}(\xi-\eta)^2, \qquad y = \xi+\eta$$

から明らかに，

$$\left.\frac{\partial u}{\partial \xi}\right|_{\eta=-\xi} = \xi\frac{\partial u}{\partial x} + \left.\frac{\partial u}{\partial y}\right|_{y=0}, \qquad \left.\frac{\partial u}{\partial \eta}\right|_{\eta=-\xi} = -\xi\frac{\partial u}{\partial x} + \left.\frac{\partial u}{\partial y}\right|_{y=0}.$$

ゆえに，(26) によって

$$\left.\frac{\partial u}{\partial \xi} + \frac{\partial u}{\partial \eta}\right|_{\eta=-\xi} = 2\left.\frac{\partial u}{\partial y}\right|_{y=0} = 2F(\xi^2). \tag{41}$$

(28) を ξ および η に関して微分して $\eta=-\xi$ とおけば

$$\left.\frac{\partial w}{\partial \xi}\right|_{\eta=-\xi} = \sqrt{2\xi}\frac{\partial u}{\partial \xi} + \frac{u}{2\sqrt{2\xi}}, \qquad \left.\frac{\partial w}{\partial \eta}\right|_{\eta=-\xi} = \sqrt{2\xi}\frac{\partial u}{\partial \eta} - \frac{u}{2\sqrt{2\xi}}.$$

これより，(41) によって

$$\left.\frac{\partial w}{\partial \xi} + \frac{\partial w}{\partial \eta}\right|_{\eta=-\xi} = \sqrt{2\xi}\left(\frac{\partial u}{\partial \xi} + \frac{\partial u}{\partial \eta}\right)\bigg|_{\eta=-\xi} = 2\sqrt{2\xi}\,F(\xi^2). \tag{42}$$

さらに，関係

$$\left.\frac{\partial v}{\partial \xi}\right|_{\eta=-\xi} = \frac{dG}{d\sigma}\left.\frac{\partial \sigma}{\partial \xi}\right|_{\eta=-\xi} = -\frac{1}{4}\frac{(\xi+\eta_0)(\xi+\xi_0)}{(\xi_0-\eta_0)\xi^2}\left(\frac{dG}{d\sigma}\right)_{\eta=-\xi},$$
$$\left.\frac{\partial v}{\partial \eta}\right|_{\eta=-\xi} = \frac{dG}{d\sigma}\left.\frac{\partial \sigma}{\partial \eta}\right|_{\eta=-\xi} = \frac{1}{4}\frac{(\xi-\eta_0)(\xi-\xi_0)}{(\xi_0-\eta_0)\xi^2}\left(\frac{dG}{d\sigma}\right)_{\eta=-\xi}$$

から次式が得られる：

$$\left.\frac{\partial v}{\partial \xi} + \frac{\partial v}{\partial \eta}\right|_{\eta=-\xi} = -\frac{\xi_0+\eta_0}{2(\xi_0-\eta_0)\xi}\left(\frac{dG}{d\sigma}\right)_{\eta=-\xi}. \tag{43}$$

公式 (40) を適用するためには，さらに直線 $\eta=-\xi$ 上の w の値，特に点 P, Q

における w の値を計算しなければならない．容易にわかるように
$$w|_{\eta=-\xi} = w(\xi, -\xi) = \sqrt{2\xi}\, u(x,0) = \sqrt{2\xi}\, f(\xi^2). \tag{44}$$
これより直ちに
$$\left.\begin{array}{l} w(P) = w(\xi_0, -\xi_0) = \sqrt{2\xi_0}\, f(\xi_0^2), \\ w(Q) = w(-\eta_0, \eta_0) = \sqrt{-2\eta_0}\, f(\eta_0^2). \end{array}\right\} \tag{45}$$
さて，
$$u(x_0, y_0) = \frac{w(\xi_0, \eta_0)}{\sqrt{2}\sqrt[4]{x_0}}$$
であることを考慮すれば，(40), (42)-(45) により
$$u(x_0, y_0) = \frac{\sqrt{\xi_0}\, f(\xi_0^2) + \sqrt{-\eta_0}\, f(\eta_0^2)}{2\sqrt[4]{x_0}} +$$
$$+ \frac{1}{\sqrt[4]{x_0}} \int_{-\eta_0}^{\xi_0} G\left(\frac{(\xi_0-\xi)(\xi+\eta_0)}{2\xi(\xi_0-\eta_0)}\right) F(\xi^2)\sqrt{\xi}\, d\xi +$$
$$+ \frac{\xi_0+\eta_0}{4(\xi_0-\eta_0)\sqrt[4]{x_0}} \int_{-\eta_0}^{\xi_0} \left(\frac{dG}{d\sigma}\right)_{\eta=-\xi} f(\xi^2) \frac{d\xi}{\sqrt{\xi}}$$
が得られる．もとの変数 x, y に戻って添数 0 を落せば，方程式(25)に対する Cauchy 問題の解として
$$u(x,y) = \frac{\sqrt{\sqrt{x}+\frac{y}{2}}\, f\!\left(x+\sqrt{xy}+\frac{y^2}{4}\right) + \sqrt{\sqrt{x}-\frac{y}{2}}\, f\!\left(x-\sqrt{xy}+\frac{y^2}{4}\right)}{2\sqrt[4]{x}} +$$
$$+ \frac{1}{\sqrt[4]{x}} \int_{\sqrt{x}-y/2}^{\sqrt{x}+y/2} \Phi(x,y,z)\, dz$$
を得る．ただし
$$\Phi(x,y,z) = \sqrt{z}\, F(z^2) G\!\left(\frac{\frac{y^2}{4}-(z-\sqrt{x})^2}{4z\sqrt{x}}\right) + \frac{yf(z^2)}{8\sqrt{xz}} G'\!\left(\frac{\frac{y^2}{4}-(z-\sqrt{x})^2}{4z\sqrt{x}}\right).$$

問 題

1. Euler-Darboux の方程式
$$\frac{\partial^2 u}{\partial x \partial y} - \frac{\beta}{x-y}\frac{\partial u}{\partial x} + \frac{\alpha}{x-y}\frac{\partial u}{\partial y} = 0$$
に対する Riemann 関数を作れ．

〔答〕
$$v(x,y;x_0,y_0) = (y_0-x)^{\alpha-\beta}(y-x_0)^{-}(y-x)^{\alpha+\beta}F(\alpha,\beta,1;\sigma),$$
ただし
$$\sigma = \frac{(x-x_0)(y-y_0)}{(x-y_0)(y-x_0)}.$$

2. Riemann の方法によって方程式
$$(l^2-x^2)\frac{\partial^2 u}{\partial x^2} - \frac{\partial^2 u}{\partial y^2} - 2x\frac{\partial u}{\partial x} - \frac{1}{4}u = 0 \qquad (0<x<l)$$
を条件
$$u\Big|_{y=0} = f(x), \qquad \frac{\partial u}{\partial y}\Big|_{y=0} = F(x)$$
のもとに積分せよ.

〔答〕
$$u(x,y) = \frac{\sqrt{\sin(\omega-y)}f(l\cos(\omega-y)) + \sqrt{\sin(\omega+y)}f(l\cos(\omega+y))}{2\sqrt{\sin\omega}} +$$
$$+ \frac{1}{2\sqrt{\sin\omega}}\int_{\omega-y}^{\omega+y}\Phi(\omega,y,z)dz, \qquad \omega = \arccos\frac{x}{l},$$
ここに
$$\Phi(\omega,y,z) = \sqrt{\sin z}\, G\!\left(\frac{\cos(\omega-z)-\cos y}{2\sin\omega\sin z}\right)F(l\cos z) +$$
$$+ \frac{1}{2}\frac{\sin y}{\sin\omega\sqrt{\sin z}}G'\!\left(\frac{\cos(\omega-z)-\cos y}{2\sin\omega\sin z}\right)f(l\cos z).$$
G は級数(38)によって定義される関数.

〔ヒント〕 まず与えられた方程式が標準形
$$\frac{\partial^2 w}{\partial\xi\partial\eta} - \frac{1}{4}\frac{w}{\sin^2(\xi-\eta)} = 0$$
に変換されること(第0章問題5をみよ), つぎに Riemann 関数が
$$v(\xi,\eta;\xi_0,\eta_0) = G\!\left(\frac{\sin(\xi-\xi_0)\sin(\eta-\eta_0)}{\sin(\xi_0-\eta_0)\sin(\xi-\eta)}\right)$$
なる形をもつことを示せ.

第3章 特性曲線の方法の弦の微小振動への応用

§1 弦の振動の方程式

両端を固定して張られた弦を考えよう．弦とは自由に曲げられる細い糸のことと了解する．すなわち，弦は長さを変えない変形に対しては抵抗を示さない．弦に働く張力 T_0 は重力の影響を無視できる位に大きいものと仮定する．平衡の状態では弦は x 軸にのっているとしよう．

考察するのは弦の**横振動**だけとし，運動はある平面内で起こり，弦の各点は x 軸に直角に動くと仮定しよう．

$u=u(x,t)$ で時刻 t における弦の点 x の，平衡の位置からの変位を表わす．t を固定したときの関数 $u=u(x,t)$ のグラフは，時刻 t での弦の形を与える(図5)．

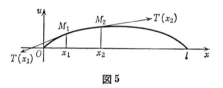

図5

われわれは**微小振動**のみを考えることにし，$(\partial u/\partial x)^2$ は1に比べて十分小で無視できるものとする．

弦の勝手な部分 (x_1, x_2) をとろう．振動によってこれが曲線 $M_1 M_2$ に変形されたとする．時刻 t におけるこの部分の長さは

$$S' = \int_{x_1}^{x_2} \sqrt{1+\left(\frac{\partial u}{\partial x}\right)^2}\, dx \approx x_2 - x_1 = S$$

であるから，振動の過程においてこの部分の伸びは起こらないと仮定してよい．したがって，Hooke の法則によって各点での張力 T は時間的に変らない．さらに T は x にもよらない ($T \approx T_0$) と考えてよいことを示そう．実際，$M_1 M_2$

上には，M_1 および M_2 における弦の接線方向の張力 T の他に外力と慣性力が働いている．これらの力の x 軸への射影（x 成分）の和は 0 でなければならない．考えているのは横振動だけであるから，慣性力と外力とは u 軸に平行である．したがって

$$T(x_1)\cos\alpha(x_1) - T(x_2)\cos\alpha(x_2) = 0,$$

ここに $\alpha(x)$ は時刻 t での点 x における弦の接線と x 軸の正の向きとのなす角である．弦の振動は微小であるから

$$\cos\alpha(x) = \frac{1}{\sqrt{1+\tan^2\alpha(x)}} = \frac{1}{\sqrt{1+\left(\frac{\partial u}{\partial x}\right)^2}} \approx 1.$$

したがって，

$$T(x_1) \approx T(x_2).$$

x_1, x_2 は勝手であったから張力は x によらないことがわかる．こうしてすべての x, t に対して $T \approx T_0$ と考えてよい．

弦の振動の方程式を導こう．そのために d'Alembert の原理を用いる．これによれば，弦のある部分に働く力は，慣性力も含めてすべて釣り合っていなければならない．

弦の任意の部分 M_1M_2 を考え（図5），そこに働くすべての力（M_1, M_2 における接線に平行で大きさの等しい張力，外力，u 軸に平行な媒質の抵抗および慣性力）の u 軸への射影の和は 0 になるという条件を課そう．M_1, M_2 において働く張力の u 軸への射影の和は

$$Y = T_0[\sin\alpha(x_2) - \sin\alpha(x_1)]$$

であるが，仮定によって

$$\sin\alpha(x) = \frac{\tan\alpha(x)}{\sqrt{1+\tan^2\alpha(x)}} = \frac{\dfrac{\partial u}{\partial x}}{\sqrt{1+\left(\dfrac{\partial x}{\partial u}\right)^2}} \approx \frac{\partial u}{\partial x}$$

であるから，

$$Y = T_0\left[\left(\frac{\partial u}{\partial x}\right)_{x=x_2} - \left(\frac{\partial u}{\partial x}\right)_{x=x_1}\right].$$

そこで，

§1 弦の振動の方程式

$$\left(\frac{\partial u}{\partial x}\right)_{x=x_2} - \left(\frac{\partial u}{\partial x}\right)_{x=x_1} = \int_{x_1}^{x_2} \frac{\partial^2 u}{\partial x^2} dx$$

に注意すれば，結局，次式を得る：

$$Y = T_0 \int_{x_1}^{x_2} \frac{\partial^2 u}{\partial x^2} dx. \tag{1}$$

$p(x, t)$ を u 軸方向に働く単位長さ当りの外力としよう．このとき $M_1 M_2$ に働く外力の u 軸への射影は

$$\int_{x_1}^{x_2} p(x, t) dx. \tag{2}$$

媒質の抵抗については媒質そのものと共に弦の振動速度をも考慮しなければならない．もしも弦が大気中で振動して振動速度があまり大きくなければ，媒質の抵抗は速度に比例する．この場合には，$M_1 M_2$ に働く媒質の抵抗の u 軸への射影は，つぎのようになる：

$$-\int_{x_1}^{x_2} 2k \frac{\partial u}{\partial t} dx, \tag{3}$$

ただし，k は正の定数である．

弦の線密度を $\rho(x)$ で表わそう．このとき $M_1 M_2$ 上に働く慣性力は

$$-\int_{x_1}^{x_2} \rho(x) \frac{\partial^2 u}{\partial t^2} dx. \tag{4}$$

(1)-(4) の和は 0 である，すなわち

$$\int_{x_1}^{x_2} \left[T_0 \frac{\partial^2 u}{\partial x^2} + p(x,t) - 2k \frac{\partial u}{\partial t} - \rho(x) \frac{\partial^2 u}{\partial t^2} \right] dx = 0. \tag{5}$$

x_1, x_2 は任意であったから，被積分関数は任意の時刻 t において弦の各点 x で 0 でなければならない：

$$\rho(x) \frac{\partial^2 u}{\partial t^2} + 2k \frac{\partial u}{\partial t} = T_0 \frac{\partial^2 u}{\partial x^2} + p(x, t). \tag{6}$$

これが求める**弦の振動の方程式**である．

$\rho = \text{const}$，すなわち，一様な弦の場合には，(6) は

$$\frac{\partial^2 u}{\partial t^2} + 2h \frac{\partial u}{\partial t} = a^2 \frac{\partial^2 u}{\partial x^2} + g(x, t) \tag{7}$$

と書かれる．ここに

$$a = \sqrt{\frac{T_0}{\rho}}, \quad h = \frac{k}{\rho}, \quad g(x,t) = \frac{1}{\rho}p(x,t).$$

抵抗を無視すれば，外力が無い場合には(7)は

$$\frac{\partial^2 u}{\partial t^2} = a^2 \frac{\partial^2 u}{\partial x^2} \tag{8}$$

となるが，これは**弦の自由振動の方程式**とよばれる

よく知られているように，弦の運動を完全に決定するためには，運動方程式(6)だけでは不十分で，さらに初期時刻($t=0$)における弦のすべての点の位置と速度とを与えなければならない：

$$u\big|_{t=0} = f(x), \quad \frac{\partial u}{\partial t}\bigg|_{t=0} = F(x). \tag{9}$$

ここに $f(x), F(x)$ は $0<x<l$ で与えられた関数である．条件(9)を**初期条件**という．また，弦の両端は固定されているので，$x=0, x=l$ における変位 $u(x,t)$ は任意の時刻 t において 0 である：

$$u\big|_{x=0} = 0, \quad u\big|_{x=l} = 0. \tag{10}$$

条件(10)を**境界条件**という．

このように弦の振動という物理的な問題が，初期条件(9)と境界条件(10)を満たす方程式(6)の解を求めるという数学的な問題に帰着された．

条件(9),(10)のもとに(6)の解を求める問題は**混合問題**[1]（**初期値境界値問題**）とよばれている．

無限に長い弦を考えることもできる．端点の影響が無視できるような十分に長い弦を考えれば，この種の問題になる．この場合には，(6)の一意な解を得るためには初期条件(9)だけで十分である．

§2 無限に長い弦の振動

両側に無限遠方まで延びていると考えてよい位に十分長い弦を問題にしよう．取り扱うのは一様な無限に長い弦の自由振動である．この問題は，§1で示したように方程式

$$\frac{\partial^2 u}{\partial t^2} = a^2 \frac{\partial^2 u}{\partial x^2} \quad \left(a = \sqrt{\frac{T_0}{\rho}}\right) \tag{8}$$

---

[1]〔訳注〕 mixed problem [英]．

§2 無限に長い弦の振動

を初期条件

$$u|_{t=0} = f(x), \qquad \left.\frac{\partial u}{\partial t}\right|_{t=0} = F(x) \tag{9}$$

のもとで解く問題に帰着される．ここに $f(x), F(x)$ は無限区間 $(-\infty, \infty)$ で与えられた関数である．

すでに知っているように(第1章§1をみよ), (8), (9) の一意な解は

$$u(x,t) = \frac{f(x-at)+f(x+at)}{2} + \frac{1}{2a}\int_{x-at}^{x+at} F(z)dz \tag{11}$$

である．この解はつぎのようにも書ける：

$$\left.\begin{array}{c} u = \varphi(x-at)+\psi(x+at), \\ \varphi(x) = \dfrac{1}{2}f(x) - \dfrac{1}{2a}\int_0^x F(z)dz, \quad \psi(x) = \dfrac{1}{2}f(x) + \dfrac{1}{2a}\int_0^x F(z)dz. \end{array}\right\} \tag{12}$$

このように，変位 $u(x,t)$ はつぎの2項からなっている：

$$u_1 = \varphi(x-at), \tag{13}$$
$$u_2 = \psi(x+at). \tag{14}$$

まず，$\psi=0$，すなわち，弦の変位が (13) によって与えられる特別の場合について検討する．変数 x,t が関係

$$x-at = c \qquad (c は定数)$$

を保ちながら変化すると仮定しよう．このとき

$$dx - adt = 0 \quad \text{すなわち} \quad \frac{dx}{dt} = a.$$

これからつぎのことがわかる．もしも x が一定の速度 a で正の向きに(左から右へ)動くならば，この動点における変位 u_1 は，この運動を通じてつねに $\varphi(c)$ に等しい，すなわち，一定である(図6)．弦に沿っての変位 $\varphi(c)$ のこのような運動を**正の進行波**あるいは**正行波**という．正行波は波動方程式(8)の特解 $u_1 = \varphi(x-at)$ によって特徴づけられる．

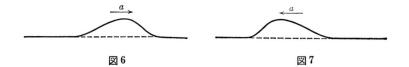

図6　　　　　　　　　図7

同様に特解 $u_2=\phi(x+at)$ に対しては，上と同様な，しかし，反対の向きにすすむ変位 $\phi(c)$ の運動が対応する(図7)．これを逆の進行波あるいは逆行波という．定数

$$a=\sqrt{\frac{T_0}{\rho}}$$

は弦に沿う波の伝播速度である．

(12)で表わされる一般の場合には，実際の変位は各時刻 t における変位 u_1, u_2 の和をとること(重ね合せ)によって得られる．このことから，つぎに述べるような，変位した弦の各点のグラフによる構成法が得られる．

時刻 $t=0$ における正行波および逆行波を表わす曲線

$$y_1=\varphi(x), \quad y_2=\phi(x)$$

を描く．つぎに，これらを，形を変えずに速さ a で同時に相異なる向きにそれぞれ動かす($y_1=\varphi(x)$ は右に，$y_2=\phi(x)$ は左に)．弦のグラフを得るには移動した曲線の縦座標の代数和を作ればよい．

公式(11)はこの問題の完全な解を与えている．つぎに，この公式を2つの最も興味ある場合に適用してみよう．一つは初速0，いま一つは初期変位0の場合である．

場合1 初速＝0 この場合には $F(x)=0$ であるから，(11)によって

$$u(x,t)=\frac{f(x-at)+f(x+at)}{2} \tag{15}$$

これより各点における平衡の位置からの変位は容易に計算できる．この公式はまた，任意の時刻における弦の形をグラフに描くのにも利用できる．そのためには前に述べたようにすればよい．

たとえば，初期時刻に弦が図8aで示されるような形をもっていたとしよう．すなわち，$f(x)$ は有限区間 $(-\alpha, \alpha)$ においてのみ0ではないとする．まず，$t=0$ における正行波および逆行波のグラフを描く(図8b, c)．いまの場合にはこれらは同じもので，(15)からわかるように

$$u=\frac{1}{2}f(x)$$

となる．これらのグラフをそれぞれ矢印の向きに $a/2$ だけ動かし，縦座標の和

をつくると $t=\alpha/2a$ における弦の形が得られる(図8d).

さて波のグラフをさらに $\alpha/2$ だけ動かしてみよう.その結果つくられるグラフは,時刻 $t=\alpha/a$ における弦の形を表わす(図8e).さらに移動することによって弦の形は図8fで示されるものになろう.正行波と逆行波は互いに反対の方向に伝播し,弦の変位は部分 AB における変位の半分になっている.波の通過後は,各点は静止の状態になる(初期攪乱の領域外にある点では正行波または逆行波のどちらか一方が通過した後にそうなる).

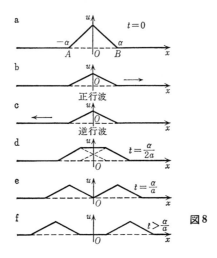

図8

場合2 初期変位=0 この場合には $f(x)=0$ で,弦の変位は

$$u = \frac{1}{2a}\int_{x-at}^{x+at} F(z)dz \tag{16}$$

で表わされる.ここで

$$\frac{1}{2a}\int_0^x F(z)dz = \phi(x)$$

とおけば,変位は

$$u = \phi(x+at) - \phi(x-at)$$

の形に表わされるから,この場合にも正行波と逆行波を扱うことになる.初速を表わす関数 $F(x)$ はいろいろな仕方で与えてよい.

例として,つぎのように $F(x)$ が与えられた場合を考えよう:

$$F(x) = 0 \quad ((-\alpha, \alpha)\text{の外で}),$$
$$F(x) > 0 \quad ((-\alpha, \alpha)\text{の中で}),\quad (17)$$

ここに，α はある与えられた数である．

$t > \alpha/a$ なるある時刻 t 以後の弦の振動を考察するのに，数直線 $(-\infty, \infty)$ (x の変域)を5つの区間に分割しよう：

I: $(-\infty, -at-\alpha)$, II: $(-at-\alpha, -at+\alpha)$, III: $(-at+\alpha, at-\alpha)$,
IV: $(at-\alpha, at+\alpha)$, V: $(at+\alpha, \infty)$.

x が第1の区間にある場合には，積分(16)の上限は $-\alpha$ より小，したがって積分区間が区間 $(-\alpha, \alpha)$ の外になってしまう．ゆえに，(17)によれば，第1の区間に属する x に対しては $u=0$ となる．

同じことが第5の区間についてもいえる．x が第2の区間にあるときは，明らかに不等式

$$-\alpha < x+at < \alpha \quad (18)$$

が成り立つ．他方，$t > \alpha/a$ なる関係から

$$-2at < -2\alpha \quad (19)$$

が得られる．(18)と(19)を加えれば

$$x-at < -\alpha.$$

これより，(17)によって

$$u = \int_{-\alpha}^{x+at} F(z)dz.$$

同様にして，x が第4の区間にあるときは，積分(16)はつぎのようになる：

$$u = \frac{1}{2a}\int_{x-at}^{\alpha} F(z)dz.$$

さて x が第3の区間にあるとしよう．そのとき

$$x-at < -\alpha \quad \text{かつ} \quad x+at > \alpha$$

である．すなわち，区間 $(-\alpha, \alpha)$ は区間 $(x-at, x+at)$ に完全に含まれる．(17)を考慮すれば

$$u = \frac{1}{2a}\int_{-\alpha}^{\alpha} F(z)dz \quad (20)$$

を得る.すなわち,u はこの場合一定となる.

上のことにより,時刻 $t > \alpha/a$ においては,考えている弦の形は図9のようになる.部分 III は直線部分で,x 軸から(20)の右辺に等しい距離だけはなれている.この部分は正行波,逆行波共にすでに通過した部分である.この時刻においては正行波は部分 IV を,逆行波は部分 II を,通過中である.部分 I および V はまだ静止の状態にあって,どちらの波もまだそこに到達していない.

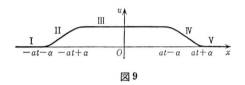

図 9

ここで,**残留効果**とよばれる面白い現象が観察される.部分 III を通過した波はその通過の跡を残している.この部分に属する点は,初速によってきまる一定の高さだけの変位をいつまでも保っている.

§3 両端を固定した弦の振動

両端を固定した長さ l の弦が与えられたとしよう.このような弦の振動の問題は,方程式

$$\frac{\partial^2 u}{\partial t^2} = a^2 \frac{\partial^2 u}{\partial x^2} \tag{8}$$

を初期条件

$$u|_{t=0} = f(x), \qquad \frac{\partial u}{\partial t}\bigg|_{t=0} = F(x) \qquad (0 < x < l) \tag{9}$$

および境界条件

$$u|_{x=0} = 0, \qquad u|_{x=l} = 0 \tag{10}$$

のもとで解くことに帰着される.

すでに知っているように,(8)の解は

$$u = \varphi(x - at) + \psi(x + at) \tag{21}$$

なる形をもつ.ここに $\varphi(x), \psi(x)$ はつぎの式で定められる関数である:

$$\varphi(x) = \frac{1}{2}f(x) - \frac{1}{2a}\int_0^x F(z)dz, \quad \psi(x) = \frac{1}{2}f(x) + \frac{1}{2a}\int_0^x F(z)dz. \quad (22)$$

ここで考えている問題と，無限に長い弦の場合とを比べてみると，本質的な違いがあることがわかる．すなわち，ここでは，初期条件(9)に現われている関数 $f(x), F(x)$ は区間 $(0, l)$ だけでしか知られていないのに，時間の経過とともに，これらの関数に代入するべき引数[1]の値 $x \pm at$ はこの範囲の外にでてしまう．したがって(21), (22)では弦の変位を決定できなくなる．

このように，特性曲線の方法を適用するためには，$f(x)$ および $F(x)$ を区間 $(0, l)$ の外まで延長しておく必要がある．

物理的観点からすれば，この関数の延長というのは，<u>無限に長い弦の初期攪乱をつぎのように定めることに帰着される：任意の時刻において区間 $(0, l)$ の部分の運動が，両端を固定された弦のそれと同じである</u>．

$f(x), F(x)$ の区間 $(0, l)$ の外への延長は境界条件(10)を用いれば容易にできる．実際，この条件(10)と解(21)によって

$$\varphi(-at) + \psi(at) = 0, \quad \varphi(l-at) + \psi(l+at) = 0.$$

これより，at を x でおきかえれば，

$$\varphi(-x) = -\psi(x), \quad \psi(l+x) = -\varphi(l-x). \quad (23)$$

(23)の第1式は，$(0, l)$ 上の ψ の値を用いて関数 $\varphi(x)$ を $(-l, 0)$ 上で定めている．一方，第2式は $\psi(x)$ を $(l, 2l)$ 上で定めている．ゆえに $\varphi(x), \psi(x)$ は長さ $2l$ の区間で定義されることになる．

さらに(23)から

$$\varphi(x+2l) = \varphi(x), \quad \psi(x+2l) = \psi(x), \quad (24)$$

すなわち，$\varphi(x)$ および $\psi(x)$ は周期 $2l$ の周期関数となることがわかる．

さて

$$f(x) = \varphi(x) + \psi(x), \quad F(x) = a[\psi'(x) - \varphi'(x)]$$

であることに注意すれば，つぎの公式が得られる：

$$\left.\begin{array}{ll} f(-x) = -f(x), & F(-x) = -F(x), \\ f(x+2l) = f(x), & F(x+2l) = F(x). \end{array}\right\} \quad (25)$$

---

[1] 〔訳注〕 1つの関数 f にいろいろな変数を代入するとき，これらの変数を f の引数 (argument) という．

§3 両端を固定した弦の振動　　　　55

上の公式によれば，$f(x)$ および $F(x)$ は区間 $(0, l)$ から $(-l, 0)$ へ奇関数として延長され，ついで周期 $2l$ の周期関数として延長される．

こうして得られる解が 2 回連続微分可能であるためには，関数 $f(x), F(x)$ の微分可能性の条件のほかに，さらに，つぎの条件が満たされることが必要である：

$$f(0) = f(l) = 0, \quad f''(0) = f''(l) = 0, \quad F(0) = F(l) = 0.$$

端点固定の弦のいろいろな時刻における変位を決定するのに公式(23)をどのように用いるべきかを，例を使って示そう．両端 $x=0$ および $x=l$ を固定された一様な弦(図 10)の変位が，最初の時刻において，線分 AB の中点を通る垂線に関して対称な放物線であったと仮定する．初速は 0 であるとして，時刻

$$t_1 = \frac{l}{2a} \quad \text{および} \quad t_2 = \frac{l}{a}$$

における弦の位置を決定しよう．この場合の初期条件は，明らかに，

$$f(x) = \frac{4hx(l-x)}{l^2}, \quad F(x) = 0 \quad (0<x<l). \tag{26}$$

ここに h は $x=l/2$ における弦の初期変位である．

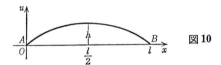

図 10

さて d'Alembert の解

$$u = \varphi(x-at) + \phi(x+at) \tag{27}$$

を用いるが，ここで関数 $\varphi(x), \phi(x)$ は区間 $(0, l)$ においては，初期条件(26)によって，

$$\varphi(x) = \phi(x) = \frac{1}{2}f(x) \tag{28}$$

として定められる．

(27)において $t=l/(2a)$ とおけば

$$u = \varphi\left(x - \frac{l}{2}\right) + \phi\left(x + \frac{l}{2}\right). \tag{29}$$

さて区間 $(0, l)$ を部分区間 $(0, l/2)$ および $(l/2, l)$ にわけよう.

x が区間 $(0, l/2)$ を動くときは, $\phi(x+l/2)$ の引数は $(l/2, l)$ を動き, したがってこの関数は (28) によって定められる. 関数 $\varphi(x-l/2)$ に関しては, その引数が $(-l/2, 0)$ を動くことになるから, (28) は使えない. しかし (23) の最初の関係式を使えば

$$\varphi\left(x-\frac{l}{2}\right) = -\varphi\left(\frac{l}{2}-x\right)$$

とおくことができて, 引数が $(0, l/2)$ を動くときの関数 $\varphi(x)$ を用いればよいことになる.

このようにして

$$u = \phi\left(x+\frac{l}{2}\right) - \phi\left(\frac{l}{2}-x\right) \quad \left(0<x<\frac{l}{2}\right)$$

を採用すれば, 右辺の 2 つの関数の引数は区間 $(0, l)$ の中を動くことになる. ゆえに (28) を用いて,

$$u = \frac{f\left(x+\frac{l}{2}\right) - f\left(\frac{l}{2}-x\right)}{2} \quad \left(0<x<\frac{l}{2}\right)$$

となる. この式の $f(x)$ に (26) を代入すれば

$$u = 0 \quad \left(0<x<\frac{l}{2}\right) \tag{30}$$

が得られる.

今度は残りの区間 $(l/2, l)$ をとってみよう. この区間では (29) の $\phi\left(x+\frac{l}{2}\right)$ が未知である. しかし (23) の第 2 式を用いることによってつぎの式が得られる:

$$\phi\left(x+\frac{l}{2}\right) = -\varphi\left(\frac{3}{2}l-x\right).$$

したがって

$$u = \varphi\left(x-\frac{l}{2}\right) - \varphi\left(\frac{3}{2}l-x\right)$$

ととれば, ふたたび右辺の関数の引数は区間 $(0, l)$ を動く. よって,

$$u = \frac{f\left(x-\frac{l}{2}\right) - f\left(\frac{3}{2}l-x\right)}{2} \quad \left(\frac{l}{2}<x<l\right).$$

そこで $f(x)$ を (26) でおきかえれば

$$u = 0 \quad \left(\frac{l}{2} < x < l\right). \tag{31}$$

(30) および (31) から，時刻 $t_1 = l/2a$ における弦の変位は 0 であること，いいかえれば，弦の各点は x 軸上にのっていることがわかる．

つぎに，$t_2 = l/a$ における弦の変位を求めよう．(27) より

$$u = \varphi(x-l) + \varphi(x+l).$$

しかし，ここに現われる関数の引数はともに区間 $(0, l)$ の外を動く．ゆえに (23) を用いなければならないが，そうすると

$$u = -\varphi(l-x) - \varphi(l-x) = -\frac{1}{2}f(l-x) - \frac{1}{2}f(l-x) = -f(x)$$

が得られる．あるいは，(26) を用いて

$$u = -\frac{4hx(l-x)}{l^2}.$$

これからわかるように，時刻 $t_2 = l/a$ においては，弦は x 軸に関し，最初の位置と対称な位置を占める．この章の §2 で示したグラフによる構成法を用いても同じ結果が得られる．

§4 特性曲線の性質

座標 x_0 をもった弦の点 M_0 に着目し，ある時刻 ($t=0$) 以後のこの点の様子を観察しよう．弦を平衡の位置からずらせると，弦に沿って波が伝播する．これは，はじめにひき起こされた攪乱の結果である．時刻 t_0 においては，いま観察している点に，$t=0$ において $x_0 - at_0$ から出発した正行波および $x_0 + at_0$ から出発した逆行波が到達する．

これらの出発点をグラフを用いて定めることにしよう．そのために，"位相平面" xOt を考えよう (図 11)．ここで軸 Ox は，最初の時刻 $t=0$ における弦の平衡の位置に対応する．時刻 t_0 においては，点 $M_0(x_0, 0)$ は，図上で $M_1(x_0, t_0)$ の位置を占める．

点 M_1 を通り，勾配 $\pm 1/a$ の 2 つの直線を描こう．これらの直線の方程式は

$$x - at = x_0 - at_0, \quad x + at = x_0 + at_0. \tag{32}$$

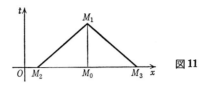

図 11

容易にわかるように,これらの直線は,方程式(8)の<u>特性曲線</u>である.明らかに,これらは軸 Ox と求める点

$$M_2(x_0-at_0, 0) \quad \text{および} \quad M_3(x_0+at_0, 0)$$

において交わる.

このように,座標 x_0 をもつ点を,与えられた時刻 t_0 に通過する正行波および逆行波の出発点を求めるには,点 $M_1(x_0, t_0)$ を通る特性曲線(32)を引く.これらと軸 Ox との交点が求める点を与える.

§5 両端を固定した弦における波の反射

両端を固定した弦の一端に波が近づくとき何が起こるかを知るために,前節で述べた構成法を利用しよう.

そのために,平面 xOt をとり(図12),直線 $x=l$ を引く.この直線と軸 Ot によって,上半平面より半無限帯状領域 $tOlL$ が切りとられる.この領域をつぎのように,領域 I, II, III, … に分割しよう.まず点 $x=0$ および $x=l$ を通って特性曲線 $x-at=0$ および $x+at=l$ を,帯状領域の境界と交わるまで引き,つぎに直線 P_1P_4, P_2P_3 などをこれらの特性曲線に平行に引く.

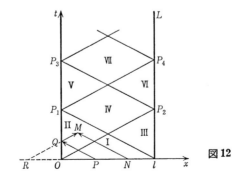

図 12

§5 両端を固定した弦における波の反射

こうしてできた領域Ⅰ, Ⅱ, …を順番に考察しよう．これらは，いろいろな時刻における弦の点に対応している．まず，領域Ⅰから始めよう．この中に任意の点をとり，それを通る特性曲線を軸 Ox と交わるまで引く．そうすると，前節で述べたことを思い出せば容易にわかるように，領域Ⅰは，初期攪乱を受けた弦の部分から出発した正行波および逆行波が直接到達する弦の点に対応している．

さて領域Ⅱの点 $M(x_0, t_0)$ をとり，それを通る特性曲線 MN および MR を引こう．これらの方程式は

$$x+at = x_0+at_0, \quad x-at = x_0-at_0.$$

最初の特性曲線は軸 Ox と弦上の点 $N(x_0+at_0, 0)$ で交わる．2番目の特性曲線は，弦の外にある点 $R(x_0-at_0, 0)$ で交わる．したがって，M には，最初の時刻に N を出発した逆行波が近づく．反対側から M に近づく波に関しては，明らかに，それは点 R から出発することはできない．なぜなら，R は弦上にないからである．実は，この波は弦上の点 P から到達したものである．この波は，最初，逆行波の形で進み，端点 $x=0$ で（図上では点 Q で）**反射**して，正行波として M に到達したものである．このことをつぎのようにして示そう．座標原点に関して R と対称な点 $P(-x_0+at_0, 0)$ をとり，軸 Ot と $Q(0, (at_0-x_0)/a)$ で交わる特性曲線を引く．式(23)により

$$\varphi(x_0-at_0) = -\phi(-x_0+at_0) \tag{33}$$

であることがわかる．これから明らかなように，線分 RQ に沿って進む正行波 $\varphi(x_0-at_0)$ を，特性曲線 PQ に沿って伝わる逆行波 $-\phi(-x_0+at_0)$ でおきかえることができる．この逆行波は弦の端点で時刻 $(at_0-x_0)/a$ において反射され，それから M に近づく．ここでつぎのことに注意しておこう．波の反射は，その向きを変えるばかりでなく，(33)からわかるように，その変位の符号をも変える．

このように，領域Ⅱは，逆行波と端点で反射されてきた正行波との2つの波が到達する弦の点に対応している．

明らかに，領域Ⅲでは，ちょうど逆の事情が観測される．すなわち，この領域は，正行波と端点で反射された逆行波とが到達する弦の点に対応している．

領域Ⅳ, Ⅴ, Ⅵは，弦の両端で1回または2回反射された波が到達する点に

対応している．残りの領域には，両端で何回か反射された波が到達する．

§6 一般化された解

方程式
$$\frac{\partial^2 u}{\partial t^2} = a^2 \frac{\partial^2 u}{\partial x^2} \tag{8}$$
に対する Cauchy 問題を，境界条件
$$u|_{t=0} = f(x), \quad \left.\frac{\partial u}{\partial t}\right|_{t=0} = F(x) \tag{9}$$
のもとに，もう一度考えよう．

すでに示したように，この問題の解は
$$u(x,t) = \frac{f(x-at) + f(x+at)}{2} + \frac{1}{2a}\int_{x-at}^{x+at} F(z) dz \tag{11}$$
である．この公式が(8)のふつうの(古典的な)解を与えるのは，$f(x)$ が2階までの，$F(x)$ が1階までの，連続な導関数をもつという仮定があるときに限る．

実際の物理的な問題を解く際には，関数 $f(x)$, $F(x)$ がこの条件を満足していないことがある．そのときには，Cauchy 問題の解が存在することを主張することはできない．このような場合に，Cauchy 問題のいわゆる"一般化された解"が登場する．

方程式(8)の解で初期条件
$$u_n|_{t=0} = f_n(x), \quad \left.\frac{\partial u_n}{\partial t}\right|_{t=0} = F_n(x)$$
を満たす解 $u_n(x,t)$ の一様収束極限となっているような関数 $u(x,t)$ を，初期条件(9)のもとでの方程式(8)に対する **Cauchy 問題の一般化された解** とよぶ．ただし，つぎの条件が満たされるものとする：$f_n(x)$ は2回連続微分可能で，一様に $f(x)$ に収束し，$F_n(x)$ は1回連続微分可能で，一様に $F(x)$ に収束する．

任意の連続な $f(x)$ および $F(x)$ に対して Cauchy 問題の一般化された解の存在と一意性を示すことは容易である．この一般化された解も公式(11)によって与えられる．

方程式(8)の一般化された解の導入はつぎの点において自然である：第1に，Cauchy 問題のふつうの解が存在するためには，与えられた関数 $f(x)$, $F(x)$ に

非常に厳しい滑らかさの条件を課さなければならない．ところが，一般化された解の存在のためには，与えられた関数に対するこのような滑らかさは要求しなくてよい．第2に，実際の物理の問題では，関数 $f(x), F(x)$ は近似的にしか与えられていない．ゆえに，公式(11)によって与えられる，対応する関数 $u(x, t)$ も，問題の正確な解に対する何らかの近似となっている．

したがって，この近似が Cauchy 問題のふつうの解であるか一般化された解であるかは，全くこだわる必要がないことであって，大切なことは，関数 $f(x), F(x)$ が真の初期値 $u(x, 0), \partial u(x, 0)/\partial t$ から一様に僅かしかずれていなければ，この近似が真の解から僅かだけしか異なっていないということである．

問 題

1. 抵抗が速度に比例するような媒質における弦の横振動の方程式は

$$\frac{\partial^2 v}{\partial t^2} = a^2 \frac{\partial^2 v}{\partial x^2} + h^2 v \qquad \left(a = \sqrt{\frac{T_0}{\rho}}\right)$$

の形になることを示せ．ただし，$v(x, t)$ は変位 $u(x, t)$ と

$$u = e^{-ht} v \qquad (h > 0)$$

なる関係で結ばれている関数である．

2. 一様な弦の両端 $x = \pm l$ が，Ou 軸方向の弾性力によって支えられているとする．

弦の振動の境界条件は

$$\frac{\partial u}{\partial x} - h_1 u = 0 \qquad (x = -l),$$

$$\frac{\partial u}{\partial x} + h_2 u = 0 \qquad (x = l)$$

となることを示せ．ただし $h_1 > 0$, $h_2 > 0$ は定数である．

3. $x = 0$ で固定された半無限の弦が横振動を行なっている．初期条件が次式で与えられるとき，弦の振動を表わす式を求めよ．

$$u|_{t=0} = f(x), \qquad \left.\frac{\partial u}{\partial t}\right|_{t=0} = F(x) \qquad (x > 0).$$

〔答〕

$$u(x, t) = \begin{cases} \dfrac{f(x+at) - f(at-x)}{2} + \dfrac{1}{2a} \displaystyle\int_{at-x}^{x+at} F(z) dz & (x < at) \\ \dfrac{f(x+at) + f(x-at)}{2} + \dfrac{1}{2a} \displaystyle\int_{x-at}^{x+at} F(z) dz & (x > at). \end{cases}$$

4. 外力 $F(x, t)$ の作用のもとにある無限に長い弦の振動を，初期条件

$$u|_{t=0} = \varphi(x), \qquad \left.\frac{\partial u}{\partial t}\right|_{t=0} = \psi(x)$$

のもとで調べよ.

〔答〕
$$u(x,t) = \frac{\varphi(x-at)+\varphi(x+at)}{2} + \frac{1}{2a}\int_{x-at}^{x+at}\psi(z)dz + \frac{1}{2a}\iint_D F(z,\tau)dzd\tau,$$

ここに積分領域 D は図 13 に示されたものである.

〔ヒント〕 $\xi=x-at$, $\eta=x+at$ とおいて, 新しい独立変数 ξ,η を導入せよ.

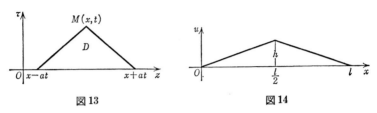

図 13　　　　　図 14

5. $x=0$ および $x=l$ で固定された, 長さ l の弦が, $x=l/2$ で高さ h まで引張られ, ついで放されたとする (図 14). 時刻 $t_1=l/2a$ および $t_2=l/a$ における弦の形を解析的に求めよ.

6. 直線状の平衡の位置にある無限に長い弦が, 最初の時刻 ($t=0$) において, 質量 M のハンマーによる衝撃を受けた. このとき, ハンマーは $x=0$ で弦を打ち, 初速 v_0 をもっていたとする.

任意の時刻 $t>0$ において, 攪乱をうけた弦は図 15 に示されたような形をもつことを示せ. ここに u_1 は $x>0$ における正行波であって
$$u_1 = \frac{Mav_0}{2T_0}\left\{1-\exp\left[\frac{2T_0}{Ma^2}(x-at)\right]\right\} \quad (x-at<0); \qquad u_1 = 0 \quad (x-at>0),$$

u_2 は $x<0$ における逆行波であって
$$u_2 = \frac{Mav_0}{2T_0}\left\{1-\exp\left[-\frac{2T_0}{Ma^2}(x+at)\right]\right\} \quad (x+at>0); \qquad u_2 = 0 \quad (x+at<0).$$

〔ヒント〕 方程式
$$\frac{\partial^2 u}{\partial t^2} = a^2 \frac{\partial^2 u}{\partial x^2}$$

を積分する際に, つぎの条件に注意せよ (T_0 は弦の張力である):
$$M\frac{\partial^2 u_1}{\partial t^2}\bigg|_{x=0} = M\frac{\partial^2 u_2}{\partial t^2}\bigg|_{x=0} = -T_0\frac{\partial u_2}{\partial x} + T_0\frac{\partial u_1}{\partial x}\bigg|_{x=0}.$$

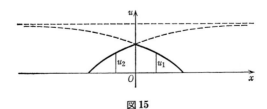

図 15

第4章 棒の縦振動

§1 棒の縦振動の方程式．初期条件および境界条件

長さ l の一様な棒を考えよう．ここで，棒とは柱状またはそれに似た形の物体で，なにか力を加えなければ，伸ばしたり曲げたりできないものを意味する．したがって，どんな細い棒でも，弦とはちがう．弦は自由に曲げることができるからである．

この章では，特性曲線の方法を棒の縦振動の研究に応用するが，話をつぎのような振動だけに限ることにする：棒が縦振動を行なう際に，横断面 pq は，棒の軸に沿って動くのであるが，それはつねに平面状で，かつ，軸に垂直であるとする（図16）．このような仮定は，棒の横方向の拡がりが棒の長さに比べて小さいときには，自然な仮定であると認めてよい．

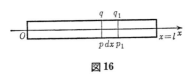

図 16

棒を縦軸に沿って引っ張るか，押し縮めるかしてから，放してやると，縦振動が起こる．x 軸を棒の軸の方向にとり，静止の状態において，棒の両端が，それぞれ，$x=0$, $x=l$ になっているものとしよう．ある断面の静止状態における座標を x とする．この断面の時刻 t における軸方向の変位を $u(x,t)$ で表わす．そうすると，座標 $x+dx$ をもった断面の変位は

$$u + \frac{\partial u}{\partial x} dx$$

となる．このことから，座標 x の断面における，棒の相対的な伸びは

$$\frac{\partial u(x,t)}{\partial x}$$

で表わされる．さて，棒が微小振動をするものとすれば，この断面における張

力 T を計算することができる．実際，Hooke の法則によって，

$$T = ES\frac{\partial u}{\partial x}, \tag{1}$$

ただし，E は棒を作っている物質の伸びの弾性率，S は断面の面積を表わす．静止状態における座標が，それぞれ，$x, x+dx$ である2つの断面に挟まれた棒の微小部分をとろう．この部分には，これらの両端の断面における Ox 軸方向の張力 T_x, T_{x+dx} が働く．この張力の合力は

$$T_{x+dx} - T_x = ES\frac{\partial u}{\partial x}\bigg|_{x+dx} - ES\frac{\partial u}{\partial x}\bigg|_x \approx ES\frac{\partial^2 u}{\partial x^2}dx \tag{2}$$

で表わされるが，その方向は Ox 軸方向である．他方，この微小部分の加速度は $\partial^2 u/\partial t^2$ であるから，つぎの方程式が得られる：

$$\rho S dx \frac{\partial^2 u}{\partial t^2} = ES\frac{\partial^2 u}{\partial x^2}dx, \tag{3}$$

ここに，ρ は棒の密度を表わす．

$$a = \sqrt{\frac{E}{\rho}} \tag{4}$$

とおいて，Sdx で割ると，**一様な棒の縦振動**の方程式

$$\frac{\partial^2 u}{\partial t^2} = a^2\frac{\partial^2 u}{\partial x^2} \tag{5}$$

が得られる．この方程式の形からわかるように，棒の縦振動は波の性質をもっている．縦波の伝播速度 a は(4)によって与えられる．

さらに，単位体積あたり，軸方向の外力 $F(x, t)$ が棒に働いているときは，(3)の代りに

$$\rho S dx \frac{\partial^2 u}{\partial t^2} = ES\frac{\partial^2 u}{\partial x^2}dx + F(x, t)Sdx$$

が得られ，したがって振動の方程式は

$$\frac{\partial^2 u}{\partial t^2} = a^2\frac{\partial^2 u}{\partial x^2} + \frac{1}{\rho}F(x, t). \tag{6}$$

これが棒の**強制縦振動**の方程式である．

力学における一般的な事情としてそうであるように，運動方程式(6)だけでは，棒の運動を完全に決定することはできない．まず，初期条件を与えなければならない．すなわち，初めの時刻における断面の変位 u と速度 $\partial u/\partial t$ を与え

なければならない:
$$u|_{t=0} = f(x), \quad \frac{\partial u}{\partial t}\bigg|_{t=0} = F(x). \tag{7}$$
ここに, $f(x), F(x)$ は, 区間 $(0, l)$ 上の与えられた関数である.

さらに, 棒の両端における境界条件も与える必要がある. たとえば,

1) 棒の両端が固定されている場合. このときは, 任意の時刻 t において,
$$u(0, t) = 0, \quad u(l, t) = 0. \tag{8}$$

2) 一端が固定され, 他端は自由である場合. このときは, 任意の時刻 t において,
$$u(0, t) = 0, \quad \frac{\partial u}{\partial x}\bigg|_{x=l} = 0. \tag{9}$$

自由端 $x=l$ においては, 張力 $T = ES \partial u/\partial x$ は (外力がないとして) 0 であり, したがって, $\partial u/\partial x|_{x=l} = 0$ となるのである.

3) 両端が自由である場合. このときは, 任意の時刻 t において,
$$\frac{\partial u}{\partial x}\bigg|_{x=0} = 0, \quad \frac{\partial u}{\partial x}\bigg|_{x=l} = 0. \tag{10}$$

このように, 一様な棒の縦振動の問題は, 初期条件 (7) および境界条件 (8), (9), (10) 等の中のどれか 1 つを満足する方程式 (6) の解を求めることに帰着する.

§2 一端を固定した棒の振動

例としてつぎの問題を解こう. 引っ張られていない (自然の) 状態では長さが l である柱状の弾性棒が, 一端 $x=0$ を固定され, 他端 $x=l$ が長さ l_1 まで引っ張られるとする. そうして, 端点 $x=l$ を放すと, 棒の縦振動が起こる. 問題とするのは, このような擾乱を受けた棒の, 勝手な断面の振動の速度の決定である. この問題を解くためには, 境界条件 (9) と初期条件 (7) を満たす (5) の解を求めなければならない. 初めの時刻 $t=0$ においては, 座標 x の断面の変位は, この座標に比例していることを考慮して, (7) に現われる関数 $f(x), F(x)$ を定めよう. r を比例定数として
$$u|_{t=0} = f(x) = rx \quad (0 < x < l) \tag{11}$$
とおく. r の決定は, 初めの時刻の $x=l$ での棒の変位が $l_1 - l$ であることに注

意すれば，容易である．すなわち，
$$l_1 - l = rl$$
あるいは，
$$r = \frac{l_1 - l}{l}.$$
さらに，$t=0$ における断面の変位速度は 0 だから，
$$\left.\frac{\partial u}{\partial t}\right|_{t=0} = F(x) = 0 \qquad (0 < x < l). \tag{12}$$
こうして，初期条件は，(11), (12) で与えられる．

われわれは，(5) の一般解が
$$u = \varphi(at - x) + \psi(at + x) \tag{13}$$
の形になることを知っている．φ, ψ を (9), (11), (12) を満足するように決めよう．境界条件 (9) の最初のものから
$$u|_{x=0} = \varphi(at) + \psi(at) = 0,$$
したがって
$$\psi(z) = -\varphi(z) \qquad (z = at).$$
ゆえに，(13) はつぎの形になる：
$$u = \varphi(at - x) - \varphi(at + x). \tag{14}$$
これを x について微分し，$x=l$ とおけば，(9) の第 2 の条件により，つぎの結果が得られる：
$$0 = -\varphi'(at - l) - \varphi'(at + l).$$
あるいは，変数 $at + l$ を z で表わせば，
$$\varphi'(z) = -\varphi'(z - 2l). \tag{15}$$
これを用いて，すべての z に対する $\varphi'(z)$ の表式を求めることができる．実際，(11), (12) によって，
$$rx = \varphi(-x) - \varphi(x), \tag{16}$$
$$0 = \varphi'(-x) - \varphi'(x). \qquad (0 < x < l) \tag{17}$$

(16) を x について微分して得られる式と (17) を連立させて解けば，$\varphi'(z)$ に対するつぎの表式が得られる：

§2 一端を固定した棒の振動

$$\varphi'(z) = -\frac{r}{2}. \tag{18}$$

式(18)は，区間

$$-l < z < l \tag{19}$$

の中のすべての z に対して成り立つ．これより，(15)を用いて，

$$\varphi'(z) = \frac{r}{2} \tag{20}$$

が，不等式

$$l < z < 3l \tag{21}$$

を満たすすべての z に対して得られる．あとは，関数 $\varphi'(z)$ が(15)によって周期 $4l$ をもっていること，したがって，公式(18)-(21)によって $\varphi'(z)$ がすべての z に対して決定されることに注意すればよい．

この結果を，攪乱を受けた棒の内部における波の伝播の様子をみるために利用しよう．v で棒の座標 x をもつ断面の速度を表わす．この速度 $v = \partial u/\partial t$ は(14)に基づいて得られるが，それによると

$$\frac{v}{a} = \varphi'(at-x) - \varphi'(at+x). \tag{22}$$

この式を用いて，ある時刻にどんな波が座標 x の断面 P を通過するかを明らかにするのは困難でない．

実際，x は区間 $(0, l)$ の内部にあるから，時刻 $t=0$ から時刻 $t=(l-x)/a$ までは，(22)の右辺の関数の引数 $at \pm x$ は，両方とも，区間 $(-l, l)$ の外に出ない．したがって，(18)と(22)により

$$\frac{v}{a} = -\frac{r}{2} + \frac{r}{2} = 0$$

が得られる．いいかえれば，振動の始まった時刻から $(l-x)/a$ だけの時間が経つまでは，断面 P は静止している．これが振動を開始するのは時刻 $t=(l-x)/a$ で，最初の時刻に攪乱を受けた端点 $x=l$ で生じた逆行波がこの時刻に P へ到達する．

断面 P の速度を定めよう．時刻 $t=(l-x)/a$ から時刻 $t=(l+x)/a$ までの間に，$\varphi'(at-x)$ の引数は区間 $(-l, l)$ を，$\varphi'(at+x)$ の引数は区間 $(l, 3l)$ の中を動く．公式(18)-(22)からわかるように，時間が

$$\frac{l+x}{a} - \frac{l-x}{a} = \frac{2x}{a}$$

だけ経過する間は，断面 P は

$$\frac{v}{a} = -\frac{r}{2} - \frac{r}{2} = -r$$

から定まる速度をもつことになる．

さて時刻 $t=(l+x)/a$ に棒の内部でなにが起こるかを調べよう．この時刻には断面 P に向って正行波がやってくる．この正行波は，逆行波が固定端 $x=0$ で時刻 $t=l/a$ に反射されて生じたものである．

容易に示されるように，時刻 $t=(l+x)/a$ から $t=(3l-x)/a$ までは，断面 P は静止の状態にある．実際，この時間中は，(22)の関数の引数は両方とも区間 $(l, 3l)$ にあり，それゆえ，公式(22)から

$$\frac{v}{a} = \frac{r}{2} - \frac{r}{2} = 0$$

が出るのである．

時刻 $t=(3l-x)/a$ には，断面 P にふたたび逆行波が到達する．この逆行波は，前述の正行波が時刻 $t=2l/a$ に自由端点 $x=l$ で反射されて生じたものである．この逆行波は時刻 $t=(3l+x)/a$ まで断面 P に影響を及ぼす．実際，t が $(3l-x)/a$ から $(3l+x)/a$ まで増加する間，$\varphi'(at-x)$ の引数は区間 $(l, 3l)$ 内に，$\varphi'(at+x)$ の引数は $(3l, 5l)$ 内にあり，したがって

$$\frac{v}{a} = \frac{r}{2} + \frac{r}{2} = r.$$

さて，残っているのは，時刻 $t=(3l+x)/a$ から時刻 $t=(5l-x)/a$ までの間について調べることだけである．この時間には断面 P はふたたび静止の状態におかれる．実際，時刻 $t=(3l+x)/a$ には断面 P に正行波——逆行波が固定端で時刻 $t=3l/a$ に反射されて生じた正行波——が到達するが，この波の断面 P に対する影響はつぎのようになる．t が区間 $(3l+x)/a$，$(5l-x)/a$ にあるときには，(22)の右辺の2つの関数の引数は区間 $(3l, 5l)$ にあるので

$$\frac{v}{a} = -\frac{r}{2} + \frac{r}{2} = 0,$$

したがってこの長さ $2(l-x)/a$ の時間間隔中は，断面 P は静止の状態にあるこ

とになる.

　その後の波の伝播の様子は上述の繰返しである．というのは，前に注意したように，関数 $\varphi'(z)$ が周期 $4l$ をもつからである.

§3　棒の軸方向の衝撃

　一端 $(x=0)$ が固定され，他端 $(x=l)$ が自由である柱状の棒を考える．初めの時刻において自由端が，棒の軸に沿って速度 v で動いてきた質量 M の物体による衝撃を受けたとする．この衝撃に伴なう棒の縦振動を研究しよう.

　一様な棒の縦振動の方程式は，すでに知っているように,

$$\frac{\partial^2 u}{\partial t^2} = a^2 \frac{\partial^2 u}{\partial x^2} \quad \left(a = \sqrt{\frac{E}{\rho}} \right). \tag{23}$$

左端 $x=0$ における境界条件は，明らかに

$$u(0, t) = 0. \tag{24}$$

さらに，衝撃を与えた物体の運動方程式は，"断面 $x=l$ で棒へ働く力と大きさが等しく，向きが反対な"棒の反作用を考慮すれば，つぎの形になる：

$$M \frac{\partial^2 u}{\partial t^2} \bigg|_{x=l} = -ES \frac{\partial u}{\partial x} \bigg|_{x=l}. \tag{25}$$

これが端点 $x=l$ における境界条件となる．衝撃質量 M と棒の質量との比を $m=M/(\rho S l)$ で表わせば，(25)は

$$ml \frac{\partial^2 u}{\partial t^2} \bigg|_{x=l} = -a^2 \frac{\partial u}{\partial x} \bigg|_{x=l}. \tag{26}$$

求める関数 $u(x,t)$ はその他に初期条件

$$\left. \begin{array}{ll} u|_{t=0} = 0 & (0 \leqq x \leqq l), \\ \dfrac{\partial u}{\partial t} \bigg|_{t=0} = 0 \quad (0 \leqq x < l), & \dfrac{\partial u}{\partial t} \bigg|_{t=0} = -v \quad (x=l) \end{array} \right\} \tag{27}$$

を満足しなければならない．この第2の境界条件は，衝撃が加えられた瞬間には，棒の内部の断面の速度は0に等しいが，端点の速度は衝撃を与えた物体の速度に等しいことを表わしている.

　何度も用いたように，方程式(23)の一般解の形は

$$u = \varphi(at-x) + \phi(at+x), \tag{28}$$

ここに φ, ϕ は任意関数である．φ と ϕ を (28) が境界条件 (24), (25) および初期

条件(27)を満たすように定めよう．

境界条件(24)から $\psi=-\varphi$ が出るので，(28)は
$$u = \varphi(at-x)-\varphi(at+x). \tag{29}$$
と書ける．初期条件(27)より
$$\varphi(-z)-\varphi(z) = 0,$$
$$\varphi'(-z)-\varphi'(z) = 0. \quad (0<z<l)$$
したがって，$-l<z<l$ ならば $\varphi'(z)=0$ となる．すなわちこの区間では $\varphi(z)$ は定数で，その値は0と考えてよい．すなわち，
$$\varphi(z) = 0 \quad (-l<z<l). \tag{30}$$
つぎに関数 $\varphi(z)$ を区間 $(-l,l)$ の外で定めよう．そのためには境界条件(26)を用いる．(29)を(26)に代入すると
$$ml[\varphi''(at-l)-\varphi''(at+l)] = \varphi'(at-l)+\varphi'(at+l)$$
あるいは，$z=at+l$ とおけば
$$\varphi''(z)+\frac{1}{ml}\varphi'(z) = \varphi''(z-2l)-\frac{1}{ml}\varphi'(z-2l). \tag{31}$$
この方程式は，$\varphi(z)$ を区間 $(-l,l)$ を越えて延長する可能性を与えている．まず，(31)を用いて $\varphi'(z)$ を $(-l,l)$ の外で定めよう．

まず，$l<z<3l$ ならば，(31)の右辺は0であるから，
$$\varphi''(z)+\frac{1}{ml}\varphi'(z) = 0.$$
ゆえに，C を任意定数として
$$\varphi'(z) = Ce^{-z/ml}.$$
初期条件(27)によれば
$$a[\varphi'(-l+0)-\varphi'(l+0)] = -v,$$
あるいは，(30)も用いれば $\varphi'(-l+0)=0$ だから，
$$\varphi'(l+0) = \frac{v}{a}.$$
ゆえに，$\dfrac{v}{a}=Ce^{-1/m}$，すなわち $C=\dfrac{v}{a}e^{1/m}$ で，
$$\varphi'(z) = \frac{v}{a}e^{-(z-l)/ml} \quad (l<z<3l). \tag{32}$$

ここで，$\varphi'(z)$ は，$z=l$ において不連続で，跳びをもっていることに注意しておく．

$3l<z<5l$ では，(31) はつぎの形になる：

$$\varphi''(z)+\frac{1}{ml}\varphi'(z) = -\frac{2v}{aml}e^{-(z-3l)/ml}.$$

ゆえに，C を任意定数として

$$\varphi'(z) = Ce^{-z/ml}-\frac{2v}{aml}(z-3l)e^{-(z-3l)/ml}. \tag{33}$$

定数 C は，$t>0$ における端点 $x=l$ での速度 $\dfrac{\partial u}{\partial t}$ の連続性の条件，特に $t=\dfrac{2l}{a}$ でのそれから定める．すなわち，

$$\varphi'(l-0)-\varphi'(3l-0) = \varphi'(l+0)-\varphi'(3l+0),$$

あるいは，(30), (32), (33) によって

$$-\frac{v}{a}e^{-2/m} = \frac{v}{a}-Ce^{-3/m}.$$

ゆえに

$$C = \frac{v}{a}(e^{1/m}+e^{3/m}). \tag{34}$$

(34) を (33) に代入すれば，

$$\varphi'(z) = \frac{v}{a}e^{-(z-l)/ml}+\frac{v}{a}\left[1-\frac{2}{ml}(z-3l)\right]e^{-(z-3l)/ml} \quad (3l<z<5l). \tag{35}$$

同様な取り扱いにより，区間 $(5l, 7l)$, $(7l, 9l)$, …… における $\varphi'(z)$ を見出すことができる．

関数 $\varphi(z)$ は $\varphi'(z)$ を積分して得られる．そのとき積分定数は，$u(x,t)$ の $x=l$ における連続性の条件から決まる．t を 0, $\dfrac{2l}{a}$, … とおけば，この条件から

$$0 = \varphi(-l+0)-\varphi(l+0),$$
$$\varphi(l-0)-\varphi(3l-0) = \varphi(l+0)-\varphi(3l+0), \quad \cdots.$$

ゆえに，(30) によって

$$\varphi(l+0) = \varphi(-l+0) = 0, \quad \varphi(3l+0) = \varphi(3l-0), \quad \cdots.$$

このようにして，つぎの結果を得る：

$$\left.\begin{array}{l}\varphi(z) = \dfrac{mlv}{a}(1-e^{-(z-l)/ml}) \qquad (l<z<3l),\\[2mm]
\varphi(z) = -\dfrac{mlv}{a}e^{-(z-l)/ml}+\dfrac{mlv}{a}\left[1+\dfrac{2}{ml}(z-3l)\right]e^{-(z-l)/ml}\\[2mm]
\hspace{6cm}(3l<z<5l),\\[2mm]
\cdots\cdots
\end{array}\right\} \quad (36)$$

上に得られた解 (29), (30), (36) から,つぎのことがわかる: $0<t<\dfrac{l}{a}$ では,(30) によって $\varphi(at-x)=0$ となるから,(29) に従えば

$$u(x,t) = -\varphi(at+x),$$

すなわち,衝撃を受けた端点 $x=l$ から出発した逆行波だけが棒に沿って伝播する.この逆行波は $t=l/a$ に固定端に到着し,$l/a<t<2l/a$ ではさらに反射波 $\varphi(at-x)$ が加わる.すなわち,このとき解は

$$u(x,t) = \varphi(at-x)-\varphi(at+x).$$

時刻 $t=2l/a$ には波 $\varphi(at-x)$ は端点 $x=l$ で反射され,時間 $2l/a<t<3l/a$ では解 (29) の $\varphi(at+x)$ は別の形をとる.このように,$u(x,t)$ は区間

$$0<t<\dfrac{l}{a},\quad \dfrac{l}{a}<t<\dfrac{2l}{a},\quad \cdots,\quad n\dfrac{l}{a}<t<(n+1)\dfrac{l}{a},\quad \cdots$$

のおのおので,それぞれ異なった表式をもつことになる.

上に述べた解法では,棒が衝撃を与える物体とつながって運動するように考えた.それゆえ,条件 (25) が勝手な時刻 $t>0$ で成り立つのである.しかし,物体が棒とつながっていないとすると,上に得られた解は,$\partial u(l,t)/\partial x<0$ となる時間中だけしか使えない.この解では,点 $x=l$ における $\partial u/\partial x$ が正になった時は,打撃は終っているのである.

$0<t<2l/a$ では $\partial u(l,t)/\partial x=-\dfrac{v}{a}e^{-at/ml}<0$ であるから,この時間には打撃の作用はまだ終っていない.

$2l/a<t<4l/a$ では

$$\dfrac{\partial u(l,t)}{\partial x} = -\dfrac{v}{a}e^{-at/ml}\left[1+2e^{2/m}\left(1-\dfrac{at-2l}{ml}\right)\right]$$

であるから,

$$\dfrac{2at}{ml} = \dfrac{4}{m}+2+e^{-2/m}$$

を満たす時刻 t になると，$\partial u(l,t)/\partial x$ は正になり始める．この方程式は条件

$$2+e^{-2/m} < \frac{4}{m}$$

のもとに，区間 $2l/a < t < 4l/a$ の中に根をもつ．一方，方程式

$$2+e^{-2/m} = \frac{4}{m}$$

の根は $m=1.73\cdots$ である．$m<1.73\cdots$ ならば，区間 $(2l/a, 4l/a)$ に属する時刻 t において，打撃は終る．この時刻を決める式は

$$t = \frac{l}{a}\left(2+m+\frac{1}{2}me^{-2/m}\right).$$

$m>1.73\cdots$ ならば，全く同様な方法によって，区間 $(4l/a, 6l/a)$ に属する時刻 t で衝撃が終るかどうかを確かめることができる．

問題

1. 一方の側に無限に延びていると考えられるほど十分に長い柱状の棒の端点 $x=0$ に，攪乱が働く．その端点の相対変位が $A\sin\omega t$ ならば，座標 x における棒の断面の相対変位が次式で表わされることを示せ：

$$u(x,t) = \begin{cases} 0 & (at \leq x) \\ A\sin\dfrac{\omega}{a}(at-x) & (at>x). \end{cases}$$

〔ヒント〕 境界条件 $u|_{x=0} = A\sin\omega t$ および "0" 初期条件の下に，特性曲線の方法を用いて，方程式

$$\frac{\partial^2 u}{\partial t^2} = a^2 \frac{\partial^2 u}{\partial x^2}$$

を積分せよ．

2. $x\to\infty$ で固定され，端点 $x=0$ は自由である半無限の棒が縦振動を行なっている．初期条件を

$$u|_{t=0} = f(x), \quad \left.\frac{\partial u}{\partial t}\right|_{t=0} = 0 \quad (x\to\infty \text{ で } f(x)\to 0)$$

として，$u(x,t)$ を求めよ．

〔答〕
$$u(x,t) = \begin{cases} \dfrac{f(x+at)+f(at-x)}{2} & (0<x<at) \\ \dfrac{f(x-at)+f(x+at)}{2} & (x>at). \end{cases}$$

〔ヒント〕 初期データを偶関数となるように負の x 軸にまで延長し，無限の棒に対す

る Cauchy 問題の解を利用せよ.

3. 錐状の棒(図 17)の縦振動の方程式を導け.

〔答〕
$$\frac{\partial}{\partial x}\left[\left(1-\frac{x}{h}\right)^2 \frac{\partial u}{\partial x}\right] = \frac{1}{a^2}\left(1-\frac{x}{h}\right)^2 \frac{\partial^2 u}{\partial t^2} \qquad \left(a^2 = \frac{E}{\rho}\right), \tag{37}$$

ここに h は完全な錐の高さで，棒はこの錐の一部である.

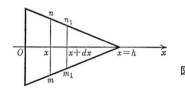

図 17

4. 錐台状の棒の一端 $(x=0)$ が固定され，他端 $(x=l)$ は自由である．最初の時刻 $t=0$ に自由端が，棒の軸に平行に働く，速度 v の，質量 M の物体による衝撃を受ける．この錐台状の棒の縦振動を求めよ.

〔答〕
$$u(x,t) = \frac{\varphi(at-x)-\varphi(at+x)}{h-x}.$$

関数 $\varphi(z)$ はつぎのように定められる：
$$\varphi(z) = 0 \qquad (-l<z<l),$$
$$\varphi(z) = \frac{v(h-l)}{a}\frac{e^{k_1(z-l)}-e^{k_2(z-l)}}{k_1-k_2} \qquad (l<z<3l),$$
$$\cdots\cdots,$$

ここで k_1, k_2 は方程式
$$k^2 + \frac{k}{m} + \frac{1}{m(h-l)} = 0, \qquad m = \frac{M}{\rho S l}$$

の根である．$\varphi(z)$ を区間 $(-l, l)$ の外に延長するための方程式は
$$m\varphi''(z) + \varphi'(z) + \frac{\varphi(z)}{h-l} = m\varphi''(z-2l) - \varphi'(z-2l) + \frac{\varphi(z-2l)}{h-l}.$$

〔ヒント〕 問題は方程式(37)をつぎの条件のもとで解くことに帰着される：

境界条件
$$u|_{x=0} = 0, \qquad m\frac{\partial^2 u}{\partial t^2}\bigg|_{x=l} = -a^2 \frac{\partial u}{\partial x}\bigg|_{x=l},$$

初期条件
$$u|_{t=0} = 0 \qquad (0\leq x\leq l),$$
$$\frac{\partial u}{\partial t}\bigg|_{t=0} = 0 \quad (0\leq x<l), \qquad \frac{\partial u}{\partial t}\bigg|_{t=0} = -v \quad (x=l).$$

第5章 特性曲線の方法の導体中の電気振動への応用

§1 電気的自由振動の方程式

導体中を電流が通るとそのまわりに電磁場がつくられ,電流の強さおよび電圧(電位差)の変化をひき起こす.これらの変化によって導体中にある種の振動現象が起こるが,これをこれから問題にしよう.

柱状の導体[1]の軸方向に x 軸をとり,座標原点を導体の一方の端におく.導体の長さを l とする.電流(の強さ) i および電圧 v は座標 x および時間 t の関数である. i と v の間の関係は,ある種の1階偏微分方程式で記述される.この方程式を導くのに,つぎのことを仮定しよう.電気容量,抵抗,インダクタンス,漏洩度(leakage)は導体中連続かつ一様に分布しており,これらを特徴づける定数 C, R, L, G は導体の単位長さ当りのものとする.

2つの切口 $x=x_1$, $x=x_2$ に挟まれた導体の部分を考えよう.この部分にOhmの法則を適用すると,

$$v(x_1,t)-v_2(x_2,t) = R\int_{x_1}^{x_2} i(x,t)dx + L\int_{x_1}^{x_2}\frac{\partial i(x,t)}{\partial t}dx. \tag{1}$$

ところが,

$$v(x_1,t)-v(x_2,t) = -\int_{x_1}^{x_2}\frac{\partial v(x,t)}{\partial x}dx$$

であるから,

$$\int_{x_1}^{x_2}\left(\frac{\partial v}{\partial x}+L\frac{\partial i}{\partial t}+Ri\right)dx = 0.$$

この式から, x_1, x_2 の任意性を考慮すれば,つぎの方程式が得られる:

$$\frac{\partial v}{\partial x}+L\frac{\partial i}{\partial t}+Ri = 0. \tag{2}$$

いま考えている部分 (x_1, x_2) へ単位時間に流れこむ電気量

---

1)〔訳注〕 ここで扱う導体は伝送線のような1次元的なもののみである.

$$i(x_1,t)-i(x_2,t) = -\int_{x_1}^{x_2}\frac{\partial i}{\partial x}dx$$

は，この部分を充電するのに使われる電気量と，絶縁の不完全さによって失われる電気量との和

$$C\int_{x_1}^{x_2}\frac{\partial v}{\partial t}dx+G\int_{x_1}^{x_2}vdx$$

に等しい．ゆえに

$$\int_{x_1}^{x_2}\left(\frac{\partial i}{\partial x}+C\frac{\partial v}{\partial t}+Gv\right)dx = 0$$

であり，したがって，つぎの方程式が成り立つ：

$$\frac{\partial i}{\partial x}+C\frac{\partial v}{\partial t}+Gv = 0. \tag{3}$$

§2 電信方程式

前節で導いた方程式(2)を x について微分し，方程式(3)を t について微分し，$\partial^2 i/\partial x \partial t$ を消去すれば，v に関するつぎの2階微分方程式が得られる：

$$\frac{\partial^2 v}{\partial x^2} = LC\frac{\partial^2 v}{\partial t^2}+(RC+GL)\frac{\partial v}{\partial t}+GRv. \tag{4}$$

同様にして電流 i の満足する微分方程式

$$\frac{\partial^2 i}{\partial x^2} = LC\frac{\partial^2 i}{\partial t^2}+(RC+GL)\frac{\partial i}{\partial t}+GRi \tag{5}$$

も導かれる．

したがって，電圧 v と電流 i とは同じ微分方程式

$$\frac{\partial^2 w}{\partial x^2} = a_0\frac{\partial^2 w}{\partial t^2}+2b_0\frac{\partial w}{\partial t}+c_0 w \tag{6}$$

を満たしていることがわかる．ここで簡単のために

$$a_0 = LC, \quad 2b_0 = RC+GL, \quad c_0 = GR \tag{7}$$

と記号を定めた．方程式(6)は**電信方程式**とよばれる．

新しい関数 $u(x,t)$ を

$$w = e^{-(b_0/a_0)t}u \tag{8}$$

によって導入すれば，(6)はもっと簡単な方程式

$$\frac{\partial^2 u}{\partial t^2} = a^2 \frac{\partial^2 u}{\partial x^2} + b^2 u \tag{9}$$

になる.ここに,

$$a = \frac{1}{\sqrt{a_0}}, \qquad b = \frac{\sqrt{{b_0}^2 - a_0 c_0}}{a_0}. \tag{10}$$

§3 Riemannの方法による電信方程式の解法

Riemannの方法を適用して,初期条件

$$u|_{t=0} = f(x), \qquad \left.\frac{\partial u}{\partial t}\right|_{t=0} = F(x) \tag{11}$$

を満たす方程式(9)の解を求めてみよう.

まず方程式を標準形に変換する.新しい独立変数 ξ, η をつぎの式によって導入する:

$$\xi = \frac{b}{a}(x+at), \qquad \eta = \frac{b}{a}(x-at). \tag{12}$$

このとき(9)はつぎの形になる.

$$L(u) = \frac{\partial^2 u}{\partial \xi \partial \eta} + \frac{1}{4} u = 0. \tag{13}$$

直線 $t=0$ は,新しい変数では,角 O の二等分線(図18)

$$\xi = \eta \tag{14}$$

となる.さらに,(12)より

$$x = \frac{a}{b}\frac{\xi+\eta}{2}, \qquad t = \frac{1}{b}\frac{\xi-\eta}{2}$$

となるから

$$\frac{\partial u}{\partial \xi} - \frac{\partial u}{\partial \eta} = \frac{1}{b}\frac{\partial u}{\partial t}.$$

したがって,初期条件(11)から

$$\left.\frac{\partial u}{\partial \xi} - \frac{\partial u}{\partial \eta}\right|_{\eta=\xi} = \frac{1}{b}\left.\frac{\partial u}{\partial t}\right|_{t=0} = \frac{1}{b}F(x) = \frac{1}{b}F\left(\frac{a}{b}\xi\right) \tag{15}$$

である.また容易につぎの式が得られる:

$$u|_{\eta=\xi} = f\left(\frac{a}{b}\xi\right). \tag{16}$$

Riemann の公式，第 2 章(12)，において $a=0$, $b=0$, $f=0$ ととり，(14)を考慮すれば

$$u(\xi_0, \eta_0) = \frac{(uv)_P + (uv)_Q}{2} + \frac{1}{2}\int_{QP} v\left(\frac{\partial u}{\partial \xi} - \frac{\partial u}{\partial \eta}\right)d\xi -$$
$$- \frac{1}{2}\int_{QP} u\left(\frac{\partial v}{\partial \xi} - \frac{\partial v}{\partial \eta}\right)d\xi. \tag{17}$$

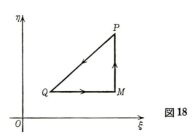

図 18

さて，Riemann 関数 $v(\xi, \eta; \xi_0, \eta_0)$ を求めよう．これは共役方程式

$$\frac{\partial^2 v}{\partial \xi \partial \eta} + \frac{1}{4}v = 0 \tag{18}$$

を満たし，特性曲線 MP および MQ 上で 1 にならなければならない．方程式(18)の解を

$$v = G(\sqrt{(\xi - \xi_0)(\eta - \eta_0)})$$

の形に求めよう．この式を(18)に代入し，$\sqrt{(\xi - \xi_0)(\eta - \eta_0)}$ を λ で表わすことにすれば，$G(\lambda)$ は常微分方程式

$$G''(\lambda) + \frac{1}{\lambda}G'(\lambda) + G(\lambda) = 0 \tag{19}$$

を満足する．これの特解として，0 次の Bessel 関数 J_0 がある[1]：

$$J_0(\lambda) = 1 - \frac{\lambda^2}{2^2} + \frac{\lambda^4}{(2 \cdot 4)^2} - \frac{\lambda^6}{(2 \cdot 4 \cdot 6)^2} + \cdots. \tag{20}$$

このことから明らかに，

$$v = J_0(\lambda)$$

ととれば，v は(18)の解であって，特性曲線 $\xi = \xi_0$, $\eta = \eta_0$ の上では 1 となる（こ

---

1) 〔訳注〕 Bessel 関数については第 12 章をみよ．

のとき $\lambda=0$ だから).

こうして,求める Riemann 関数の形は
$$v(\xi,\eta;\xi_0,\eta_0) = J_0(\sqrt{(\xi-\xi_0)(\eta-\eta_0)}). \tag{21}$$
この式から,
$$\left.\frac{\partial v}{\partial \xi}\right|_{\eta=\varepsilon} = \left.\frac{dJ_0}{d\lambda}\frac{\partial \lambda}{\partial \xi}\right|_{\eta=\varepsilon} = \frac{1}{2}\frac{\xi-\eta_0}{\sqrt{(\xi-\xi_0)(\xi-\eta_0)}}J_0'(\lambda)\bigg|_{\eta=\varepsilon},$$
$$\left.\frac{\partial v}{\partial \eta}\right|_{\eta=\varepsilon} = \left.\frac{dJ_0}{d\lambda}\frac{\partial \lambda}{\partial \eta}\right|_{\eta=\varepsilon} = \frac{1}{2}\frac{\xi-\xi_0}{\sqrt{(\xi-\xi_0)(\xi-\eta_0)}}J_0'(\lambda)\bigg|_{\eta=\varepsilon}.$$
したがって,
$$\left.\frac{\partial v}{\partial \xi}-\frac{\partial v}{\partial \eta}\right|_{\eta=\varepsilon} = \frac{\xi_0-\eta_0}{2\sqrt{(\xi-\xi_0)(\xi-\eta_0)}}J_0'(\lambda)\bigg|_{\eta=\varepsilon}. \tag{22}$$

さて (15), (16), (22) を (17) に代入して
$$u(P)=f\left(\frac{a}{b}\xi_0\right), \quad u(Q)=f\left(\frac{a}{b}\eta_0\right)$$
に注意すれば
$$u(\xi_0,\eta_0) = \frac{f\left(\frac{a}{b}\xi_0\right)+f\left(\frac{a}{b}\eta_0\right)}{2} + \frac{1}{2b}\int_{\eta_0}^{\xi_0} J_0(\sqrt{(\xi-\xi_0)(\xi-\eta_0)})F\left(\frac{a}{b}\xi\right)d\xi -$$
$$- \frac{\xi_0-\eta_0}{4}\int_{\eta_0}^{\xi_0} f\left(\frac{a}{b}\xi\right)\frac{J_0'(\sqrt{(\xi-\xi_0)(\xi-\eta_0)})}{\sqrt{(\xi-\xi_0)(\xi-\eta_0)}}d\xi.$$

ここでもとの変数 x,t にもどれば (ξ_0,η_0 に対応する変数を x,t と書く)
$$u(x,t) = \frac{f(x-at)+f(x+at)}{2} + \frac{1}{2}\int_{x-at}^{x+at} \Phi(x,t,z)dz \tag{23}$$
となる.ただし,積分変数を $z=a\xi/b$ に変換した.また,Φ は
$$\Phi(x,t,z) = \frac{1}{a}F(z)J_0\left(\frac{b}{a}\sqrt{(z-x)^2-a^2t^2}\right) + btf(z)\frac{J_0'\left(\frac{b}{a}\sqrt{(z-x)^2-a^2t^2}\right)}{\sqrt{(z-x)^2-a^2t^2}} \tag{24}$$
で定義される.

§4 無限導体における電気振動

導体の長さが十分大きくて,両側に無限に延びていると考えてよいものとす

る．この場合には，初期条件に現われる関数 $f(x), F(x)$ は全区間 $(-\infty, \infty)$ にわたって定義されていなければならない．そうすると，公式(23)によって任意の時刻での導体中の各点における $u(x,t)$ の値を計算することができる．$u(x,t)$ がわかれば，電圧 $v(x,t)$ も

$$v(x,t) = e^{-\mu t} u(x,t) \qquad \left(\mu = \frac{b_0}{a_0}\right) \tag{25}$$

によって計算できる．

　つぎに，公式(25)の物理的な意味を調べてみよう．簡単のために $a_0=b_0=1$ とおき，初めの時刻における電気的擾乱は区間 $(0,\alpha)$ だけに限られているものとする．したがって関数 $f(x)$ および $F(x)$ はこの区間の外では 0 となる．

　導体上に座標 $x=\zeta>\alpha$ なる1点をとり，その点での時間的変化に着目しよう（図19）．時刻 τ においてこの点が図で位置 $M(\zeta,\tau)$ を占めるものとする．点 M を通る特性曲線

$$x-t = \zeta-\tau, \qquad x+t = \zeta+\tau$$

を引く．これらは x 軸と点 $\zeta_1=\zeta-\tau$ および $\zeta_2=\zeta+\tau$ で交わる．$t=0$ から $t=\tau$ までの時間を考える．ただし

$$\tau < \zeta - \alpha \tag{26}$$

とする．この間に点 $(\zeta,0)$ は $M(\zeta,\tau)$ に移る．特性曲線 $x-t=\zeta-\tau$ は x 軸と，α よりも右にある点 ζ_1 で交わる，すなわち，初期振動の部分の外側にある点で交わっている．このことは(26)から明らかである．容易にわかるように，この時間中には，電気振動はまだ観察している点にとどいていない．実際，図19からも直接わかるが，公式(23)の積分区間 $(\zeta-\tau,\zeta+\tau)$ は点 $(0,\alpha)$ を含んでいない．$f(x), F(x)$ が $(0,\alpha)$ の外では 0 であったことを思い出せば，$f(\zeta-\tau), f(\zeta+\tau)$ のみならず，$\Phi(\zeta,\tau,z)$ も区間 $(\zeta-\tau,\zeta+\tau)$ では 0 となる．したがって，(23)によって明らかに

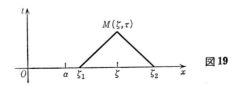

図19

§4 無限導体における電気振動

$$u = 0 \quad (0 < \tau < \zeta - \alpha).$$

ゆえに，われわれがとった時間区間 $(0, \zeta-\alpha)$ では

$$v = 0$$

となり，これは前に述べたことにほかならない．

つぎに時間区間として $\tau = \zeta - \alpha$ から $\tau = \zeta$ までをとろう．この場合には

$$0 < \zeta - \tau < \alpha$$

となるから，特性曲線 $x - t = \zeta - \tau$ は x 軸と，0 と α の間にある点 ζ_1 で交わる (図 20)．図からわかるように，積分区間 $(\zeta-\tau, \zeta+\tau)$ は 2 つの部分

$$(\zeta-\tau, \alpha), \quad (\alpha, \zeta+\tau)$$

にわかれる．

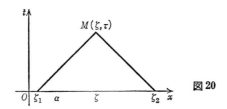

図 20

上の 2 番目の区間では $\Phi(\zeta, \tau, z)$ は 0 である．したがって (23) はつぎの式を与える：

$$u = \frac{f(\zeta-\tau)}{2} + \frac{1}{2}\int_{\zeta-\tau}^{\alpha} \Phi(\zeta, \tau, z) dz \quad (\zeta-\alpha < \tau < \zeta). \tag{27}$$

このことは，いま考えている時間区間においては電気振動が観察している点に影響をおよぼしていることを示している．この点における電圧 v を計算しようと思えば，(27) によって与えられた u を用いて

$$v = e^{-\mu\tau} u$$

とすればよい．

つぎに，$\zeta < \tau$ とし，時刻 τ において，観察している点 (ζ, τ) でなにが起こるかを見よう．

この場合には

$$\zeta - \tau < 0$$

であるから，特性曲線 $x-t=\zeta-\tau$ と x 軸が交わる点 ζ_1 は原点 O の左側になり，初期振動の部分の外に出てしまう．しかし容易に示すことができるように，観察している点における電圧 v は，$\tau<\zeta-\alpha$ のときのように，0 とはならない．実際，図 21 からわかるように，区間 $(0,\alpha)$ は区間 $(\zeta-\tau,\zeta+\tau)$ に完全に含まれるから，(23) によって

$$u = \frac{1}{2}\int_0^\alpha \Phi(\zeta,\tau,z)dz \qquad (\zeta<\tau)$$

となり，したがって

$$v = \frac{e^{-\mu\tau}}{2}\int_0^\alpha \Phi(\zeta,\tau,z)dz \qquad (28)$$

となるからである．

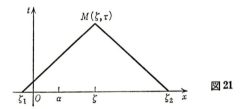

図 21

上の公式 (28) は，点 ζ を時刻 $\tau (\zeta-\alpha<\tau<\zeta)$ に通過した電気振動が，その後も (28) で表わされる残留攪乱として残っていることを示している．事実，導体中のこのような残留効果は Fizeaux の実験によって確かめられた．

最後に，(28) に現われる積分は τ が増加して $+\infty$ に近づいても有限にとどまることを注意しておこう．したがって無限に長い導体中の電圧は時間の経過とともに 0 に近づく．

§5 波形がゆがまない導線中の電気振動

この名前は Heaviside によって与えられたもので，定数 G,C,L,R の間につぎの関係がある導線を意味する：

$$\frac{G}{C} = \frac{R}{L}. \qquad (29)$$

§5 波形がゆがまない導線中の電気振動

このような導線に対しては，電信方程式

$$\frac{\partial^2 u}{\partial t^2} = a^2 \frac{\partial^2 u}{\partial x^2} + b^2 u$$

は，

$$\frac{\partial^2 u}{\partial t^2} = a^2 \frac{\partial^2 u}{\partial x^2} \quad \left(a = \frac{1}{\sqrt{LC}}\right) \tag{30}$$

なる波動方程式の形をとる．実際，(7)と(10)により

$$b = \frac{\sqrt{b_0^2 - a_0 c_0}}{a_0} = \frac{|RC - GL|}{2LC}$$

であるから，(29)が満たされている場合には，$b=0$ となる．

方程式(30)の一般解を思い出して，u と v との間の関係

$$v = e^{-(R/L)t} u$$

を用いれば，φ および ψ を任意関数として，考えている導線中の電圧 v はつぎの式で与えられることがわかる：

$$v = e^{-(R/L)t}[\varphi(x-at)+\psi(x+at)]. \tag{31}$$

電流を求めるために，方程式

$$-\frac{\partial i}{\partial x} = Gv + C\frac{\partial v}{\partial t}$$

の右辺の $v, \partial v/\partial t$ に，(31)から得られる式を代入する．そうすると

$$\frac{\partial i}{\partial x} = \sqrt{\frac{C}{L}}\, e^{-(R/L)t}[\varphi'(x-at)-\psi'(x+at)].$$

これを x について積分すれば

$$i = \sqrt{\frac{C}{L}}\, e^{-(R/L)t}[\varphi(x-at)-\psi(x+at)+\kappa(t)], \tag{32}$$

ただし，$\kappa(t)$ は任意関数である．さて，(31),(32)を方程式

$$\frac{\partial v}{\partial x} + L\frac{\partial i}{\partial t} + Ri = 0$$

に代入すれば

$$\kappa'(t) = 0$$

となり，これから

$$\kappa(t) = K = \text{const.}$$

定数 K は，一般性を失なうことなく 0 と仮定してよい．なぜなら，$K \neq 0$ の

ときには，(31)および(32)において関数 $\varphi(x-at), \psi(x+at)$ を $\varphi(x-at)-\dfrac{K}{2}$, $\psi(x+at)+\dfrac{K}{2}$ でおきかえることによって，これらの公式中に K が現われないようにすることができるからである．

このようにして

$$i = \sqrt{\dfrac{C}{L}}\, e^{-(R/L)t}[\varphi(x-at)-\psi(x+at)]. \tag{33}$$

上に得られた式(31),(33)は，電気的攪乱の伝わり方が波動性をもっていることを示している．波の伝播速度は

$$a = \dfrac{1}{\sqrt{LC}} \tag{34}$$

によって与えられる．

(31),(33)の右辺の乗数因子 $e^{-(R/L)t}$ は，電流が導体中を流れる際に起こる振動が時間とともに減衰することを示している．

波形は関数 φ, ψ によってきまるが，これらの関数は初期条件

$$v|_{t=0} = f(x), \qquad i|_{t=0} = \sqrt{\dfrac{C}{L}}\, F(x) \tag{35}$$

から定められる．実際，(31)および(33)で $t=0$ とおけば，(35)によって

$$\varphi(x)+\psi(x) = f(x), \qquad \varphi(x)-\psi(x) = F(x),$$

したがって，

$$\varphi(x) = \dfrac{f(x)+F(x)}{2}, \qquad \psi(x) = \dfrac{f(x)-F(x)}{2}. \tag{36}$$

十分に長い，両側に無限に延びていると考えてよいような導体を問題にしている場合には，関数 $f(x), F(x)$ は全区間 $(-\infty, \infty)$ で知られていなければならない．もし知られていれば，(31),(33)および(36)によって，電流と電圧をすべての点とすべての時刻において決定することができる．

§6 有限の長さの導体に対する境界条件

導体が有限の長さ l をもっている場合には，有限な弦の振動のときと同じつぎの事情が起こる．すなわち，初期条件に現われる関数 $f(x), F(x)$ は区間 $(0, l)$ だけでしか与えられていないが，一方，公式(31),(32)を用いるためには，これらの関数をすべての実数に対して知らなければならない．したがって，$f(x)$

§6 有限の長さの導体に対する境界条件

および $F(x)$ を区間 $(0, l)$ の外にまで延長する法則を見つける必要が起こる.このような延長の方法は,導体の両端で満たされる境界条件から見出すことができる.

よく現われる境界条件の例をいくつかあげよう.そのためには,電気回路の理論でよく知られている公式

$$v = R_1 i + L_1 \frac{di}{dt} + \frac{1}{C_1} \int i dt$$

を利用する.ここに,R_1, L_1, C_1 はそれぞれ回路の抵抗,インダクタンス,容量である.

1) 導線の原点に一定起電力 E の電池があり,他端は接地されている場合.
境界条件は

$$v|_{x=0} = E, \quad v|_{x=l} = 0.$$

2) 導線の原点に振動数 ω の正弦電圧がかかり,他端が絶縁されている場合.
境界条件は

$$v|_{x=0} = E \sin \omega t, \quad i|_{x=l} = 0.$$

3) 導線の原点および他端に,それぞれ,抵抗 R_0 および R_l,インダクタンス L_0 および L_l の受信器(レシーバ)がついている場合.
境界条件は

$$v|_{x=0} = E - R_0 i_0 - L_0 \frac{di_0}{dt}, \quad v|_{x=l} = R_l i_l + L_l \frac{di_l}{dt}.$$

ここで E は電池の起電力,i_0 および i_l は原点および他端における電流の強さである.

4) 原点および他端に,容量 C_0 および C_l のコンデンサーがついている場合.
境界条件は

$$v|_{x=0} = E - \frac{1}{C_0} \int i_0 dt, \quad i|_{x=l} = C_l \frac{dv_l}{dt}.$$

ここで v_l は(原点でない)端点における電圧である.

第6章 波動方程式

§1 膜の振動の方程式

膜というのは，面積を変えない曲げには抵抗しないような，張られた薄い面のことである．いま，平衡の位置では膜が平面 xOy 内にあり，閉曲線 L で囲まれた領域 D を占めているものとする．さらに，膜は，その境界に加えられている一様な張力 T の作用のもとにあるとしよう．このことはつぎのことを意味している：面に沿って任意の方向に線を引くと，線素によってわけられた2つの部分が互いにおよぼす力は，線素の長さに比例し，その方向は線素に垂直である．線素 ds に働く力の大きさは Tds に等しい．

膜の横振動だけを考察することにしよう．その際，膜のおのおのの点は，xOy 平面に垂直に，u 軸に平行に動く．このとき，点 (x, y) の変位 u は x, y および t の関数となる．

膜の横振動の方程式を導こう．そのために，静止の状態では曲線 l によって囲まれる膜の小さな部分 (σ) に着目しよう．膜が平衡の位置からずれると，この部分は空間曲線 l' によって囲まれた膜面の部分 (S) に移る．そのとき，面積に関しては

$$\sigma = S\cos\gamma$$

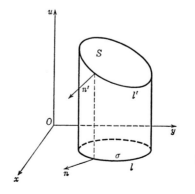

図 22

§1 膜の振動の方程式

となる.ここで,γ は Ou 軸と (S) の法線とのなす角である(図22).

偏微分係数 $\partial u/\partial x$ および $\partial u/\partial y$ の2乗を無視できるような微小振動に話を限ることにすれば,

$$\cos \gamma = \frac{1}{\sqrt{1+\left(\frac{\partial u}{\partial x}\right)^2+\left(\frac{\partial u}{\partial y}\right)^2}} \approx 1$$

から,任意の時刻 t において $S \approx \sigma$ であることが出てくる,すなわち膜の任意の部分の面積の変化は無視してよい.そうだとすると,膜の微小振動に際しては,部分 (S) はもとの張力 T の作用のもとにあるとみなしてよい.

さて,部分 (S) に加えられる,張力の合力の Ou 軸方向の成分を計算しよう.そのために,曲線 l' の線要素を ds' とする.変形に対する抵抗がないので,線素 ds' に働く張力ベクトルは,膜面の接平面内にあって,線素 ds' に垂直である.このベクトルと Ou 軸とのなす角の余弦は,明らかに,$\partial u/\partial n'$ である.ここに n' は曲線 l' に対する接平面内での外向きの法線である.このことから,曲線 l' の線素 ds' に働いている張力の Ou 軸上への射影は積

$$T\frac{\partial u}{\partial n'}ds'$$

に等しい.この積を曲線 l' にわたって積分すれば,この曲線全体にわたる張力の合力に対するつぎの式が得られる:

$$T\int_{l'}\frac{\partial u}{\partial n'}ds'.$$

膜の微小振動では $ds \approx ds'$ であるから,積分路 l' を l でおきかえることができる.さらに,Green の公式を使うと,

$$T\int_l \frac{\partial u}{\partial n}ds = T\iint_\sigma \left(\frac{\partial^2 u}{\partial x^2}+\frac{\partial^2 u}{\partial y^2}\right)dxdy. \tag{1}$$

さらに,膜に対して単位面積当りに外力 $p(x,y,t)$ が Ou 軸に平行に働いていると仮定しよう.そうすると,膜の部分 σ に働く外力は

$$\iint_\sigma p(x,y,t)dxdy \tag{2}$$

に等しい.

力の平衡の原理,すなわち,d'Alembert の原理によれば,力(1)および(2)は,膜の部分 S に働く慣性力と,任意の時刻においてつりあっている.これらの慣

性力の和は
$$-\iint_\sigma \rho(x,y)\frac{\partial^2 u}{\partial t^2}\,dxdy,$$
ここに $\rho(x,y)$ は膜の面密度である．こうして
$$\iint_\sigma \left[\rho(x,y)\frac{\partial^2 u}{\partial t^2} - T\left(\frac{\partial^2 u}{\partial x^2}+\frac{\partial^2 u}{\partial y^2}\right)-p(x,y,t)\right]dxdy = 0.$$
この式から，部分 σ の任意性を用いると，つぎの式が得られる：
$$\rho(x,y)\frac{\partial^2 u}{\partial t^2} = T\left(\frac{\partial^2 u}{\partial x^2}+\frac{\partial^2 u}{\partial y^2}\right)+p(x,y,t). \tag{3}$$
これが膜の横振動の微分方程式である．

一様な膜，$\rho=\text{const}$, の場合には，膜の微小振動の方程式は
$$\frac{\partial^2 u}{\partial t^2} = a^2\left(\frac{\partial^2 u}{\partial x^2}+\frac{\partial^2 u}{\partial y^2}\right)+g(x,y,t) \tag{4}$$
の形に書ける．ただし
$$a = \sqrt{\frac{T}{\rho}}, \qquad g(x,y,t) = \frac{p(x,y,t)}{\rho}. \tag{5}$$
もし外力がない，すなわち $p(x,y,t)=0$ ならば，(4)から，一様な膜の**自由振動の方程式**
$$\frac{\partial^2 u}{\partial t^2} = a^2\left(\frac{\partial^2 u}{\partial x^2}+\frac{\partial^2 u}{\partial y^2}\right) \tag{6}$$
を得る．方程式(6)は，平面の**波動方程式**とよばれる．

当然のことであるが，運動方程式(6)だけでは，膜の運動を完全に決定するのに十分でない．これに加えて，最初の時刻 $t=0$ における膜のおのおのの点の位置と速度を与える必要がある：
$$u|_{t=0} = f(x,y), \qquad \left.\frac{\partial u}{\partial t}\right|_{t=0} = F(x,y). \tag{7}$$
その上，境界条件も与えなければならない．たとえば，膜が曲線 L 上で固定されている場合には，
$$u|_L = 0 \tag{8}$$
としなければならない．

§2 流体力学の方程式と音波の伝播

流体力学では,流体は連続媒質と考えられている.これはつぎのことを意味する.流体の各微小体積要素は,なおかつ非常に多くの分子を含む程度には,十分大きいと見なされる.

流体の運動の数学的記述は,流体の速度,圧力,密度の分布を表わす関数 $\boldsymbol{v}(x,y,z,t)$, $p(x,y,z,t)$, $\rho(x,y,z,t)$ によってなされる.$\boldsymbol{v}(x,y,z,t)$ は時刻 t における空間の与えられた点 (x,y,z) での速度であることに注意しよう.すなわち,これは空間の着目した点に関係しているのであって,時間と共に空間中を移動する流体粒子に附随しているのではない.同じことが,p および ρ に対してもいえる.

流体力学の基礎方程式を,物質の保存則を表わす方程式と共に導こう.

曲面 S によって囲まれた,ある流体領域 V を考える.領域 V の中に湧き出しも吸い込みもないとすれば,V に含まれる流体の質量の単位時間当りの変化は,曲面 S を通る流体の流量に等しい:

$$\frac{\partial}{\partial t}\iiint_V \rho dV = -\iint_S \rho v_n dS.$$

ここに,$\rho(x,y,z,t)$ は時刻 t における点 (x,y,z) での流体の密度であり,v_n は $\boldsymbol{v}(x,y,z,t)$ の,曲面 S に対する外向き法線方向の成分である.

Gauss–Ostrogradskii の公式[1]により

$$\iint_S \rho v_n dS = \iiint_V \mathrm{div}(\rho\boldsymbol{v})dV,$$

ここで

$$\mathrm{div}(\rho\boldsymbol{v}) = \frac{\partial(\rho v_x)}{\partial x} + \frac{\partial(\rho v_y)}{\partial y} + \frac{\partial(\rho v_z)}{\partial z}.$$

したがって,

$$\iiint_V \frac{\partial \rho}{\partial t}dV = -\iiint_V \mathrm{div}(\rho\boldsymbol{v})dV,$$

あるいは,

$$\iiint_V \left[\frac{\partial \rho}{\partial t} + \mathrm{div}(\rho\boldsymbol{v})\right]dV = 0.$$

---

1)〔訳注〕 Gauss の積分公式のこと.

この等式は，流体の勝手な領域に対して成立するので，これから

$$\frac{\partial \rho}{\partial t} + \operatorname{div}(\rho v) = 0 \tag{9}$$

が出る．この方程式は**連続の方程式**とよばれる．

さて，完全流体の運動方程式の導出に移ろう．

完全流体とは，つぎのような変形しうる連続媒質のことをいう．すなわち，流体粒子が相互におよぼしあう応力が——流体が平衡状態にあっても，運動していても——法線圧力のみである，すなわち，曲面 S に囲まれた体積 V をとれば，他の部分が V におよぼす力は，S の各点における内向き法線に沿った力だけである．単位面積あたりのこの力(圧力)を $p(x, y, z, t)$ で表わす．

こうして，曲面 S にかかる圧力の合力は

$$-\iint_S p\mathbf{n}\,dS$$

に等しい．ここに $\mathbf{n}$ は曲面に対する外向きの単位法線ベクトルである．

Gauss-Ostrogradskii の公式によって

$$-\iint_S p\mathbf{n}\,dS = -\iiint_V \operatorname{grad} p\,dV.$$

ここで[1]

$$\operatorname{grad} p = i\frac{\partial p}{\partial x} + j\frac{\partial p}{\partial y} + k\frac{\partial p}{\partial z}.$$

さらに，単位質量あたり外力 $\mathbf{F}(F_x, F_y, F_z)$ が流体に働くとしよう．体積 V に働くこの力の合力は

$$\iiint_V \rho \mathbf{F}\,dV$$

に等しい．最後に，体積 V には慣性力

$$-\iiint_V \rho \frac{d\mathbf{v}}{dt}\,dV$$

が作用している．d'Alembert の原理によれば，

$$\iiint_V \left[\rho \mathbf{F} - \rho \frac{d\mathbf{v}}{dt} - \operatorname{grad} p\right] dV = 0.$$

---

1)〔訳注〕 i, j, k はそれぞれ x 軸, y 軸, z 軸方向の単位ベクトル，すなわち xyz 空間の基本ベクトル．

したがって，V の任意性により，つぎの方程式が出る：

$$\frac{d\boldsymbol{v}}{dt} = \boldsymbol{F} - \frac{1}{\rho}\operatorname{grad} p. \tag{10}$$

あるいは，成分の形で書けば，

$$\left.\begin{array}{l} \dfrac{\partial v_x}{\partial t} + \dfrac{\partial v_x}{\partial x}v_x + \dfrac{\partial v_x}{\partial y}v_y + \dfrac{\partial v_x}{\partial z}v_z = F_x - \dfrac{1}{\rho}\dfrac{\partial p}{\partial x}, \\[4pt] \dfrac{\partial v_y}{\partial t} + \dfrac{\partial v_y}{\partial x}v_x + \dfrac{\partial v_y}{\partial y}v_y + \dfrac{\partial v_y}{\partial z}v_z = F_y - \dfrac{1}{\rho}\dfrac{\partial p}{\partial y}, \\[4pt] \dfrac{\partial v_z}{\partial t} + \dfrac{\partial v_z}{\partial x}v_x + \dfrac{\partial v_z}{\partial y}v_y + \dfrac{\partial v_z}{\partial z}v_z = F_z - \dfrac{1}{\rho}\dfrac{\partial p}{\partial z}. \end{array}\right\} \tag{10a}$$

これが完全流体に対する **Euler の運動方程式**である．

このようにして，完全流体(または気体)の運動を特徴づける5つの未知スカラー関数 v_x, v_y, v_z, ρ, p に対する，全部で4つの方程式 (9), (10) が得られる．

もう1つの方程式を得るために，縮む流体の運動が**断熱的**であるとしよう．この場合には，ある付加条件のもとに，密度 ρ が圧力 p のみに依存して，その関数関係が

$$p = p_0 \left(\frac{\rho}{\rho_0}\right)^{\gamma} \quad \left(\gamma = \frac{C_p}{C_v}\right) \tag{11}$$

で表わされることが示される．ここに ρ_0, p_0 は，それぞれ，初めの密度，圧力であり，C_p, C_v は定圧比熱および定積比熱である．

このようにして，5つの未知関数 v_x, v_y, v_z, ρ, p を含むちょうど5つの方程式 (9), (10), (11) が得られた．

流体力学の方程式を，気体中の音波の伝播現象に適用しよう．

気体の微小振動を考えることにして，Euler の方程式(10a)において $\dfrac{\partial v_x}{\partial x}v_x$，…等の項は無視できるとし，さらに，外力がないものとすれば，つぎの式を得る：

$$\frac{\partial v_x}{\partial t} = -\frac{1}{\rho}\frac{\partial p}{\partial x}, \quad \frac{\partial v_y}{\partial t} = -\frac{1}{\rho}\frac{\partial p}{\partial y}, \quad \frac{\partial v_z}{\partial t} = -\frac{1}{\rho}\frac{\partial p}{\partial z}. \tag{12}$$

ベクトル形式で書くと，

$$\frac{\partial \boldsymbol{v}}{\partial t} = -\frac{1}{\rho}\operatorname{grad} p. \tag{12a}$$

相対的な密度変化

$$s(x, y, z, t) = \frac{\rho - \rho_0}{\rho_0} \tag{13}$$

を,この気体の**密度変化率**とよぶことにする.これを書き直すと

$$\rho = \rho_0(1+s). \tag{14}$$

こうすると,(11)はつぎの形に書き直せる:

$$p = p_0(1+s)^\gamma. \tag{15}$$

微小振動では密度変化率は非常に小さいので,s の高次のベキ(巾)は省略してよい.したがって

$$p = p_0(1+\gamma s). \tag{16}$$

連続の方程式(9)に(14)を代入し,2次の項を省略すれば

$$\frac{\partial s}{\partial t} + \mathrm{div}\,\boldsymbol{v} = 0 \tag{17}$$

となる.なぜなら,$\boldsymbol{v}$ や ρ の導関数は微小であるので,

$$\mathrm{div}(\rho\boldsymbol{v}) = \rho\,\mathrm{div}\,\boldsymbol{v} + \boldsymbol{v}\,\mathrm{grad}\,\rho = \rho_0\,\mathrm{div}\,\boldsymbol{v} + \rho_0 s\,\mathrm{div}\,\boldsymbol{v} + \boldsymbol{v}\,\mathrm{grad}\,\rho$$

において,最後の2つの項を落してよいのだから.

このような近似では,Euler の方程式(12a)は

$$\frac{\partial \boldsymbol{v}}{\partial t} = -a^2\,\mathrm{grad}\,s \tag{18}$$

に帰着される.ここで

$$a = \sqrt{\frac{\gamma p_0}{\rho_0}}. \tag{19}$$

(18)の発散(divergence)をとって,微分順序の変更を行なえば,

$$\frac{\partial}{\partial t}\mathrm{div}\,\boldsymbol{v} = -a^2\,\mathrm{div}\,\mathrm{grad}\,s = -a^2 \Delta s. \tag{20}$$

ここに,

$$\Delta s = \frac{\partial^2 s}{\partial x^2} + \frac{\partial^2 s}{\partial y^2} + \frac{\partial^2 s}{\partial z^2}$$

によって定義される演算子 Δ は,**Laplace の作用素**(ラプラシアン)とよばれる.(17)を考慮すれば,結局,

$$\frac{\partial^2 s}{\partial t^2} = a^2\left(\frac{\partial^2 s}{\partial x^2} + \frac{\partial^2 s}{\partial y^2} + \frac{\partial^2 s}{\partial z^2}\right) \tag{21}$$

となる.$p, \boldsymbol{v}$ に対しても(21)の形の波動方程式が得られる.

§2 流体力学の方程式と音波の伝播

さて，初めの時刻において流速が**速度ポテンシャル** $U_0(x, y, z)$ をもっていたとしよう．すなわち

$$\boldsymbol{v}|_{t=0} = -\mathrm{grad}\ U_0(x, y, z). \tag{22}$$

(18) より

$$\boldsymbol{v}(x, y, z, t) = \boldsymbol{v}|_{t=0} - a^2\ \mathrm{grad}\left(\int_0^t s dt\right),$$

あるいは，(22) を使えば，

$$\boldsymbol{v} = -\mathrm{grad}\left[U_0(x, y, z) + a^2 \int_0^t s dt\right] = -\mathrm{grad}\ U(x, y, z, t). \tag{23}$$

このことは，任意の時刻 t において速度ポテンシャル $U(x, y, z, t)$ が存在することを示している：

$$U(x, y, z, t) = U_0(x, y, z) + a^2 \int_0^t s dt. \tag{24}$$

$U(x, y, z, t)$ が (21) を満たすことを示そう．実際，(24) を t について2回微分してみれば，

$$\frac{\partial^2 U}{\partial t^2} = a^2 \frac{\partial s}{\partial t}. \tag{25}$$

ところが，(23) を (17) に代入すると，

$$\frac{\partial s}{\partial t} = \mathrm{div}\ \mathrm{grad}\ U = \frac{\partial^2 U}{\partial x^2} + \frac{\partial^2 U}{\partial y^2} + \frac{\partial^2 U}{\partial z^2}. \tag{26}$$

(25) と (26) を比べてみると，つぎの式が得られる：

$$\frac{\partial^2 U}{\partial t^2} = a^2 \left(\frac{\partial^2 U}{\partial x^2} + \frac{\partial^2 U}{\partial y^2} + \frac{\partial^2 U}{\partial z^2}\right). \tag{27}$$

ここでつぎのことに注意しておこう．流体の運動の全貌を知るためには，速度ポテンシャルだけを知ればよい．なぜなら，つぎの式によって $\boldsymbol{v}, s$ が求められるからである：

$$\boldsymbol{v} = -\mathrm{grad}\ U, \quad s = \frac{1}{a^2} \frac{\partial U}{\partial t}. \tag{28}$$

有界領域における流体の振動に対しては，境界上で適当な境界条件が必要になる．境界が流体を通さない固定された壁ならば，流体の法線速度は0になり，つぎの境界条件が課される：

$$\left.\frac{\partial U}{\partial n}\right|_{\Sigma} = 0 \quad \text{または} \quad \left.\frac{\partial s}{\partial n}\right|_{\Sigma} = 0. \tag{29}$$

ただし，Σ は領域の境界である．

§3 Poisson の公式

この節では，波動方程式

$$\frac{\partial^2 u}{\partial t^2} = a^2\left(\frac{\partial^2 u}{\partial x^2} + \frac{\partial^2 u}{\partial y^2} + \frac{\partial^2 u}{\partial z^2}\right) \tag{30}$$

の解で，初期条件

$$u|_{t=0} = f(x, y, z), \quad \left.\frac{\partial u}{\partial t}\right|_{t=0} = F(x, y, z) \tag{31}$$

を満たすものを求めよう．この問題は，1818年に Poisson によって初めて解かれた．

まず，点 $M(x, y, z)$ を中心とする半径 $r=at$ の球面 Σ 上での二重積分

$$u(x, y, z, t) = \frac{1}{4\pi a}\iint_{\Sigma}\frac{\varphi(\xi, \eta, \zeta)}{r}d\sigma_r \tag{32}$$

が，特別な形の初期条件

$$u|_{t=0} = 0, \quad \left.\frac{\partial u}{\partial t}\right|_{t=0} = \varphi(x, y, z) \tag{33}$$

を満たす(30)の解であることを示す．

実際，(33)の最初の条件は満たされている．なぜなら，

$$\left|\iint_{\Sigma}\frac{\varphi(\xi, \eta, \zeta)}{r}d\sigma_r\right| \leq \max|\varphi|\frac{4\pi a^2 t^2}{at} = 4\pi at \max|\varphi|$$

により，$t \to 0$ のとき $u(x, y, z, t) \to 0$ となるからである．

第2の条件を確かめるために，Σ 上の点 (ξ, η, ζ) は

$$\xi = x + \alpha at, \quad \eta = y + \beta at, \quad \zeta = z + \gamma at \tag{34}$$

と表わされることに注意しよう．ここに (α, β, γ) は，M から Σ 上の点 (ξ, η, ζ) に向かう半径の方向余弦である．こうすると，(32) はつぎの形になる:

$$u(x, y, z, t) = \frac{t}{4\pi}\iint_{S_1}\varphi(x + \alpha at, y + \beta at, z + \gamma at)d\sigma_1. \tag{35}$$

ここで，積分は，どの x, y, z, t に対しても，単位球面 S_1 で行なう:

$$\alpha^2 + \beta^2 + \gamma^2 = 1, \quad d\sigma_r = r^2 d\sigma_1 = a^2 t^2 d\sigma_1.$$

§3 Poissonの公式

(35)から

$$\frac{\partial u}{\partial t} = \frac{1}{4\pi}\iint_{S_1}\varphi(x+\alpha at, y+\beta at, z+\gamma at)d\sigma_1 +$$
$$+ \frac{at}{4\pi}\iint_{S_1}\left(\alpha\frac{\partial \varphi}{\partial \xi} + \beta\frac{\partial \varphi}{\partial \eta} + \gamma\frac{\partial \varphi}{\partial \zeta}\right)d\sigma_1. \tag{36}$$

したがって，容易にわかるように，右辺第1項は $t\to 0$ のとき $\varphi(x,y,z)$ に近づき，また第2項は，そこに現われる積分が有界であるから 0 に近づく．

さて，(32)によって定義された関数 $u(x,y,z,t)$ が，波動方程式(30)を満たすことを示そう．(35)から

$$\frac{\partial^2 u}{\partial x^2}+\frac{\partial^2 u}{\partial y^2}+\frac{\partial^2 u}{\partial z^2} = \frac{t}{4\pi}\iint_{S_1}\left(\frac{\partial^2 \varphi}{\partial \xi^2}+\frac{\partial^2 \varphi}{\partial \eta^2}+\frac{\partial^2 \varphi}{\partial \zeta^2}\right)d\sigma_1$$
$$= \frac{1}{4\pi a^2 t}\iint_{\Sigma}\left(\frac{\partial^2 \varphi}{\partial \xi^2}+\frac{\partial^2 \varphi}{\partial \eta^2}+\frac{\partial^2 \varphi}{\partial \zeta^2}\right)d\sigma_r. \tag{37}$$

$\partial^2 u/\partial t^2$ を計算するために，(36)を書き換えて

$$\frac{\partial u}{\partial t} = \frac{u}{t} + \frac{1}{4\pi at}\iint_{\Sigma}\left(\alpha\frac{\partial \varphi}{\partial \xi}+\beta\frac{\partial \varphi}{\partial \eta}+\gamma\frac{\partial \varphi}{\partial \zeta}\right)d\sigma_r.$$

さらに，Gauss-Ostrogradskii の公式によって，

$$\frac{\partial u}{\partial t} = \frac{u}{t} + \frac{1}{4\pi at}\iiint_D\left(\frac{\partial^2 \varphi}{\partial \xi^2}+\frac{\partial^2 \varphi}{\partial \eta^2}+\frac{\partial^2 \varphi}{\partial \zeta^2}\right)d\xi d\eta d\zeta$$
$$= \frac{u}{t} + \frac{J(t)}{4\pi at}. \tag{38}$$

ここに，

$$J(t) = \iiint_D\left(\frac{\partial^2 \varphi}{\partial \xi^2}+\frac{\partial^2 \varphi}{\partial \eta^2}+\frac{\partial^2 \varphi}{\partial \zeta^2}\right)d\xi d\eta d\zeta$$

であり，また，D は (x,y,z) を中心とする半径 $r=at$ の球である．(38)を t について微分し，$\partial u/\partial t$ にまた(38)を代入すれば，

$$\frac{\partial^2 u}{\partial t^2} = -\frac{u}{t^2} + \frac{1}{t}\left[\frac{u}{t}+\frac{J(t)}{4\pi at}\right] - \frac{J(t)}{4\pi at^2} + \frac{1}{4\pi at}\frac{dJ(t)}{dt}$$
$$= \frac{1}{4\pi at}\frac{dJ(t)}{dt}. \tag{39}$$

すぐあとで確かめるように，

$$\frac{dJ(t)}{dt} = a\iint_{\Sigma}\left(\frac{\partial^2 \varphi}{\partial \xi^2}+\frac{\partial^2 \varphi}{\partial \eta^2}+\frac{\partial^2 \varphi}{\partial \zeta^2}\right)d\sigma_r. \tag{40}$$

実際，D の中心を原点とする球座標 (ρ, θ, ϕ) に移れば，

$$J(t) = \int_0^{at} \int_0^{2\pi} \int_0^{\pi} \left(\frac{\partial^2 \varphi}{\partial \xi^2} + \frac{\partial^2 \varphi}{\partial \eta^2} + \frac{\partial^2 \varphi}{\partial \zeta^2} \right) \rho^2 \sin\theta \, d\theta d\phi d\rho.$$

t に関して微分すると

$$\frac{dJ(t)}{dt} = a \int_0^{2\pi} \int_0^{\pi} \left(\frac{\partial^2 \varphi}{\partial \xi^2} + \frac{\partial^2 \varphi}{\partial \eta^2} + \frac{\partial^2 \varphi}{\partial \zeta^2} \right)_{\rho = at} a^2 t^2 \sin\theta \, d\theta d\phi$$

$$= a \iint_{\Sigma} \left(\frac{\partial^2 \varphi}{\partial \xi^2} + \frac{\partial^2 \varphi}{\partial \eta^2} + \frac{\partial^2 \varphi}{\partial \zeta^2} \right) d\sigma_r.$$

(37), (39), (40) を較べると，(32) によって定義された $u(x, y, z, t)$ が (30) を実際に満たしていることがわかる．この際，$\varphi(x, y, z)$ は 2 階までの連続な偏導関数をもつものであれば，何でもよい．

(30) は定数係数の線形同次方程式であるから，関数

$$v(x, y, z, t) = \frac{\partial u}{\partial t}$$

もまた (30) の解で，初期条件

$$v|_{t=0} = \varphi(x, y, z),$$

$$\left. \frac{\partial v}{\partial t} \right|_{t=0} = \left. \frac{\partial^2 u}{\partial t^2} \right|_{t=0} = a^2 \left(\frac{\partial^2 u}{\partial x^2} + \frac{\partial^2 u}{\partial y^2} + \frac{\partial^2 u}{\partial z^2} \right)\bigg|_{t=0} = 0 \tag{41}$$

を満たしていることはすぐにわかる．

このようにして，初期条件 (31) を満たす波動方程式 (30) の解は，つぎの式によって与えられる：

$$u(x, y, z, t) = \frac{1}{4\pi a} \left\{ \frac{\partial}{\partial t} \left[\iint_{\Sigma} \frac{f(\xi, \eta, \zeta)}{r} d\sigma_r \right] + \iint_{\Sigma} \frac{F(\xi, \eta, \zeta)}{r} d\sigma_r \right\}. \tag{42}$$

この公式は，ふつう **Poisson の公式**とよばれている．明らかに，これはつぎのようにも書ける：

$$u(x, y, z, t) = \frac{1}{4\pi} \frac{\partial}{\partial t} \left[t \iint_{S_1} f(\xi, \eta, \zeta) d\sigma_1 \right] + \frac{t}{4\pi} \iint_{S_1} F(\xi, \eta, \zeta) d\sigma_1, \tag{43}$$

ここに

$$\xi = x + \alpha at, \quad \eta = y + \beta at, \quad \zeta = z + \gamma at. \tag{34}$$

以上の考察から，(42) によって定まる関数 $u(x, y, z, t)$ は，$f(x, y, z)$ が 3 階まで，$F(x, y, z)$ が 2 階まで連続的に微分可能ならば，(30) および (31) を満たすことがわかる．

Poisson の公式(42)から，Cauchy 問題(30),(31)の解が初期値に連続に依存することも出る．実際，(42)は初期関数の積分と，その時間についての導関数を含んでいる．ゆえに，$f(x,y,z), F(x,y,z)$ 自身およびそれらの1階導関数に十分小さな変化を与えるとき，Cauchy 問題の解 $u(x,y,z,t)$ は少ししか変らない．ここで，もちろん，t が有界な範囲を動くものと仮定している．

§4 空間における音波の伝播

前節の Poisson の公式を，音響学における基本的ないくつかの問題に応用してみよう．

気体によって占められる空間は十分大きくて，無限に広がっているとみなせると仮定する．ある閉曲面(S)によって囲まれる，この空間の領域(R)が，時刻 $t=0$ にある擾乱を受けたとしよう．そうすると，点 $M(x,y,z)$ にある気体粒子の運動に対する初期条件

$$U|_{t=0} = f(x,y,z), \qquad \frac{\partial U}{\partial t}\bigg|_{t=0} = F(x,y,z) \tag{31}$$

は，つぎのような物理的意味をもっている：関数 $U(x,y,z,t)$ は，前に説明した速度ポテンシャルで，$\partial U/\partial t$ は

$$s = \frac{1}{a^2}\frac{\partial U}{\partial t} \tag{28}$$

によって，密度変化率 s と結びついている．

したがって，M が (R) の外にあれば，気体粒子はそこでは初めの時刻においては静止の状態にあるのだから，$f(x,y,z)=0$ である．また密度変化率もこのような点では 0 であるので，(R) の外では $F(x,y,z)=0$ である．このことに注意しておいて，速度ポテンシャル $U(x,y,z,t)$ に話を移そう．すでに示したように，$U(x,y,z,t)$ は波動方程式(30)を満たしている．

したがって，気体の振動を調べるには，初期条件(31)を満たす(30)の解をみつけなければならない．ところが，この問題は前節で解決済みで，求める解は Poisson の公式(42)によって与えられている．

(42)をみれば，ここに現われる積分は，(R) の内部に含まれる球面上の部分だけで行なえば十分である．というのは，上に注意したように，f, F は (R) の外

では0であるから.この事情は,初期攪乱の領域の外にある点における気体粒子の振動を詳しく調べることを可能にする.

このために,Mを中心として,tとともに増加する半径atをもつ球面を描く.この球面は,初めのうちは(R)と交わらない.時刻$t_1 = d/a$(dはMから(R)に到る最短距離)になると,(R)と接し,$t_2 = D/a$(DはMと(R)との最大距離)までは(R)と交わっている.その後は,ふたたび,共通点をもたなくなる(図23).(42)の右辺の積分は,球面Σが(R)と交わるときだけ,0でない値をもち得る.したがってつぎのことがいえる:点Mにある気体粒子は,$t=0$から$t_1 = d/a$までは静止の状態にある;その後,振動を始めて,この振動は$t_2 = D/a$まで続くが,さらにその後では,ふたたび静止の状態に戻る.

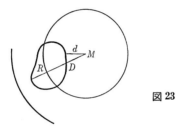

図23

今度は,初期攪乱の領域(R)について考えよう.(R)は(S)によって囲まれていて,(S)は,時刻$t=0$では,攪乱の状態にある領域と静止の状態にある領域とを分けている.時間が経つにつれて,領域(R)における振動はそのまわりの点に伝えられる.各時刻$t>0$において,攪乱が到達した点と,まだ到達していない点とをわける曲面を作ることができる.これはつぎの**Huygensの原理**による:(S)の各点を中心として半径atの球面を作り,つぎにこれらの包絡面を作る;この包絡面は,速度aで空間を伝播する波面となる.

領域(R)から出る波は,2つの波面——前方波面と後方波面——をもつ.前方波面上では,それまで静止していた点が振動状態に移り,後方波面上では,反対のことがみられる:それまで振動していた点は静止の状態に入る.波は,その2つの波面とともに,初期攪乱の領域(R)の外にある任意の点Mを通って進む.この場合,前方波面は$t_1 = d/a$においてその点に達し,後方波面は$t_2 = D/a$においてその点から離れる.

点 M を通る2つの波面を得るには, (S) の外向き法線上で長さ d の線分を切りとり, 内向き法線上では長さ D の線分を切りとればよい. これらの線分の端点の軌跡は2つの曲面となるが, この曲面の全部または一部が, 前方および後方波面を与える.

§5 柱面波

気体の運動の初期値 $f(x,y,z), F(x,y,z)$ がどちらも z によらないとしよう. このようなことは, 初期攪乱の領域が, Oz 軸に平行な母線をもつ無限柱体である場合に起こる. この場合, 速度ポテンシャル $U(x,y,z,t)$ は z によらない. 実際, このポテンシャルの値は Poisson の公式(42)によって計算されるが, (42)の右辺の値は, 点 $M(x,y,z)$ を Oz 軸に平行移動させても変らない. したがって, Oz 軸に平行な直線上にある気体粒子は, すべて同じ条件下におかれているといえる. ゆえに, xOy 平面内の気体粒子の振動だけを調べれば十分である.

xOy 平面の点 $M(x,y)$ に対する速度ポテンシャルを $U(x,y,t)$ で表わすことにすれば, つぎの方程式と初期条件が得られる:

$$\frac{\partial^2 U}{\partial t^2} = a^2 \left(\frac{\partial^2 U}{\partial x^2} + \frac{\partial^2 U}{\partial y^2} \right), \tag{44}$$

$$U|_{t=0} = f(x,y), \qquad \left.\frac{\partial U}{\partial t}\right|_{t=0} = F(x,y). \tag{45}$$

$U(x,y,t)$ の値は(42)によって定まるが, いま考えている場合には, (42)は少し違った形をとる. これを示すために, $M(x,y)$ を中心とする半径 $r=at$ の球面 Σ の面素 $d\sigma_r$ を xOy 平面に射影しよう(図24). この面素の射影は $d\xi d\eta$ となる. ただし, ξ, η は大円 BC の決定する平面上の動点 $A(\xi,\eta)$ の座標である.

正射影に関する定理からつぎの関係が得られる:

$$d\sigma_r = \frac{d\xi d\eta}{\sin(\rho, r)} = \frac{r d\xi d\eta}{\sqrt{r^2 - (x-\xi)^2 - (y-\eta)^2}}.$$

面素 $d\xi d\eta$ が, 大円 BC に関して対称な Σ の2つの面素の射影となっていることに注意すれば, (42)がつぎの形をとることを確かめることは難しくない:

$$U(x,y,t) = \frac{1}{2\pi a}\frac{\partial}{\partial t}\iint_\Gamma \frac{f(\xi,\eta)d\xi d\eta}{\sqrt{a^2t^2-(x-\xi)^2-(y-\eta)^2}} +$$
$$+ \frac{1}{2\pi a}\iint_\Gamma \frac{F(\xi,\eta)d\xi d\eta}{\sqrt{a^2t^2-(x-\xi)^2-(y-\eta)^2}}. \tag{46}$$

ここに積分領域 Γ は, $M(x,y)$ を中心とする半径 at の円である.

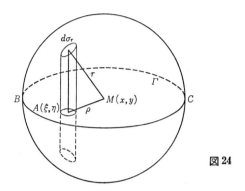

図 24

さて, 点 $M(x,y)$ における気体粒子の振動をもっと詳しく考察しよう. このために, 無限柱面と平面 $z=0$ との交わりである曲線 (C) によって囲まれる平面の領域を (B) とおき, $f(x,y), F(x,y)$ は (B) の外の点 M では 0 と仮定する. そうすると, §4 の議論を繰返せば, M における気体粒子は, 時刻 $t_1=d/a$ までは静止の状態にあることがわかる. ここに d は M から (C) に到る最短距離である. この時刻から, M にある粒子のみならず, M を通り Oz 軸に平行な直線上にあるすべての粒子は, 一斉に振動状態に入る.

しかしながら, §4 で説明した一般の場合と比較して, いまの場合に特有の事情が起こる. すなわち, いったん運動状態に入った粒子は, ふたたび静止の状態に戻ることはない. 実際, M を中心とする半径 $at<d$ の円は, つねにその内部に (B) の点を含んでいる. (B) の点では f, F は一般に 0 と異なるのであった. したがって, ある時刻以後, $U(x,y,t)$ は 0 にもならなければ, 定数にもならず, M にある粒子はずっと振動を続ける. この振動は減衰的である. 実際, (46) からわかるように, $U, \partial U/\partial x, \partial U/\partial y$ は t が ∞ に近づくにつれて 0 に近づき ($\partial U/\partial x, \partial U/\partial y$ は気体粒子の速度の座標軸方向の成分である), 振動は減衰する.

容易にわかるように，ここで扱ったのは，波面が初めの柱面に平行な**柱面波**の伝播である．この柱面波は，前方波面だけをもっており，後方波面はない．

§6 平 面 波

今度は初期条件に現われる関数 $f(x, y, z), F(x, y, z)$ がただ一つの座標 x にしかよらない場合を調べよう．初期攪乱の領域が，Ox 軸に垂直な2つの平面に挾まれた無限空間領域となっている場合には，このようなことが起こる．実際，初期攪乱が y, z によらないとき，これら2つの平面に平行な平面を描けば，この平面内の粒子はすべて同じように振動する．このことから明らかなように，この平面が Ox 軸と交わる点における気体粒子の振動を調べれば十分である．

いま考えている場合には，速度ポテンシャル $U(x, t)$ は，つぎの波動方程式と初期条件を満たす：

$$\frac{\partial^2 U}{\partial t^2} = a^2 \frac{\partial^2 U}{\partial x^2},$$

$$U|_{t=0} = f(x), \qquad \frac{\partial U}{\partial t}\bigg|_{t=0} = F(x).$$

公式(42)は，すでに扱った d'Alembert の公式になる：

$$U(x, t) = \frac{f(x-at)+f(x+at)}{2} + \frac{1}{2a}\int_{x-at}^{x+at} F(\xi)d\xi. \tag{47}$$

実際，軸が Ox 軸方向となるような球座標系を導入しよう．面素 $d\sigma_r$ はつぎのように表わされる：

$$d\sigma_r = r^2 \sin\theta\, d\theta d\varphi = -r d\varphi d\xi.$$

なぜなら，

$$\xi = x + r\cos\theta, \qquad d\xi = -r\sin\theta\, d\theta.$$

こうすると，Poisson の公式(42)は

$$U(x, t) = \frac{1}{4\pi a}\frac{\partial}{\partial t}\int_0^{2\pi}\int_{x-at}^{x+at}\frac{f(\xi)at d\varphi d\xi}{at} + \frac{1}{4\pi a}\int_0^{2\pi}\int_{x-at}^{x+at}\frac{F(\xi)at d\varphi d\xi}{at}$$

$$= \frac{1}{2a}\frac{\partial}{\partial t}\int_{x-at}^{x+at} f(\xi)d\xi + \frac{1}{2a}\int_{x-at}^{x+at} F(\xi)d\xi.$$

ここで t に関する微分を実行すれば，(47)が得られる．

さて，初期条件において，f, F がある区間 (x_1, x_2) の外では0であるとしよ

う. $x > x_2$ であるような座標 x をもつ点 M をとろう. (47)によれば, $t=0$ から $t_1=(x-x_2)/a$ までは, M にある気体粒子は静止の状態にある. なぜなら, この場合, 明らかに $U=0$ だから.

時刻 $t=t_1$ において粒子は振動し始める. そうして, 時刻 $t_2=(x-x)_1/a$ まで振動は続く. この間における速度ポテンシャルの値はつぎの式によって計算される:

$$U = \frac{1}{2}f(x-at) + \frac{1}{2a}\int_{x-at}^{x_2} F(\xi)d\xi.$$

時刻 $t=t_2$ 以後は, 気体粒子はふたたび静止の状態に戻る. というのは, このとき

$$U = \frac{1}{2a}\int_{x_1}^{x_2} F(\xi)d\xi = \text{const} \qquad (48)$$

からわかるように, $\partial U/\partial x=0$ となるから.

x_1 の左側にある点 M について考えても, 同様な事情が成り立つ.

以上の考察により, 初期攪乱の領域からは, Ox 軸に沿って, 速度 a の**平面波**が伝わることがわかる.

§4で考えた一般の場合と比較して, ここでは, つぎの特徴が認められる: 平面波が点 M を通過した後も, (48)が示すように, $U(x,t)$ は 0 にはならずに, ある定数値をとる. このように, 平面波は通過の跡を残す.

§7 球面波

初期攪乱の領域が半径 R の球であって, そこからあらゆる方向に, 一様に, 振動が伝播すると仮定しよう. 座標原点をこの球の中心におき, これから一般の点 M に到る距離を r で表わす. すると, 振動の初期条件は

$$U|_{t=0} = f(r), \qquad \left.\frac{\partial U}{\partial t}\right|_{t=0} = F(r) \qquad (49)$$

となる. $f(r), F(r)$ は $r \geqq 0$ の既知関数である.

振動は球対称的であるから, 速度ポテンシャル U, および密度変化率 $s = \frac{1}{a^2}\frac{\partial U}{\partial t}$ も, $t>0$ に対して, r と t だけに依存する. U が波動方程式(30)を満たすことはわかっている. そこで, 球座標 (r,θ,φ) を導入し, U が角座標 θ, φ によらないことを考慮すると,

§7 球面波

$$\frac{\partial^2 U}{\partial t^2} = a^2 \left(\frac{\partial^2 U}{\partial r^2} + \frac{2}{r}\frac{\partial U}{\partial r} \right)$$

を得る. あるいは, 簡単な変形により,

$$\frac{\partial^2 (rU)}{\partial t^2} = a^2 \frac{\partial^2 (rU)}{\partial r^2}. \tag{50}$$

この方程式の一般解はつぎのようになる：

$$U(r,t) = \frac{\varphi(at-r)}{r} + \frac{\psi(at+r)}{r}. \tag{51}$$

(51) の第1項は, 初期攪乱の領域から速度 a で半径方向に出て行く**球面波**を, 第2項は, 同じ速度で逆方向に伝わる球面波を表わす. (51) に現われる φ, ψ は, 振動の中心における速度ポテンシャルが有限であるという条件と, 初期条件 (49) とから決められる.

さて, 例として, つぎのような初期条件を考えよう：初速は到るところ 0 で, 初期の密度変化率は球 (R) (原点中心, 半径 R) の内部で定数, その外では 0 とする. この条件は, s_0 を初期の密度変化率として,

$$f(r) = 0 \quad (r \geqq 0), \quad F(r) = \begin{cases} a^2 s_0 & (r<R) \\ 0 & (r>R) \end{cases} \tag{52}$$

と書ける.

初期攪乱の領域の外にある点 M での, 任意の時刻における密度変化率 s を求めることを問題にしよう.

このために (51) に戻る. (51) は, 速度ポテンシャルが $r=0$ で有限ということから, つぎのように書きかえることができる：

$$U(r,t) = \frac{\varphi(at-r) - \varphi(at+r)}{r}. \tag{53}$$

したがって,

$$s = \frac{1}{a^2}\frac{\partial U}{\partial t} = \frac{\varphi'(at-r) - \varphi'(at+r)}{ar}. \tag{54}$$

関数 φ' の形を決めるために, (53), (54) および初期値 (52) に注意しよう. これらの関係から, 明らかに,

$$\varphi(-r) - \varphi(r) = 0, \tag{55}$$

$$\varphi'(-r) - \varphi'(r) = \frac{r}{a} F(r). \tag{56}$$

ここに $F(r)$ は (52) の第 2 式によって定義された関数である.

(55) を微分して得られる式と (56) を連立させて, $\varphi'(r)$ と $\varphi'(-r)$ について解けば, われわれの求めるつぎの式が得られる:

$$\varphi'(r) = -\varphi'(-r) = -\frac{r}{2a}F(r). \tag{57}$$

さて, (54) に戻って, そこに現われる関数 $\varphi'(at+r)$ について考える. われわれに興味があるのは, 時刻 $t>0$ における現象であり, 原点から距離 $r>R$ だけ離れた点 M における密度変化率を計算したいのであるから, $\varphi'(at+r)$ の引数 $at+r$ は, 不等式

$$at+r > R$$

を満たしている. したがって, (52) と (57) により,

$$\varphi'(at+r) = 0.$$

さて, 密度変化率の式

$$s = \frac{\varphi'(at-r)}{ar} \tag{58}$$

に現われる $\varphi'(at-r)$ を決定することが残っている. このために, 気体分子が振動する時間を, つぎの 3 つの区間に分けて調べる:

$$\left(0, \frac{r-R}{a}\right), \quad \left(\frac{r-R}{a}, \frac{r+R}{a}\right), \quad \left(\frac{r+R}{a}, \infty\right).$$

t が第 1 の区間を変るときは, 不等式

$$r-at > R$$

が成り立つ. ゆえに, (52), (57) によって,

$$\varphi'[-(r-at)] = 0,$$

したがって

$$s = 0. \tag{59}$$

t が第 2 の区間にあるときは, 不等式

$$at-r < R$$

が成り立っている. ゆえに, ふたたび (52), (57) を用いて,

$$\varphi'(at-r) = \frac{as_0}{2}(r-at),$$

したがって

§7 球面波

$$s = \frac{s_0(r-at)}{2r}. \tag{60}$$

最後に，t が第 3 の区間を動くときは，不等式

$$at - r > R$$

が成り立つから，明らかに

$$s = 0. \tag{61}$$

このように，任意の時刻における密度変化率 s は (59)–(61) によって計算される．密度変化率が時間にどのように依存しているかをグラフで示すと，図 25 のようになる．

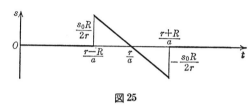

図 25

今度は，同じ問題を，Poisson の公式によってどう解くかを示そう．前と同様に，d, D で M から (R) に到る最短距離，最大距離を表わす．不等式

$$t < \frac{d}{a} = \frac{r-R}{a} \quad \text{または} \quad t > \frac{D}{a} = \frac{r+R}{a}$$

を満足するような時刻 t においては，Poisson の公式 (42) によって，

$$U(r, t) = 0$$

がすぐわかる．なぜなら，この場合，(52) によって，f, F は (R) の外では 0 だから．したがって，いま考えているような時刻では，

$$s = 0.$$

こうして，(59) と (61) が得られた．

さて，不等式

$$\frac{d}{a} < t < \frac{D}{a}$$

を満たす t における U と s の値を計算しよう．(42) を使えば，

$$U(r, t) = \frac{1}{4\pi a} \iint_\Sigma \frac{a^2 s_0}{at} d\sigma = \frac{s_0}{4\pi t} \iint_\Sigma d\sigma. \tag{62}$$

ここに Σ は, M を中心とする半径 at の球面と (R) の内部との交わり(図26)である. ところで, 積分 $\iint_\Sigma d\sigma$ はこの球面部分の面積であるから,

$$\iint_\Sigma d\sigma = 2\pi(1-\cos\alpha)(at)^2.$$

他方, 図から明らかなように,

$$\cos\alpha = \frac{r^2+(at)^2-R^2}{2art}.$$

したがって,

$$\iint_\Sigma d\sigma = \frac{R^2-(r-at)^2}{r}\pi at. \tag{63}$$

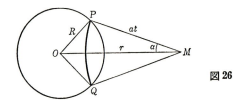

図26

(63)を(62)に代入すれば, つぎの結果が得られる. すなわち, 不等式

$$\frac{r-R}{a} < t < \frac{r+R}{a}$$

を満たす時刻 t に対しては, 気体の速度ポテンシャルおよび密度変化率の値は, つぎの公式によって計算される:

$$U = \frac{as_0}{4r}[R^2-(r-at)^2], \tag{64}$$

$$s = \frac{1}{a^2}\frac{\partial U}{\partial t} = \frac{s_0(r-at)}{2r}. \tag{65}$$

これは前に得た結果と一致している.

　振動(攪乱)の中心から距離 r だけ離れたところにある気体粒子が, 球面波がそこを通過するときに, どのように振動するかを調べよう. §4の最後での考察を振り返ると, つぎのように様子を明らかにすることができる.

　中心 O から距離 r の点は, 最初のうちは, すべて静止の状態にある. つぎに, 時刻 $t_1=(r-R)/a$ において, 球面波の前方波面がこの点に到達し, 振動が始ま

る．振動は，時間 R/a のあいだ，すなわち，後方波面がこの点に到達するまで続く．その後は，ふたたび静止の状態に入る．このように，球面波は，厚さ $2R$ の球殻になっている(図27)．

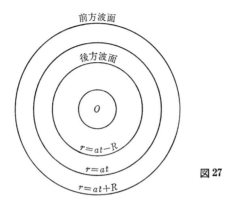

図 27

さらに，つぎのことに注意しよう．後方波面は，前方波面のように簡単には形成されない．実際，十分小さい t に対して，(R) の表面(球面)の各点における半径 at の球面の2つの包絡面を作ってみよう．t が増大するにつれて，外側の包絡面は拡がっていき，これは前方波面となる．ところが，内側の包絡面は，初めのうちは縮まっていき，時刻 $t=R/a$ では1点になってしまう．この時刻以後になってはじめて，球面状に拡がり始め，後方波面を形成することになる．

この節を終るにあたって，もう1つのことに注意しよう．球面波を表わしている球殻を，球面 $r=at$ によって2つの部分にわけると，(65)から明らかなように，外側の球殻(ここでは $r>at$)では，気体の密度変化率は正であるが，内側の球殻では負となる．

§8 非同次な波動方程式

非同次な波動方程式

$$\frac{\partial^2 u}{\partial t^2} = a^2 \left(\frac{\partial^2 u}{\partial x^2} + \frac{\partial^2 u}{\partial y^2} + \frac{\partial^2 u}{\partial z^2} \right) + g(x,y,z,t) \tag{66}$$

を考え，初期条件

$$u|_{t=0} = 0, \qquad \left.\frac{\partial u}{\partial t}\right|_{t=0} = 0 \tag{67}$$

を満たす解を求めてみよう.

この問題を解くために，同次方程式

$$\frac{\partial^2 v}{\partial t^2} = a^2 \left(\frac{\partial^2 v}{\partial x^2} + \frac{\partial^2 v}{\partial y^2} + \frac{\partial^2 v}{\partial z^2} \right) \tag{68}$$

の解 v で，初期条件

$$v|_{t=\tau} = 0, \qquad \frac{\partial v}{\partial t}\bigg|_{t=\tau} = g(x, y, z, \tau) \tag{69}$$

を満たすものを考える．ここで，初期時刻としては，$t=0$ ではなくて，$t=\tau$ をとった．τ はパラメータである．(68)-(69) の解は，Poisson の公式によって与えられる．初めの時刻が $t=0$ でなくて $t=\tau$ となっただけだから，Poisson の公式において t を $t-\tau$ でおきかえればよい．こうしてつぎの式が得られる：

$$v(x, y, z, t; \tau)$$
$$= \frac{t-\tau}{4\pi} \iint_{S_1} g[x+\alpha a(t-\tau), y+\beta a(t-\tau), z+\gamma a(t-\tau), \tau] d\sigma_1. \tag{70}$$

非同次波動方程式 (66) と同次な初期条件 (67) の解が

$$u(x, y, z, t) = \int_0^t v(x, y, z, t; \tau) d\tau \tag{71}$$

によって与えられることを示そう．実際，(71) から

$$\Delta u = \int_0^t \Delta v(x, y, z, t; \tau) d\tau. \tag{72}$$

(71) を t で微分すると，

$$\frac{\partial u}{\partial t} = \int_0^t \frac{\partial v(x, y, z, t; \tau)}{\partial t} d\tau + v(x, y, z, t; \tau)|_{\tau=t}. \tag{73}$$

ところが，最後の項は，(69) の最初の条件によって 0 に等しい．

さらに，t について微分すると，

$$\frac{\partial^2 u}{\partial t^2} = \int_0^t \frac{\partial^2 v(x, y, z, t; \tau)}{\partial t^2} d\tau + \frac{\partial v(x, y, z, t; \tau)}{\partial t}\bigg|_{\tau=t}.$$

(69) の第 2 の条件によると，最後の項は $g(x, y, z, t)$ に等しい．すなわち，

$$\frac{\partial^2 u}{\partial t^2} = \int_0^t \frac{\partial^2 v(x, y, z, t; \tau)}{\partial t^2} d\tau + g(x, y, z, t). \tag{74}$$

(72), (74), (68) からすぐにわかるように，$u(x, y, z, t)$ は非同次方程式 (66) を満たす．初期条件 (67) は，(71), (73), (69) から直ちに導かれる．

§8 非同次な波動方程式

さて，(71) の $v(x,y,z,t;\tau)$ にその表式 (70) を代入すれば，

$$u(x,y,z,t) = \frac{1}{4\pi}\int_0^t (t-\tau)\left\{\iint_{S_1} g[x+\alpha a(t-\tau), y+\beta a(t-\tau), z+\gamma a(t-\tau), \tau]d\sigma_1\right\}d\tau$$

となる．τ の代りに新しい積分変数 $r=a(t-\tau)$ を用いれば，つぎの形になる：

$$u(x,y,z,t) = \frac{1}{4\pi a^2}\int_0^{at}\int_0^{2\pi}\int_0^{\pi} g\left(x+\alpha r, y+\beta r, z+\gamma r, t-\frac{r}{a}\right) r\sin\theta\, d\theta\, d\varphi\, dr.$$

あるいは，r を掛けて割れば，

$$u(x,y,z,t) = \frac{1}{4\pi a^2}\int_0^{at}\int_0^{2\pi}\int_0^{\pi} \frac{g\left(x+\alpha r, y+\beta r, z+\gamma r, t-\dfrac{r}{a}\right)}{r} r^2 \sin\theta\, d\theta\, d\varphi\, dr.$$

球座標の代りに直角座標

$$\xi = x+\alpha r, \quad \eta = y+\beta r, \quad \zeta = z+\gamma r$$

を導入して，$\alpha^2+\beta^2+\gamma^2=1$ であることに注意すると，

$$r = \sqrt{(x-\xi)^2+(y-\eta)^2+(z-\zeta)^2}$$

となり，結局，$u(x,y,z,t)$ に対して次式が得られる：

$$u(x,y,z,t) = \frac{1}{4\pi a^2}\iiint_{D_{at}} \frac{g\left(\xi,\eta,\zeta,t-\dfrac{r}{a}\right)}{r}\, d\xi\, d\eta\, d\zeta. \tag{75}$$

ここに，D_{at} は中心 (x,y,z)，半径 at の球を表わす．表式 (75) は**遅延ポテンシャル**とよばれている．

つぎのことに注意しよう．積分を行なう場合に，関数 g の値としては，いま考えている時刻 t ではなくて，時刻 $t-r/a$ における値を採用している．時刻 $t-r/a$ は，点 (ξ,η,ζ) から点 (x,y,z) に到る距離を速度 a で通過するのに要する時間だけ，t に先行している．

$g(x,y,z,t)$ が t の周期関数である特別の場合，すなわち，

$$g(x,y,z,t) = g(x,y,z)e^{i\omega t}$$

である場合を考えよう．ここに，ω は与えられた（角）振動数である．(75) から

$$u(x,y,z,t) = \frac{e^{i\omega t}}{4\pi a^2} \iiint_{D_{at}} g(\xi,\eta,\zeta) \frac{e^{-ikr}}{r} d\xi d\eta d\zeta \quad \left(k=\frac{\omega}{a}\right). \quad (76)$$

ここで，$g(x,y,z)$ がある有界領域 (R) の外では 0 であるとしよう．点 $M(x,y,z)$ が (R) の外にあれば，(76) の右辺の積分は，$t<d/a$ (d は M から (R) に到る最短距離) なる時刻においては，0 となる．したがって，(76) によれば，$u(x,y,z,t)=0$，すなわち，M においては静止の状態である．さらに，時刻 $t>D/a$ (D は M と (R) との最大距離) では，D_{at} は (R) を完全に含んでしまうから，(76) の右辺の積分は定数となり，その値は (R) について行なった積分と同じになる．このように，点 M においては，$t=D/a$ 以後は，振幅

$$v(x,y,z) = \frac{1}{4\pi a^2} \iiint_{(R)} g(\xi,\eta,\zeta) \frac{e^{-ikr}}{r} d\xi d\eta d\zeta \quad (77)$$

をもった周期的な振動が行なわれ，したがって

$$u(x,y,z,t) = v(x,y,z)e^{i\omega t}. \quad (77)'$$

(77)' を非同次波動方程式 (66) の u に代入すれば，$t>D/a$ として，関数 $v(x,y,z)$ が方程式

$$\Delta v + k^2 v = -\frac{1}{a^2} g(x,y,z)$$

を満たすことがわかる．

上に述べたのと全く同様にして，(空間的に2次元の) 非同次波動方程式

$$\frac{\partial^2 u}{\partial t^2} = a^2 \left(\frac{\partial^2 u}{\partial x^2} + \frac{\partial^2 u}{\partial y^2}\right) + g(x,y,t) \quad (78)$$

の，零初期条件

$$u|_{t=0} = 0, \quad \left.\frac{\partial u}{\partial t}\right|_{t=0} = 0 \quad (79)$$

を満たす解を求めることができる．この解はつぎの形に書ける：

$$u(x,y,t) = \frac{1}{2\pi a} \int_0^t \left[\iint_{\rho \leq a(t-\tau)} \frac{g(\xi,\eta,\tau)d\xi d\eta}{\sqrt{a^2(t-\tau)^2 - \rho^2}}\right] d\tau, \quad (80)$$

ただし

$$\rho^2 = (x-\xi)^2 + (y-\eta)^2.$$

方程式が空間的に1次元で

$$\frac{\partial^2 u}{\partial t^2} = a^2 \frac{\partial^2 u}{\partial x^2} + g(x,t) \quad (81)$$

の場合には，零初期条件を満たす解は，明らかに

$$u(x,t) = \frac{1}{2a}\int_0^t \left[\int_{x-a(t-\tau)}^{x+a(t-\tau)} g(\xi,\tau)d\xi\right]d\tau \tag{82}$$

となる．

§9 一意性の定理

与えられた境界条件のもとにおける波動方程式の解の一意性を証明しよう．記述を簡単にするために $a=1$ とする．このことは，波動方程式において t を t/a でおきかえることによって実現される．話を明確にするために，3個の独立変数の場合とし，波動方程式

$$\frac{\partial^2 u}{\partial t^2} = \frac{\partial^2 u}{\partial x^2} + \frac{\partial^2 u}{\partial y^2} \tag{83}$$

を初期条件

$$u|_{t=0} = f(x,y), \quad \left.\frac{\partial u}{\partial t}\right|_{t=0} = F(x,y) \tag{84}$$

のもとに考える．Cauchy 問題 (83)-(84) の解 $u(x,y,t)$ が2階まで連続な導関数をもつものとして，その一意性を示そう．

$u_1(x,y,t), u_2(x,y,t)$ を同一の初期条件 (84) を満たす (83) の2つの解とする．そのとき，これらの差

$$u(x,y,t) = u_1(x,y,t) - u_2(x,y,t)$$

は，(83) と零初期条件

$$u|_{t=0} = 0, \quad \left.\frac{\partial u}{\partial t}\right|_{t=0} = 0 \tag{85}$$

を満足する．

任意の (x,y) と任意の $t>0$ に対して $u\equiv 0$ が示されたならば，一意性が証明されたことになる．

3次元空間 (x,y,t) を考え，その中の勝手な点 $N(x_0, y_0, t_0)$ をとろう．ただし $t_0>0$ とする．この点 N を頂点として，平面 $t=0$ を底とする円錐

$$(x-x_0)^2 + (y-y_0)^2 - (t-t_0)^2 = 0$$

を描こう．さらに，$0<t_1<t_0$ として，平面 $t=t_1$ を描き，円錐の側面 Γ と2つの平面 $t=0$ および $t=t_1$ によって囲まれる（円錐の内部）領域を D としよう（D

は円錐台である). D の下底, 上底をそれぞれ σ_0, σ_1 とする.

つぎの恒等式は容易に検証できる:

$$2\frac{\partial u}{\partial t}\left(\frac{\partial^2 u}{\partial t^2} - \frac{\partial^2 u}{\partial x^2} - \frac{\partial^2 u}{\partial y^2}\right) = \frac{\partial}{\partial t}\left[\left(\frac{\partial u}{\partial x}\right)^2 + \left(\frac{\partial u}{\partial y}\right)^2 + \left(\frac{\partial u}{\partial t}\right)^2\right] -$$

$$-2\frac{\partial}{\partial x}\left(\frac{\partial u}{\partial t}\frac{\partial u}{\partial x}\right) - 2\frac{\partial}{\partial y}\left(\frac{\partial u}{\partial t}\frac{\partial u}{\partial y}\right).$$

この恒等式を D で積分する. u が (83) の解であるから, 左辺の積分は 0 になる. 右辺の積分は, Gauss-Ostrogradskii の公式を用いて, D の境界上での表面積分に変形される. こうして得られるのは,

$$\iint_\Gamma \left\{\left[\left(\frac{\partial u}{\partial x}\right)^2 + \left(\frac{\partial u}{\partial y}\right)^2 + \left(\frac{\partial u}{\partial t}\right)^2\right]\cos(n,t) - 2\frac{\partial u}{\partial t}\frac{\partial u}{\partial x}\cos(n,x) -$$

$$-2\frac{\partial u}{\partial t}\frac{\partial u}{\partial y}\cos(n,y)\right\}dS + \iint_{\sigma_0}\{\cdots\}dS + \iint_{\sigma_1}\{\cdots\}dS = 0 \quad (86)$$

である. D の下底 σ_0 では, 初期条件 (85) によって, u およびその 1 階偏導関数はすべて 0 である. したがって, (86) の第 2 の積分は 0 となる. 上底 σ_1 では

$$\cos(n,x) = \cos(n,y) = 0, \quad \cos(n,t) = 1$$

であり, 側面 Γ 上では, 法線の方向余弦は

$$\cos^2(n,t) - \cos^2(n,x) - \cos^2(n,y) = 0$$

という関係を満たす. これらによれば, (86) をつぎの形に書き直すことができる:

$$\iint_\Gamma \frac{1}{\cos(n,t)}\left\{\left[\frac{\partial u}{\partial x}\cos(n,t) - \frac{\partial u}{\partial t}\cos(n,x)\right]^2 + \right.$$

$$\left. + \left[\frac{\partial u}{\partial y}\cos(n,t) - \frac{\partial u}{\partial t}\cos(n,y)\right]^2\right\}dS +$$

$$+ \iint_{\sigma_1}\left[\left(\frac{\partial u}{\partial x}\right)^2 + \left(\frac{\partial u}{\partial y}\right)^2 + \left(\frac{\partial u}{\partial t}\right)^2\right]dS = 0.$$

Γ 上では $\cos(n,t) = \sqrt{2}/2$ であるから, 最初の積分は負にはならない. したがって

$$\iint_{\sigma_1}\left[\left(\frac{\partial u}{\partial x}\right)^2 + \left(\frac{\partial u}{\partial y}\right)^2 + \left(\frac{\partial u}{\partial t}\right)^2\right]dS = 0$$

でなければならない. よって, $N(x_0, y_0, t_0)$ を頂点とする円錐の内点においては, u の 1 階偏導関数はすべて 0, すなわち $u = $const となる. (85) によって,

u は円錐の下底では 0 である．したがって，点 $N(x_0, y_0, t_0)$ においても $u=0$ である．

問　題

1. 気体に対して，単位質量当り力 F が働いているとする．ただし F は (x, y, z) の連続（可微分）関数とする．このとき，密度変化率 s はつぎの方程式を満足することを示せ：
$$\frac{\partial^2 s}{\partial t^2} = a^2\left(\frac{\partial^2 s}{\partial x^2} + \frac{\partial^2 s}{\partial y^2} + \frac{\partial^2 s}{\partial z^2}\right) - \left(\frac{\partial F_x}{\partial x} + \frac{\partial F_y}{\partial y} + \frac{\partial F_z}{\partial z}\right).$$

2. 波動方程式
$$\frac{\partial^2 u}{\partial t^2} = a^2\left(\frac{\partial^2 u}{\partial x^2} + \frac{\partial^2 u}{\partial y^2} + \frac{\partial^2 u}{\partial z^2}\right)$$
の解で，初期条件
$$u|_{t=0} = \begin{cases} u_0 & (\text{半径 } R \text{ の球の内部で}) \\ 0 & (\text{この球の外部で}), \end{cases} \qquad \left.\frac{\partial u}{\partial t}\right|_{t=0} = 0$$
を満たすものを求めよ．

〔答〕
$0 < r < R$ では
$$u(r, t) = \begin{cases} u_0 & \left(0 \leqq t < \dfrac{R-r}{a}\right) \\ u_0 \dfrac{r-at}{2r} & \left(\dfrac{R-r}{a} < t < \dfrac{R+r}{a}\right) \\ 0 & \left(\dfrac{R+r}{a} < t < \infty\right), \end{cases}$$

$R < r < \infty$ では
$$u(r, t) = \begin{cases} 0 & \left(0 \leqq t < \dfrac{r-R}{a}\right) \\ u_0 \dfrac{r-at}{2r} & \left(\dfrac{r-R}{a} < t < \dfrac{r+R}{a}\right) \\ 0 & \left(\dfrac{r+R}{a} < t < \infty\right). \end{cases}$$

3. 波動方程式
$$\frac{\partial^2 u}{\partial t^2} = a^2\left(\frac{\partial^2 u}{\partial x^2} + \frac{\partial^2 u}{\partial y^2} + \frac{\partial^2 u}{\partial z^2}\right)$$
の解で，半空間 $z > 0$ において，初期条件
$$u|_{t=0} = f(x, y, z), \qquad \left.\frac{\partial u}{\partial t}\right|_{t=0} = F(x, y, z) \qquad (z > 0)$$
および境界条件
$$u|_{z=0} = 0 \quad \text{または} \quad \left.\frac{\partial u}{\partial z}\right|_{z=0} = 0$$

を満たすものを求めよ.

〔ヒント〕 初期条件を全空間に延長せよ. すなわち, $u|_{z=0}=0$ の場合には, z に関して奇関数的に:
$$f(x,y,z) = -f(x,y,-z), \quad F(x,y,z) = -F(x,y,-z) \quad (z<0),$$
$\left.\dfrac{\partial u}{\partial z}\right|_{z=0}=0$ の場合には, z に関して偶関数的に:
$$f(x,y,z) = f(x,y,-z), \quad F(x,y,z) = F(x,y,-z) \quad (z<0).$$
そうして Poisson の公式を用いよ.

第7章 関数的に不変な解

§1 2変数の双曲型方程式の関数的に不変な解

1. 双曲型方程式

$$L(u) = A\frac{\partial^2 u}{\partial x^2} + 2B\frac{\partial^2 u}{\partial x \partial y} + C\frac{\partial^2 u}{\partial y^2} + D\frac{\partial u}{\partial x} + E\frac{\partial u}{\partial y} = 0 \quad (1)$$

を考えよう[1]. ここに係数 A, B, C, D, E は2回連続微分可能な x, y の関数とする. また, A, C の一方は0ではないとする.

方程式(1)の解 $u(x, y)$ が, 実変数 x, y のある領域 D において**関数的に不変な解**であるというのは, 勝手な(1変数の)2回連続微分可能な関数 F に対して $F(u(x,y))$ も(1)の解となることである. この関数的に不変な解の定義によれば,

$$A\frac{\partial^2 F(u)}{\partial x^2} + 2B\frac{\partial^2 F(u)}{\partial x \partial y} + C\frac{\partial^2 F(u)}{\partial y^2} + D\frac{\partial F(u)}{\partial x} + E\frac{\partial F(u)}{\partial y} = 0,$$

すなわち, 簡単な変形を行なえば,

$$F''(u)\left[A\left(\frac{\partial u}{\partial x}\right)^2 + 2B\frac{\partial u}{\partial x}\frac{\partial u}{\partial y} + C\left(\frac{\partial u}{\partial y}\right)^2\right] +$$
$$+ F'(u)\left[A\frac{\partial^2 u}{\partial x^2} + 2B\frac{\partial^2 u}{\partial x \partial y} + C\frac{\partial^2 u}{\partial y^2} + D\frac{\partial u}{\partial x} + E\frac{\partial u}{\partial y}\right] = 0.$$

明らかに, 上の関係が成り立つための必要十分条件は, $u(x,y)$ がつぎの2つの方程式を同時に満足することである:

$$A\frac{\partial^2 u}{\partial x^2} + 2B\frac{\partial^2 u}{\partial x \partial y} + C\frac{\partial^2 u}{\partial y^2} + D\frac{\partial u}{\partial x} + E\frac{\partial u}{\partial y} = 0, \quad (1)$$

$$A\left(\frac{\partial u}{\partial x}\right)^2 + 2B\frac{\partial u}{\partial x}\frac{\partial u}{\partial y} + C\left(\frac{\partial u}{\partial y}\right)^2 = 0. \quad (2)$$

このように, 関数的に不変な解 $u(x,y)$ は(1)ばかりでなく(2)をも満足する. 第0章でみたように方程式(2)は実係数の2つの方程式に分解される:

---

1) Еругин Н. П., Функционально-инвариантные решения уравнений второго порядка с двумя независимыми переменными. Ученые записки ЛГУ, серия матем. наук, вып. 16, 1949.

$$\frac{\partial u}{\partial x}+\alpha_1\frac{\partial u}{\partial y}=0, \qquad \frac{\partial u}{\partial x}+\alpha_2\frac{\partial u}{\partial y}=0. \tag{3}$$

ここで $\alpha_1(x,y), \alpha_2(x,y)$ は方程式

$$A\alpha^2-2B\alpha+C=0 \tag{4}$$

の根である．一般性を失うことなく $A\neq 0$ と考えてよい．

$\xi(x,y), \eta(x,y)$ を(2)の解としよう．すなわち，

$$\frac{\partial \xi}{\partial x}+\alpha_1\frac{\partial \xi}{\partial y}=0, \tag{5}$$

$$\frac{\partial \eta}{\partial x}+\alpha_2\frac{\partial \eta}{\partial y}=0. \tag{6}$$

x, y の代りに新しい独立変数 ξ, η を $\xi=\xi(x,y)$, $\eta=\eta(x,y)$ によって導入すれば，方程式(1)は

$$2\bar{B}\frac{\partial^2 u}{\partial \xi \partial \eta}+\bar{D}\frac{\partial u}{\partial \xi}+\bar{E}\frac{\partial u}{\partial \eta}=0 \tag{7}$$

となる．ここに

$$\left.\begin{array}{l}\bar{B}(\xi,\eta)=A\dfrac{\partial \xi}{\partial x}\dfrac{\partial \eta}{\partial x}+B\Big(\dfrac{\partial \xi}{\partial x}\dfrac{\partial \eta}{\partial y}+\dfrac{\partial \xi}{\partial y}\dfrac{\partial \eta}{\partial x}\Big)+C\dfrac{\partial \xi}{\partial y}\dfrac{\partial \eta}{\partial y}, \\ \bar{D}=L(\xi), \qquad \bar{E}=L(\eta).\end{array}\right\} \tag{8}$$

関数 $\xi(x,y)$ は，(5)，したがって(2)の解であるから，もし

$$L(\xi)=0 \tag{9}$$

ならば(1)の関数的に不変な解となる．

方程式(5)および(9)を同時に満たす解が存在するために，方程式(1)の係数が満たすべき条件を求めよう．(5)を x および y についてそれぞれ微分し，さらに方程式(1)で $u=\xi(x,y)$ とおいたものをつけ加えれば，つぎの方程式系が得られる：

$$\left.\begin{array}{l}\dfrac{\partial^2 \xi}{\partial x^2}+\alpha_1\dfrac{\partial^2 \xi}{\partial x \partial y}+\dfrac{\partial \alpha_1}{\partial x}\dfrac{\partial \xi}{\partial y}=0, \\ \dfrac{\partial^2 \xi}{\partial x \partial y}+\alpha_1\dfrac{\partial^2 \xi}{\partial y^2}+\dfrac{\partial \alpha_1}{\partial y}\dfrac{\partial \xi}{\partial y}=0, \\ A\dfrac{\partial^2 \xi}{\partial x^2}+2B\dfrac{\partial^2 \xi}{\partial x \partial y}+C\dfrac{\partial^2 \xi}{\partial y^2}+D\dfrac{\partial \xi}{\partial x}+E\dfrac{\partial \xi}{\partial y}-L(\xi)=0.\end{array}\right\} \tag{10}$$

系(10)において，2階導関数の係数の作る行列式は，(4)によって

§1 2変数の双曲型方程式の関数的に不変な解

$$\Delta = A\alpha_1{}^2 - 2B\alpha_1 + C = 0$$

となる．容易にわかるように系(10)の2階導関数の係数の作る行列の階数は2である．したがって，連立方程式の理論から系(10)を満たす $\xi(x, y)$ の2階導関数が存在するためには[1]

$$\begin{vmatrix} 1 & \alpha_1 & -\dfrac{\partial \alpha_1}{\partial x}\dfrac{\partial \xi}{\partial y} \\ 0 & 1 & -\dfrac{\partial \alpha_1}{\partial y}\dfrac{\partial \xi}{\partial y} \\ A & 2B & L(\xi) - D\dfrac{\partial \xi}{\partial x} - E\dfrac{\partial \xi}{\partial y} \end{vmatrix} = 0$$

が必要十分である．この行列式を展開すれば

$$L(\xi) = (A\alpha_1 - 2B)\dfrac{\partial \alpha_1}{\partial y}\dfrac{\partial \xi}{\partial y} - A\dfrac{\partial \alpha_1}{\partial x}\dfrac{\partial \xi}{\partial y} + D\dfrac{\partial \xi}{\partial x} + E\dfrac{\partial \xi}{\partial y},$$

あるいは，(5)を用いて

$$L(\xi) = \left[(A\alpha_1 - 2B)\dfrac{\partial \alpha_1}{\partial y} - A\dfrac{\partial \alpha_1}{\partial x} - D\alpha_1 + E\right]\dfrac{\partial \xi}{\partial y}. \tag{11}$$

全く同様にして，η が関数的に不変な解ならば，

$$L(\eta) = \left[(A\alpha_2 - 2B)\dfrac{\partial \alpha_2}{\partial y} - A\dfrac{\partial \alpha_2}{\partial x} - D\alpha_2 + E\right]\dfrac{\partial \eta}{\partial y}. \tag{12}$$

等式(11),(12)からすぐわかるように，α_1, α_2 が方程式

$$(A\alpha - 2B)\dfrac{\partial \alpha}{\partial y} - A\dfrac{\partial \alpha}{\partial x} - D\alpha + E = 0 \tag{13}$$

の解ならば，(5),(6)の解 ξ, η はすべて(1)の関数的に不変な解となる．この場合には(7)は

$$\dfrac{\partial^2 u}{\partial \xi \partial \eta} = 0$$

となり，(1)の一般解は

$$u = \varphi(\xi) + \psi(\eta)$$

となる．ここに φ, ψ は任意関数である．

もし α_1（あるいは α_2）だけが(13)の解ならば，(1)は1個の関数的に不変な解 ξ（あるいは η）をもつ．この場合には(7)はつぎの形になる：

---

1)〔訳注〕 たとえば山内恭彦[1]，あるいは，佐武一郎[1]．

$$2\bar{B}\frac{\partial^2 u}{\partial \xi \partial \eta} + \bar{E}\frac{\partial u}{\partial \eta} = 0. \tag{14}$$

(14)を積分して

$$u = \int \phi(\eta) e^{-\int \frac{\bar{E}}{2\bar{B}} d\xi} d\eta + \varphi(\xi)$$

を得る.ここに φ, ϕ は任意関数である.もとの変数 x, y に戻せば方程式(1)の一般解が得られる.

α_1, α_2 が(13)の解になっていなければ,(1)の関数的に不変な解は存在しない.

2. 今度は u に比例する項をつけ加えて,つぎの双曲型方程式を考える:

$$A\frac{\partial^2 u}{\partial x^2} + 2B\frac{\partial^2 u}{\partial x \partial y} + C\frac{\partial^2 u}{\partial y^2} + D\frac{\partial u}{\partial x} + E\frac{\partial u}{\partial y} + Gu = 0. \tag{15}$$

ふたたび(5),(6)の解 $\xi(x, y), \eta(x, y)$ を新しい独立変数として採用しよう.そうすると(15)は標準形になる:

$$\frac{\partial^2 u}{\partial \xi \partial \eta} + a\frac{\partial u}{\partial \xi} + b\frac{\partial u}{\partial \eta} + cu = 0. \tag{16}$$

ただし

$$a(\xi, \eta) = \frac{\bar{D}}{2\bar{B}}, \qquad b(\xi, \eta) = \frac{\bar{E}}{2\bar{B}}, \qquad c(\xi, \eta) = \frac{G}{2\bar{B}}.$$

係数 $\bar{B}, \bar{D}, \bar{E}$ は(8)によって定義されている.

(16)の解を

$$u = v \cdot w \tag{17}$$

の形に求めよう.ここで v, w はいまのところ任意である.(17)を(16)に代入すると

$$w\frac{\partial^2 v}{\partial \xi \partial \eta} + \left(\frac{\partial w}{\partial \eta} + aw\right)\frac{\partial v}{\partial \xi} + \left(\frac{\partial w}{\partial \xi} + bw\right)\frac{\partial v}{\partial \eta} +$$
$$+ \left(\frac{\partial^2 w}{\partial \xi \partial \eta} + a\frac{\partial w}{\partial \xi} + b\frac{\partial w}{\partial \eta} + cw\right)v = 0. \tag{18}$$

関数 w をつぎのように選ぼう:

$$\frac{\partial w}{\partial \eta} + aw = 0, \tag{19}$$

すなわち

$$w = \varphi(\xi) e^{-\int a d\eta}. \tag{20}$$

(20)を方程式

$$\frac{\partial w}{\partial \xi}+bw=0 \tag{20}'$$

に代入して $\exp\left(-\int ad\eta\right)$ で割ると

$$\varphi'(\xi)-\varphi(\xi)\left[\int\frac{\partial a}{\partial \xi}d\eta-b\right]=0. \tag{21}$$

したがって, $\int\frac{\partial a}{\partial \xi}d\eta-b$ が η に依存しなければ, いいかえれば,

$$\frac{\partial a}{\partial \xi}=\frac{\partial b}{\partial \eta} \tag{22}$$

ならば, (20)′ が成り立つような $\varphi(\xi)$ が求められる.

このように条件(22)が満たされている場合には, w を(20)によって定義すれば, (18)の $\partial v/\partial \xi, \partial v/\partial \eta$ の係数は0になる. このとき方程式(18)は, w で割ってしまうと, つぎの方程式になる:

$$\frac{\partial^2 v}{\partial \xi \partial \eta}-\left(\frac{\partial a}{\partial \xi}+ab-c\right)v=0. \tag{23}$$

条件(22)に加えてさらに

$$\frac{\partial a}{\partial \xi}+ab-c=0 \tag{24}$$

が成り立つならば,

$$v=\phi_1(\xi)+\phi_2(\eta)$$

となり, (17)および(20)によって, (16)の一般解はつぎのようになる:

$$u=\varphi(\xi)\exp\left(-\int ad\eta\right)[\phi_1(\xi)+\phi_2(\eta)] \tag{25}$$

ここに $\varphi(\xi)$ は(21)によって定まる関数で, $\phi_1(\xi), \phi_2(\eta)$ は任意関数である.

つぎに, (22)は満たされないが(24)は成立しているとしよう. この場合(18)はつぎのようになる:

$$\frac{\partial^2 v}{\partial \xi \partial \eta}+\omega(\xi,\eta)\frac{\partial v}{\partial \eta}=0, \tag{26}$$

ただし

$$\omega(\xi,\eta)=b(\xi,\eta)-\int\frac{\partial a}{\partial \xi}d\eta+\frac{\varphi'(\xi)}{\varphi(\xi)} \tag{27}$$

であり，$\varphi(\xi)$ は任意関数である．

(26)を積分すると，ϕ_1, ϕ_2 を任意関数として，

$$v = \int \phi_2(\eta)\exp\left(-\int \omega(\xi,\eta)d\xi\right)d\eta + \phi_1(\xi).$$

(17),(20)を考慮すれば

$$u = \varphi(\xi)\exp\left(-\int a\,d\eta\right)\left[\int \phi_2(\eta)\exp\left(-\int \omega(\xi,\eta)d\xi\right)d\eta + \phi_1(\xi)\right]. \quad (28)$$

(24)は満たされないが

$$\frac{\partial b}{\partial \eta} + ab - c = 0 \quad (29)$$

が成立している場合にも同様な結果を得る．

例1. つぎの方程式を考える：

$$\frac{\partial^2 u}{\partial x^2} + 2\cos x \frac{\partial^2 u}{\partial x \partial y} - \sin^2 x \frac{\partial^2 u}{\partial y^2} - \sin x \frac{\partial u}{\partial y} = 0. \quad (30)$$

一般論に従って方程式(4)を作る：

$$\alpha^2 - 2\cos x\,\alpha - \sin^2 x = 0.$$

これの根は

$$\alpha_1 = \cos x + 1, \quad \alpha_2 = \cos x - 1.$$

すぐに確かめられるように，α_1 および α_2 は(13)を満足しているから，(30)は2つの関数的に不変な解をもつ．これらを求めるために方程式(5),(6)を作ってみよう：

$$\frac{\partial \xi}{\partial x} + (1+\cos x)\frac{\partial \xi}{\partial y} = 0, \quad \frac{\partial \eta}{\partial x} + (\cos x - 1)\frac{\partial \eta}{\partial y} = 0.$$

これらの方程式がつぎの解をもつことは容易にわかる：

$$\xi = x + \sin x - y, \quad \eta = x - \sin x + y.$$

これらが(30)の関数的に不変な解である．このとき，(30)の一般解は

$$u = \varphi(x+\sin x - y) + \psi(x - \sin x + y)$$

の形に書かれる．ここで φ, ψ は任意関数である．

(30)の一般解を求めるのに標準形になおす必要はないことを注意しておく．

例2 つぎの方程式を考える：

$$\frac{\partial^2 u}{\partial x \partial y} + y\frac{\partial u}{\partial x} + x\frac{\partial u}{\partial y} + xyu = 0. \quad (31)$$

条件(22),(24)が満たされていることは容易に検証できる．この例では

$$\int \frac{\partial a}{\partial x} dy - b = -x$$

となるから，方程式(21)は

$$\varphi'(x) + x\varphi(x) = 0.$$

したがって

$$\varphi(x) = Ce^{-x^2/2}.$$

それゆえ，(25)によれば(31)の一般解は

$$u(x,y) = e^{-(x^2+y^2)/2}[\phi_1(x) + \phi_2(y)] \tag{32}$$

となる．ただし $\phi_1(x), \phi_2(y)$ は任意関数である．

§2 波動方程式の関数的に不変な解

波動方程式

$$\frac{\partial^2 u}{\partial x^2} + \frac{\partial^2 u}{\partial y^2} = \frac{1}{a^2}\frac{\partial^2 u}{\partial t^2} \tag{33}$$

に対しては関数的に不変な解の族が V. I. Smirnov と S. L. Sobolev により，つぎの公式で与えられた：

$$l(u)t + m(u)x + n(u)y - k(u) = 0, \tag{34}$$

ただし

$$l^2(u) = a^2[m^2(u) + n^2(u)]. \tag{35}$$

波動方程式(33)の最も簡単な関数的に不変な解は，l, m, n を定数関数，$k(u)$ を u とおくことによって得られる．そうすると(34)は

$$u = lt + mx + ny, \tag{36}$$

ただし

$$(m^2+n^2)a^2 = l^2.$$

したがって，f を任意関数として

$$u = f(mx+ny+lt) \tag{37}$$

は(33)の解となる．定数 l, m, n がすべて実数ならば，いわゆる平面波が得られるが，これは波動方程式の最も簡単な解である．また l, m, n の中に複素数のものがあれば，本質的に新しい種類の解が得られるが，これを複素平面波とよ

ぶ.

Smirnov-Sobolev の公式(34)は, Sobolev が示したように, 2次元空間における波動方程式のあらゆる関数的に不変な解を含んでいる.

3次元波動方程式
$$\frac{\partial^2 u}{\partial x^2}+\frac{\partial^2 u}{\partial y^2}+\frac{\partial^2 u}{\partial z^2}=\frac{1}{a^2}\frac{\partial^2 u}{\partial t^2}$$

に対しては, N. P. Erugin[1] がすべての実関数的に不変な解と一部の複素関数的に不変な解が Smirnov-Sobolev の公式

$$m(u)x+n(u)y+p(u)z+l(u)t-k(u)=0,$$
$$l^2(u)=a^2[m^2(u)+n^2(u)+p^2(u)]$$

によって与えられることを示し, さらに2つの新しい種類の複素関数的に不変な解の族を得ている. その1つはつぎの式で与えられる:

$$u=\varphi(x+iz\sqrt{1+C^2}+iact, y+Cz+a\sqrt{1+C^2}t).$$

ここに, φ は任意の解析関数, C は任意定数である.

もう1つの方は式が複雑なのでここには述べない.

波動方程式の関数的に不変な解は回折の理論や弾性波の平面境界による反射の問題[7]などに広く応用される. Smirnov-Sobolev の公式は波動方程式の限られた種類の解しか与えていないが, その中には重要な物理的意味をもった解が現れることに注意しておこう. この種の解を用いて波の反射や回折に関する多くの問題を計算しやすい形に帰着することができるのである. つぎの節では弾性振動の平面境界による反射の問題に対する関数的に不変な解の簡単な応用を, 詳細には立入ることなしに述べよう.

§3 弾性平面波の反射

1. 半空間における弾性振動の伝播の問題([7]参照)を考えよう. 平面 xOz が半空間の境界, 軸 Oy が弾性媒質の中への法線の向きとなるように座標軸を選ぶ. 簡単のために2次元弾性論の問題に限定する. この場合には変位ベクトルの成分 u, v はつぎの式で与えられる:

---

1) Еругин Н. П., О функционально-инвариантных решениях. Ученые записки ЛГУ, серия матем. наук, вып. 15, 1948.

§3 弾性平面波の反射

$$u = \frac{\partial \varphi}{\partial x} + \frac{\partial \psi}{\partial y}, \qquad v = \frac{\partial \varphi}{\partial y} - \frac{\partial \psi}{\partial x}. \tag{38}$$

φ はスカラー・ポテンシャル，ψ はベクトル・ポテンシャルとよばれる[1]．これらのポテンシャルは波動方程式を満たさなければならない:

$$\frac{\partial^2 \varphi}{\partial x^2} + \frac{\partial^2 \varphi}{\partial y^2} = \frac{1}{a^2} \frac{\partial^2 \varphi}{\partial t^2}, \tag{39}$$

$$\frac{\partial^2 \psi}{\partial x^2} + \frac{\partial^2 \psi}{\partial y^2} = \frac{1}{b^2} \frac{\partial^2 \psi}{\partial t^2}, \tag{40}$$

$$a^2 = \frac{\lambda + 2\mu}{\rho}, \qquad b^2 = \frac{\mu}{\rho}. \tag{41}$$

ここで ρ は媒質の密度，λ, μ は Lamé 弾性定数を表わす．λ と μ は正だから，$a^2 > b^2$ である．

境界には応力がない場合を考えよう．そうすると境界条件は，

$$X_y|_{y=0} = 0, \qquad Y_y|_{y=0} = 0, \qquad Z_y|_{y=0} = 0.$$

ここに X_y, Y_y, Z_y は y 軸に垂直な面に働く応力ベクトルの成分を表わす．

第3の条件は自動的に満足されるが，前の2式の左辺がポテンシャルを用いてつぎのように表されることが知られている[7]:

$$X_y|_{y=0} = \mu \left[2\frac{\partial^2 \varphi}{\partial x \partial y} + \frac{\partial^2 \psi}{\partial y^2} - \frac{\partial^2 \psi}{\partial x^2} \right]_{y=0},$$

$$Y_y|_{y=0} = \left[\lambda \frac{\partial^2 \varphi}{\partial x^2} + (\lambda + 2\mu)\frac{\partial^2 \varphi}{\partial y^2} - 2\mu \frac{\partial^2 \psi}{\partial x \partial y} \right]_{y=0}.$$

あるいは，(41) を考慮して，

$$\left. \begin{array}{l} \left[2\dfrac{\partial^2 \varphi}{\partial x \partial y} + \dfrac{\partial^2 \psi}{\partial y^2} - \dfrac{\partial^2 \psi}{\partial x^2} \right]_{y=0} = 0, \\[2mm] \left[a^2 \dfrac{\partial^2 \varphi}{\partial y^2} + (a^2 - 2b^2)\dfrac{\partial^2 \varphi}{\partial x^2} - 2b^2 \dfrac{\partial^2 \psi}{\partial x \partial y} \right]_{y=0} = 0. \end{array} \right\} \tag{42}$$

このように，われわれの問題は方程式 (39), (40) を境界条件 (42) のもとに解くことに帰着した．

---

1)〔訳注〕 3次元のベクトル関数 $\vec{q}$ が，スカラー関数 φ，ベクトル関数 $\vec{\psi}$ を用いて，$\vec{q} = \mathrm{grad}\,\varphi + \mathrm{rot}\,\vec{\psi}$ と表わされるとき，$\varphi, \vec{\psi}$ をそれぞれ $\vec{q}$ のスカラー・ポテンシャル，ベクトル・ポテンシャルという．(38) は $\vec{q} = (u, v, 0)$，$\varphi = \varphi(x, y)$，$\vec{\psi} = (0, 0, \psi(x, y))$ である2次元的な場合である．

2. 平面波　弾性振動の伝播に関する2次元の問題において**平面縦波**とよばれるのは，(39), (40)の解のうちベクトル・ポテンシャルが恒等的に0で，スカラー・ポテンシャルが係数 l, m, n を実数とした式(37)によって与えられるものである．**平面横波**とよばれるのは，(39), (40)の解のうちスカラー・ポテンシャルが0で，ベクトル・ポテンシャルが係数を実数とした式(37)によって与えられるものである．

明らかに係数 l は $\neq 0$ だから，これを1としても一般性を失わない．便宜上 $m=-\theta$ とおけば，平面縦波は

$$\varphi = f\left(t-\theta x \pm \sqrt{\frac{1}{a^2}-\theta^2}\, y\right), \quad \psi = 0 \tag{43}$$

で，平面横波は

$$\varphi = 0, \quad \psi = f\left(t-\theta x \pm \sqrt{\frac{1}{b^2}-\theta^2}\, y\right) \tag{44}$$

で表わされる．平面縦波(43)のうち

$$\varphi = f\left(t-\theta x + \sqrt{\frac{1}{a^2}-\theta^2}\, y\right), \quad \psi = 0$$

を半空間 $y>0$ の境界に向う縦波，

$$\varphi = f\left(t-\theta x - \sqrt{\frac{1}{a^2}-\theta^2}\, y\right), \quad \psi = 0$$

を境界から出ていく縦波とよぶことにする．

横波の場合にも同様な用語を用いる．容易に確かめられるように，境界に向かう波も境界から出ていく波も同次境界条件(42)を満足していない．しかしこれらの波の重ね合せによって問題の解をつくり，(42)を満足させることができる．

さて，つぎの問題を考えることにしよう：ふつう入射波とよばれている境界に向かう波が与えられた場合に，境界から出ていく反射縦波および反射横波を決定し，入射波とこれらの反射波との和が境界条件(42)を満たすようにせよ．

3. 平面縦波の自由境界からの反射　入射縦波が

$$\varphi_1 = f\left(t-\theta x + \sqrt{\frac{1}{a^2}-\theta^2}\, y\right) \quad \left(|\theta|<\frac{1}{a}\right) \tag{45}$$

§3 弾性平面波の反射

で与えられたとしよう.反射波をつぎの形で求める:

$$\left.\begin{array}{l}\varphi_2 = Af\left(t-\theta x-\sqrt{\dfrac{1}{a^2}-\theta^2}\,y\right), \\ \psi = Bf\left(t-\theta x-\sqrt{\dfrac{1}{b^2}-\theta^2}\,y\right).\end{array}\right\} \qquad (46)$$

境界条件(42)に $\varphi=\varphi_1+\varphi_2, \psi$ を代入すれば

$$\left[-2\theta\sqrt{\frac{1}{a^2}-\theta^2}\,(1-A)+\left(\frac{1}{b^2}-2\theta^2\right)B\right]f''(t-\theta x)=0,$$

$$\left[(1-2b^2\theta^2)(1+A)-2b^2\theta\sqrt{\frac{1}{b^2}-\theta^2}\,B\right]f''(t-\theta x)=0.$$

したがって,$f''\neq 0$ を仮定すると,定数 A, B はつぎのように定まる:

$$A=\frac{-\left(2\theta^2-\dfrac{1}{b^2}\right)^2+4\theta^2\sqrt{\dfrac{1}{a^2}-\theta^2}\sqrt{\dfrac{1}{b^2}-\theta^2}}{\left(2\theta^2-\dfrac{1}{b^2}\right)^2+4\theta^2\sqrt{\dfrac{1}{a^2}-\theta^2}\sqrt{\dfrac{1}{b^2}-\theta^2}},$$

$$B=\frac{-4\theta\left(2\theta^2-\dfrac{1}{b^2}\right)\sqrt{\dfrac{1}{a^2}-\theta^2}}{\left(2\theta^2-\dfrac{1}{b^2}\right)^2+4\theta^2\sqrt{\dfrac{1}{a^2}-\theta^2}\sqrt{\dfrac{1}{b^2}-\theta^2}}.$$

(45), (46) からでてくる幾何学的な結果をいくつか注意しておこう.波面の進行方向,すなわち平面

$$t-\theta x+\sqrt{\frac{1}{a^2}-\theta^2}\,y=\text{const}$$

への法線が y 軸の負の向きとなす角 ϑ_1 を入射角といい,また,平面

$$t-\theta x-\sqrt{\frac{1}{a^2}-\theta^2}\,y=\text{const},$$

$$t-\theta x-\sqrt{\frac{1}{b^2}-\theta^2}\,y=\text{const}$$

への法線が y 軸の正の向きとなす角 ϑ_2, ϑ_3 を反射角という.このとき反射縦波については,反射角は入射角に等しい:$\vartheta_1=\vartheta_2$.ところが,反射横波については入射角の正弦と反射角の正弦との比が縦波と横波の速さの比に等しい:

$$\frac{\sin\vartheta_1}{\sin\vartheta_3}=\frac{a}{b}.$$

4. 横波の反射 入射横波が

$$\phi_1 = f\left(t-\theta x+\sqrt{\frac{1}{b^2}-\theta^2}\ y\right) \qquad \left(|\theta|<\frac{1}{a}\right) \tag{47}$$

で与えられたとしよう．反射波をつぎの形で求める：

$$\left.\begin{aligned}\varphi &= Cf\left(t-\theta x-\sqrt{\frac{1}{a^2}-\theta^2}\ y\right), \\ \phi_2 &= Df\left(t-\theta x-\sqrt{\frac{1}{b^2}-\theta^2}\ y\right).\end{aligned}\right\} \tag{48}$$

境界条件(42)に φ および $\phi=\phi_1+\phi_2$ を代入すれば

$$\left[2\theta\sqrt{\frac{1}{a^2}-\theta^2}\ C+\left(\frac{1}{b^2}-2\theta^2\right)(1+D)\right]f''(t-\theta x)=0,$$

$$\left[(1-2b^2\theta^2)C+2b^2\theta\sqrt{\frac{1}{b^2}-\theta^2}\ (1-D)\right]f''(t-\theta x)=0.$$

したがって，$f''\neq 0$ を仮定すると定数 C, D はつぎのように定まる：

$$C = \frac{4\theta\left(2\theta^2-\dfrac{1}{b^2}\right)\sqrt{\dfrac{1}{b^2}-\theta^2}}{\left(2\theta^2-\dfrac{1}{b^2}\right)^2+4\theta^2\sqrt{\dfrac{1}{a^2}-\theta^2}\sqrt{\dfrac{1}{b^2}-\theta^2}},$$

$$D = \frac{-\left(2\theta^2-\dfrac{1}{b^2}\right)^2+4\theta^2\sqrt{\dfrac{1}{a^2}-\theta^2}\sqrt{\dfrac{1}{b^2}-\theta^2}}{\left(2\theta^2-\dfrac{1}{b^2}\right)^2+4\theta^2\sqrt{\dfrac{1}{a^2}-\theta^2}\sqrt{\dfrac{1}{b^2}-\theta^2}}.$$

第8章 Fourierの方法の弦および棒の自由振動への応用

§1 弦の自由振動のFourierの方法による扱い

Fourierの方法あるいは変数分離法というのは，偏微分方程式のよく知られた解法の一つであるが，これをいろいろな例について説明しよう．まず両端を固定された弦の振動という簡単な問題をとりあげる．すでに見たように，この問題は方程式

$$\frac{\partial^2 u}{\partial t^2} = a^2 \frac{\partial^2 u}{\partial x^2} \tag{1}$$

を境界条件

$$u|_{x=0} = 0, \quad u|_{x=l} = 0 \tag{2}$$

および初期条件

$$u|_{t=0} = f(x), \quad \left.\frac{\partial u}{\partial t}\right|_{t=0} = F(x) \quad (0 \leq x \leq l) \tag{3}$$

のもとに解くことに帰着する．

まず，恒等的に0でない(1)の解で境界条件(2)を満たすものを，つぎの形に求めよう：

$$u(x, t) = X(x)T(t). \tag{4}$$

(4)を(1)に代入すると，

$$T''(t)X(x) = a^2 T(t)X''(x),$$

すなわち

$$\frac{T''(t)}{a^2 T(t)} = \frac{X''(x)}{X(x)}. \tag{5}$$

この式の左辺は t のみに依存し，一方，右辺は x のみに依存するので，等式の成り立つのは，両辺が x にも t にもよらないとき，すなわち定数になるときのみである．この定数を λ で表わすと，(5)からつぎの2つの常微分方程式が得られる：

$$T''(t)+a^2\lambda T(t) = 0, \tag{6}$$

$$X''(x)+\lambda X(x) = 0. \tag{7}$$

境界条件(2)を満たし，恒等的に 0 ではなく，(4)の形をしている特解を得るためには，境界条件

$$X(0) = 0, \quad X(l) = 0 \tag{8}$$

を満たす方程式(7)の解で恒等的に 0 でないものを求めなければならない．こうしてつぎの問題に導かれた：境界条件(8)を満たす(7)の恒等的に 0 でない解が存在するようなパラメータ λ の値を求めよ．

この問題を **Sturm–Liouville の(固有値)問題**という．

問題(7), (8)が恒等的に 0 でない解をもつような λ の値を**固有値**，その解を**固有関数**という．

さて問題(7), (8)の固有値と固有関数を求めよう．ここで，$\lambda<0$, $\lambda=0$, $\lambda>0$ の 3 つの場合について，別々に考察する必要がある．

1. $\lambda<0$ の場合．(7)の一般解は

$$X(x) = C_1 e^{\sqrt{-\lambda}x}+C_2 e^{\sqrt{-\lambda}x}.$$

境界条件(8)を満たすようにすると

$$C_1+C_2 = 0, \quad C_1 e^{\sqrt{-\lambda}l}+C_2 e^{\sqrt{-\lambda}l} = 0 \tag{9}$$

を得る．連立方程式(9)の行列式は 0 でないから，$C_1=0$, $C_2=0$ となる．したがって $X(x) \equiv 0$ となる．

2. $\lambda=0$ の場合．(7)の一般解は

$$X(x) = C_1+C_2 x.$$

境界条件(8)によって

$$C_1+C_2 \cdot 0 = 0, \quad C_1+C_2 l = 0.$$

ゆえに $C_1=0$, $C_2=0$ となり，したがって $X(x) \equiv 0$.

3. $\lambda>0$ の場合．(7)の一般解は

$$X(x) = C_1 \cos\sqrt{\lambda}\,x+C_2 \sin\sqrt{\lambda}\,x.$$

境界条件(8)を満たすようにすると

$$C_1 \cdot 1+C_2 \cdot 0 = 0, \quad C_1 \cos\sqrt{\lambda}\,l+C_2 \sin\sqrt{\lambda}\,l = 0.$$

最初の方程式から $C_1=0$，また 2 番目の方程式から $C_2 \sin\sqrt{\lambda}l=0$ が得られる．

§1 弦の自由振動の Fourier の方法による扱い

$C_2 \neq 0$ としなければならない．なぜなら，そうでないと $X(x) \equiv 0$ となってしまうから．したがって

$$\sin\sqrt{\lambda}\,l = 0, \quad \text{すなわち} \quad \sqrt{\lambda} = \frac{k\pi}{l},$$

ここに k は任意の整数である．

ゆえに，問題 (7), (8) が恒等的に 0 でない解をもつことが可能なのは，λ の値が

$$\lambda_k = \left(\frac{k\pi}{l}\right)^2 \quad (k=1, 2, 3, \cdots)$$

のときだけである．これらの固有値に対応する固有関数は

$$X_k(x) = \sin\frac{k\pi x}{l}.$$

ただし，固有関数は定数倍を除いて定まるものであり，ここではその定数を 1 にした．

つぎのことを注意しておこう：絶対値が等しく符号が異なる k は，固有関数に対して定数倍の違いだけしか与えない．したがって k としては，<u>正整数値</u>だけをとれば十分である．

$\lambda = \lambda_k$ に対して，方程式 (6) の一般解は

$$T_k(t) = a_k \cos\frac{k\pi a t}{l} + b_k \sin\frac{k\pi a t}{l}.$$

ここに a_k, b_k は任意定数である．

こうして，関数

$$u_k(x, t) = X_k(x) T_k(t) = \left(a_k \cos\frac{k\pi a t}{l} + b_k \sin\frac{k\pi a t}{l}\right)\sin\frac{k\pi x}{l}$$

は，任意の a_k, b_k に対して，方程式 (1) および境界条件 (2) を満たす．

方程式 (1) は線形かつ同次であるから，解の有限和は解である．同じことが級数

$$u(x, t) = \sum_{k=1}^{\infty}\left(a_k \cos\frac{k\pi a t}{l} + b_k \sin\frac{k\pi a t}{l}\right)\sin\frac{k\pi x}{l} \tag{10}$$

に対しても成り立つ．ただしこの級数が収束し，かつ x, t に関して項別に 2 回微分可能であるとしてである．級数 (10) の各項は境界条件 (2) を満たしている

から,級数の和すなわち関数 $u(x,t)$ も同じ境界条件を満たす.残っていることは,初期条件(3)が成り立つように定数 a_k, b_k を定めることである.

(10)を t について微分しよう:

$$\frac{\partial u}{\partial t} = \sum_{k=1}^{\infty} \frac{k\pi a}{l}\left(-a_k \sin\frac{k\pi at}{l} + b_k \cos\frac{k\pi at}{l}\right)\sin\frac{k\pi x}{l}. \tag{11}$$

(10),(11)で $t=0$ とおけば,初期条件(3)によって

$$f(x) = \sum_{k=1}^{\infty} a_k \sin\frac{k\pi x}{l}, \quad F(x) = \sum_{k=1}^{\infty} \frac{k\pi a}{l} b_k \sin\frac{k\pi x}{l} \tag{12}$$

となる.(12)は,与えられた関数 $f(x), F(x)$ の,区間 $(0,l)$ における sin による Fourier 級数展開を表わしている.

(12)の展開係数はよく知られたつぎの公式によって計算される[1][1]):

$$a_k = \frac{2}{l}\int_0^l f(x)\sin\frac{k\pi x}{l}dx, \quad b_k = \frac{2}{k\pi a}\int_0^l F(x)\sin\frac{k\pi x}{l}dx. \tag{13}$$

こうして,問題(1)-(3)の解は,(13)によって定められる係数 a_k, b_k をもった級数(10)によって与えられる.

定理 $f(x)$ は区間 $[0,l]$ で2回連続微分可能であり,区分的に連続な3階導関数をもち,かつ,条件

$$f(0) = f(l) = 0, \quad f''(0) = f''(l) = 0 \tag{14}$$

を満たすものとする.また $F(x)$ は連続微分可能であり,区分的に連続な2階導関数をもち,かつ,条件

$$F(0) = F(l) = 0 \tag{15}$$

を満たすものとする.このとき,級数(10)によって定められる関数 $u(x,t)$ は連続な2階導関数をもち,方程式(1),境界条件(2)および初期条件(3)を満足する.その際,(10)は x,t について2回項別微分が可能であり,その結果得られる級数は,$0 \leq x \leq l$ および任意の t について絶対かつ一様に収束する.

証明 (13)を部分積分して(14),(15)を考慮すれば,

$$a_k = -\left(\frac{l}{\pi}\right)^3 \frac{b_k^{(3)}}{k^3}, \quad b_k = -\left(\frac{l}{\pi}\right)^3 \frac{a_k^{(2)}}{k^3}. \tag{16}$$

ここに

---

1)〔訳注〕 たとえば,寺沢寛一[1],第4章,または,加藤敏夫[1],第2章.

§1 弦の自由振動の Fourier の方法による扱い

$$b_k^{(3)} = \frac{2}{l}\int_0^l f'''(x)\cos\frac{k\pi x}{l}dx, \qquad a_k^{(2)} = \frac{2}{l}\int_0^l \frac{F''(x)}{a}\sin\frac{k\pi x}{l}dx. \quad (17)$$

三角級数の理論[34]によって[1]

$$\sum_{k=1}^\infty \frac{|a_k^{(2)}|}{k}, \qquad \sum_{k=1}^\infty \frac{|b_k^{(3)}|}{k} \quad (18)$$

が収束することがわかる．(16)を(10)に代入すると

$$u(x,t) = -\left(\frac{l}{\pi}\right)^3 \sum_{k=1}^\infty \frac{1}{k^3}\left(b_k^{(3)}\cos\frac{k\pi at}{l} + a_k^{(2)}\sin\frac{k\pi at}{l}\right)\sin\frac{k\pi x}{l}. \quad (19)$$

この級数に対する，収束する優級数として

$$\left(\frac{l}{\pi}\right)^3 \sum_{k=1}^\infty \frac{1}{k^3}(|b_k^{(3)}| + |a_k^{(2)}|)$$

がとれる．したがって(10)は，絶対かつ一様に収束する．(18)を考慮すれば，(10)が x および t に関して2回項別微分可能なことが了解できよう．これで定理が証明された．

もし初期値 $f(x), F(x)$ が定理の条件を満足していないならば，混合問題(1)-(3)の2回連続微分可能な解が存在するとは限らない．しかしながら，$f(x)$ が連続微分可能で条件 $f(0)=f(l)=0$ を満たし，かつ $F(x)$ が連続で条件 $F(0)=F(l)=0$ を満たすならば，級数(10)は，$0\leqq x\leqq l$ で任意の t について，一様収束であり，連続関数 $u(x,t)$ を定義する．

境界条件(2)および初期条件

$$u_n|_{t=0} = f_n(x), \qquad \left.\frac{\partial u_n}{\partial t}\right|_{t=0} = F_n(x)$$

を満たす(1)の解 $u_n(x,t)$ の一様収束極限 $u(x,t)$ は，f_n, F_n が

$$\lim_{n\to\infty}\int_0^l [f(x)-f_n(x)]^2 dx = 0, \qquad \lim_{n\to\infty}\int_0^l [F(x)-F_n(x)]^2 dx = 0$$

を満足するとき，条件(2), (3)を満たす方程式(1)の**一般化された解**[2]とよばれ

---

1) 〔訳注〕 (18)の収束はつぎのようにして得られる．F'' が $(0,l)$ で2乗可積分であるから $\sum_k |a_k^{(2)}|^2 < +\infty$．また，$\sum \frac{1}{k^2} < +\infty$ も周知．ところが，$\left|\frac{a_k^{(2)}}{k}\right| \leq \frac{1}{2}\left|a_k^{(2)}\right|^2 + \frac{1}{2}\frac{1}{k^2}$．これより $\sum_k \left|\frac{a_k^{(2)}}{k}\right| < +\infty$．残りの級数についても同様．なお，加藤敏夫[1]，第2章をみよ．

2) 〔訳注〕 generalized solution[英]．**弱解**(weak solution)ともいう．

る.

$f(x), F(x)$ に課した前述の条件のもとで,(10)で定まる u が一般化された解であることは,級数(10)の部分和が所要の条件を満たす関数列 $u_n(x, t)$ となっていることからでる.混合問題(1)-(3)の一般化された解が一意的なことを示すことは困難ではない.

さて,問題(1)-(3)の解(10)に戻ろう.a_k, b_k を
$$a_k = A_k \sin \varphi_k, \qquad b_k = A_k \cos \varphi_k$$
と表わせば,解はつぎのように書ける:
$$u(x, t) = \sum_{k=1}^{\infty} A_k \sin \frac{k\pi x}{l} \sin\left(\frac{k\pi a t}{l} + \varphi_k\right). \tag{20}$$

この級数の各項はいわゆる**定常波**を表わしている.すなわち,各項の表わす運動では弦の各点は,同じ位相 φ_k で振幅 $A_k \sin(k\pi x/l)$,振動数 $\omega_k = k\pi a/l$ の単振動を行なっている.このような振動に際して弦のだす音の高さは振動数 ω_k に依存する.**基音**(最低音)の振動数は $\omega_1 = (\pi/l)\sqrt{T_0/\rho}$ によって表わされる. ω_1 の整数倍の振動数に対応する残りの音は,**倍音**とよばれる[1].基音を最初の倍音と考え,第2番目の倍音は振動数 $\omega_2 = 2\omega_1$ の音,以下同様である.

解(20)はいろいろな調和振動からなっている.おのおのの調和振動の振幅,したがってまた弦のだす音の強さへの各振動の寄与は,ふつう,振動数の増加と共に急速に減少する.これらの効果はむしろ固有の**音色**をつくりだすことにある.点
$$x = 0, \ \frac{l}{k}, \ \frac{2l}{k}, \ \cdots, \ \frac{k-1}{k}l, \ l$$
では $\sin(k\pi x/l) = 0$ であるから,k 番目の調和振動の振幅は0である.これらの点は k 番目の調和振動の**節**とよばれる.これに対して,点
$$x = \frac{l}{2k}, \ \frac{3l}{2k}, \ \cdots, \ \frac{(2k-1)}{2k}l$$
は**腹**とよばれる.これらの点では $\sin(k\pi x/l)$ の絶対値が最大となるので,k 番

---

[1] 基音より高い振動数の音を上音という.上音で基音の振動数の整数倍の振動数をもつものを倍音という.
倍音をもつ振動系は非常に少ない.しかしこれらの数少ない振動系は,殆んどすべての楽器を作るに当って基本的なものである.倍音をもつ音が音楽的に特に快いとされているからである.

目の調和振動の振幅は最大となる.

弦の中点すなわち基本振動の腹を押えれば，基本振動の振幅が0になるばかりでなく，中点に腹をもつ他の調和振動，すなわち奇数番目の調和振動の振幅も0となる．ところが，押さえた点に節をもつ偶数番目の調和振動はこれに影響されない．こうして偶数番目の調和振動だけが残ることになり，その最低振動数は $\omega_2 = (2\pi/l)\sqrt{T_0/\rho}$ である．このとき，弦は基音ではなく，そのオクターブ上の，すなわち2倍の振動数をもった音を出す．

§2 つまみ上げて放した弦の振動

両端を固定した弦を考える．1点 $x=c$ を抓み上げて放し，自由振動させたとしよう．この場合（図28），初期条件は

$$u|_{t=0} = f(x) = \begin{cases} \dfrac{h}{c}x & (0 \leqq x \leqq c) \\ \dfrac{h(l-x)}{l-c} & (c \leqq x \leqq l) \end{cases} \qquad \left.\dfrac{\partial u}{\partial t}\right|_{t=0} = 0$$

である．公式(13)を用いれば，

$$a_k = \frac{2hl^2}{\pi^2 c(l-c)k^2} \sin\frac{k\pi c}{l}, \quad b_k = 0. \tag{21}$$

したがって，弦の変位はつぎの級数で与えられる：

$$u(x,t) = \frac{2hl^2}{\pi^2 c(l-c)} \sum_{k=1}^{\infty} \frac{1}{k^2} \sin\frac{k\pi c}{l} \sin\frac{k\pi x}{l} \cos\frac{k\pi at}{l}. \tag{22}$$

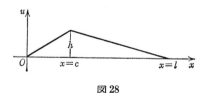

図28

(21)から明らかなように，$\sin\dfrac{k\pi c}{l}=0$ ならば $a_k=0$ である．すなわち $x=c$ を節とする調和振動は(22)の中には現われない．たとえば $x=c$ が弦の中点ならば，(22)には偶数番目の調和振動は現われない．

§3 はじかれた弦の振動

今度は，両端を固定された弦の初期変位が 0 の場合を考える．初期時刻に弦が点 $x=c$ に衝撃を受けたとしよう．その衝撃は，弦に与えられる初速度がつぎの式で表わされるようなものとする：

$$\left.\frac{\partial u}{\partial t}\right|_{t=0} = \begin{cases} v_0 \cos\dfrac{\pi(x-c)}{h} & \left(|x-c|<\dfrac{h}{2}\right) \\ 0 & \left(|x-c|>\dfrac{h}{2}\right). \end{cases}$$

公式(13)を用いれば，

$$a_k = 0, \quad b_k = \frac{4hv_0}{\pi^2 ak} \frac{1}{1-\left(\dfrac{kh}{l}\right)^2} \sin\frac{k\pi c}{l} \cos\frac{k\pi h}{2l}. \tag{23}$$

これらの値を(10)に代入すると，衝撃を受けた弦の変位がつぎの式で与えられる：

$$u(x,t) = \frac{4hv_0}{\pi^2 a} \sum_{k=1}^{\infty} \frac{1}{k} \frac{\sin\dfrac{k\pi c}{l}\cos\dfrac{k\pi h}{2l}}{1-\left(\dfrac{kh}{l}\right)^2} \sin\frac{k\pi x}{l} \cos\frac{k\pi at}{l}. \tag{24}$$

§4 棒の縦振動

一端 $x=0$ が固定され，他端 $x=l$ が自由である長さ l の（1次元）棒の縦振動を問題にしよう．第4章で示したように，この問題は，波動方程式

$$\frac{\partial^2 u}{\partial t^2} = a^2 \frac{\partial^2 u}{\partial x^2} \quad \left(a^2 = \frac{E}{\rho}\right) \tag{25}$$

を境界条件

$$u|_{x=0} = 0, \quad \left.\frac{\partial u}{\partial x}\right|_{x=l} = 0 \tag{26}$$

と初期条件

$$u|_{t=0} = f(x), \quad \left.\frac{\partial u}{\partial t}\right|_{t=0} = F(x) \quad (0 \leq x \leq l) \tag{27}$$

のもとで解くことに帰着される．

Fourier の方法にしたがって，(25)の解を

$$u(x,t) = X(x)T(t) \tag{28}$$

§4 棒の縦振動

の形で求めよう．(28)を(25)に代入すれば

$$\frac{T''(t)}{a^2T(t)} = \frac{X''(x)}{X(x)} = -\lambda^2$$

を得るが，これからつぎの2式を得る：

$$X''(x)+\lambda^2 X(x) = 0, \tag{29}$$
$$T''(t)+a^2\lambda^2 T(t) = 0. \tag{30}$$

恒等的に0ではない関数(28)が境界条件(26)を満足するためには，明らかにつぎの条件が必要である：

$$X(0) = 0, \quad X'(l) = 0. \tag{31}$$

こうして，境界条件(31)のもとでの方程式(29)の固有値問題に導かれる．(29)を積分して

$$X(x) = C_1 \cos \lambda x + C_2 \sin \lambda x.$$

(31)により

$$C_1 = 0, \quad C_2\lambda \cos \lambda l = 0.$$

$C_2 \neq 0$ として(そうでなければ $X(x) \equiv 0$ となってしまう)，$\cos \lambda l = 0$, したがって

$$\lambda l = (2k+1)\frac{\pi}{2} \quad (k \text{ 整数})$$

を得る．

こうして問題(29),(31)が自明な解[1]以外の解をもつことができるのは，λ がつぎの値をとる時に限られる：

$$\lambda_k = \frac{(2k+1)\pi}{2l}.$$

固有値 λ_k^2 には固有関数

$$X_k(x) = \sin \frac{(2k+1)\pi x}{2l} \quad (k=0, 1, 2, \cdots)$$

が対応し，定数倍を除いて一意に定まる．ここでは，すでにこの定数を1とおいた(k の負の整数値は新たな固有関数を与えない)．

---

1) 〔訳注〕 同次な問題において，恒等的に0である解を自明な解，あるいは，つまらぬ解(trivial solution〔英〕)という．

$\lambda=\lambda_k$ の場合に, (30) の一般解は a_k, b_k を任意定数として

$$T_k(t) = a_k \cos\frac{(2k+1)\pi at}{2l} + b_k \sin\frac{(2k+1)\pi at}{2l}$$

である. (28) によって,

$$\begin{aligned}u_k(x,t) &= T_k(t)X_k(x) \\ &= \left[a_k \cos\frac{(2k+1)\pi at}{2l} + b_k \sin\frac{(2k+1)\pi at}{2l}\right]\sin\frac{(2k+1)\pi x}{2l}\end{aligned}$$

が勝手な a_k, b_k に対して方程式 (25) と境界条件 (26) を満足することがわかる.

つぎの級数を考えよう:

$$u(x,t) = \sum_{k=0}^{\infty}\left[a_k \cos\frac{(2k+1)\pi at}{2l} + b_k \sin\frac{(2k+1)\pi at}{2l}\right]\sin\frac{(2k+1)\pi x}{2l}. \quad (32)$$

初期条件 (27) を満たすためには

$$f(x) = \sum_{k=0}^{\infty} a_k \sin\frac{(2k+1)\pi x}{2l}, \quad (33)$$

$$F(x) = \sum_{k=0}^{\infty} b_k \frac{(2k+1)\pi a}{2l}\sin\frac{(2k+1)\pi x}{2l} \quad (34)$$

が必要である.

(33), (34) が一様収束すると仮定すれば, (33), (34) の両辺に $\sin\frac{(2n+1)\pi x}{2l}$ を掛けて x に関して 0 から l まで積分することにより, 係数 a_k, b_k を定めることができる. そうすると, 公式

$$\int_0^l \sin\frac{(2n+1)\pi x}{2l}\sin\frac{(2k+1)\pi x}{2l}\,dx = \begin{cases}0 & (k\neq n)\\ \dfrac{l}{2} & (k=n)\end{cases}$$

を用いて, つぎの結果を得る:

$$\left.\begin{aligned}a_n &= \frac{2}{l}\int_0^l f(x)\sin\frac{(2n+1)\pi x}{2l}\,dx,\\ b_n &= \frac{4}{(2n+1)\pi a}\int_0^l F(x)\sin\frac{(2n+1)\pi x}{2l}\,dx.\end{aligned}\right\} \quad (35)$$

ここに得られた係数の値を (32) に代入して, 級数 (32) およびそれを x, t に関して 2 回項別微分して得られる級数が共に一様収束することを仮定すれば, われわれの問題の解が得られたことになる.

(32) をみると, 棒の振動は調和振動

$$A_k \sin\frac{(2k+1)\pi x}{2l} \sin\left[\frac{(2k+1)\pi a t}{2l}+\varphi_k\right]$$

を重ね合わせたものになっている．ただし

$$A_k = \sqrt{a_k{}^2+b_k{}^2}, \quad \tan\varphi_k = \frac{a_k}{b_k}.$$

また，振幅は $A_k \sin\dfrac{(2k+1)\pi x}{2l}$ で，振動数は

$$\omega_k = \frac{(2k+1)\pi a}{2l} = \frac{(2k+1)\pi}{2l}\sqrt{\frac{E}{\rho}}$$

で与えられる．

$k=0$ として得られる基音の周期は

$$T = \frac{2\pi}{\omega_0} = 4l\sqrt{\frac{\rho}{E}}$$

である．基音の振幅は

$$A_0 \sin\frac{\pi x}{2l}$$

であるから，明らかに棒の固定端点 $x=0$ は節であり，自由端点 $x=l$ は腹である．

Fourier の方法によって，第4章§2で考えた棒の縦振動の問題を調べることも容易である．そこで設定された問題は，方程式(25)を境界条件(26)および初期条件

$$u|_{t=0} = f(x) = rx, \quad \left.\frac{\partial u}{\partial t}\right|_{t=0} = 0 \quad (0\leqq x\leqq l)$$

で解くことであった．ここに，r は定数である．

(35)を用いると

$$a_k = \frac{(-1)^k 8lr}{(2k+1)^2\pi^2}, \quad b_k = 0.$$

これより，座標 x をもった棒の断面の相対変位はつぎの級数で与えられることがわかる：

$$u(x,t) = \frac{8lr}{\pi^2}\sum_{k=0}^{\infty}\frac{(-1)^k}{(2k+1)^2}\cos\frac{(2k+1)\pi a t}{2l}\sin\frac{(2k+1)\pi x}{2l}.$$

§5 Fourier の方法の一般的な手順

この節では混合問題[1]を解くための Fourier の方法を，得られる結果の厳密な基礎づけを省いて，解説しよう．

双曲型方程式

$$\frac{\partial}{\partial x}\left(p(x)\frac{\partial u}{\partial x}\right)-q(x)u = \rho(x)\frac{\partial^2 u}{\partial t^2} \tag{36}$$

を考える．ここで $p(x), p'(x), q(x), \rho(x)$ は区間 $0\leqq x\leqq l$ における連続関数であり，また，$p(x)>0,\ q(x)\geqq 0,\ \rho(x)>0$ であるとする．

(36)の解をつぎの境界条件(37)および初期条件(38)のもとで求めてみよう：

$$\left.\begin{array}{l}\alpha u(0,t)+\beta\dfrac{\partial u(0,t)}{\partial x}=0,\\[6pt]\gamma u(l,t)+\delta\dfrac{\partial u(l,t)}{\partial x}=0\end{array}\right\} \tag{37}$$

($\alpha, \beta, \gamma, \delta$ は $\alpha^2+\beta^2\neq 0,\ \gamma^2+\delta^2\neq 0$ を満たす定数)；

$$u|_{t=0}=f(x),\quad \left.\frac{\partial u}{\partial t}\right|_{t=0}=F(x) \quad (0\leqq x\leqq l). \tag{38}$$

まず(36)の恒等的に 0 でない解を

$$u(x,t)=X(x)T(t) \tag{39}$$

の形におき，境界条件(37)だけを満たすものを求めることを試みる．(39)を(36)に代入すれば

$$T(t)\frac{d}{dx}[p(x)X'(x)]-q(x)X(x)T(t) = \rho(x)X(x)T''(t),$$

すなわち

$$\frac{\dfrac{d}{dx}[p(x)X'(x)]-q(x)X(x)}{\rho(x)X(x)} = \frac{T''(t)}{T(t)}. \tag{40}$$

(40)の左辺は x だけに，右辺は t だけに依存しているから，等号が成り立つのは，(40)の共通の値が定数であるとき，そしてそのときに限る．この定数を $-\lambda$ で表わせば，(40)からつぎの2つの常微分方程式が得られる：

$$T''(t)+\lambda T(t)=0, \tag{41}$$

---

[1] 〔訳注〕 初期値境界値問題という意味．

§5 Fourier の方法の一般的な手順

$$\frac{d}{dx}[p(x)X'(x)] + [\lambda \rho(x) - q(x)]X(x) = 0. \tag{42}$$

(37)を満足し，(39)の形の，恒等的に 0 でない(36)の解を得るには，$X(x)$ が境界条件

$$\left.\begin{array}{l}\alpha X(0) + \beta X'(0) = 0, \\ \gamma X(l) + \delta X'(l) = 0\end{array}\right\} \tag{43}$$

を満足していなければならない．

こうしてわれわれはつぎの<u>固有値問題</u>に到達する：(43)を満たす恒等的に 0 ではない(42)の解が存在するようなパラメータ λ の値を求めよ．

この固有値問題は一般の λ に対しては恒等的に 0 でない解をもたない．問題(42)-(43)がそのような解をもつ λ の値を**固有値**，その解をこの固有値に属する**固有関数**という．方程式(42)，境界条件(43)は同次だから，固有関数は定数因子を除いて定まる．容易にわかるように，1 つの固有値には(定数因子を除いて)ただ 1 つの固有関数しか対応しない．実際，ある固有値 λ に対して 2 つの互いに線形独立な(43)を満たす(42)の解があったとすると，(42)の一般解もまた(43)を満たすことになる．ところが，(43)を満足しないような初期値 $X(0)$，$X'(0)$ に対して(42)の解が存在するわけだから，上のようなことはあり得ない．

われわれの問題に対しては，無限個の実の固有値

$$\lambda_1 < \lambda_2 < \lambda_3 < \cdots < \lambda_n < \cdots$$

が存在することが知られている[1]．

各固有値 λ_k には定数因子を除いて一意に定まる固有関数 $X_k(x)$ が対応している．この定数因子を

$$\int_0^l \rho(x)X_k(x)^2 dx = 1 \tag{44}$$

となるように選ぼう．(44)を満たす固有関数を**規格化**されている，または，**正規**であるという．

異なる固有値に属する固有関数は<u>重み $\rho(x)$ に関して直交している</u>，すなわち次式を満足している：

---

[1] 〔訳注〕 たとえば，吉田耕作[1]．あるいは同[2]，第 2 章．

$$\int_0^l \rho(x)X_k(x)X_n(x)dx = 0 \qquad (k \neq n). \tag{45}$$

実際,λ_k, λ_n を2つの異なる固有値,$X_k(x), X_n(x)$ をそれぞれに対応する固有関数であるとしよう:

$$\frac{d}{dx}[p(x)X_k'(x)] + [\lambda_k\rho(x) - q(x)]X_k(x) = 0,$$

$$\frac{d}{dx}[p(x)X_n'(x)] + [\lambda_n\rho(x) - q(x)]X_n(x) = 0.$$

第1式に $X_n(x)$,第2式に $X_k(x)$ を掛けて引き算をすれば

$$X_n(x)\frac{d}{dx}[p(x)X_k'(x)] - X_k(x)\frac{d}{dx}[p(x)X_n'(x)] +$$
$$+ (\lambda_k - \lambda_n)\rho(x)X_k(x)X_n(x) = 0.$$

これは

$$(\lambda_k - \lambda_n)\rho(x)X_k(x)X_n(x) + \frac{d}{dx}\{p(x)[X_n(x)X_k'(x) - X_k(x)X_n'(x)]\} = 0$$

と書き変えられるから,x について 0 から l まで積分すれば,つぎの式が得られる:

$$(\lambda_n - \lambda_k)\int_0^l \rho(x)X_k(x)X_n(x)dx = p(x)[X_n(x)X_k'(x) - X_k(x)X_n'(x)]\Big|_{x=0}^{x=l}.$$

境界条件(43)を考慮すればすぐにわかるように,右辺は0となる.すなわち,

$$(\lambda_n - \lambda_k)\int_0^l \rho(x)X_k(x)X_n(x)dx = 0.$$

ゆえに,$\lambda_n \neq \lambda_k$ であるから,

$$\int_0^l \rho(x)X_k(x)X_n(x)dx = 0$$

となるが,これは示すべき式(45)にほかならない.

λ_k を固有値,$X_k(x)$ を固有関数で**正規直交系**($\rho(x)$ に関して互いに直交し,規格化されていること)をなすものとしよう.$X_k(x)$ の満たす方程式

$$\frac{d}{dx}[p(x)X_k'(x)] - q(x)X_k(x) = -\lambda_k\rho(x)X_k(x)$$

の両辺に $X_k(x)$ を掛けて積分すれば,(44)を考慮して

$$\lambda_k = -\int_0^l \left\{\frac{d}{dx}[p(x)X_k'(x)] - q(x)X_k(x)\right\}X_k(x)dx$$

§5 Fourier の方法の一般的な手順　　　141

を得る．したがって，第1項を部分積分すれば

$$\lambda_k = \int_0^l [p(x)X_k'(x)^2 + q(x)X_k(x)^2]dx - [p(x)X_k(x)X_k'(x)]\Big|_{x=0}^{x=l}. \quad (46)$$

前に $p(x)>0$, $q(x)\geqq 0$, $\rho(x)>0$ を仮定したが，さらに

$$[p(x)X_k(x)X_k'(x)]\Big|_{x=0}^{x=l} \leqq 0 \quad (46\text{a})$$

を仮定しよう．そうすると(46)から直ちに，問題(42),(43)の固有値は非負であることが導かれる．

条件(46a)は応用上よく現われる境界条件，たとえば

$$X(0) = 0, \quad X(l) = 0; \quad (43\text{a})$$

$$X'(0) - h_1 X(0) = 0, \quad X'(l) + h_2 X(l) = 0 \quad (h_1 \geqq 0, \; h_2 \geqq 0) \quad (43\text{b})$$

では満たされている．

最後につぎのことを注意しておこう．境界値問題(42), (43a)または(42), (43b) ($h_1=h_2=0$ なら $q(x)\geqq q_0>0$ とする)の固有関数 $X_k(x)$ は完全系をなす[1]．

方程式(41)に戻ろう．$\lambda = \lambda_k$ に対する(41)の一般解 $T_k(t)$ は

$$T_k(t) = A_k \cos\sqrt{\lambda_k}\, t + B_k \sin\sqrt{\lambda_k}\, t$$

で与えられる．ここに A_k, B_k は任意定数である．関数

$$u_k(x,t) = X_k(x)T_k(t) = (A_k \cos\sqrt{\lambda_k}\, t + B_k \sin\sqrt{\lambda_k}\, t)X_k(x)$$

は(37)を満たす(36)の解になっている．

初期条件(38)を満足する解を得るために，級数

$$u(x,t) = \sum_{k=1}^{\infty} (A_k \cos\sqrt{\lambda_k}\, t + B_k \sin\sqrt{\lambda_k}\, t)X_k(x) \quad (47)$$

を作ってみよう．級数(47)およびこれを x, t について2回項別微分して得られる級数が一様収束するとすれば，(47)は明らかに(36)の解であって，境界条件(37)を満たしている．初期条件(38)を満足させるためには，

$$u|_{t=0} = f(x) = \sum_{k=1}^{\infty} A_k X_k(x), \quad (48)$$

$$\frac{\partial u}{\partial t}\Big|_{t=0} = F(x) = \sum_{k=1}^{\infty} B_k \sqrt{\lambda_k}\, X_k(x) \quad (49)$$

---

[1] 関数 $\varphi_1(x), \varphi_2(x), \cdots, \varphi_n(x), \cdots$ が完全系をなすとは，これらの関数と直交しかつ恒等的に0ではないような2乗可積分な関数が存在しないことである．

でなければならない．

こうしてわれわれは，任意の関数を境界値問題(42),(43)の固有関数 $X_k(x)$ で級数展開する問題に導かれる．

いま，任意関数 $\varPhi(x)$ が

$$\varPhi(x) = \sum_{k=1}^{\infty} a_k X_k(x) \tag{50}$$

のように $X_k(x)$ の級数に展開されたとする．

(50)が一様収束すると仮定すれば，(50)の両辺に $\rho(x)X_k(x)$ を掛けて x に関して 0 から l まで積分することによって，係数 a_k を決定することができる．そうすると(44),(45)を考慮して

$$a_k = \int_0^l \rho(x)\varPhi(x)X_k(x)dx \tag{51}$$

を得る．さて，区間 $[0, l]$ で可積分な関数 $\varPhi(x)$ にその Fourier 型級数

$$\sum_{k=1}^{\infty} a_k X_k(x) \tag{52}$$

を対応させよう．ここに a_k は(51)によって定められているものとする．

ここでは証明をしないが，つぎの定理が成り立つ．

定理 1 線分 $[0, l]$ 上で 2 乗可積分な関数 $\varPhi(x)$ に対して，級数(52)は $\varPhi(x)$ に平均収束する．すなわち

$$\lim_{n\to\infty} \int_0^l \rho(x) \Big[\varPhi(x) - \sum_{k=1}^{n} a_k X_k(x)\Big]^2 dx = 0. \tag{53}$$

定理 2 (V. A. Steklov)　境界条件(43)を満たし，1 回連続微分可能で，2 階導関数が区分的に連続な任意の関数 $\varPhi(x)$ は，境界値問題(42),(43)の固有関数によって，一様かつ絶対収束する級数(50)に展開される．

展開(48)および(49)の係数を決定するために(51)を適用すれば，

$$A_k = \int_0^l \rho(x)f(x)X_k(x)dx,$$

$$B_k = \frac{1}{\sqrt{\lambda_k}} \int_0^l \rho(x)F(x)X_k(x)dx.$$

これらの値を(47)に代入すれば，混合問題(36)-(38)の解を得る．ただし，級数(47)およびこれを x, t に関して 2 回微分して得られる級数が一様収束するとしている．

注意 多くの空間変数をもった場合にも，Fourier の方法は，特殊な形の双曲型方程式(第16章)に，さらに楕円型，放物型の方程式(第 II, III 部)に適用できる．

問 題

1. 両端 $x=0, x=l$ を固定された一様な弦が最初，垂直二等分線に関して対称な放物線の形をしているとする．初速度が 0 であると仮定して，弦の平衡の位置(直線)からの変位を決定せよ．

〔答〕
h を点 $x=l/2$ における初期変位とすると
$$u(x,t) = \frac{32h}{\pi^3} \sum_{k=0}^{\infty} \frac{\cos\dfrac{(2k+1)\pi at}{l} \sin\dfrac{(2k+1)\pi x}{l}}{(2k+1)^3}.$$

2. 両端固定の一様な弦が，つぎのような初速分布を与えるような衝撃を受けたとする：
$$\left.\frac{\partial u}{\partial t}\right|_{t=0} = \begin{cases} 0 & (0 \leqq x < c-\delta) \\ v_0 & (c-\delta \leqq x \leqq c+\delta) \\ 0 & (c+\delta < x \leqq l). \end{cases}$$

初期変位を 0 として弦の振動を求めよ．

〔答〕
$$u(x,t) = \frac{4v_0 l}{\pi^2 a} \sum_{k=1}^{\infty} \frac{1}{k^2} \sin\frac{k\pi c}{l} \sin\frac{k\pi\delta}{l} \sin\frac{k\pi at}{l} \sin\frac{k\pi x}{l}.$$

3. 両端固定の一様な弦が，点 $x=c$ に集中した力積 I の衝撃を受けたとする．初期変位を 0 として弦の自由振動を調べよ．

〔答〕
$$u(x,t) = \frac{2I}{\pi a\rho} \sum_{k=1}^{\infty} \frac{1}{k} \sin\frac{k\pi c}{l} \sin\frac{k\pi at}{l} \sin\frac{k\pi x}{l}. \quad [1]$$

〔ヒント〕 まず力積 I は区間 $c-\delta \leqq x \leqq c+\delta$ に一様に分布していると考える．そのとき $u(x,t)$ に対する表式は前の問題の答で $v_0 = I/2\delta\rho$ としたものになる．ここで $\delta \to 0$ の極限に移れば問題の解を得る．

4. 長さ $2l$ の一様な棒が，両端に加えられた力によって長さ $2l(1-\varepsilon)$ に縮んでいる．$t=0$ において荷重が取除かれたとすれば，座標 x における棒の断面の変位 $u(x,t)$ は次式で与えられることを示せ：
$$u(x,t) = \frac{8\varepsilon l}{\pi^2} \sum_{k=0}^{\infty} \frac{(-1)^{k+1}}{(2k+1)^2} \sin\frac{(2k+1)\pi x}{2l} \cos\frac{(2k+1)\pi at}{2l}.$$

---
[1]〔訳注〕 ρ は弦の線密度．

ここで $x=0$ は棒の中点とする.

〔ヒント〕 つぎの問題を解けばよい:

$$\frac{\partial^2 u}{\partial t^2} = a^2 \frac{\partial^2 u}{\partial x^2} \quad \left(a^2 = \frac{E}{\rho}\right),$$

$$\left.\frac{\partial u}{\partial x}\right|_{x=-l} = 0, \quad \left.\frac{\partial u}{\partial x}\right|_{x=l} = 0 \quad \text{(境界条件)},$$

$$u|_{t=0} = -\varepsilon x, \quad \left.\frac{\partial u}{\partial t}\right|_{t=0} = 0 \quad \text{(初期条件)}.$$

5. 抵抗が速度に比例するような媒質中で振動する端点固定の弦の自由振動を調べよ.

〔答〕

$$u(x,t) = e^{-ht}\sum_{k=1}^{\infty}(a_k \cos q_k t + b_k \sin q_k t)\sin\frac{k\pi x}{l}.$$

ここで

$$a_k = \frac{2}{l}\int_0^l f(x)\sin\frac{k\pi x}{l}dx, \quad b_k = \frac{h}{q_k}a_k + \frac{2}{lq_k}\int_0^l F(x)\sin\frac{k\pi x}{l}dx,$$

$$q_k = \sqrt{\frac{k^2\pi^2 a^2}{l^2} - h^2}.$$

〔ヒント〕 Fourier の方法を用いてつぎの問題を解け:

$$\frac{\partial^2 u}{\partial t^2} + 2h\frac{\partial u}{\partial t} = a^2\frac{\partial^2 u}{\partial x^2},$$

$$u|_{x=0} = 0, \quad u|_{x=l} = 0,$$

$$u|_{t=0} = f(x), \quad \left.\frac{\partial u}{\partial t}\right|_{t=0} = F(x).$$

ここで h は小さい正数(抵抗の比例定数)である.

6. 固定端点 A, 自由端点 C をもつ棒 AC がつぎの2つの部分から成っているとする: 長さ l_1 の部分 AB, 長さ l_2 の部分 BC (それぞれ弾性定数を E_1, E_2 とする). 棒の縦振動の周期 T はつぎの式で定められることを示せ:

$$\tan\frac{2\pi l_1}{a_1 T}\tan\frac{2\pi l_2}{a_2 T} = \frac{E_1 a_2}{E_2 a_1} \quad \left(a_1 = \sqrt{\frac{E_1}{\rho_1}},\ a_2 = \sqrt{\frac{E_2}{\rho_2}}\right).$$

〔ヒント〕 方程式

$$\frac{\partial^2 u_1}{\partial t^2} = a_1^2\frac{\partial^2 u_1}{\partial x^2} \quad (0<x<l_1), \quad \frac{\partial^2 u_2}{\partial t^2} = a_2^2\frac{\partial^2 u_2}{\partial x^2} \quad (l_1<x<l_1+l_2),$$

境界条件

$$u_1|_{x=l_1} = u_2|_{x=l_1}, \quad \left.E_1\frac{\partial u_1}{\partial x}\right|_{x=l_1} = \left.E_2\frac{\partial u_2}{\partial x}\right|_{x=l_1},$$

$$u_1|_{x=0} = 0, \quad \left.\frac{\partial u_2}{\partial x}\right|_{x=l_1+l_2} = 0$$

を満足する同一振動数をもった振動を考えよ.

第9章 弦および棒の強制振動

§1 両端を固定した弦の強制振動

端点固定の一様な弦に,単位長さ当り $p(x,t)$ の外力が働いているときの強制振動を考察しよう.この問題は,方程式

$$\frac{\partial^2 u}{\partial t^2} = a^2 \frac{\partial^2 u}{\partial x^2} + g(x,t) \qquad \left(g(x,t) = \frac{1}{\rho}p(x,t)\right) \tag{1}$$

を境界条件

$$u|_{x=0} = 0, \qquad u|_{x=l} = 0, \tag{2}$$

および初期条件

$$u|_{t=0} = f(x), \qquad \left.\frac{\partial u}{\partial t}\right|_{t=0} = F(x) \tag{3}$$

のもとで解くことに帰着される.

この問題の解を

$$u = v + w \tag{4}$$

の形で求めることを試みよう.ここに v は非同次方程式

$$\frac{\partial^2 v}{\partial t^2} = a^2 \frac{\partial^2 v}{\partial x^2} + g(x,t) \tag{5}$$

の解で,つぎの境界条件および初期条件を満たすものである:

$$v|_{x=0} = 0, \qquad v|_{x=l} = 0, \tag{6}$$

$$v|_{t=0} = 0, \qquad \left.\frac{\partial v}{\partial t}\right|_{t=0} = 0. \tag{7}$$

一方,w は同次方程式

$$\frac{\partial^2 w}{\partial t^2} = a^2 \frac{\partial^2 w}{\partial x^2} \tag{8}$$

の解で,つぎの境界条件および初期条件を満たすものである:

$$w|_{x=0} = 0, \qquad w|_{x=l} = 0, \tag{9}$$

$$w|_{t=0} = f(x), \qquad \left.\frac{\partial w}{\partial t}\right|_{t=0} = F(x). \tag{10}$$

v は**強制振動**，すなわち初期攪乱がないときの外部攪乱による弦の振動を表わす．w は**自由振動**，すなわち初期攪乱だけによる弦の振動を表わす．

自由振動 w を見出す方法はいままでの章で考察してきたから，ここでは強制振動 v を求めることだけを扱う．自由振動の場合と同様に，解 v を級数

$$v(x,t) = \sum_{k=1}^{\infty} T_k(t) \sin \frac{k\pi x}{l} \tag{11}$$

の形で求めることにしよう．したがって，境界条件(6)は(級数の一様収束性を仮定すれば)自動的に満たされている．

関数 $T_k(t)$ を，(11)が方程式(5)と初期条件(7)を満足するように定めよう．
(11)を(5)に代入すると，

$$\sum_{k=1}^{\infty} [T_k''(t) + \omega_k^2 T_k(t)] \sin \frac{k\pi x}{l} = g(x,t), \tag{12}$$

ただし，

$$\omega_k = \frac{k\pi a}{l}. \tag{13}$$

$g(x,t)$ を区間 $(0, l)$ で Fourier 正弦級数に展開する：

$$g(x,t) = \sum_{k=1}^{\infty} g_k(t) \sin \frac{k\pi x}{l}, \tag{14}$$

ただし，

$$g_k(t) = \frac{2}{l} \int_0^l g(\xi, t) \sin \frac{k\pi \xi}{l} d\xi. \tag{15}$$

同じ関数 $g(x,t)$ に対する2つの展開(12), (14)を比較すると，$T_k(t)$ を決定するつぎの方程式が得られる：

$$T_k''(t) + \omega_k^2 T_k(t) = g_k(t) \quad (k=1, 2, 3, \cdots). \tag{16}$$

級数(11)によって定義される解 v が初期条件(7)を満たすためには，$T_k(t)$ がつぎの条件を満たしていればよい：

$$T_k(0) = 0, \quad T_k'(0) = 0 \quad (k=1, 2, 3, \cdots). \tag{17}$$

初期条件(17)のもとでの(16)の解は([1]参照)

$$T_k(t) = \frac{1}{\omega_k} \int_0^t g_k(\tau) \sin \omega_k(t-\tau) d\tau,$$

あるいは，$g_k(\tau)$ に(15)を代入して

§1 両端を固定した弦の強制振動

$$T_k(t) = \frac{2}{l\omega_k} \int_0^t d\tau \int_0^l g(\xi,\tau) \sin\omega_k(t-\tau) \sin\frac{k\pi\xi}{l} d\xi \tag{18}$$

と書ける．この $T_k(t)$ を(11)に代入すれば求める解 $v(x,t)$ が得られる．上のことから，問題(1)-(3)の解は

$$u(x,t) = \sum_{k=1}^\infty T_k(t) \sin\frac{k\pi x}{l} + \sum_{k=1}^\infty \left(a_k \cos\frac{k\pi at}{l} + b_k \sin\frac{k\pi at}{l} \right) \sin\frac{k\pi x}{l} \tag{19}$$

と級数の形に表わされることがわかる．ここに $T_k(t)$ は(18)によって定義されており，a_k, b_k は

$$a_k = \frac{2}{l} \int_0^l f(x) \sin\frac{k\pi x}{l} dx, \quad b_k = \frac{2}{k\pi a} \int_0^l F(x) \sin\frac{k\pi x}{l} dx \tag{20}$$

で決められる．

例として，初期変位および速度が0で，線密度

$$p(x,t) = A\rho \sin\omega t$$

をもった外力が弦に働いている場合を考えよう．このとき，解 $u(x,t)$ は

$$u(x,t) = \sum_{k=1}^\infty T_k(t) \sin\frac{k\pi x}{l} \tag{21}$$

で与えられるが，係数 $T_k(t)$ は(18)によって定まり，

$$T_k(t) = \frac{2Al}{\pi^2 k^2 a} [1-(-1)^k] \left[\frac{\omega_k \sin\omega t}{\omega_k^2 - \omega^2} - \frac{\omega \sin\omega_k t}{\omega_k^2 - \omega^2} \right] \quad (\omega \neq \omega_k) \tag{22}$$

となることが示される．

もし $\omega = \omega_k$ ならば(22)は意味を失うが，この場合には

$$T_k(t) = -\frac{Al}{\pi^2 k^2 a} [1-(-1)^k] \frac{\omega_k t \cos\omega_k t - \sin\omega_k t}{\omega_k} \tag{23}$$

が得られる．(22)を(21)に代入すれば

$$u(x,t) = \frac{4A}{\pi} \sin\omega t \sum_{k=0}^\infty \frac{\sin\frac{(2k+1)\pi x}{l}}{(2k+1)(\omega_{2k+1}^2 - \omega^2)} - \\ - \frac{4Al\omega}{a\pi^2} \sum_{k=0}^\infty \frac{\sin\frac{(2k+1)\pi at}{l} \sin\frac{(2k+1)\pi x}{l}}{(2k+1)^2(\omega_{2k+1}^2 - \omega^2)}. \tag{24}$$

(24)の右辺第1項は，強制力と同じ振動数をもっているが，これは弦の"純粋な"強制振動を表わしている．第2項は振動数

$$\omega_{2k+1} = \frac{(2k+1)\pi a}{l} \qquad (k=0,1,2,\cdots)$$

の無限個の調和振動から成っており,弦の"自由"振動にもとづくものである.

(24)は,外力の振動数 ω が弦の固有振動数 ω_{2k+1} のどれかに近づけば,(24)の展開において異常に大きな振幅をもった項が現われることを示している.このために共鳴(共振)とよばれる現象が起こるのである. $\omega = \omega_{2k_1+1}$ の場合には(24)はその意味を失い,したがって他の式で置換えなければならないが,その式は(23)を考慮すれば容易に得られる.この場合の問題の解は

$$u(x,t) = \frac{2Al^2}{a^2\pi^3(2k_1+1)^3}(\sin\omega_{2k_1+1}t - \omega_{2k_1+1}t\cos\omega_{2k_1+1}t)\sin\frac{(2k_1+1)\pi x}{l} +$$

$$+ \frac{4A}{\pi}\sin\omega_{2k_1+1}t \sum_{k=0}^{\infty}{}' \frac{\sin\frac{(2k+1)\pi x}{l}}{(2k+1)(\omega_{2k+1}{}^2 - \omega_{2k_1+1}{}^2)} - \qquad (25)$$

$$- \frac{4Al\omega_{2k_1+1}}{a\pi^2}\sum_{k=0}^{\infty}{}' \frac{\sin\frac{(2k+1)\pi at}{l}\sin\frac{(2k+1)\pi x}{l}}{(2k+1)^2(\omega_{2k+1}{}^2 - \omega_{2k_1+1}{}^2)}$$

となる.ここで $\sum'$ は $k=k_1$ の項を除いて和をとることを意味している.

§2 集中力による弦の強制振動

今度は外力が弦のある1点に集中している場合を調べよう.最も興味があるのは,外力が周期 $2\pi/\omega$ で周期的に働いているときである.その場合を考えることにする.外力の作用する弦の点の座標を c で表わす.すなわち

$$\rho g(c,t) = A\rho \sin\omega t. \qquad (26)$$

さらに $u_1(x,t)$ および $u_2(x,t)$ でそれぞれ弦の部分 $(0,c)$ および (c,l) における変位を表わす(図29).

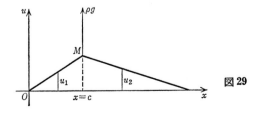

図29

§2 集中力による弦の強制振動

これらの関数 u_1, u_2 に対してはつぎの方程式が成立する:

$$\left.\begin{aligned}\frac{\partial^2 u_1}{\partial t^2} &= a^2 \frac{\partial^2 u_1}{\partial x^2} \quad (0<x<c), \\ \frac{\partial^2 u_2}{\partial t^2} &= a^2 \frac{\partial^2 u_2}{\partial x^2} \quad (c<x<l).\end{aligned}\right\} \quad (27)$$

というのは,区間 $(0,c), (c,l)$ の内部では外力が働いていないからである.

(27)の解をつぎの条件のもとで求めよう:

$$u_1|_{x=0} = 0, \quad u_2|_{x=l} = 0, \tag{28}$$

$$u_1|_{x=c} = u_2|_{x=c}, \tag{29}$$

$$T_0 \frac{\partial u_1}{\partial x}\bigg|_{x=c} - T_0 \frac{\partial u_2}{\partial x}\bigg|_{x=c} = \rho A \sin \omega t. \tag{30}$$

これらの条件はつぎのような物理的意味をもっている.条件(28)は弦の両端が固定されていること,条件(29)は $x=c$ において弦がつながっていることを表わしている.条件(30)については少し説明が要る.外力 $\rho g(c,t)$ を,弦の部分 $M_1 M_2$(図30)に連続的に分布している力 $\rho F dx$ の極限と考えることにしよう.すなわち

$$\rho g(c,t) = \lim_{M_1 \to M \leftarrow M_2} \rho F dx.$$

d'Alembert の原理によれば,部分 $M_1 M_2$ の運動方程式は

$$-\rho dx \frac{\partial^2 u}{\partial t^2} + T_0 \frac{\partial u}{\partial x}\bigg|_{M_2} - T_0 \frac{\partial u}{\partial x}\bigg|_{M_1} + \rho F dx = 0.$$

ただし,T_0 は弦の張力である.M_1, M_2 を M に近づける.そのとき dx は 0 に近づくから,上の方程式の第1項は 0 になり,したがってこの方程式は(30)に移行する.

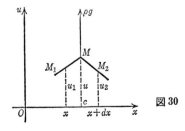

図 30

(27)の解を $X(x)\sin\omega t$ の形で探そう．容易にわかるように，(28)を満たすこの種の解はつぎの形をもつ：

$$\left.\begin{aligned} u_1 &= C_1 \sin\frac{\omega x}{a} \sin\omega t, \\ u_2 &= C_2 \sin\frac{\omega(l-x)}{a} \sin\omega t. \end{aligned}\right\} \quad (31)$$

ただし，C_1, C_2 は任意定数である．

条件(29), (30)を用いれば，C_1, C_2 を決定するためのつぎの2方程式が得られる：

$$\left.\begin{aligned} C_1 \sin\frac{\omega c}{a} - C_2 \sin\frac{\omega(l-c)}{a} &= 0, \\ T_0 \frac{\omega}{a} C_1 \cos\frac{\omega c}{a} + T_0 \frac{\omega}{a} C_2 \cos\frac{\omega(l-c)}{a} &= \rho A. \end{aligned}\right\} \quad (32)$$

さて $\rho/T_0 = 1/a^2$ に注意すると，(32)から，

$$C_1 = \frac{A}{a\omega} \frac{\sin\frac{\omega(l-c)}{a}}{\sin\frac{\omega l}{a}}, \quad C_2 = \frac{A}{a\omega} \frac{\sin\frac{\omega c}{a}}{\sin\frac{\omega l}{a}}$$

が得られる．そうすると(31)によって弦の純粋な強制振動を表わすつぎの式が得られる：

$$\left.\begin{aligned} u_1 &= \frac{A}{a\omega} \frac{\sin\frac{\omega(l-c)}{a}}{\sin\frac{\omega l}{a}} \sin\frac{\omega x}{a} \sin\omega t \quad (0<x<c), \\ u_2 &= \frac{A}{a\omega} \frac{\sin\frac{\omega c}{a}}{\sin\frac{\omega l}{a}} \sin\frac{\omega(l-x)}{a} \sin\omega t \quad (c<x<l). \end{aligned}\right\} \quad (33)$$

§3 重い棒の強制振動

十分に重く，しかも，容易に伸縮する棒を問題にしよう．伸びのない状態での棒の長さを l とする．端点 $x=0$ で棒を吊し，他端 $x=l$ は自由にしておく．重力の働きによって棒が縦振動を始めたとする．座標 x をもつ断面の時刻 t における変位を u で表わすと，この棒の強制振動の微分方程式は

§3 重い棒の強制振動

$$\frac{\partial^2 u}{\partial t^2} = a^2 \frac{\partial^2 u}{\partial x^2} + g \tag{34}$$

となる．g は重力加速度である．

初期変位と初速度は 0 であるから，この問題の物理的意味を考えれば，つぎの境界条件および初期条件を満足する (34) の解を求めなければならない：

$$u|_{x=0} = 0, \qquad \frac{\partial u}{\partial x}\bigg|_{x=l} = 0, \tag{35}$$

$$u|_{t=0} = 0, \qquad \frac{\partial u}{\partial t}\bigg|_{t=0} = 0. \tag{36}$$

この解を和

$$u = v + w \tag{37}$$

の形に求めよう．ここで v は境界条件 (35) だけを満たす非同次方程式 (34) の解であり，w は同次方程式

$$\frac{\partial^2 w}{\partial t^2} = a^2 \frac{\partial^2 w}{\partial x^2} \tag{38}$$

の解で境界条件

$$w|_{x=0} = 0, \qquad \frac{\partial w}{\partial x}\bigg|_{x=l} = 0 \tag{39}$$

および，v に関係して決まる初期条件

$$w|_{t=0} = f(x) = -v|_{t=0}, \qquad \frac{\partial w}{\partial t}\bigg|_{t=0} = F(x) = -\frac{\partial v}{\partial t}\bigg|_{t=0} \tag{40}$$

を満たすものである．

$v(x, t)$ を求めることはたいして困難ではない．実際，x に関する 2 次の多項式

$$\alpha x^2 + \beta x + \gamma$$

をとり，その係数を

$$\alpha = -\frac{g}{2a^2}, \qquad \beta = \frac{gl}{a^2}, \qquad \gamma = 0$$

と選べば，明らかに (34) も (35) も満たされる．したがって v としては

$$v = \frac{gx(2l-x)}{2a^2} \tag{41}$$

ととることが可能である．これより

$$f(x) = \frac{gx(x-2l)}{2a^2}, \qquad F(x) = 0. \tag{42}$$

問題(38),(39),(40)はすでに第8章§2で考察した．その解は第8章の(32),(35)で与えられる．そこの(35)を用いると

$$a_k = \frac{2}{l}\int_0^l \frac{gx(x-2l)}{2a^2}\sin\frac{(2k+1)\pi x}{2l}\,dx = -\frac{16gl^2}{\pi^3 a^2(2k+1)^3},$$

$$b_k = 0 \qquad (k=0,1,2,\cdots).$$

上述のことから，問題(34),(35),(36)の解はつぎの形に表わされる：

$$u(x,t) = \frac{gx(2l-x)}{2a^2} - \frac{16gl^2}{\pi^3 a^2}\sum_{k=0}^{\infty}\frac{\cos\dfrac{(2k+1)\pi at}{2l}\sin\dfrac{(2k+1)\pi x}{2l}}{(2k+1)^3}. \tag{43}$$

この公式を利用すれば，たとえば，棒の長さがどのような範囲で変化するかが簡単に計算できる．実際，(43)で $x=l$ とおくと棒の下端の断面の相対変位が得られる：

$$u|_{x=l} = \frac{gl^2}{2a^2} - \frac{16gl^2}{\pi^3 a^2}\sum_{k=0}^{\infty}\frac{(-1)^k}{(2k+1)^3}\cos\frac{(2k+1)\pi at}{2l}.$$

この式の右辺は $t=2l/a$ のときに最大値

$$u_{\max} = \frac{gl^2}{2a^2} + \frac{16gl^2}{\pi^3 a^2}\sum_{k=0}^{\infty}\frac{(-1)^k}{(2k+1)^3}$$

をとる．等式

$$\sum_{k=0}^{\infty}\frac{(-1)^k}{(2k+1)^3} = \frac{\pi^3}{32}$$

に注意すれば，下端断面の最大変位は

$$u_{\max} = \frac{gl^2}{a^2}$$

となる．したがって，いま考えている棒の縦振動においては，棒の長さは l から $l+gl^2/a^2$ までの範囲で変化する．

§4 動く端点をもつ弦の強制振動

単位長さ当り $p(x,t)$ の外力を受け，端点が，固定されていなくて，ある与えられた法則に従って運動している弦の強制振動を考察しよう．この問題は方程

§4 動く端点をもつ弦の強制振動

式

$$\frac{\partial^2 u}{\partial t^2} = a^2 \frac{\partial^2 u}{\partial x^2} + g(x,t) \tag{44}$$

を境界条件

$$u|_{x=0} = \kappa_1(t), \qquad u|_{x=l} = \kappa_2(t) \tag{45}$$

および初期条件

$$u|_{t=0} = f(x), \qquad \left.\frac{\partial u}{\partial t}\right|_{t=0} = F(x) \tag{46}$$

のもとで解くことに帰着される.これを解くのに Fourier の方法を直接適用することはできない.なぜなら,境界条件(45)が同次でないからである.しかしこの問題は零境界条件の問題に簡単に帰着できる.

そのために,補助関数

$$w(x,t) = \kappa_1(t) + [\kappa_2(t) - \kappa_1(t)]\frac{x}{l} \tag{47}$$

を導入する.明らかに

$$w|_{x=0} = \kappa_1(t), \qquad w|_{x=l} = \kappa_2(t). \tag{48}$$

v を新しい未知関数とし,問題の解をつぎの形で求める:

$$u = v + w. \tag{49}$$

境界条件(45), (48)と初期条件(46)によって,$v(x,t)$ はつぎの境界条件および初期条件を満足する:

$$v|_{x=0} = 0, \qquad v|_{x=l} = 0, \tag{50}$$

$$\left.\begin{aligned}v|_{t=0} &= u|_{t=0} - w|_{t=0} = f(x) - \kappa_1(0) - [\kappa_2(0) - \kappa_1(0)]\frac{x}{l} = f_1(x), \\ \left.\frac{\partial v}{\partial t}\right|_{t=0} &= \left.\frac{\partial u}{\partial t}\right|_{t=0} - \left.\frac{\partial w}{\partial t}\right|_{t=0} = F(x) - \kappa_1'(0) - [\kappa_2'(0) - \kappa_1'(0)]\frac{x}{l} \\ &= F_1(x).\end{aligned}\right\} \tag{51}$$

(49)を(44)に代入すれば

$$\frac{\partial^2 v}{\partial t^2} = a^2 \frac{\partial^2 v}{\partial x^2} + g(x,t) + a^2 \frac{\partial^2 w}{\partial x^2} - \frac{\partial^2 w}{\partial t^2}$$

が得られ,さらに(47)を考慮すれば,これは

$$\frac{\partial^2 v}{\partial t^2} = a^2 \frac{\partial^2 v}{\partial x^2} + g_1(x,t) \tag{52}$$

となる．ただし，

$$g_1(x,t) = g(x,t) - \kappa_1''(t) - [\kappa_2''(t) - \kappa_1''(t)]\frac{x}{l}. \tag{53}$$

こうして $v(x,t)$ に対するつぎの問題に到達する：

$$\frac{\partial^2 v}{\partial t^2} = a^2 \frac{\partial^2 v}{\partial x^2} + g_1(x,t),$$

$$v|_{x=0} = 0, \quad v|_{x=l} = 0,$$

$$v|_{t=0} = f_1(x), \quad \left.\frac{\partial v}{\partial t}\right|_{t=0} = F_1(x).$$

この問題の解法はこの章の§1で説明ずみである．

例として，$x=0$ は固定端で，他端 $x=l$ には $A\sin\omega t$ で表わされる変位を引き起こす外力が働いている長さ l の弦の横振動を考える．この際，時刻 $t=0$ における初期変位と初速度が0であると仮定する．

すぐにわかるように，この問題は同次方程式

$$\frac{\partial^2 u}{\partial t^2} = a^2 \frac{\partial^2 u}{\partial x^2} \tag{54}$$

をつぎの境界条件および初期条件のもとで解くことに帰着される：

$$u|_{x=0} = 0, \quad u|_{x=l} = A\sin\omega t, \tag{55}$$

$$u|_{t=0} = 0, \quad \left.\frac{\partial u}{\partial t}\right|_{t=0} = 0. \tag{56}$$

問題の解を

$$u = v + w \tag{57}$$

なる和の形で探すことにする．ここで w は境界条件(55)のみを満たす(54)の解で，v はつぎの境界および初期条件を満たす(54)の解である：

$$v|_{x=0} = 0, \quad v|_{x=l} = 0, \tag{58}$$

$$v|_{t=0} = f(x) = -w|_{t=0}, \quad \left.\frac{\partial v}{\partial t}\right|_{t=0} = F(x) = -\left.\frac{\partial w}{\partial t}\right|_{t=0}. \tag{59}$$

w をつぎの形で求めよう：

$$w = X(x)\sin\omega t. \tag{60}$$

(60)を(54)に代入すれば

$$X''(x) + \frac{\omega^2}{a^2}X(x) = 0. \tag{61}$$

§4 動く端点をもつ弦の強制振動

条件(55)を満たす(60)の形の解 $w(x,t)$ を求めるには，(61)の解で境界条件

$$X(0) = 0, \qquad X(l) = A \tag{62}$$

を満たすものを求めなければならない．(61)の一般解は

$$X(x) = C_1 \cos\frac{\omega x}{a} + C_2 \sin\frac{\omega x}{a}.$$

境界条件(62)を満足するように C_1, C_2 を選ぶと

$$C_1 = 0, \qquad C_2 \sin\frac{\omega l}{a} = A.$$

したがって，

$$X(x) = A\frac{\sin\dfrac{\omega x}{a}}{\sin\dfrac{\omega l}{a}}.$$

ゆえに，(60)により

$$w(x,t) = A\frac{\sin\dfrac{\omega x}{a}\sin\omega t}{\sin\dfrac{\omega l}{a}}. \tag{63}$$

さて，$v(x,t)$ を求めることにしよう．(59)と(63)から，明らかに

$$v|_{t=0} = f(x) = 0, \qquad \left.\frac{\partial v}{\partial t}\right|_{t=0} = F(x) = -\frac{A\omega\sin\dfrac{\omega x}{a}}{\sin\dfrac{\omega l}{a}}. \tag{64}$$

ところで境界条件(58)，初期条件(64)を満たす同次方程式(54)の解はつぎの級数で与えられる(第8章§1):

$$v(x,t) = \sum_{k=1}^{\infty} b_k \sin\frac{k\pi at}{l}\sin\frac{k\pi x}{l},$$

$$b_k = -\frac{2A\omega}{k\pi a \sin\dfrac{\omega l}{a}}\int_0^l \sin\frac{\omega x}{a}\sin\frac{k\pi x}{l}\,dx = (-1)^{k-1}\frac{2A\omega a}{l\left[\omega^2 - \left(\dfrac{k\pi a}{l}\right)^2\right]}.$$

したがって

$$v = \frac{2A\omega a}{l}\sum_{k=1}^{\infty}\frac{(-1)^{k-1}}{\omega^2 - \left(\dfrac{k\pi a}{l}\right)^2}\sin\frac{k\pi at}{l}\sin\frac{k\pi x}{l}. \tag{65}$$

(63)と(65)の和として問題の解が得られる：

$$u(x,t) = A\frac{\sin\frac{\omega x}{a}}{\sin\frac{\omega l}{a}}\sin\omega t +$$

$$+ \frac{2A\omega a}{l}\sum_{k=1}^{\infty}\frac{(-1)^{k-1}}{\omega^2-\left(\frac{k\pi a}{l}\right)^2}\sin\frac{k\pi at}{l}\sin\frac{k\pi x}{l}. \qquad (66)$$

ただし，ここで $\omega \neq k\pi a/l$ を仮定している．

§5 混合問題の解の一意性

つぎの混合問題を考えよう．

長方形 $Q(0\leq x\leq l,\ 0\leq t\leq T)$ における連続関数 $u(x,t)$ で，方程式(67)を Q の内部で満たし，かつ初期条件(68)，境界条件(69)を満たすものを求めよ：

$$\rho(x)\frac{\partial^2 u}{\partial t^2} = \frac{\partial}{\partial x}\left(p(x)\frac{\partial u}{\partial x}\right) - q(x)u + g(x,t) \qquad (67)$$

$$(p(x)>0,\ q(x)\geq 0,\ \rho(x)>0),$$

$$u|_{t=0} = f(x), \quad \frac{\partial u}{\partial t}\bigg|_{t=0} = F(x) \qquad (0\leq x\leq l), \qquad (68)$$

$$u|_{x=0} = \kappa_1(t), \quad u|_{x=l} = \kappa_2(t) \qquad (0\leq t\leq T). \qquad (69)$$

解 $u(x,t)$ が Q において2回連続微分可能であることを仮定して，混合問題(67)–(69)の解の一意性を示す．

u_1, u_2 を問題の2つの解とする．そうすると差

$$v(x,t) = u_1(x,t) - u_2(x,t)$$

は同次方程式

$$\rho(x)\frac{\partial^2 v}{\partial t^2} = \frac{\partial}{\partial x}\left(p(x)\frac{\partial v}{\partial x}\right) - q(x)v, \qquad (70)$$

零初期条件

$$v|_{t=0} = 0, \quad \frac{\partial v}{\partial t}\bigg|_{t=0} = 0, \qquad (71)$$

同次境界条件

$$v|_{x=0} = 0, \quad v|_{x=l} = 0 \qquad (72)$$

を満足する．Q において $v(x,t)\equiv 0$ なることを示そう．

そのために，エネルギー積分

$$E(t) = \frac{1}{2}\int_0^l \left[\rho(x)\left(\frac{\partial v}{\partial t}\right)^2 + p(x)\left(\frac{\partial v}{\partial x}\right)^2 + q(x)v^2\right]dx \qquad (73)$$

を考え，これが t に依存しないことを示す．実際，$E(t)$ を t について微分すると

$$\frac{dE(t)}{dt} = \int_0^l \left[\rho(x)\frac{\partial v}{\partial t}\frac{\partial^2 v}{\partial t^2} + p(x)\frac{\partial v}{\partial x}\frac{\partial^2 v}{\partial x \partial t} + q(x)v\frac{\partial v}{\partial t}\right]dx. \qquad (74)$$

積分記号下での微分は2回連続微分可能性によって保証されている．(74)の右辺第2項を部分積分して

$$\frac{dE(t)}{dt} = \int_0^l \left[\rho(x)\frac{\partial^2 v}{\partial t^2} - \frac{\partial}{\partial x}\left(p(x)\frac{\partial v}{\partial x}\right) + q(x)v\right]\frac{\partial v}{\partial t}dx +$$
$$+ p(x)\frac{\partial v}{\partial x}\frac{\partial v}{\partial t}\bigg|_{x=0}^{x=l}.$$

ゆえに，(70)と(72)を用いて

$$\frac{dE(t)}{dt} = 0, \quad \text{すなわち} \quad E(t) = \text{const}$$

がでる．初期条件(71)を考慮すれば

$$E(t) = \text{const} = E(0) = \frac{1}{2}\int_0^l \left[\rho(x)\left(\frac{\partial v}{\partial t}\right)^2 + p(x)\left(\frac{\partial v}{\partial x}\right)^2 + q(x)v^2\right]\bigg|_{t=0} dx$$
$$= 0.$$

そうすると，(73)から $\frac{\partial v}{\partial t} \equiv 0$，$\frac{\partial v}{\partial x} \equiv 0$ となり，さらに(71)から，Q において $v(x,t) \equiv 0$，すなわち $u_1 = u_2$ がでる．これが証明するべきことであった．

注意 方程式(67)に対する混合問題の解の一意性は，境界条件がつぎのようにもっと複雑な場合にも成立つ：

$$\frac{\partial u}{\partial x} - h_1 u\bigg|_{x=0} = \kappa_1(t), \qquad \frac{\partial u}{\partial x} + h_2 u\bigg|_{x=l} = \kappa_2(t).$$

ここに h_1, h_2 は非負の定数である．

問題

1. 方程式

$$\frac{\partial^2 u}{\partial t^2} = \frac{\partial^2 u}{\partial x^2} + bx(x-l)$$

の，零初期条件およびつぎの境界条件を満たす解を求めよ：
$$u(0,t) = 0, \quad u(l,t) = 0.$$

〔答〕
$$u(x,t) = -\frac{bx}{12}(x^3 - 2x^2 l + l^3) + \frac{8l^4}{\pi^5} \sum_{n=0}^{\infty} \frac{\cos\frac{(2n+1)\pi at}{l} \sin\frac{(2n+1)\pi x}{l}}{(2n+1)^5}.$$

2. 端点 $x=0$ を固定した長さ l の棒が静止の状態におかれている．時刻 $t=0$ において自由端に対して棒の向きに単位断面積当り Q の力が加えられた．任意の時刻 $t>0$ における棒の変位 $u(x,t)$ を求めよ．

〔答〕
$$u(x,t) = \frac{Qx}{E} - \frac{8Ql}{\pi^2 E} \sum_{k=0}^{\infty} \frac{(-1)^k}{(2k+1)^2} \cos\frac{(2k+1)\pi at}{2l} \sin\frac{(2k+1)\pi x}{2l},$$

ここに E は弾性率．

第10章 棒のねじれ振動

§1 棒のねじれ振動の方程式

長さ l の一様な円柱状の棒を考え,なにかの原因でこの棒が**ねじれ振動**をしていると仮定しよう.ねじれ振動とは,棒の各横断面がひずまないでつねに平面の形を保ちながら棒の軸のまわりに回転するような振動のことである.円柱状の棒の場合には,ねじれに際して横断面は棒の軸に平行な変位を起こさない.ここでは微小振動を考える.

この場合,断面の回転角は波動方程式を満たすことを示そう.そのために棒の一端を座標原点にとり,Ox 軸を棒の軸の向きにとる.

mn, m_1n_1 を,距離 dx だけ離れている2つの断面とする.断面 mn が断面 m_1n_1 に関して角 θ だけ回転するためには,何らかの**ねじりモーメント**[1] M が必要である.

ねじりモーメントはつぎのようにして計算される.棒から断面積 $d\sigma$ の無限に薄い柱状部分を取出す(図31).この断面に対して加えられるねじりモーメントによって母線 AA_1 の端点 A が微小距離

$$\text{弧 } AB = r d\theta \tag{1}$$

だけ移動したものとしよう.

AA_1 が BA_1 までずれたことによって引き起こされた応力を τ で表わす.

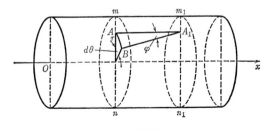

図31

---

1)〔訳注〕 トルク(torque〔英〕)ともいう.

Hooke の法則を適用すれば
$$\tau = G\varphi.$$
ここに φ は $\angle AA_1B$, G は**ずれ弾性率**[1]とよばれる定数である．したがって断面の面素 $d\sigma$ に働く力は積
$$\tau d\sigma = G\varphi d\sigma \tag{2}$$
の形に表わされる．

さらに3角形 AA_1B は非常に小さいから
$$\text{弧 } AB = \varphi dx \tag{3}$$
と考えてよい．(1)と(3)とを比較すれば，
$$\varphi = r\frac{\partial \theta}{\partial x}.$$
ゆえに，
$$\tau d\sigma = G\frac{\partial \theta}{\partial x} r d\sigma.$$
いま断面 $d\sigma$ に加えられるねじりモーメントを dM で表わすと
$$dM = r\tau d\sigma = G\frac{\partial \theta}{\partial x} r^2 d\sigma.$$
ねじりの全モーメントを求めるには，上の式を断面 mn の全面積にわたって積分しなければならない．そうすると
$$M = G\frac{\partial \theta}{\partial x} \iint r^2 d\sigma$$
が得られる．ところが積分
$$\iint r^2 d\sigma$$
は断面 mn の(幾何学的)慣性モーメントであるから，これを J で表わせば，求めるねじりモーメントは，結局つぎの式で表わされる：
$$M = GJ\frac{\partial \theta}{\partial x}. \tag{4}$$
さて，棒のねじれ振動の微分方程式を導こう．

そのために，それぞれ座標 $x, x+dx$ をもった断面 mn, m_1n_1 の間に挟まれ

---

1)〔訳注〕 **剛性率**ともいう．

§2 円板をとりつけた棒のねじれ振動

た棒の部分を考える．座標 x の断面におけるねじりモーメントは $GJ\dfrac{\partial \theta}{\partial x}$，座標 $x+dx$ の断面におけるモーメントは $GJ\dfrac{\partial \theta}{\partial x}+GJ\dfrac{\partial^2 \theta}{\partial x^2}dx$ である．ねじれ振動の方程式を得るためには，ねじりモーメントの増分 $GJ\dfrac{\partial^2 \theta}{\partial x^2}dx$ を，角加速度 $\dfrac{\partial^2 \theta}{\partial t^2}$ と棒の軸に関する要素 mnm_1n_1 の慣性モーメントとの積に等しいとおかなければならない．このようにして，K を棒の単位長さ当りの慣性モーメントとすれば，つぎの式を得る：

$$GJ\frac{\partial^2 \theta}{\partial x^2}dx = \frac{\partial^2 \theta}{\partial t^2}Kdx.$$

したがって dx で割れば，

$$\frac{\partial^2 \theta}{\partial t^2} = a^2 \frac{\partial^2 \theta}{\partial x^2} \qquad \left(a = \sqrt{\frac{GJ}{K}}\right). \tag{5}$$

これが円柱状の棒に対する**ねじれ振動の方程式**である．

もしも扱う対象が円柱状の棒でなければ，棒の横断面の形は平面に保たれないで，ゆがむ．この場合には，棒のねじれの理論によれば，ねじりモーメント M は C をねじれ剛性率として，

$$M = C\frac{\partial \theta}{\partial x}$$

と表わされる．

(円柱状でない)柱状の棒のねじれ振動の微分方程式も(5)の形になる．ただし GJ を C で置換えるものとする．

§2 円板をとりつけた棒のねじれ振動

一端 $x=0$ が固定され，他端 $x=l$ には軸に関する慣性モーメントが K_1 である円板状の錘(おもり)がとりつけられている場合の一様な棒のねじれ振動を調べることにしよう．円板の慣性力のモーメントを断面 $x=l$ のねじりモーメントと等しいとおくことによって，$x=l$ におけるつぎの境界条件が得られる：

$$K_1\frac{\partial^2 \theta}{\partial t^2}\bigg|_{x=l} = -GJ\frac{\partial \theta}{\partial x}\bigg|_{x=l}.$$

こうしてわれわれの問題は，(5)を境界条件

$$\theta|_{x=0} = 0, \qquad \frac{\partial^2 \theta}{\partial t^2}\bigg|_{x=l} = -c^2 \frac{\partial \theta}{\partial x}\bigg|_{x=l} \qquad \left(c = \sqrt{\frac{GJ}{K_1}}\right) \tag{6}$$

および初期条件

$$\theta|_{t=0} = f(x), \quad \left.\frac{\partial \theta}{\partial t}\right|_{t=0} = F(x) \tag{7}$$

のもとで解くことに帰着する.

Fourier の方法に従って(5)の特解を

$$\theta(x,t) = T(t)X(x) \tag{8}$$

の形で探そう. すると, T, X に対して

$$T''(t) + a^2\lambda^2 T(t) = 0, \tag{9}$$

$$X''(x) + \lambda^2 X(x) = 0 \tag{10}$$

が得られる. 恒等的に 0 でない関数(8)が条件(6)を満足するためには, つぎの条件が満たされなければならない:

$$X(0) = 0, \quad c^2 X'(l) - a^2\lambda^2 X(l) = 0. \tag{11}$$

このようにして, われわれは方程式(10)に対する境界条件(11)のもとでの固有値問題に到達する.

(10)を積分すると,

$$X(x) = C_1 \cos \lambda x + C_2 \sin \lambda x.$$

境界条件(11)から

$$C_1 = 0, \quad (c^2\lambda \cos \lambda l - a^2\lambda^2 \sin \lambda l)C_2 = 0.$$

$C_2 \neq 0$ とすれば, 問題(10), (11)の固有値を決める超越方程式

$$a^2\lambda \sin \lambda l - c^2 \cos \lambda l = 0 \tag{12}$$

が得られる. 方程式(12)を調べよう.

$$l\lambda = \mu, \quad p = \frac{lc^2}{a^2} = \frac{lK}{K_1} \tag{13}$$

とおけば, (12)はつぎの形になる:

$$\mu \sin \mu - p \cos \mu = 0 \quad (p > 0). \tag{14}$$

この方程式の実根を求めるには, 2つの関数

$$y = \cot \mu, \quad y = \frac{\mu}{p}$$

のグラフをえがき, それらの交点の座標を決定すればよい(図32).

図から明かなように, k が大きくなると根 μ_k は(絶対値において)増加し,

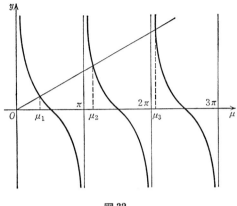

図 32

$\mu_k-(k-1)\pi$ は 0 に近づく．ゆえに，十分大きな k に対しては
$$\mu_k \approx (k-1)\pi \tag{15}$$
とおくことができる．

問題の性質から p が小さな量であることがわかっている場合には，近似式(15)は k があまり大きくなくても十分精密な結果を与える．もしも，p があまり小さくなければ，反復法（逐次代入法）によって根 $\mu_1, \mu_2, \mu_3, \cdots$ を求めることができる．

反復法に従えば，
$$\mu_k = (k-1)\pi + \varepsilon_k \tag{16}$$
とおき，方程式(14)を
$$\cot \varepsilon_k = \frac{(k-1)\pi}{p} + \frac{\varepsilon_k}{p} \tag{17}$$
の形に書く．よく知られた展開式
$$\cot \varepsilon_k = \frac{1}{\varepsilon_k} - \frac{1}{3}\varepsilon_k - \frac{1}{45}\varepsilon_k^3 + \cdots \tag{18}$$
を用い，$k>1$ と仮定すれば，(17)はつぎのように書きかえられる：
$$\varepsilon_k = \frac{p}{(k-1)\pi} - \left(\frac{1}{3} + \frac{1}{p}\right)\frac{p}{(k-1)\pi}\varepsilon_k^2 - \frac{p}{45(k-1)\pi}\varepsilon_k^4 + \cdots. \tag{19}$$
方程式(19)の第1近似として

$$\varepsilon_k{}^{(1)} = \frac{p}{(k-1)\pi} \tag{20}$$

をとり(19)の右辺に代入する．そうして最初の2項だけをとると第2近似が得られる，すなわち

$$\varepsilon_k{}^{(2)} = \frac{p}{(k-1)\pi} - \left(\frac{1}{3} + \frac{1}{p}\right)\left(\frac{p}{(k-1)\pi}\right)^3. \tag{21}$$

こうして得られた ε_k に対する近似式をつぎつぎと(16)に代入すれば，μ_k に対する近似値が得られる．たとえば，第1近似では

$$\mu_2 = \pi + \frac{p}{\pi}, \qquad \mu_3 = 2\pi + \frac{p}{2\pi};$$

第2近似では

$$\mu_2 = \pi + \frac{p}{\pi} - \left(\frac{1}{3} + \frac{1}{p}\right)\left(\frac{p}{\pi}\right)^3, \qquad \mu_3 = 2\pi + \frac{p}{2\pi} - \left(\frac{1}{3} + \frac{1}{p}\right)\left(\frac{p}{2\pi}\right)^3.$$

最初の根 $\mu_1 = \varepsilon_1$ に関しては，方程式(17)は

$$\cot \varepsilon_1 = \frac{\varepsilon_1}{p}$$

となる．$\cot \varepsilon_1$ を(18)によって展開すると

$$\varepsilon_1{}^2 = \frac{3p}{3+p} - \frac{1}{15}\frac{p}{3+p}\varepsilon_1{}^4 + \cdots. \tag{22}$$

μ_1 に対する第1近似としては，

$$\mu_1 = \varepsilon_1{}^{(1)} = \sqrt{\frac{3p}{3+p}} \tag{23}$$

を採用する．μ_1 の第2近似を得るためには，(23)を(22)の右辺に代入して最初の2項をとる．

こうして得られた μ_1 の第2近似をふたたび(22)の右辺に入れる，という具合にこの手続きを繰り返せば，十分高い精度で μ_1 を計算することができる．

方程式(14)は純虚数の根をもつことはできない．実際，そのような根をもったとすれば，$\mu = i\nu$ (ν は実数)とおいて

$$i\nu \sin i\nu - p \cos i\nu = 0,$$

すなわち

$$\nu \sinh \nu + p \cosh \nu = 0$$

を得る．しかしこれは不可能である．なぜなら，左辺の2項は共にすべての実

§2 円板をとりつけた棒のねじれ振動

数 ν に対して非負だからである.

実は，(14)は複素根(非実根)をもち得ないことを後で示す.

こうして(14)は実根のみをもつことがわかる．これらの実根は絶対値は等しく，符号が異なる対から成っている．したがって正の根だけを考えればよい． $\mu_1, \mu_2, \mu_3, \cdots$ を(14)の正の実根としよう．そうすると，(13)によって固有値は

$$\lambda_k{}^2 = \left(\frac{\mu_k}{l}\right)^2 \qquad (k=1,2,3,\cdots) \tag{24}$$

となり，固有値 $\lambda_k{}^2$ には固有関数

$$X_k(x) = \sin\frac{\mu_k x}{l} \qquad (k=1,2,3,\cdots) \tag{25}$$

が対応する．

容易に示し得ることであるが，固有関数(25)は区間 $(0, l)$ 上で直交系にはなっていない．

$\lambda = \lambda_k$ のとき，(9)の解は

$$T_k(t) = a_k \cos\frac{\mu_k at}{l} + b_k \sin\frac{\mu_k at}{l}$$

となる．ここに a_k, b_k は任意定数である．

(8)によって，

$$\theta_k(x,t) = \left(a_k \cos\frac{\mu_k at}{l} + b_k \sin\frac{\mu_k at}{l}\right)\sin\frac{\mu_k x}{l}$$

は任意定数 a_k, b_k に対して方程式(5)と境界条件(6)を満たすことがわかる．

さらに，級数

$$\theta(x,t) = \sum_{k=1}^{\infty}\left(a_k \cos\frac{\mu_k at}{l} + b_k \sin\frac{\mu_k at}{l}\right)\sin\frac{\mu_k x}{l} \tag{26}$$

を考えよう．初期条件(7)が成り立つためには

$$\theta(x,0) = \sum_{k=1}^{\infty} a_k \sin\frac{\mu_k x}{l} = f(x), \tag{27}$$

$$\frac{\partial \theta(x,0)}{\partial t} = \sum_{k=1}^{\infty} \frac{a\mu_k}{l} b_k \sin\frac{\mu_k x}{l} = F(x) \tag{28}$$

でなければならない．(27), (28)は， a_k, b_k を求めるには $f(x), F(x)$ を固有関数(25)で展開する必要があることを示している．

すでに述べたように，固有関数は $(0, l)$ で直交系になっていない．しかし容易

にわかるように，関数

$$\cos\frac{\mu_k x}{l} \quad (k=1, 2, \cdots) \tag{29}$$

は$(0, l)$上で直交系をなしている．実際，簡単に確かめられる関係

$$\int_0^l \cos\frac{\mu_k x}{l} \cos\frac{\mu_n x}{l} dx = l \cos\mu_k \cos\mu_n \frac{\mu_k \tan\mu_k - \mu_n \tan\mu_n}{\mu_k{}^2 - \mu_n{}^2}$$

から明らかなように，もし μ_k, μ_n を(14)の根とすれば，

$$\int_0^l \cos\frac{\mu_k x}{l} \cos\frac{\mu_n x}{l} dx = \begin{cases} 0 & (k \neq n) \\ \dfrac{l}{4\mu_k}(2\mu_k + \sin 2\mu_k) & (k=n). \end{cases} \tag{30}$$

ここでさらに，級数(27), (28)が x について項別微分可能であると仮定しよう．そうすると，a_k, b_k の値は(30)を考慮すれば容易に求められる．すなわち，

$$a_k = \frac{4}{2\mu_k + \sin 2\mu_k} \int_0^l f'(x) \cos\frac{\mu_k x}{l} dx,$$

$$b_k = \frac{l}{a\mu_k} \cdot \frac{4}{2\mu_k + \sin 2\mu_k} \int_0^l F'(x) \cos\frac{\mu_k x}{l} dx.$$

これらの係数の値を(26)に代入すれば，一様な棒のねじれ振動の問題の解が得られる．

上で方程式(14)，すなわち

$$\mu \sin\mu - p \cos\mu = 0$$

は(実数でない)複素根をもたないことを主張した．これを証明しよう．そうでないとして，(14)が複素根 $\mu = a+ib \, (b \neq 0)$ をもったと仮定しよう．p は実数だから $\bar{\mu} = a-ib$ も(14)の根となる．これらの根に対応する固有関数は，それぞれ

$$X(x) = \sin\frac{(a+ib)x}{l}, \qquad \overline{X(x)} = \sin\frac{(a-ib)x}{l}.$$

ところで，直交条件(30)から

$$\int_0^l \cos\frac{(a+ib)x}{l} \cos\frac{(a-ib)x}{l} dx = 0,$$

すなわち

$$\int_0^l \left(\cos^2\frac{ax}{l} \cosh^2\frac{bx}{l} + \sin^2\frac{ax}{l} \sinh^2\frac{bx}{l}\right) dx = 0$$

がでるが，これは明らかに矛盾である．

問 題

1. $x=0$ が自由端で，他端 $x=l$ に慣性モーメント K_1 の円板錘がとりつけられている一様な棒のねじれ振動を調べよ．

〔答〕
$$\theta(x,t) = \sum_{k=1}^{\infty} \left(a_k \cos\frac{\mu_k at}{l} + b_k \sin\frac{\mu_k at}{l}\right) \cos\frac{\mu_k x}{l},$$
$$a_k = \frac{2}{\mu_k} \cdot \frac{p^2 + \mu_k^2}{p(p+1) + \mu_k^2} \int_0^l f'(x) \sin\frac{\mu_k x}{l} dx,$$
$$b_k = \frac{2l}{a\mu_k^2} \cdot \frac{p^2 + \mu_k^2}{p(p+1) + \mu_k^2} \int_0^l F'(x) \sin\frac{\mu_k x}{l} dx,$$

$\mu_1, \mu_2, \mu_3, \cdots$ は
$$\mu \cos\mu + p \sin\mu = 0 \qquad \left(p = \frac{lK}{K_1} > 0\right)$$

の正の根．

2. 両端に同一の円板錘を結びつけた棒のねじれ振動を調べよ．

〔答〕
$$\theta(x,t) = \sum_{k=1}^{\infty} \left(a_k \cos\frac{\mu_k at}{l} + b_k \sin\frac{\mu_k at}{l}\right) \left(\sin\frac{\mu_k x}{l} - \frac{p}{\mu_k}\cos\frac{\mu_k x}{l}\right),$$
$$a_k = \frac{2\mu_k}{\mu_k^2 + p(p+2)} \int_0^l f'(x) \left(\cos\frac{\mu_k x}{l} + \frac{p}{\mu_k}\sin\frac{\mu_k x}{l}\right) dx,$$
$$b_k = \frac{2l}{a[\mu_k^2 + p(p+2)]} \int_0^l F'(x) \left(\cos\frac{\mu_k x}{l} + \frac{p}{\mu_k}\sin\frac{\mu_k x}{l}\right) dx,$$

$\mu_1, \mu_2, \mu_3, \cdots$ は方程式
$$2\cot\mu = \frac{\mu}{p} - \frac{p}{\mu} \qquad \left(p = \frac{lK}{K_1}\right)$$

の正の根．

3. 一端 $x=0$ を固定された弾性棒の他端 $x=l$ に重さ P の錘が吊下げられている．外力 $\rho g(x,t)$ が働いているとして棒の縦振動を調べよ．

〔ヒント〕 問題は方程式
$$\frac{\partial^2 u}{\partial t^2} = a^2 \frac{\partial^2 u}{\partial x^2} + g(x,t)$$

を境界条件
$$u|_{x=0} = 0, \qquad \frac{\partial^2 u}{\partial t^2}\bigg|_{x=l} = -c^2 \frac{\partial u}{\partial x}\bigg|_{x=l} \qquad \left(c = \sqrt{\frac{gE}{P}}\right)$$

および初期条件
$$u|_{t=0} = f(x), \qquad \frac{\partial u}{\partial t}\bigg|_{t=0} = F(x)$$

のもとで解くことに帰着される.

〔答〕

棒の断面の変位はつぎのように和の形に表わされる:
$$u = u_1 + u_2.$$
ここで u_1 は棒の自由振動であって,(26) の $\theta(x,t)$ で与えられる. u_2 は強制振動で,つぎの級数で表わされる:
$$u_2(x,t) = \sum_{k=1}^{\infty} T_k(t) \sin\frac{\mu_k x}{l},$$
$$T_k(t) = \frac{2}{a\mu_k^2} \cdot \frac{p^2 + \mu_k^2}{p(p+1) + \mu_k^2} \int_0^t d\tau \int_0^l \frac{\partial g(\xi,\tau)}{\partial \xi} \sin\frac{a\mu_k(t-\tau)}{l} \cos\frac{\mu_k \xi}{l} d\xi,$$
$\mu_1, \mu_2, \mu_3, \cdots$ は方程式
$$\mu \tan \mu = p \qquad \left(p = \frac{gl\rho}{P}\right)$$
の正の根.

第 11 章 導線内の電気振動

§1 導線内の過渡現象

なにかの外的因子によって導線中に振動が起こっているとしよう.さらに初期時刻 $t=0$ に導線の定常状態が急激な変化を受けたとする.このような変化はいろいろな原因で起こる.たとえば,一定電流・一定電圧の回路で突然抵抗値が R_a から R_b に変ったり,またアンテナが大気の変化に起因する電荷を突然帯びたりすることがある.

このような変化によって導線はもとの定常状態から新しい定常状態へと移行するが,この過程は瞬間的に行なわれるのではなくて,過程が完了するまでには多かれ少なかれある持続的な時間がかかる.この時間は,理論的には無限大ともいえるが,現実的には有限である.この時間が経過するうちに回路には電圧 v_f,電流の強さ i_f によって特徴づけられる過渡的な振動が発生する.この過渡現象の間では,導線の状態はつぎのように表わされる電流の強さと電圧によって決定される:

$$i = i_2 + i_f, \quad v = v_2 + v_f. \tag{1}$$

ここで i_2 および v_2 は,導線が最終的に落着くべき定常状態における電流の強さおよび電圧である.

$t=0$ すなわち過渡現象の始まる時点では,これらの和はそれぞれ i_1, v_1 に等しくなければならない(i_1, v_1 は最初の状態における電流の強さおよび電圧).明かに, i_f および v_f は第5章で導かれた微分方程式の系

$$\frac{\partial v}{\partial x} + L\frac{\partial i}{\partial t} + Ri = 0, \quad \frac{\partial i}{\partial x} + C\frac{\partial v}{\partial t} + Gv = 0 \tag{2}$$

を満足しなければならない.また一方, i_2, v_2 は

$$\frac{dv_2}{dx} + Ri_2 = 0, \quad \frac{di_2}{dx} + Gv_2 = 0$$

を満たさなければならない.

§2 電圧をかけた回路の過渡現象

例として導線内のつぎのような過渡現象を考えよう．長さ l の導線が，初期時刻と考えられるある時点までは

$$v_1 = 0, \quad i_1 = 0 \tag{3}$$

なる電圧と電流の強さによって特徴づけられる状態にあったとする．

いま時刻 $t=0$ において，導線の原点 $(x=0)$ が電圧 E の電源につながれ，他点 $x=l$ はそのまま開かれているとしよう．このとき，回路内に状態の変化が起こるが，その最終的な定常状態を v_2, i_2 で表わす．v_2, i_2 は微分方程式

$$\frac{dv_2}{dx} + Ri_2 = 0, \quad \frac{di_2}{dx} + Gv_2 = 0 \tag{4}$$

と境界条件

$$v_2|_{x=0} = E, \quad i_2|_{x=l} = 0 \tag{5}$$

を満足しなければならない．

(4)の一般解の形は

$$v_2 = A_1 e^{-bx} + A_2 e^{bx}, \quad i_2 = \frac{b}{R}(A_1 e^{-bx} - A_2 e^{bx}) \tag{6}$$

である．ただし

$$b = \sqrt{RG}.$$

境界条件(5)より

$$A_1 + A_2 = E, \quad A_1 e^{-bl} - A_2 e^{bl} = 0.$$

したがって

$$A_1 = \frac{E e^{bl}}{2 \cosh bl}, \quad A_2 = \frac{E e^{-bl}}{2 \cosh bl}.$$

これらを(6)に代入すると

$$v_2 = E \frac{\cosh b(l-x)}{\cosh bl}, \quad i_2 = \frac{Eb}{R} \cdot \frac{\sinh b(l-x)}{\cosh bl}. \tag{7}$$

前述のように，過渡現象のあいだ導線の状態は

$$v = v_2 + v_f, \quad i = i_2 + i_f \tag{8}$$

によって特徴づけられる．導線の状態を決定するためには v_f, i_f を求めればよい．

電圧 E につながれている点 $x=0$ では，電圧 v の値は $t=0$ 以後 E であり，

§2 電圧をかけた回路の過渡現象

したがって(7), (8)から
$$v_f|_{x=0} = 0$$
となる．

同様に，他端 $x=l$ が開いているということは，
$$i_f|_{x=l} = 0$$
を意味する．

さらに v_f, i_f はつぎの初期条件を満たさなければならない：
$$v_f|_{t=0} = v|_{t=0} - v_2|_{t=0} = v_1 - v_2,$$
$$i_f|_{t=0} = i|_{t=0} - i_2|_{t=0} = i_1 - i_2.$$

ここで(3), (7)を用いれば，

$$v_f|_{t=0} = -E\frac{\cosh b(l-x)}{\cosh bl}, \quad i_f|_{t=0} = -E\frac{b}{R}\cdot\frac{\sinh b(l-x)}{\cosh bl}. \tag{9}$$

したがって，v_f および i_f を決定するには，連立微分方程式

$$\frac{\partial v_f}{\partial x} + L\frac{\partial i_f}{\partial t} + Ri_f = 0, \quad \frac{\partial i_f}{\partial x} + C\frac{\partial v_f}{\partial t} + Gv_f = 0 \tag{10}$$

の解で境界条件

$$v_f|_{x=0} = 0, \quad i_f|_{x=l} = 0 \tag{11}$$

と初期条件(9)を満たすものを求めなければならない．

簡単のために $G=0$，すなわち導線は絶縁に関しては理想的であるとしよう．そうすると，方程式(10)および初期条件(9)はもっと簡単になる：

$$\frac{\partial v_f}{\partial x} + L\frac{\partial i_f}{\partial t} + Ri_f = 0, \quad \frac{\partial i_f}{\partial x} + C\frac{\partial v_f}{\partial t} = 0, \tag{12}$$

$$v_f|_{t=0} = -E, \quad i_f|_{t=0} = 0. \tag{13}$$

(11)を考慮して解をつぎの形におこう：

$$v_f = \sum_{k=0}^{\infty} T_k(t)\sin\frac{(2k+1)\pi x}{2l}, \quad i_f = \sum_{k=0}^{\infty} \tau_k(t)\cos\frac{(2k+1)\pi x}{2l}. \tag{14}$$

(14)を(12)に代入すれば，

$$\sum_{k=0}^{\infty}\left[\frac{(2k+1)\pi}{2l}T_k(t) + L\tau_k'(t) + R\tau_k(t)\right]\cos\frac{(2k+1)\pi x}{2l} = 0,$$

$$\sum_{k=0}^{\infty}\left[-\frac{(2k+1)\pi}{2l}\tau_k(t) + CT_k'(t)\right]\sin\frac{(2k+1)\pi x}{2l} = 0.$$

これより

$$L\tau_k'(t) + R\tau_k(t) + \frac{(2k+1)\pi}{2l} T_k(t) = 0 \quad (k=0,1,2,\cdots), \tag{15}$$

$$CT_k'(t) - \frac{(2k+1)\pi}{2l} \tau_k(t) = 0 \quad (k=0,1,2,\cdots). \tag{16}$$

(15)を微分して，(16)から得られる $T_k'(t)$ を代入すると

$$\tau_k''(t) + \frac{R}{L}\tau_k'(t) + \frac{(2k+1)^2\pi^2}{4l^2 LC}\tau_k(t) = 0. \tag{17}$$

(17)の一般解は，A_k, B_k を任意定数として

$$\tau_k(t) = e^{-\alpha t}(A_k \cos \omega_k t + B_k \sin \omega_k t) \tag{18}$$

である．ただし，

$$\alpha = \frac{R}{2L}, \quad \omega_k = \sqrt{\frac{(2k+1)^2\pi^2}{4l^2 LC} - \frac{R^2}{4L^2}}. \tag{19}$$

(18)を(15)に代入すれば

$$T_k(t) = -\frac{2lL}{(2k+1)\pi} e^{-\alpha t}[(\alpha A_k + \omega_k B_k)\cos \omega_k t + (\alpha B_k - \omega_k A_k)\sin \omega_k t]. \tag{20}$$

さて，残っているのは，初期条件(13)が満足されるように A_k, B_k を決定することである．(14)で $t=0$ とおけば，(13)によって

$$-E = \sum_{k=0}^{\infty} T_k(0) \sin\frac{(2k+1)\pi x}{2l}, \quad 0 = \sum_{k=0}^{\infty} \tau_k(0) \cos\frac{(2k+1)\pi x}{2l}.$$

ゆえに，

$$\left.\begin{aligned} T_k(0) &= -\frac{2}{l}\int_0^l E \sin\frac{(2k+1)\pi x}{2l} dx = -\frac{4E}{(2k+1)\pi}, \\ \tau_k(0) &= 0 \quad (k=0,1,2,\cdots). \end{aligned}\right\} \tag{21}$$

さて(18)および(20)で，$t=0$ とおいて(21)を考慮すれば

$$A_k = 0, \quad B_k = \frac{2E}{lL\omega_k}.$$

したがって，

$$\left.\begin{aligned} T_k(t) &= -\frac{4E}{(2k+1)\pi\omega_k} e^{-\alpha t}(\omega_k \cos \omega_k t + \alpha \sin \omega_k t), \\ \tau_k(t) &= \frac{2E}{lL\omega_k} e^{-\alpha t} \sin \omega_k t. \end{aligned}\right\} \tag{22}$$

こうして求めた $T_k(t)$ および $\tau_k(t)$ を(14)に代入すれば,

$$\left.\begin{aligned}v_f &= -\frac{4E}{\pi}e^{-\alpha t}\sum_{k=0}^{\infty}\frac{\omega_k\cos\omega_k t+\alpha\sin\omega_k t}{(2k+1)\omega_k}\sin\frac{(2k+1)\pi x}{2l},\\i_f &= \frac{2E}{lL}e^{-\alpha t}\sum_{k=0}^{\infty}\frac{\sin\omega_k t}{\omega_k}\cos\frac{(2k+1)\pi x}{2l}.\end{aligned}\right\} \quad (23)$$

(19)および(23)から容易にわかることであるが,$R<(\pi/l)\sqrt{L/C}$ ならば導線内の自由振動は**減衰振動**から成っている.$R>(\pi/l)\sqrt{L/C}$ ならば(23)の最初のいくつかの項は非周期運動を表わしている.どちらの場合にも解(23)は t の増大と共に減衰する.(7),(8),(23)によって電圧および電流の強さに対する最終的な表式が得られる:

$$\left.\begin{aligned}v &= E-\frac{4E}{\pi}e^{-\alpha t}\sum_{k=0}^{\infty}\frac{\omega_k\cos\omega_k t+\alpha\sin\omega_k t}{(2k+1)\omega_k}\sin\frac{(2k+1)\pi x}{2l},\\i &= \frac{2E}{lL}e^{-\alpha t}\sum_{k=0}^{\infty}\frac{\sin\omega_k t}{\omega_k}\cos\frac{(2k+1)\pi x}{2l}.\end{aligned}\right\} \quad (24)$$

これらは導線内の過渡現象を表わしている.ただし上の議論では $G=0$ したがって $b=0$ を仮定したことを忘れないでおこう.

問 題

1. 波形がひずまない($R/L=G/C$)長さ l の導線が一定電位 E まで充電されている.端点 $x=l$ は絶縁されており,時刻 $t=0$ においてもう一つの端点 $x=0$ が接地されたとする.点 x における電位は次式で表わされることを示せ:

$$v = \frac{4E}{\pi}e^{-\frac{R}{L}t}\sum_{k=0}^{\infty}\frac{\sin\frac{(2k+1)\pi x}{2l}\cos\frac{(2k+1)\pi at}{2l}}{2k+1} \quad \left(a^2=\frac{1}{LC}\right).$$

2. 電気的損失のない($R=G=0$)長さ l の導線が電位 E まで充電され,両端とも開いている.時刻 $t=0$ において導線の端点 $x=l$ が自己誘導 L_l のコイルに結ばれたとする.コイルの端は接地されているとして,導線の各点における電流の強さを決定せよ.

〔ヒント〕 自由振動に対する初期および境界条件はつぎの通りである:

$$v_f|_{t=0}=E,\quad i_f|_{t=0}=0,$$
$$i_f|_{x=0}=0,\quad v_f|_{x=l}=L_l\frac{\partial i_f}{\partial t}\bigg|_{x=l}.$$

〔答〕

$$i_f = 2\alpha E\sqrt{\frac{C}{L}}\sum_{k=1}^{\infty}\frac{\sin\frac{\mu_k at}{l}\sin\frac{\mu_k x}{l}}{[\mu_k^2+\alpha(1+\alpha)]\cos\mu_k} \quad \left(\alpha=\frac{lL}{L_l},\ a^2=\frac{1}{LC}\right),$$

ただし $\mu_1, \mu_2, \mu_3, \cdots$ は方程式
$$\mu \tan \mu = \alpha$$
の正根.

第12章 Bessel 関数

§1 Bessel の微分方程式

数理物理学の問題を解く際に,線形微分方程式

$$x^2y''+xy'+(x^2-\nu^2)y = 0 \tag{1}$$

に出会うことが多い.ここに ν は定数である.実際,この方程式は物理学,力学,天文学などの多くの問題に現われる.方程式(1)は **Bessel の方程式**とよばれる.方程式(1)は特異点 $x=0$ をもつので,その特解を,一般化されたベキ(巾)級数の形で求めよう:

$$y = x^\rho \sum_{k=0}^{\infty} a_k x^k \qquad (a_0 \neq 0). \tag{2}$$

(2)を(1)に代入すると

$$(\rho^2-\nu^2)a_0 x^\rho + [(\rho+1)^2-\nu^2]a_1 x^{\rho+1} +$$
$$+\sum_{k=2}^{\infty} \{[(\rho+k)^2-\nu^2]a_k + a_{k-2}\} x^{\rho+k} = 0. \tag{3}$$

x のおのおののベキの係数を 0 とおけば,

$$\rho^2 - \nu^2 = 0, \tag{4}$$
$$[(\rho+1)^2-\nu^2]a_1 = 0, \tag{5}$$
$$[(\rho+k)^2-\nu^2]a_k + a_{k-2} = 0. \tag{6}$$

(4)より ρ の2つの値が見出される[1]:

$$\rho_1 = \nu, \qquad \rho_2 = -\nu.$$

第1の根 $\rho_1 = \nu$ をとれば(5),(6)から

$$a_1 = 0, \qquad a_k = -\frac{a_{k-2}}{k(2\nu+k)} \qquad (k=2,3,4,\cdots).$$

したがって,奇数番号の係数は

$$a_{2k+1} = 0 \qquad (k=0,1,2,\cdots).$$

偶数番号の係数についても

---

[1] 〔訳注〕 このあたり $\text{Re}\,\nu \geq 0$ と仮定している.

$$a_2 = -\frac{a_0}{2^2(\nu+1)\cdot 1!}, \quad a_4 = \frac{a_0}{2^4(\nu+1)(\nu+2)\cdot 2!}, \quad \cdots$$

がすぐわかる．これより a_{2k} の一般形は

$$a_{2k} = (-1)^k \frac{a_0}{2^{2k}(\nu+1)(\nu+2)\cdots(\nu+k)\cdot k!} \quad (k=1,2,3,\cdots)$$

a_0 についてはいままでは全く任意であったが，

$$a_0 = \frac{1}{2^\nu \Gamma(\nu+1)} \tag{7}$$

ととることにしよう．ここに $\Gamma(\nu)$ は Γ 関数であって，これはすべての正の ν の値（さらに正の実数部分をもつ複素数値）に対して次式で定義される：

$$\Gamma(\nu) = \int_0^\infty e^{-x} x^{\nu-1} dx. \tag{8}$$

このように a_0 を選ぶと

$$a_{2k} = (-1)^k \frac{1}{2^{2k+\nu} k!(\nu+1)(\nu+2)\cdots(\nu+k)\Gamma(\nu+1)}. \tag{9}$$

この表式は Γ 関数の基本的な性質の1つを使えばもっと簡単になる．その性質を導くために(8)の右辺を部分積分すれば，つぎの基本公式が得られる：

$$\Gamma(\nu+1) = \nu \Gamma(\nu). \tag{10}$$

公式(10)によって Γ 関数を ν の負の値に対しても，またすべての複素数値に対しても定義できることを注意しておく．

k を正整数とする．(10)を繰返し用いると，

$$\Gamma(\nu+k+1) = (\nu+1)(\nu+2)\cdots(\nu+k)\Gamma(\nu+1) \tag{11}$$

が得られる．この公式で $\nu=0$ とおいて，

$$\Gamma(1) = \int_0^\infty e^{-x} dx = 1$$

に注意すれば，Γ 関数のもう1つの重要な性質を得る：

$$\Gamma(k+1) = k!. \tag{12}$$

(11)を用いると，係数 a_{2k} に対する表式(9)は

$$a_{2k} = \frac{(-1)^k}{2^{2k+\nu} k! \Gamma(\nu+k+1)}. \tag{13}$$

上で求めた a_{2k+1}, a_{2k} の値を級数(2)に代入すれば，方程式(1)の特解が得られる．この特解を ν 次の<u>第1種 Bessel 関数</u>とよび，ふつう $J_\nu(x)$ で表わす．

§1 Besselの微分方程式

こうして

$$J_\nu(x) = \sum_{k=0}^{\infty} \frac{(-1)^k \left(\dfrac{x}{2}\right)^{2k+\nu}}{k!\,\Gamma(\nu+k+1)}. \tag{14}$$

級数(14)は任意の x に対して収束する．このことはd'Alembertの判定法を用いることによって容易にわかる．

(4)の残りの根 $\rho_2 = -\nu$ を用いると，(1)のもう1つの解を作ることができる．明らかにこの解は，(14)で ν を $-\nu$ でおきかえることによって得られる：

$$J_{-\nu}(x) = \sum_{k=0}^{\infty} \frac{(-1)^k \left(\dfrac{x}{2}\right)^{-\nu+2k}}{k!\,\Gamma(-\nu+k+1)}. \tag{15}$$

なぜなら，方程式(1)は ν^2 のみを含んでおり，ν を $-\nu$ でおきかえても変らないからである．

ν が整数でなければ，級数(14), (15)の展開は相異なる x のベキから始まっているので，Besselの方程式(1)の特解 $J_\nu(x), J_{-\nu}(x)$ は線形独立になる．ν が正整数の場合 $(\nu=n)$ には，$J_n(x)$ と $J_{-n}(x)$ とは線形従属であることが確められる．実際，この場合，$k=0,1,2,\cdots,n-1$ に対して $-n+k+1$ は負または0の整数値をとる．これらの k の値に対しては，$\Gamma(-n+k+1) = \infty$ (これは $\Gamma(m) = \Gamma(m+1)/m$ からでる)．したがって，展開(15)の最初の n 項は0となって

$$J_{-n}(x) = \sum_{k=n}^{\infty} \frac{(-1)^k \left(\dfrac{x}{2}\right)^{-n+2k}}{\Gamma(k+1)\Gamma(-n+k+1)},$$

あるいは $k=n+l$ とおけば

$$J_{-n}(x) = (-1)^n \sum_{l=0}^{\infty} \frac{(-1)^l \left(\dfrac{x}{2}\right)^{n+2l}}{\Gamma(l+1)\Gamma(n+l+1)},$$

すなわち

$$J_{-n}(x) = (-1)^n J_n(x). \tag{16}$$

ゆえに，n が整数の場合には $J_n(x)$ と $J_{-n}(x)$ とは線形従属である．ν が整数 n のとき，(1)の一般解を求めるには $J_\nu(x)$ と線形独立なもう1つの特解を求めなければならない．そのために新しい関数 $Y_\nu(x)$ を次式によって導入する：

$$Y_\nu(x) = \frac{J_\nu(x)\cos\nu\pi - J_{-\nu}(x)}{\sin\nu\pi}. \tag{17}$$

この関数は明らかに(1)の解である。というのは，これは特解 $J_\nu(x), J_{-\nu}(x)$ の線形結合だからである。さて(16)から容易にわかるように，ν が整数 n の場合(17)の右辺は不定形 0/0 となる。この不定形の極限値を l'Hospital の公式に従って計算すると――その計算は複雑なのでここには述べないが――正整数 n に対する $Y_n(x)$ のつぎの表現を得る：

$$Y_n(x) = \frac{2}{\pi} J_n(x) \log \frac{x}{2} - \frac{1}{\pi} \sum_{k=0}^{n-1} \frac{(n-k-1)!}{k!} \left(\frac{x}{2}\right)^{-n+2k} -$$

$$- \frac{1}{\pi} \sum_{k=0}^{\infty} \frac{(-1)^k \left(\frac{x}{2}\right)^{n+2k}}{k!(k+n)!} \left[\frac{\Gamma'(k+1)}{\Gamma(k+1)} + \frac{\Gamma'(n+k+1)}{\Gamma(n+k+1)}\right]. \quad (18)$$

$n=0$ の場合には

$$Y_0(x) = \frac{2}{\pi} J_0(x) \log \frac{x}{2} - \frac{2}{\pi} \sum_{k=0}^{\infty} \frac{(-1)^k \left(\frac{x}{2}\right)^{2k}}{(k!)^2} \frac{\Gamma'(k+1)}{\Gamma(k+1)}. \quad (19)$$

上で導入された $Y_\nu(x)$ は ν 次の**第 2 種 Bessel 関数**または **Neumann 関数**[1]とよばれる．

Neumann 関数 $Y_\nu(x)$ は，ν が整数の場合でも，Bessel の方程式の解になっている．

関数 $J_\nu(x)$ と $Y_\nu(x)$ は明らかに線形独立である。それゆえ，これらはすべての ν ――整数であってもなくても――に対して Bessel の方程式の解の基本系をなしている。したがって，(1)の一般解は C_1, C_2 を任意定数として

$$y = C_1 J_\nu(x) + C_2 Y_\nu(x) \quad (20)$$

の形となる．この節を終るに当り，異なる次数の Bessel 関数および Neumann 関数の間にはつぎの漸化式が成り立つことを注意しておこう：

$$J_\nu'(x) = J_{\nu-1}(x) - \frac{\nu}{x} J_\nu(x), \qquad Y_\nu'(x) = Y_{\nu-1}(x) - \frac{\nu}{x} Y_\nu(x), \quad (21)$$

$$J_\nu'(x) = -J_{\nu+1}(x) + \frac{\nu}{x} J_\nu(x), \qquad Y_\nu'(x) = -Y_{\nu+1}(x) + \frac{\nu}{x} Y_\nu(x), \quad (22)$$

$$J_{\nu+1}(x) = \frac{2\nu}{x} J_\nu(x) - J_{\nu-1}(x), \qquad Y_{\nu+1}(x) = \frac{2\nu}{x} Y_\nu(x) - Y_{\nu-1}(x). \quad (23)$$

公式(21),(22)は Bessel 関数の級数展開を直接微分することによって確かめら

---

1)〔訳注〕 原著では Weber 関数．

れる．たとえば，(22)を証明してみよう．

$$\frac{d}{dx}\left[\frac{J_\nu(x)}{x^\nu}\right] = \frac{d}{dx}\left[\sum_{k=0}^{\infty}\frac{(-1)^k x^{2k}}{2^{\nu+2k}k!\Gamma(\nu+k+1)}\right]$$

$$= \sum_{k=1}^{\infty}\frac{(-1)^k 2k x^{2k-1}}{2^{\nu+2k}k!\Gamma(\nu+k+1)} = \sum_{k=1}^{\infty}\frac{(-1)^k x^{2k-1}}{(k-1)!\Gamma(\nu+k+1)2^{\nu+2k-1}}.$$

ここで k を $k+1$ でおきかえれば，

$$\frac{d}{dx}\left[\frac{J_\nu(x)}{x^\nu}\right] = -\sum_{k=0}^{\infty}\frac{(-1)^k x^{2k+1}}{k!\Gamma(\nu+k+2)2^{\nu+2k+1}} = -\frac{1}{x^\nu}\sum_{k=0}^{\infty}\frac{(-1)^k\left(\frac{x}{2}\right)^{\nu+1+2k}}{k!\Gamma(\nu+1+k+1)}.$$

展開式(14)と比較すれば

$$\frac{d}{dx}\left[\frac{J_\nu(x)}{x^\nu}\right] = -\frac{J_{\nu+1}(x)}{x^\nu}.$$

左辺の分数を微分すれば(22)が成り立つことがわかる．(21)も同様に証明される．

§2 特別な次数の Bessel 関数

数理物理学で最もよく現われる Bessel 関数は

$$J_0(x),\ J_1(x),\ Y_0(x),\ J_{n+1/2}(x)$$

などである (n は整数)．

これらの最初の2つはつぎの級数で表わされる：

$$J_0(x) = 1 - \frac{x^2}{2^2} + \frac{x^4}{2^2\cdot 4^2} - \frac{x^6}{2^2\cdot 4^2\cdot 6^2} + \cdots, \tag{24}$$

$$J_1(x) = \frac{x}{2}\left(1 - \frac{x^2}{2\cdot 4} + \frac{x^4}{2\cdot 4^2\cdot 6} - \frac{x^6}{2\cdot 4^2\cdot 6^2\cdot 8} + \cdots\right). \tag{25}$$

これらの関数に対しては詳しい表が作られている．$J_0(x), J_1(x)$ および $Y_0(x)$ のグラフは図 33, 34 に示してある．

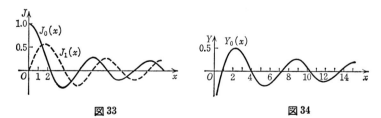

図 33　　　　　　　　図 34

漸化式(23)からわかるように，$J_2(x), J_3(x)$ などの計算は $J_0(x), J_1(x)$ の対応する値の計算に帰着される．

つぎに n が整数の場合の $J_{n+1/2}(x)$ に移ろう．まず，$J_{1/2}(x), J_{-1/2}(x)$ の値を求める．そのために展開式(14)に戻ってみると

$$J_{1/2}(x) = \sum_{k=0}^{\infty} \frac{(-1)^k \left(\dfrac{x}{2}\right)^{1/2+2k}}{k!\, \Gamma\left(\dfrac{3}{2}+k\right)}.$$

ところが公式(11)から直ちに

$$\Gamma\left(\frac{3}{2}+k\right) = \frac{1\cdot 3\cdot 5\cdots(2k+1)}{2^{k+1}} \Gamma\left(\frac{1}{2}\right)$$

がでる．また[1]

$$\Gamma\left(\frac{1}{2}\right) = \sqrt{\pi}.$$

したがって，

$$J_{1/2}(x) = \sqrt{\frac{2}{\pi x}} \sum_{k=0}^{\infty} \frac{(-1)^k x^{2k+1}}{(2k+1)!}.$$

右辺の和は $\sin x$ のベキ級数展開にほかならない．したがって

$$J_{1/2}(x) = \sqrt{\frac{2}{\pi x}} \sin x. \tag{26}$$

同様にして，展開式(15)からはつぎの関係がでる：

$$J_{-1/2}(x) = \sqrt{\frac{2}{\pi x}} \cos x. \tag{27}$$

さらに漸化式(23)を用いれば，つぎの関係はたやすくわかる：

$$J_{3/2}(x) = \sqrt{\frac{2}{\pi x}}\left(-\cos x + \frac{\sin x}{x}\right)$$
$$= \sqrt{\frac{2}{\pi x}}\left[\sin\left(x - \frac{\pi}{2}\right) + \frac{1}{x}\cos\left(x - \frac{\pi}{2}\right)\right],$$
$$J_{5/2}(x) = \sqrt{\frac{2}{\pi x}}\left\{-\sin x + \frac{3}{x}\left[\sin\left(x - \frac{\pi}{2}\right) + \frac{1}{x}\cos\left(x - \frac{\pi}{2}\right)\right]\right\}$$
$$= \sqrt{\frac{2}{\pi x}}\left[\left(1 - \frac{3}{x^2}\right)\sin(x-\pi) + \frac{3}{x}\cos(x-\pi)\right].$$

---

1)〔訳注〕 たとえば，寺沢寛一[1]，第5章20節，p.211.

一般に n が整数のとき, $J_{n+1/2}(x)$ は初等関数を用いて表わされる. たとえば, n が偶数ならば, つぎの等式が成り立つ:

$$J_{n+1/2}(x) = \sqrt{\frac{2}{\pi x}} \left[P_n\left(\frac{1}{x}\right)\sin\left(x - \frac{n\pi}{2}\right) + Q_{n-1}\left(\frac{1}{x}\right)\cos\left(x - \frac{n\pi}{2}\right) \right]. \quad (28)$$

ここに $P_n(\lambda)$ は λ の n 次の多項式, $Q_{n-1}(\lambda)$ は λ の $n-1$ 次の多項式で, $P_n(0)=1$, $Q_{n-1}(0)=0$ を満たすものである. n が奇数のときも同様な等式が成り立つ. これより, x の大きな値に対してつぎの漸近式が成り立つ:

$$J_\nu(x) = \sqrt{\frac{2}{\pi x}} \left[\cos\left(x - \frac{\nu\pi}{2} - \frac{\pi}{4}\right) + O(x^{-1}) \right] \quad (x>0,\ x\to\infty). \quad (29)$$

ただし, $O(x^{-1})$ は位数 $1/x$ の量を表わす.

漸近式(29)は $\nu=n+1/2$ (n: 整数)のときばかりでなく, すべての ν に対して成り立つことを注意しておく.

§3 Bessel 関数の直交性と零点

k を0でない定数として, 方程式

$$x^2 y'' + xy' + (k^2 x^2 - \nu^2)y = 0 \quad (30)$$

を考察しよう. x の代りに新しい独立変数 $t=kx$ を導入する. そうすると(30)は

$$t^2 \frac{d^2 y}{dt^2} + t\frac{dy}{dt} + (t^2 - \nu^2)y = 0$$

と変形されるが, これは Bessel の方程式である. ゆえに $y=J_\nu(kx)$ は方程式

$$x^2 \frac{d^2 J_\nu(kx)}{dx^2} + x\frac{dJ_\nu(kx)}{dx} + (k^2 x^2 - \nu^2)J_\nu(kx) = 0$$

の解である. この方程式を x で割ればつぎの形になる:

$$\frac{d}{dx}\left[x\frac{dJ_\nu(kx)}{dx} \right] + \left(k^2 x - \frac{\nu^2}{x} \right)J_\nu(kx) = 0. \quad (31)$$

k の異なる2つの値 k_1, k_2 を考え, 対応する方程式を書けば

$$\frac{d}{dx}\left[x\frac{dJ_\nu(k_1 x)}{dx} \right] + \left(k_1^2 x - \frac{\nu^2}{x} \right)J_\nu(k_1 x) = 0,$$

$$\frac{d}{dx}\left[x\frac{dJ_\nu(k_2 x)}{dx} \right] + \left(k_2^2 x - \frac{\nu^2}{x} \right)J_\nu(k_2 x) = 0.$$

第1式に $J_\nu(k_2 x)$, 第2式に $J_\nu(k_1 x)$ を掛けて辺々引算し, 簡単な変形を行なうと,

$$(k_2{}^2-k_1{}^2)xJ_\nu(k_1 x)J_\nu(k_2 x) = \frac{d}{dx}\left[xJ_\nu(k_2 x)\frac{dJ_\nu(k_1 x)}{dx} - xJ_\nu(k_1 x)\frac{dJ_\nu(k_2 x)}{dx}\right]. \tag{32}$$

展開式(14)を用いると, 右辺の括弧内は $x^{2(\nu+1)}$ からはじまる x のベキ級数に展開されることが容易にわかる. したがって, $\nu>-1$ ならばこの式は $x=0$ で 0 となる. このことを考慮して(32)を区間 $(0,l)$ で積分すれば

$$(k_2{}^2-k_1{}^2)\int_0^l xJ_\nu(k_1 x)J_\nu(k_2 x)dx = l[k_1 J_\nu{}'(k_1 l)J_\nu(k_2 l) - k_2 J_\nu{}'(k_2 l)J_\nu(k_1 l)]. \tag{33}$$

ここで $J_\nu{}'$ は J_ν の導関数を表わす. $l=1$ の場合には

$$(k_2{}^2-k_1{}^2)\int_0^1 xJ_\nu(k_1 x)J_\nu(k_2 x)dx = k_1 J_\nu{}'(k_1)J_\nu(k_2) - k_2 J_\nu{}'(k_2)J_\nu(k_1). \tag{34}$$

さて, $\nu>-1$ ならば $J_\nu(x)$ は非実の複素零点をもたないことを示そう. 実際, もし, 複素零点 $a+ib(a\not=0)$ をもつとすれば, 展開(14)の係数はすべて実数だから, $J_\nu(x)$ は $a+ib$ と共に複素共役な零点 $a-ib$ をもつ. (34)に戻って $k_1=a+ib$, $k_2=a-ib$ とおけば, $k_1{}^2\not=k_2{}^2$ だから

$$\int_0^1 xJ_\nu(k_1 x)J_\nu(k_2 x)dx = 0.$$

$J_\nu(k_1 x)$ と $J_\nu(k_2 x)$ とは, いま互いに複素共役である. ゆえに上式の被積分関数は正となって, 等式は成り立たなくなる. さらに, Bessel 関数 $J_\nu(x)$ は純虚数の零点ももたない. 実際, $\pm ib$ を(14)に代入すると, つぎのように正の項だけからなる展開が得られる:

$$J_\nu(ib) = (ib)^\nu \sum_{k=0}^\infty \frac{1}{k!\,\Gamma(\nu+k+1)}\frac{b^{2k}}{2^{\nu+2k}}.$$

和の各項が正となるのは, (8)によって関数 $\Gamma(x)$ は $x>0$ に対しては正の値をとるからである.

今度は, $J_\nu(x)$ が実数の零点をもっていることを証明しよう. そのために, Bessel 関数の漸近展開(29)に注目する. すなわち,

§3 Bessel 関数の直交性と零点

$$J_\nu(x) = \sqrt{\frac{2}{\pi x}}\left[\cos\left(x - \frac{\nu\pi}{2} - \frac{\pi}{4}\right) + O(x^{-1})\right] \quad (x>0,\ x\to\infty).$$

この式から明らかに，x が正で無限に増大するとき，括弧内の第2項は0に近づき，第1項は1と -1 の間を無限回振動する．このことから直ちに $J_\nu(x)$ が無限個の実の零点をもつことがでてくる．

こうしてわれわれはつぎの結果に到達する：<u>$\nu > -1$ ならば $J_\nu(x)$ の零点はすべて実数である</u>．

さらにつぎのことを注意しておこう．展開式(14)は，x^ν をくくりだすと偶数ベキだけしか含んでいないから，$J_\nu(x)$ の零点は絶対値が等しく符号の異なるものが対になって現われることがわかる．したがって，正の零点だけを考えれば十分である．

$k_1 = \mu_i/l$, $k_2 = \mu_j/l$ とする．ただし μ_i, μ_j は

$$J_\nu(x) = 0 \tag{35}$$

の相異なる根とする．そうすると(33)から直ちにつぎの **Bessel 関数の直交性**が得られる：

$$\int_0^l x J_\nu\left(\mu_i \frac{x}{l}\right) J_\nu\left(\mu_j \frac{x}{l}\right) dx = 0 \quad (i \neq j). \tag{36}$$

今度は $k = \mu/l$ (μ は方程式(35)の正根)としよう．(33)において $k_1 = k$ とおき，一方，k_2 を変数として k に近づける．このとき，

$$\int_0^l x J_\nu(kx) J_\nu(k_2 x) dx = \frac{lk J_\nu'(kl) J_\nu(k_2 l)}{k_2^2 - k^2}$$

において，$k_2 \to k$ につれて，右辺は分母子ともに0となるので不定形になる．l'Hospital の公式によってこの不定形を計算すれば，つぎの式が得られる：

$$\int_0^l x J_\nu^2\left(\mu \frac{x}{l}\right) dx = \frac{l^2}{2} J_\nu'^2(\mu). \tag{37}$$

漸化式(22)で $x = \mu$ とおき，μ が(35)の根であることを考慮すると，

$$J_\nu'(\mu) = -J_{\nu+1}(\mu)$$

が得られ，これを用いると(37)はつぎのように書ける：

$$\int_0^l x J_\nu^2\left(\mu \frac{x}{l}\right) dx = \frac{l^2}{2} J_{\nu+1}^2(\mu). \tag{38}$$

こうしてつぎの直交関係が得られた：

第12章 Bessel 関数

$$\int_0^l xJ_\nu\left(\mu_i\frac{x}{l}\right)J_\nu\left(\mu_j\frac{x}{l}\right)dx = \begin{cases} 0 & (j \neq i) \\ \dfrac{l^2}{2}J_\nu'^2(\mu_i) = \dfrac{l^2}{2}J_{\nu+1}^2(\mu_i) & (j=i) \end{cases} \quad (39)$$

$$(\nu > -1).$$

ここに, μ_i, μ_j は $J_\nu(x)$ の正の零点である.

さて, もっと一般の方程式

$$\alpha J_\nu(x) + \beta x J_\nu'(x) = 0 \quad (\nu > -1) \tag{40}$$

を考察しよう. ここで α, β は与えられた実数とする.

μ_i, μ_j を (40) の相異なる2根として $k_1 = \mu_i/l$, $k_2 = \mu_j/l$ とおこう. すなわち

$$\alpha J_\nu(k_1 l) + \beta k_1 l J_\nu'(k_1 l) = 0, \quad \alpha J_\nu(k_2 l) + \beta k_2 l J_\nu'(k_2 l) = 0.$$

これより直ちに

$$k_1 J_\nu'(k_1 l) J_\nu(k_2 l) - k_2 J_\nu'(k_2 l) J_\nu(k_1 l) = 0.$$

したがってこの場合にも (33) の右辺は 0 で, 前のように直交条件 (36) が成り立つ.

前にもみたように, 直交条件からすぐにでることは, 方程式 (40) が非実の複素根 $a+ib$ ($a \neq 0$) をもち得ないことである. また, $\alpha/\beta + \nu < 0$ の場合を除けば, (40) は純虚根 $\pm ib$ ももち得ない. (この例外的な場合には, 純虚数の2根がある.)

方程式 (40) が実根をもつことの証明はむずかしくない. 実際,

$$y = J_\nu'^2(x) + \left(1 - \frac{\nu^2}{x^2}\right)J_\nu^2(x)$$

とおけば, 簡単な計算 (Bessel の方程式を用いる) によって,

$$\frac{d}{dx}\left[\frac{xJ_\nu'(x)}{J_\nu(x)}\right] = -\frac{xy}{J_\nu^2(x)}$$

が得られる. 上の式から, 相隣る $J_\nu(x)$ の正の零点 μ_i, μ_{i+1} ($\mu_{i+1} > \mu_i > \nu$) の間では $y > 0$ だから,

$$\frac{d}{dx}\left[\frac{xJ_\nu'(x)}{J_\nu(x)}\right] < 0 \quad (\mu_i < x < \mu_{i+1}).$$

ゆえに, x が μ_i から μ_{i+1} まで増加する間に, 関数 $xJ_\nu'(x)/J_\nu(x)$ は $+\infty$ から $-\infty$ まで単調に減少する. したがってこの関数は任意の実数値をちょうど1度だけとる. このことから方程式 (40) が区間 (μ_i, μ_{i+1}) においてちょうど1根

をもつことがわかる．こうしてつぎの結果が成り立つ．

$\nu>-1$ かつ $\alpha/\beta+\nu\geqq 0$ ならば方程式(40)の根はすべて実根である．

つぎに，μ を(40)の正根として $k=\mu/l$ としよう．(33)において $k_1=k$ とおき，k_2 を変数と考え k に近づけよう．まず

$$\int_0^l xJ_\nu(kx)J_\nu(k_2x)dx = \frac{l[kJ_0'(\mu)J_\nu(k_2l)-k_2J_\nu'(k_2l)J_\nu(\mu)]}{k_2^2-k^2}.$$

$k_2\to k$ のとき，上式の右辺は不定形となる．l'Hospital の公式によってこの不定形を計算すると

$$\int_0^l xJ_\nu^2\left(\mu\frac{x}{l}\right)dx = \frac{l[\mu J_\nu'^2(\mu)-J_\nu'(\mu)J_\nu(\mu)-\mu J_\nu''(\mu)J_\nu(\mu)]}{2k}.$$

あるいは，Bessel の方程式

$$J_\nu''(\mu)+\frac{1}{\mu}J_\nu'(\mu)+\left(1-\frac{\nu^2}{\mu^2}\right)J_\nu(\mu) = 0$$

を用いれば，簡単な変形の後に

$$\int_0^l xJ_\nu^2\left(\mu\frac{x}{l}\right)dx = \frac{l^2}{2}\left[J_\nu'^2(\mu)+\left(1-\frac{\nu^2}{\mu^2}\right)J_\nu^2(\mu)\right]$$

に到達する．ここで関係

$$J_\nu'(\mu) = -\frac{\alpha}{\beta\mu}J_\nu(\mu)$$

に注意すれば，結局

$$\int_0^l xJ_\nu^2\left(\mu\frac{x}{l}\right)dx = \frac{l^2}{2}\left(1+\frac{\alpha^2-\beta^2\nu^2}{\beta^2\mu^2}\right)J_\nu^2(\mu) \tag{41}$$

が得られる．ここに μ は方程式(40)の正の根である．

§4 Bessel 関数による任意関数の展開

任意の関数 $f(x)$ が

$$f(x) = \sum_{i=1}^\infty a_i J_\nu\left(\mu_i\frac{x}{l}\right) \quad (\nu>-1) \tag{42}$$

の形に級数展開されるものとしよう．$\mu_1, \mu_2, \mu_3, \cdots$ は，増加の順に並べられた $J_\nu(x)$ の正の零点である．

係数 a_i を決定するために(42)の両辺に $xJ_\nu(\mu_ix/l)$ を掛け，項別積分が可能であると仮定して，区間 $[0,l]$ で積分する．すると(39)に注意して，つぎの式が

得られる:
$$a_i = \frac{2}{l^2 J_{\nu+1}^2(\mu_i)} \int_0^l x f(x) J_\nu\left(\mu_i \frac{x}{l}\right) dx. \tag{43}$$

展開(42)——係数 a_i は(43)で定められる——を $f(x)$ の **Fourier-Bessel 級数**展開という.

数理物理学では Bessel 関数によるつぎの級数展開がしばしば現われる:
$$f(x) = \sum_{i=1}^\infty b_i J_\nu\left(\mu_i \frac{x}{l}\right). \tag{44}$$

ここに $\mu_1, \mu_2, \mu_3, \cdots$ は増加の順に並べられた方程式
$$\alpha J_\nu(x) + \beta x J_\nu'(x) = 0 \tag{40}$$
の正の根である.ただし $\alpha/\beta + \nu > 0$.

Bessel 関数の直交性と公式(41)によって,係数 b_i は
$$b_i = \frac{2}{l^2 \left(1 + \dfrac{\alpha^2 - \beta^2 \nu^2}{\beta^2 \mu_i^2}\right) J_\nu^2(\mu_i)} \int_0^l x f(x) J_\nu\left(\mu_i \frac{x}{l}\right) dx \tag{45}$$
のように決定される.

展開(44)——係数 b_i は(45)によって定められる——を $f(x)$ の **Dini-Bessel 級数**展開という.

$\alpha/\beta + \nu = 0$ の場合には,後に示すように((49)をみよ),区間 $[0, l]$ 上で x^ν は x を重みとして $J_\nu(\mu_i x/l)$ と直交している.したがって,(44)はつぎの式でおきかえなければならない:
$$f(x) = b_0 x^\nu + \sum_{i=1}^\infty b_i J_\nu\left(\mu_i \frac{x}{l}\right). \tag{46}$$

この $\alpha + \beta \nu = 0$ の場合,方程式(40)は
$$J_\nu'(x) = \frac{\nu}{x} J_\nu(x)$$
と書けるが,これは(22),すなわち
$$J_\nu'(x) = -J_{\nu+1}(x) + \frac{\nu}{x} J_\nu(x)$$
によれば,
$$J_{\nu+1}(x) = 0 \tag{47}$$
となる.すなわち $\mu_1, \mu_2, \mu_3, \cdots$ は(47)の根である.

係数 b_0 を決定するために，(46)の両辺に $x^{\nu+1}$ を掛けて x について 0 から l まで積分しよう(項別積分可能として). そうすると

$$\int_0^l x^{\nu+1} f(x) dx = \frac{b_0 l^{2\nu+2}}{2\nu+2} + \sum_{i=1}^\infty b_i \int_0^l x^{\nu+1} J_\nu\left(\mu_i \frac{x}{l}\right) dx. \tag{48}$$

一方，(21)の最初の漸化式の ν を $\nu+1$ でおきかえた式より

$$x^{\nu+1} J_\nu(x) = \frac{d}{dx}[x^{\nu+1} J_{\nu+1}(x)]$$

が得られ，したがって，

$$x^{\nu+1} J_\nu(xt) = \frac{1}{t} \frac{d}{dx}[x^{\nu+1} J_{\nu+1}(xt)]$$

が成り立つ. これを x に関して積分すると

$$\int_0^l x^{\nu+1} J_\nu(xt) dx = \frac{l^{\nu+1}}{t} J_{\nu+1}(tl).$$

ここで $t=\mu_i/l$ (μ_i は方程式(47)の根)とおけば

$$\int_0^l x^{\nu+1} J_\nu\left(\mu_i \frac{x}{l}\right) dx = 0 \tag{49}$$

を得る. こうして，(48), (49)から次式が出る:

$$b_0 = \frac{2(\nu+1)}{l^{2(\nu+1)}} \int_0^l x^{\nu+1} f(x) dx. \tag{50}$$

係数 b_i ($i=1, 2, \cdots$) は前出の公式(45)によって決まる. このことは(49)から明らかであろう.

§5 Bessel 関数の積分表示

Bessel 関数にはいろいろな定積分表示および(複素)線積分表示がある. 最も簡単な積分表示としては Poisson による表示がある. これはつぎのようにして得られる.

Bessel 関数の級数展開

$$J_\nu(x) = \sum_{k=0}^\infty (-1)^k \frac{\left(\frac{x}{2}\right)^{\nu+2k}}{\Gamma(k+1)\Gamma(\nu+k+1)} \tag{51}$$

の一般項の分母子に $\Gamma(\nu+1/2)\Gamma(k+1/2)$ を掛けよう. つぎの関係

$$\Gamma(k+1)\Gamma\left(k+\frac{1}{2}\right) = \sqrt{\pi}\, 2^{-2k}(2k)!$$

に注意すれば[1]

$$\frac{(-1)^k \left(\frac{x}{2}\right)^{\nu+2k}}{\Gamma(k+1)\Gamma(\nu+k+1)} = \frac{\left(\frac{x}{2}\right)^\nu}{\sqrt{\pi}\,\Gamma\left(\nu+\frac{1}{2}\right)} \frac{(-1)^k x^{2k}}{(2k)!} \frac{\Gamma\left(\nu+\frac{1}{2}\right)\Gamma\left(k+\frac{1}{2}\right)}{\Gamma(\nu+k+1)}$$

を得る．これは，よく知られた公式[2]

$$\int_0^{\pi/2} \cos^m\varphi \sin^n\varphi\, d\varphi = \frac{1}{2} \frac{\Gamma\left(\frac{m+1}{2}\right)\Gamma\left(\frac{n+1}{2}\right)}{\Gamma\left(\frac{m+n+2}{2}\right)}$$

を用いると，

$$\frac{(-1)^k \left(\frac{x}{2}\right)^{\nu+2k}}{\Gamma(k+1)\Gamma(\nu+k+1)} = \frac{2\left(\frac{x}{2}\right)^\nu}{\sqrt{\pi}\,\Gamma\left(\nu+\frac{1}{2}\right)} \frac{(-1)^k x^{2k}}{(2k)!} \int_0^{\pi/2} \cos^{2\nu}\varphi \sin^{2k}\varphi\, d\varphi \quad (52)$$

と書きかえられる．(52)によって級数(51)はつぎの形に書かれる：

$$J_\nu(x) = \frac{2\left(\frac{x}{2}\right)^\nu}{\sqrt{\pi}\,\Gamma\left(\nu+\frac{1}{2}\right)} \sum_{k=0}^\infty \frac{(-1)^k x^{2k}}{(2k)!} \int_0^{\pi/2} \cos^{2\nu}\varphi \sin^{2k}\varphi\, d\varphi.$$

和と積分の順序を変更すれば，

$$J_\nu(x) = \frac{2\left(\frac{x}{2}\right)^\nu}{\sqrt{\pi}\,\Gamma\left(\nu+\frac{1}{2}\right)} \int_0^{\pi/2} \cos^{2\nu}\varphi \sum_{k=0}^\infty \frac{(-1)^k x^{2k} \sin^{2k}\varphi}{(2k)!}\, d\varphi. \quad (53)$$

この順序変更は，積分記号下の級数の収束の一様性によって正当化される．この級数の和は容易に求められて，$\cos(x\sin\varphi)$である．こうして，結局つぎのPoissonの公式が得られた：

$$J_\nu(x) = \frac{2\left(\frac{x}{2}\right)^\nu}{\sqrt{\pi}\,\Gamma\left(\nu+\frac{1}{2}\right)} \int_0^{\pi/2} \cos(x\sin\varphi) \cos^{2\nu}\varphi\, d\varphi. \quad (54)$$

---

1)〔訳注〕 Γ 関数の2倍公式 $\Gamma(2z) = \frac{2^{2z-1}}{\sqrt{\pi}} \Gamma(z)\Gamma\left(z+\frac{1}{2}\right)$ の特別の場合である．これについては，たとえば，犬井鉄郎[1]，p.13，あるいは，寺沢寛一[1]，p.229，問題29．

2) 寺沢寛一[1]，第5章21節．

§5 Bessel 関数の積分表示

この式において積分が収束するためには,$\mathrm{Re}\,\nu > -1/2$ が必要である.この場合には x は勝手な実または複素数値をとることができる.

変数変換 $t = \sin\varphi$ を行なえば,(54)は

$$J_\nu(x) = \frac{2\left(\dfrac{x}{2}\right)^\nu}{\sqrt{\pi}\,\Gamma\!\left(\nu+\dfrac{1}{2}\right)} \int_0^1 (1-t^2)^{\nu-1/2} \cos xt\, dt$$

の形になる.被積分関数が偶関数であること,また $(1-t^2)^{\nu-1/2}\sin xt$ が奇関数であることに注意すれば,上式はつぎのようにも書くことができる:

$$J_\nu(x) = \frac{\left(\dfrac{x}{2}\right)^\nu}{\sqrt{\pi}\,\Gamma\!\left(\nu+\dfrac{1}{2}\right)} \int_{-1}^1 (1-t^2)^{\nu-1/2} e^{ixt}\, dt. \tag{55}$$

Poisson の公式によって,任意の実数 x に対する $J_\nu(x)$ の評価を簡単に求めることができる.実際,$|\cos(x\sin\varphi)|\leq 1$ を考慮すれば,(54)から

$$|J_\nu(x)| \leq \frac{2\left|\dfrac{x}{2}\right|^\nu}{\sqrt{\pi}\,\Gamma\!\left(\nu+\dfrac{1}{2}\right)} \int_0^{\pi/2} \cos^{2\nu}\varphi\, d\varphi.$$

(52)から明かなように,この不等式の右辺は $J_\nu(x)$ の展開の第 1 項の絶対値にほかならない.このようにして,すべての実数 x およびすべての $\nu > -1/2$ に対する $J_\nu(x)$ の簡単な評価が得られる:

$$|J_\nu(x)| \leq \frac{\left|\dfrac{x}{2}\right|^\nu}{\Gamma(\nu+1)}.$$

Bessel 関数の別の表示としてつぎのものを考察しよう.もっとも,これは整数次の $J_n(x)$ にしか適用できない.

2 つの級数

$$e^{xt/2} = \sum_{s=0}^\infty \frac{\left(\dfrac{x}{2}\right)^s}{s!} t^s, \quad e^{-x/2t} = \sum_{k=0}^\infty (-1)^k \frac{\left(\dfrac{x}{2}\right)^k}{k!} t^{-k}$$

を掛け合せよう.これらの級数は $t=0$ を除く任意の複素数 t に対して絶対収束するから,掛け合せた結果を t のベキに関して整頓して

$$\exp\left\{\frac{1}{2}x\left(t-\frac{1}{t}\right)\right\} = \sum_{m=-\infty}^{\infty} a_m t^m \tag{56}$$

としてよい．ただし a_m は $m \geqq 0$ の場合には

$$a_m = \sum_{k=0}^{\infty} (-1)^k \frac{\left(\frac{x}{2}\right)^{m+2k}}{k!(m+k)!} = J_m(x)$$

で与えられ，また $m<0$ の場合には，$-m=n$ とおけば

$$a_m = a_{-n} = \sum_{k=n}^{\infty} (-1)^k \frac{\left(\frac{x}{2}\right)^{-n+2k}}{k!(k-n)!} = \sum_{s=0}^{\infty} (-1)^{s+n} \frac{\left(\frac{x}{2}\right)^{n+2s}}{(s+n)!s!}$$

$$= (-1)^n J_n(x) = J_m(x)$$

となる．そこで(56)はつぎのように書き直せる：

$$\exp\left\{\frac{1}{2}x\left(t-\frac{1}{t}\right)\right\} = \sum_{m=-\infty}^{\infty} J_m(x)\,t^m. \tag{57}$$

関数 $\exp\left\{\frac{1}{2}x\left(t-\frac{1}{t}\right)\right\}$ は整数次の Bessel 関数の**母関数**とよばれる．

関係 $J_{-m}(x)=(-1)^m J_m(x)$ によって (57) は

$$\exp\left\{\frac{1}{2}x\left(t-\frac{1}{t}\right)\right\} = J_0(x) + \sum_{m=1}^{\infty} J_m(x)[t^m + (-1)^m t^{-m}]$$

と書きかえられる．ここで $t=e^{i\varphi}$ とおくと

$$\exp\{ix\sin\varphi\} = J_0(x) + \sum_{m=1}^{\infty} J_m(x)[e^{im\varphi} + (-1)^m e^{-im\varphi}].$$

この式の両辺に $e^{-in\varphi}$ (n：整数) を掛けて φ について $-\pi$ から π まで積分しよう．ここで

$$\int_{-\pi}^{\pi} e^{i(m-n)\varphi} d\varphi = \begin{cases} 0 & (m \neq n) \\ 2\pi & (m=n) \end{cases}$$

を用いると，つぎの式が得られる：

$$J_n(x) = \frac{1}{2\pi} \int_{-\pi}^{\pi} e^{i(x\sin\varphi - n\varphi)} d\varphi. \tag{58}$$

上式の右辺を実数部分と虚数部分に分け，関数の偶奇性を考慮すれば，

$$J_n(x) = \frac{1}{\pi} \int_0^{\pi} \cos(x\sin\varphi - n\varphi)\,d\varphi. \tag{59}$$

公式(59)は n が整数でなければもはや成立しないことを注意しておく．一般の場合にはもっと複雑な公式が得られている．すなわち，

$$J_\nu(x) = \frac{1}{\pi}\int_0^\pi \cos(x\sin\varphi - \nu\varphi)d\varphi - \frac{\sin\nu\pi}{\pi}\int_0^\infty e^{-\nu\varphi - x\sinh\varphi}d\varphi. \quad (60)$$

この公式は任意の ν と $\operatorname{Re} x>0$ なる x に対して成り立つ．

§6 Hankel 関数

Bessel の方程式の特解の中には，Bessel 関数の他にも応用上重要な関数がある．第1種および第2種の Hankel 関数 $H_\nu^{(1)}(x), H_\nu^{(2)}(x)$ がそうであって，これらはつぎの式で定義される：

$$H_\nu^{(1)}(x) = J_\nu(x) + iY_\nu(x), \quad H_\nu^{(2)}(x) = J_\nu(x) - iY_\nu(x). \quad (61)$$

x, ν が実数の場合には，これらは互いに複素共役となる：

$$H_\nu^{(2)}(x) = \overline{H_\nu^{(1)}(x)}.$$

ν が整数でない場合には，(61) の $Y_\nu(x)$ を (17) の式でおきかえれば，

$$\left.\begin{aligned}H_\nu^{(1)}(x) &= i\frac{J_\nu(x)e^{-i\nu\pi} - J_{-\nu}(x)}{\sin\nu\pi}, \\ H_\nu^{(2)}(x) &= -i\frac{J_\nu(x)e^{i\nu\pi} - J_{-\nu}(x)}{\sin\nu\pi}.\end{aligned}\right\} \quad (62)$$

整数値 $\nu = n$ に対しても，(62) の右辺を $\nu \to n$ のときの極限値と解釈すれば，等式 (62) はそのまま成り立つ．$\nu = n + 1/2$ の場合には，Hankel 関数は初等関数によって有限な形に表現される．特に $\nu = 1/2$ に対しては，

$$H_{\frac{1}{2}}^{(1)}(x) = i[-iJ_{\frac{1}{2}}(x) - J_{-\frac{1}{2}}(x)] = -i\sqrt{\frac{2}{\pi x}}(\cos x + i\sin x)$$
$$= -i\sqrt{\frac{2}{\pi x}}e^{ix}.$$

同様に，

$$H_{\frac{1}{2}}^{(2)}(x) = i\sqrt{\frac{2}{\pi x}}e^{-ix}.$$

符号だけが異なる次数をもった Hankel 関数の間のつぎの関係が，(62) から直ちに導かれる：

$$H_{-\nu}^{(1)}(x) = e^{i\nu\pi}H_\nu^{(1)}(x), \quad H_{-\nu}^{(2)}(x) = e^{-i\nu\pi}H_\nu^{(2)}(x). \quad (63)$$

さらに Hankel 関数は $J_\nu(x)$ と $Y_\nu(x)$ の線形結合であるから，これらと同じ漸化式を満足する．すなわち，

$$\frac{dH_\nu^{(1)}(x)}{dx} = -H_{\nu+1}^{(1)}(x) + \frac{\nu}{x}H_\nu^{(1)}(x),$$

$$\frac{dH_\nu^{(2)}(x)}{dx} = -H_{\nu+1}^{(2)}(x) + \frac{\nu}{x}H_\nu^{(2)}(x),$$

$$\frac{dH_\nu^{(1)}(x)}{dx} = H_{\nu-1}^{(1)}(x) - \frac{\nu}{x}H_\nu^{(1)}(x),$$

$$\frac{dH_\nu^{(2)}(x)}{dx} = H_{\nu-1}^{(2)}(x) - \frac{\nu}{x}H_\nu^{(2)}(x),$$

$$H_{\nu+1}^{(1)}(x) = \frac{2\nu}{x}H_\nu^{(1)}(x) - H_{\nu-1}^{(1)}(x),$$

$$H_{\nu+1}^{(2)}(x) = \frac{2\nu}{x}H_\nu^{(2)}(x) - H_{\nu-1}^{(2)}(x).$$

この節を終るに当って，x が大きいときの Hankel 関数の漸近式を証明なしに述べておく：

$$\left.\begin{array}{l} H_\nu^{(1)}(x) = \sqrt{\dfrac{2}{\pi x}}\, e^{i\left(x - \frac{\nu\pi}{2} - \frac{\pi}{4}\right)}[1+O(x^{-1})], \\[1ex] H_\nu^{(2)}(x) = \sqrt{\dfrac{2}{\pi x}}\, e^{-i\left(x - \frac{\nu\pi}{2} - \frac{\pi}{4}\right)}[1+O(x^{-1})]. \end{array}\right\} \quad (x>0,\ x\to\infty) \quad (64)$$

§7 変形 Bessel 関数[1]

数理物理学の多くの問題でつぎの方程式に出会う：

$$x^2 y'' + xy' - (x^2+\nu^2)y = 0. \tag{65}$$

容易にわかるように，この方程式は Bessel の方程式において x を ix におきかえることによって得られる．したがって，$J_\nu(ix)$ は (65) の特解である．方程式 (65) は同次であるから $J_\nu(ix)$ の任意定数倍もやはり解となる．この定数を $i^{-\nu}$ に選んで

$$I_\nu(x) = i^{-\nu} J_\nu(ix) \tag{66}$$

という関数を導入しよう．このように定数を選んだことによって，(65) の解 $I_\nu(x)$ の級数表示は

$$I_\nu(x) = \sum_{k=0}^\infty \frac{\left(\dfrac{x}{2}\right)^{\nu+2k}}{k!\,\Gamma(\nu+k+1)} \tag{67}$$

---

[1]〔訳注〕 原著では，純虚変数の Bessel 関数．

§7 変形 Bessel 関数

となる．関数 $I_{-\nu}(x)$ も (65) の解である．ν が整数でなければ，$I_\nu(x)$ と $I_{-\nu}(x)$ は (65) の線形独立な解となる．もし $\nu=n$ が整数ならば $I_\nu(x)$ と $I_{-\nu}(x)$ は線形従属である．というのは，(66) と (16) からすぐにわかるように

$$I_\nu(x) = I_{-\nu}(x) \tag{68}$$

だからである．

(65) の一般解を得るには $I_\nu(x)$ と線形独立な特解をみつけなくてはならない．この特解——Macdonald 関数とよばれる——は

$$K_\nu(x) = \frac{\pi}{2} \frac{I_{-\nu}(x) - I_\nu(x)}{\sin \nu\pi} \tag{69}$$

の形に得られる．$\nu=n$ が整数のときは，(69) の右辺は (68) から明らかなように不定形になる．この不定形を l'Hospital の公式によって計算すれば，n が整数のときの $K_n(x)$ に対するつぎの式が得られる：

$$K_n(x) = (-1)^{n+1} I_n(x) \log \frac{x}{2} + \frac{1}{2} \sum_{k=0}^{n-1} (-1)^k \frac{(n-k-1)!}{k!} \left(\frac{x}{2}\right)^{-n+2k} +$$
$$+ \frac{(-1)^n}{2} \sum_{k=0}^\infty \frac{\left(\frac{x}{2}\right)^{n+2k}}{k!(k+n)!} \left[\frac{\Gamma'(k+1)}{\Gamma(k+1)} + \frac{\Gamma'(k+n+1)}{\Gamma(k+n+1)}\right]. \tag{70}$$

特に

$$K_0(x) = -I_0(x) \log \frac{x}{2} + \frac{1}{2} \sum_{k=0}^\infty \frac{\left(\frac{x}{2}\right)^{2k}}{(k!)^2} \frac{\Gamma'(k+1)}{\Gamma(k+1)}. \tag{71}$$

$I_\nu(x)$ と $K_\nu(x)$ は任意の ν に対して (65) の 2 つの線形独立な解であるから，一般解は

$$y = C_1 I_\nu(x) + C_2 K_\nu(x) \tag{72}$$

のように書ける．ここに C_1, C_2 は任意定数である．

最後につぎのことを注意しておく．$x \to +\infty$ のとき $I_\nu(x)$ は限り無く増大するが，$K_\nu(x)$ は 0 に近づく．このことは，つぎに証明なしで述べるこれらの関数の漸近式からも読みとれる：

$$\left.\begin{array}{l} I_\nu(x) = \dfrac{e^x}{\sqrt{2\pi x}} [1 + O(x^{-1})], \\ K_\nu(x) = \sqrt{\dfrac{\pi}{2x}}\, e^{-x} [1 + O(x^{-1})]. \end{array}\right\} \quad (x \to +\infty) \tag{73}$$

問　題

1. つぎの公式を証明せよ:
$$\frac{d}{dx}[x^{\nu/2}J_\nu(2\sqrt{x})] = x^{(\nu-1)/2}J_{\nu-1}(2\sqrt{x}),$$
$$\frac{d}{dx}[x^{-\nu/2}J_\nu(2\sqrt{x})] = -x^{-(\nu+1)/2}J_{\nu+1}(2\sqrt{x}).$$

2. つぎの方程式の一般解を求めよ:
$$y''+\frac{5}{x}y'+y=0.$$

〔答〕
$$y = \frac{C_1 J_2(x)+C_2 Y_2(x)}{x^2}.$$

〔ヒント〕 新しい関数 u を $u=x^2 y$ によって導入せよ.

3. 関数 $f(x)=x^\nu$ $(0<x<1)$ を J_ν による Fourier-Bessel 級数に展開せよ.

〔答〕
$$x^\nu = 2\sum_{k=1}^\infty \frac{J_\nu(\mu_k x)}{\mu_k J_{\nu+1}(\mu_k)} \qquad (\nu>-1).$$

4. 関数 $f(x)=1$ を区間 $(0,1)$ において
$$J_0(\mu_1 x),\ J_0(\mu_2 x),\ \cdots$$
の級数に展開せよ. ただし $\mu_1, \mu_2, \cdots$ は方程式
$$\mu J_1(\mu) - \rho J_0(\mu) = 0 \qquad (\rho>0)$$
の正の根とする.

〔答〕
$$f(x) = \sum_{k=1}^\infty \frac{2\rho}{\mu_k^2+\rho^2} \frac{J_0(\mu_k x)}{J_0(\mu_k)}.$$

5. 展開
$$e^{ix\sin\varphi} = J_0(x)+2\sum_{n=1}^\infty J_{2n}(x)\cos 2n\varphi + 2i\sum_{n=0}^\infty J_{2n+1}(x)\sin(2n+1)\varphi$$
を証明し, つぎの Bessel の公式を導け:
$$\left.\begin{array}{l} J_{2n}(x) = \dfrac{1}{\pi}\displaystyle\int_0^\pi \cos(x\sin\varphi)\cos 2n\varphi\, d\varphi, \\ J_{2n+1}(x) = \dfrac{1}{\pi}\displaystyle\int_0^\pi \sin(x\sin\varphi)\sin(2n+1)\varphi\, d\varphi. \end{array}\right\} \quad (n=0,1,2,\cdots)$$

〔ヒント〕 公式(57)を用いよ.

6. つぎの公式を証明せよ:

$$\int_0^\infty e^{-ax} J_\nu(bx) x^{\nu+1} dx = \frac{2a(2b)^\nu \Gamma(\nu+3/2)}{\sqrt{\pi}\,(a^2+b^2)^{\nu+3/2}},$$

$$\int_0^\infty e^{-a^2 x^2} x^{\nu+1} J_\nu(bx) dx = \frac{b^\nu}{(2a^2)^{\nu+1}} e^{-b^2/4a^2}.$$

$(\nu > -1)$

7. つぎの式を証明せよ：

$$\int_0^x x J_0(x) dx = x J_1(x),$$

$$\int_0^x x^3 J_0(x) dx = 2x^2 J_0(x) + (x^3 - 4x) J_1(x).$$

〔ヒント〕 $J_0(x)$ の満たす微分方程式を用いよ．

第13章 つり下げた糸の微小振動

§1 つり下げた糸の自由振動

重い,一様な,自由に曲げられる長さlの糸を考えよう.糸は$x=l$において
その上端を固定され,重力の作用によって,ある鉛直面内で振動しているも
のとする.その下端$x=0$の,鉛直線からの最大変位をhとする.鉛直方向を
x軸にとろう.糸自身の重みで真直ぐにぶら下っているときには,糸はこの軸
と一致している.時刻tにおける,糸の点xの平衡の位置からの水平方向の変
位を$u=u(x,t)$で表わす(図35).

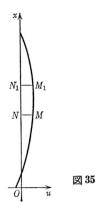

図35

ここでは微小振動を考える.したがって$\left(\dfrac{\partial u}{\partial x}\right)^2$は1に比較して無視してよ
いものとする.そうすると

$$\sin\alpha(x) = \frac{\tan\alpha(x)}{\sqrt{1+\tan^2\alpha(x)}} = \frac{\dfrac{\partial u}{\partial x}}{\sqrt{1+\left(\dfrac{\partial u}{\partial x}\right)^2}} \approx \frac{\partial u}{\partial x}.$$

ただし$\alpha(x)$は,時刻tにおける,座標xをもった点での糸に対する接線とx
軸の正の向きとのなす角である.

座標xの点Nにおける糸の張力Tは,その下にある部分の重さに等しい.

§1 つり下げた糸の自由振動

すなわち $T=g\rho x$. ここに ρ は糸の線密度，g は重力加速度である．長さ dx の糸の勝手な要素 MM_1 をとろう．MM_1 は平衡の状態では NN_1 の位置にあったものとする(図35)．MM_1 の端点に働く張力の合力の水平成分は

$$\left(g\rho x \frac{\partial u}{\partial x}\right)_{M_1} - \left(g\rho x \frac{\partial u}{\partial x}\right)_{M}.$$

これは，高次の無限小を無視すれば

$$g\rho \frac{\partial}{\partial x}\left(x \frac{\partial u}{\partial x}\right)dx \tag{1}$$

に等しい．鉛直成分は

$$(g\rho x \cos\alpha(x))_{M_1} - (g\rho x \cos\alpha(x))_M \approx g\rho dx$$

としてよい．なぜなら糸の微小振動を問題にしているので

$$\cos\alpha(x) = \frac{1}{\sqrt{1+\left(\frac{\partial u}{\partial x}\right)^2}} \approx 1$$

となるからである．一方 MM_1 には下向きの重力 $-g\rho dx$ が働いている．すなわち，張力の合力の鉛直成分と重力とは互いに相殺しているので，要素 MM_1 の鉛直方向の運動は自由運動とみなすことができる．したがって MM_1 は水平成分(1)の作用のもとで運動すると思ってよい．この力を要素の質量 ρdx と加速度 $\partial^2 u/\partial t^2$ の積に等しいとおくことによって，つり下げた糸の微小振動の微分方程式

$$\frac{\partial}{\partial x}\left(x \frac{\partial u}{\partial x}\right) = \frac{1}{a^2}\frac{\partial^2 u}{\partial t^2} \tag{2}$$

が得られる．ここに，$a=\sqrt{g}$ である．

つり下げた糸の振動の問題は，方程式(2)を境界条件

$$u|_{x=l} = 0 \tag{3}$$

および初期条件

$$u|_{t=0} = f(x), \quad \left.\frac{\partial u}{\partial t}\right|_{t=0} = F(x) \tag{4}$$

のもとに解くことに帰着される．

問題(2)-(4)を解くのに Fourier の方法を適用することを考慮に入れて，まず(2)を新しい独立変数

$$\xi = \sqrt{x}$$

に関する方程式に変換しよう．そうすると，変換された方程式はつぎの形になる：

$$\frac{1}{4\xi}\frac{\partial}{\partial\xi}\left(\xi\frac{\partial u}{\partial\xi}\right) = \frac{1}{a^2}\frac{\partial^2 u}{\partial t^2}. \tag{5}$$

この方程式の解を

$$u = w(\xi)T(t) \tag{6}$$

の形で求めよう．これを(5)に代入すれば

$$\frac{1}{\xi w(\xi)}\frac{d}{d\xi}\left(\xi\frac{dw}{d\xi}\right) = \left(\frac{2}{a}\right)^2\frac{T''(t)}{T(t)}.$$

上式の両辺の共通値を定数 $-\lambda^2$ とおけば，つぎの2方程式を得る：

$$\frac{d}{d\xi}\left(\xi\frac{dw}{d\xi}\right) + \lambda^2\xi w = 0, \tag{7}$$

$$T''(t) + \left(\frac{a\lambda}{2}\right)^2 T(t) = 0. \tag{8}$$

(7)の一般解は(第12章§1をみよ)

$$w(\xi) = C_1 J_0(\lambda\xi) + C_2 Y_0(\lambda\xi). \tag{9}$$

$\xi \to 0$ のとき $Y_0(\lambda\xi) \to \infty$ であるから $C_2 = 0$ でなければならない．境界条件(3)によって

$$J_0(\lambda\sqrt{l}) = 0.$$

第12章で，超越方程式

$$J_0(\mu) = 0$$

は無限個の実根 $\mu_1, \mu_2, \cdots$ をもつことを示した．したがって固有値 λ は

$$\lambda_k^2 = \frac{\mu_k^2}{l} \qquad (k=1, 2, 3, \cdots) \tag{10}$$

によって決定される．これらの固有値に対応する固有関数は

$$w_k(x) = J_0\left(\mu_k\sqrt{\frac{x}{l}}\right). \tag{11}$$

さて方程式(8)に目を向ければ，一般解が

$$T_k(t) = A_k \cos\frac{a\mu_k t}{2\sqrt{l}} + B_k \sin\frac{a\mu_k t}{2\sqrt{l}}$$

§1 つり下げた糸の自由振動

であることがわかる．それゆえ，級数
$$u(x,t) = \sum_{k=1}^{\infty}\left(A_k \cos\frac{a\mu_k t}{2\sqrt{l}} + B_k \sin\frac{a\mu_k t}{2\sqrt{l}}\right)J_0\left(\mu_k\sqrt{\frac{x}{l}}\right) \quad (12)$$
が方程式(2)の境界条件(3)を満たす解を与える．

さて，定数 A_k, B_k を初期条件(4)が満たされるように決めることが残っている．(12)で $t=0$ とおけば
$$f(x) = \sum_{k=1}^{\infty} A_k J_0\left(\mu_k\sqrt{\frac{x}{l}}\right). \quad (13)$$
この展開式を前章の(42),(43)と比較すると，容易にわかるように
$$A_k = \frac{1}{lJ_1^2(\mu_k)} \int_0^l f(x) J_0\left(\mu_k\sqrt{\frac{x}{l}}\right) dx. \quad (14)$$
同様な議論によって，係数 B_k に対する表式も得られる：
$$B_k = \frac{2}{a\sqrt{l}\,\mu_k J_1^2(\mu_k)} \int_0^l F(x) J_0\left(\mu_k\sqrt{\frac{x}{l}}\right) dx. \quad (15)$$
さて N_k, φ_k を
$$A_k = N_k \sin\varphi_k, \quad B_k = N_k \cos\varphi_k$$
となるようにとれば，上で求めた解(12)をつぎの形に書くことができる：
$$u(x,t) = \sum_{k=1}^{\infty} N_k J_0\left(\mu_k\sqrt{\frac{x}{l}}\right) \sin\left(\frac{a\mu_k t}{2\sqrt{l}} + \varphi_k\right). \quad (16)$$
このことから明かなように，つり下げた糸の微小振動は無限に多くの調和振動から成っているとみなされる．

基底振動(基音)の周期は次式で与えられる：
$$T_1 = \frac{4\pi}{\mu_1}\sqrt{\frac{l}{g}}, \quad \mu_1 = 2.40483. \quad (17)$$
さらに(16)からわかることは，第 k 上振動(上音)の振幅は
$$J_0\left(\mu_k\sqrt{\frac{x}{l}}\right) = 0$$
によって定まる点 x で0になることである．したがって明らかに，この上振動にはつぎの k 個の節点が存在する：
$$x_1 = \left(\frac{\mu_1}{\mu_k}\right)^2 l, \quad x_2 = \left(\frac{\mu_2}{\mu_k}\right)^2 l, \quad \cdots\cdots, \quad x_{k-1} = \left(\frac{\mu_{k-1}}{\mu_k}\right)^2 l, \quad x_k = l.$$

§2 つり下げた糸の強制振動

今度は，つり下げた糸に対して，単位長さ当り $\Phi(x,t)$ の連続的に分布した水平方向の力が働いていると仮定しよう．そうすると強制振動の方程式はつぎの形になる:

$$\frac{\partial^2 u}{\partial t^2} = a^2 \frac{\partial}{\partial x}\left(x\frac{\partial u}{\partial x}\right) + Y(x,t), \tag{18}$$

ただし，

$$Y(x,t) = \frac{\Phi(x,t)}{\rho}.$$

この方程式にはつぎの境界条件および初期条件が加えられる:

$$u|_{x=l} = 0, \tag{19}$$

$$u|_{t=0} = f(x), \qquad \left.\frac{\partial u}{\partial t}\right|_{t=0} = F(x). \tag{20}$$

この問題を解くために，第9章§1で述べた方法を適用しよう．いいかえれば，問題(18)-(20)の解を和

$$u = u_1 + u_2 \tag{21}$$

の形に求めるのであるが，ここで u_1 は境界条件(19)と零初期条件

$$u_1|_{t=0} = 0, \qquad \left.\frac{\partial u_1}{\partial t}\right|_{t=0} = 0 \tag{22}$$

を満たす非同次方程式(18)の解であり，$u_2(x,t)$ は境界条件(19)と初期条件(20)を満足する同次方程式

$$\frac{\partial^2 u}{\partial t^2} = a^2 \frac{\partial}{\partial x}\left(x\frac{\partial u}{\partial x}\right) \tag{23}$$

の解である．問題(23), (19), (20)は§1で考察した．その解は級数(12)の形に得られている．

$u_1(x,t)$ を級数

$$u_1(x,t) = \sum_{k=1}^{\infty} T_k(t) J_0\left(\mu_k \sqrt{\frac{x}{l}}\right) \tag{24}$$

の形で探そう．このとき境界条件(19)は自動的に満たされている．(24)を(18)に代入して，関係(7), (10)からでてくる等式

§2 つり下げた糸の強制振動

に注意すれば，

$$\frac{d}{dx}\left\{x\frac{dJ_0\left(\mu_k\sqrt{\frac{x}{l}}\right)}{dx}\right\} = -\frac{1}{4}\frac{\mu_k^2}{l}J_0\left(\mu_k\sqrt{\frac{x}{l}}\right)$$

$$\sum_{k=1}^{\infty}[T_k''(t)+\omega_k^2 T_k(t)]J_0\left(\mu_k\sqrt{\frac{x}{l}}\right) = Y(x,t) \qquad (25)$$

を得る．ここで

$$\omega_k = \frac{\mu_k a}{2\sqrt{l}}. \qquad (26)$$

さて $Y(x,t)$ を固有関数 $J_0\left(\mu_k\sqrt{\frac{x}{l}}\right)$ による級数に展開しよう．すなわち，つぎのようにおく：

$$Y(x,t) = \sum_{k=1}^{\infty} H_k(t) J_0\left(\mu_k\sqrt{\frac{x}{l}}\right). \qquad (27)$$

この展開は形としては(13)と同じである．したがって，係数 $H_k(t)$ は(14)によって決まる：

$$H_k(t) = \frac{1}{lJ_1^2(\mu_k)}\int_0^l Y(\xi,t)J_0\left(\mu_k\sqrt{\frac{\xi}{l}}\right)d\xi. \qquad (28)$$

同じ関数 $Y(x,t)$ に対する展開(25)と(27)とを比べれば，$T_k(t)$ が満たすべきつぎの方程式が得られる：

$$T_k''(t) + \omega_k^2 T_k(t) = H_k(t). \qquad (29)$$

このように $T_k(t)$ を定めれば，関数(24)は方程式(18)と境界条件(19)を満足する．初期条件(22)を満足させるには $T_k(t)$ につぎの条件を課せば十分である：

$$T_k(0) = 0, \qquad T_k'(0) = 0. \qquad (30)$$

(30)を満たす(29)の解は

$$T_k(t) = \frac{1}{\omega_k}\int_0^t H_k(\tau)\sin\omega_k(t-\tau)\,d\tau$$

によって与えられる．

ここで $H_k(t)$ に対する表式(28)を代入すると

$$T_k(t) = \frac{1}{l\omega_k J_1^2(\mu_k)}\int_0^t d\tau \int_0^l Y(\xi,\tau)J_0\left(\mu_k\sqrt{\frac{\xi}{l}}\right)\sin\omega_k(t-\tau)\,d\xi. \qquad (31)$$

以上から，つり下げた糸の（水平方向の）変位は，平衡の位置である鉛直線から測ると

$$u(x,t) = \sum_{k=1}^{\infty} T_k(t) J_0\left(\mu_k\sqrt{\frac{x}{l}}\right) +$$
$$+ \sum_{k=1}^{\infty} \left(A_k \cos\frac{a\mu_k t}{2\sqrt{l}} + B_k \sin\frac{a\mu_k t}{2\sqrt{l}}\right) J_0\left(\mu_k\sqrt{\frac{x}{l}}\right) \qquad (32)$$

によって表わされる．ここで，$T_k(t)$, A_k, B_k は(31), (14), (15)で決る係数で，$\mu_1, \mu_2, \mu_3, \cdots$ は $J_0(\mu)=0$ の正根である．

外力が調和振動的，すなわち

$$Y(x,t) = A \sin \omega t$$

の場合についてもう少し詳しく調べてみよう．この場合，係数 $T_k(t)$ を決める式は

$$T_k(t) = \frac{A}{l\omega_k J_1^2(\mu_k)} \int_0^t \sin\omega_k(t-\tau) \sin\omega\tau \, d\tau \int_0^l J_0\left(\mu_k\sqrt{\frac{\xi}{l}}\right) d\xi$$

である．ところで，つぎの公式に着目しよう：

$$\int_0^x J_0(\sqrt{x})dx = 2\sqrt{x}\, J_1(\sqrt{x}).$$

この公式は $J_0(x)$ および $J_1(x)$ のベキ級数展開から簡単に出る．この公式を用いれば，

$$\int_0^l J_0\left(\mu_k\sqrt{\frac{\xi}{l}}\right) d\xi = \frac{2l}{\mu_k} J_1(\mu_k).$$

一方，

$$\int_0^t \sin\omega_k(t-\tau) \sin\omega\tau \, d\tau = \frac{\omega_k \sin\omega t}{\omega_k^2 - \omega^2} - \frac{\omega \sin\omega_k t}{\omega_k^2 - \omega^2}$$

であるから，

$$T_k(t) = 4\sqrt{\frac{l}{g}} \cdot \frac{A}{\mu_k^2 J_1(\mu_k)} \left[\frac{\omega_k \sin\omega t}{\omega_k^2 - \omega^2} - \frac{\omega \sin\omega_k t}{\omega_k^2 - \omega^2}\right]. \qquad (33)$$

初期変位および初速度が 0 で，糸は外力の作用だけで振動していると仮定しよう．すると(32), (33)から，平衡の位置からの糸の変位はつぎの式で与えられることになる：

§2 つり下げた糸の強制振動

$$u(x,t) = 4A\sqrt{\frac{l}{g}} \sin \omega t \sum_{k=1}^{\infty} \frac{\omega_k J_0\left(\mu_k\sqrt{\frac{x}{l}}\right)}{(\omega_k^2-\omega^2)\mu_k^2 J_1(\mu_k)} -$$

$$-4A\omega\sqrt{\frac{l}{g}} \sum_{k=1}^{\infty} \frac{J_0\left(\mu_k\sqrt{\frac{x}{l}}\right) \sin \omega_k t}{(\omega_k^2-\omega^2)\mu_k^2 J_1(\mu_k)}. \tag{34}$$

(34)の右辺第1項は，別の導き方をすればもっと簡単にできる．そのために，方程式

$$\frac{\partial^2 u}{\partial t^2} = a^2 \frac{\partial}{\partial x}\left(x\frac{\partial u}{\partial x}\right) + A \sin \omega t \tag{35}$$

の解で条件

$$u|_{x=0} = 有限, \quad u|_{x=l} = 0 \tag{36}$$

を満たすものを，積

$$u = X(x) \sin \omega t \tag{37}$$

の形に求めよう．(37)を(35)に代入すれば

$$\frac{d}{dx}\left(x\frac{dX}{dx}\right) + \left(\frac{\omega}{a}\right)^2 X + \frac{A}{a^2} = 0. \tag{38}$$

これの一般解は

$$X(x) = C_1 J_0\left(\frac{2\omega}{a}\sqrt{x}\right) + C_2 Y_0\left(\frac{2\omega}{a}\sqrt{x}\right) - \frac{A}{\omega^2}. \tag{39}$$

境界条件(36)によって

$$C_1 = \frac{A}{\omega^2} \frac{1}{J_0\left(2\omega\sqrt{\frac{l}{g}}\right)}, \quad C_2 = 0.$$

この結果から(34)がつぎのように書き直せることがでる：

$$u(x,t) = \frac{A}{\omega^2}\left[\frac{J_0\left(2\omega\sqrt{\frac{x}{g}}\right)}{J_0\left(2\omega\sqrt{\frac{l}{g}}\right)} - 1\right] \sin \omega t -$$

$$-4A\omega\sqrt{\frac{l}{g}} \sum_{k=1}^{\infty} \frac{J_0\left(\mu_k\sqrt{\frac{x}{l}}\right) \sin \omega_k t}{(\omega_k^2-\omega^2)\mu_k^2 J_1(\mu_k)}. \tag{40}$$

最後につぎのことを注意しておく：外力の振動数 ω が糸の固有振動の振動数の1つに近づけば，共鳴(共振)の現象がみられる．

いま1つの注意は，(34)と(40)を比較することによって$J_0(tx)/J_0(t)$の有理分数展開が得られることである：

$$\frac{J_0(tx)}{J_0(t)} = 1 + 2\sum_{k=1}^{\infty} \frac{t^2}{\mu_k^2 - t^2} \cdot \frac{J_0(\mu_k x)}{\mu_k J_1(\mu_k)}. \tag{41}$$

ここで和は$J_0(x)=0$のすべての正根についてとる．

問 題

1. 自由に曲げられる長さlの糸を一端$(x=l)$からつり下げ，他端$(x=0)$には重さPの錘を付ける．糸の線密度は

$$\rho = \frac{A}{\sqrt{l_1+x}}$$

によって与えられており，定数A, l_1は錘の質量mと関係式

$$m = 2A\sqrt{l_1}$$

によって結ばれている．鉛直平衡の位置の付近での糸の微小振動の方程式は

$$\frac{\partial^2 u}{\partial \theta^2} = \frac{1}{a^2}\frac{\partial^2 u}{\partial t^2} \quad \left(a = \sqrt{\frac{g}{2}}\right),$$

ただし

$$\theta = \sqrt{l_1+l} - \sqrt{l_1+x}$$

となることを示せ．

〔ヒント〕 点$M(x,u)$における張力は

$$T = mg + \int_0^x \frac{Agdx}{\sqrt{l_1+x}} = 2Ag\sqrt{l_1+x}.$$

2. つり下げられた糸の線密度が

$$\rho = \alpha x^m \quad (m > -1)$$

で与えられている．この糸の自由振動の方程式を導き，平衡の位置からの変位が次式で与えられることを証明せよ：

$$u(x,t) = \sum_{k=1}^{\infty} N_k \frac{J_m\left(\mu_k\sqrt{\frac{x}{l}}\right)}{x^{m/2}} \sin\left(\frac{1}{2}\sqrt{\frac{g}{l(m+1)}}\mu_k t + \varphi_k\right),$$

ただし$\mu_1, \mu_2, \mu_3, \cdots$は$J_m(x)=0\ (m>-1)$の正根．

〔ヒント〕 問題は方程式

$$\frac{\partial^2 u}{\partial x^2} + \frac{m+1}{x}\frac{\partial u}{\partial x} = \frac{m+1}{gx}\frac{\partial^2 u}{\partial t^2}$$

を条件

$$u|_{x=l} = 0,$$
$$u|_{t=0} = f(x), \quad \left.\frac{\partial u}{\partial t}\right|_{t=0} = F(x)$$

のもとで解くことに帰着される．Fourier の方法を適用するに当っては，解をつぎの形で求めるのがよい：
$$u = \frac{w(\xi)T(t)}{\xi^m}, \quad \xi = \sqrt{x}.$$

3. 長さ l の重い一様な糸が鉛直軸上にその一端 $(x=l)$ を固定され，鉛直軸のまわりに一定角速度 ω で回転している．糸の微小振動の方程式を導き，平衡位置からの変位が次式によって表わされることを示せ：
$$u(x,t) = \sum_{k=1}^{\infty} (A_k \cos a\lambda_k t + B_k \sin a\lambda_k t) J_0\left(\mu_k\sqrt{\frac{x}{l}}\right),$$
ただし
$$A_k = \frac{1}{lJ_1^2(\mu_k)} \int_0^l f(x) J_0\left(\mu_k\sqrt{\frac{x}{l}}\right) dx,$$
$$B_k = \frac{1}{a\lambda_k lJ_1^2(\mu_k)} \int_0^l F(x) J_0\left(\mu_k\sqrt{\frac{x}{l}}\right) dx, \quad \lambda_k = \sqrt{\frac{\mu_k^2}{4l} - \left(\frac{\omega}{a}\right)^2},$$
$\mu_1, \mu_2, \cdots$ は $J_0(\mu)=0$ の正根．

〔ヒント〕 問題はつぎの方程式と付加条件に帰着される：
$$\frac{\partial^2 u}{\partial t^2} = a^2 \frac{\partial}{\partial x}\left(x\frac{\partial u}{\partial x}\right) + \omega^2 u, \quad a = \sqrt{g},$$
$$u|_{x=l} = 0, \quad u|_{t=0} = f(x), \quad \left.\frac{\partial u}{\partial t}\right|_{t=0} = F(x).$$

第14章 気体の球対称な微小振動

§1 球内の気体の球対称振動

非透過性の球面状の剛体膜内に閉込められている気体について考えよう．問題は平衡の状態の近傍での気体の微小振動を調べることである．

第6章で示したように，速度ポテンシャルは波動方程式を満足する：

$$\frac{\partial^2 u}{\partial t^2} = a^2 \left(\frac{\partial^2 u}{\partial x^2} + \frac{\partial^2 u}{\partial y^2} + \frac{\partial^2 u}{\partial z^2} \right). \tag{1}$$

この節では気体のいわゆる**球対称振動**を考察する．この振動は初期条件が

$$u|_{t=0} = f(r), \qquad \left.\frac{\partial u}{\partial t}\right|_{t=0} = F(r) \tag{2}$$

のように表わされる場合に起こる．ここに r は球の中心から振動している気体粒子までの距離である．

球面は剛体膜であるから，そこでの法線速度は 0 である．したがって，R を球面膜の半径としてつぎの境界条件が導かれる：

$$\left.\frac{\partial u}{\partial r}\right|_{r=R} = 0. \tag{3}$$

球対称振動では速度ポテンシャル u は r と t だけの関数であるから，Laplace の作用素の球座標表示（第17章§7）を用いて方程式(1)をつぎの形に書き直すことができる：

$$\frac{\partial^2 u}{\partial r^2} + \frac{2}{r}\frac{\partial u}{\partial r} = \frac{1}{a^2}\frac{\partial^2 u}{\partial t^2}. \tag{4}$$

こうして問題は(4)を初期条件(2)，境界条件(3)のもとで解くことに帰着される．(4)の特解を

$$u = T(t)w(r) \tag{5}$$

の形で求めてみよう．これを(4)に代入すれば

$$\frac{T''(t)}{a^2 T(t)} = \frac{w''(r) + \dfrac{2}{r}w'(r)}{w(r)}.$$

両辺の共通値を定数 $-\lambda^2$ で表わすとつぎの2方程式が得られる：

$$T''(t)+\lambda^2 a^2 T(t) = 0, \tag{6}$$

$$w''(r)+\frac{2}{r}w'(r)+\lambda^2 w(r) = 0. \tag{7}$$

(5)の関数が恒等的に0ではなく，境界条件(3)を満足するためには，明らかに

$$\left.\frac{dw}{dr}\right|_{r=R} = 0 \tag{8}$$

が満たされなければならない．(7)の一般解は，C_1, C_2 を任意定数として

$$w(r) = C_1 \frac{\sin \lambda r}{r} + C_2 \frac{\cos \lambda r}{r}. \tag{9}$$

問題の性質から，求める解 $u(r,t)$ は原点 $r=0$ をも含めて球面内のすべての点で有限であるはずだから，(9)において $C_2=0$ とおかなければならない．また，一般性を失うことなく $C_1=1$ としてよい．こうして

$$w(r) = \frac{\sin \lambda r}{r}. \tag{10}$$

(10)を(8)に代入すれば，境界条件(8)と条件 $|w(0)|<\infty$ のもとでの方程式(7)の固有値を決定する方程式

$$\lambda R \cos \lambda R - \sin \lambda R = 0 \tag{11}$$

が得られる．いま

$$\lambda R = \mu \tag{12}$$

とおけば，(11)は

$$\tan \mu = \mu \tag{13}$$

となる．この方程式の実根を求めるために2つの関数

$$y = \tan \mu, \quad y = \mu$$

のグラフを描こう．明らかにこれらの曲線の交点の μ 座標が求める実根を与える（図36）．

図から明らかなように，添数 k が増えると(13)の根 μ_k は絶対値において限りなく増大する．そのとき，差 $\mu_k - \left(k+\frac{1}{2}\right)\pi$ は0に近づく．したがって十分大きな k に対しては

$$\mu_k = \left(k+\frac{1}{2}\right)\pi \tag{14}$$

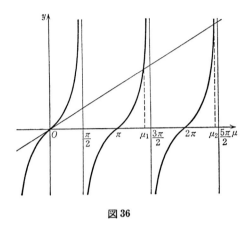

図 36

とおくことができよう．k があまり大きくない場合の根はつぎのようにして計算できる．まず

$$\mu_k = \left(k+\frac{1}{2}\right)\pi - \varepsilon_k \tag{15}$$

とおく．(13)に代入すると

$$\cot \varepsilon_k = \left(k+\frac{1}{2}\right)\pi - \varepsilon_k. \tag{16}$$

$\cot \varepsilon_k$ の展開式

$$\cot \varepsilon_k = \frac{1}{\varepsilon_k} - \frac{1}{3}\varepsilon_k - \frac{1}{45}\varepsilon_k{}^3 + \cdots$$

において最初の2項をとると，(16)は

$$\varepsilon_k = \frac{2}{(2k+1)\pi} + \frac{4\varepsilon_k{}^2}{3(2k+1)\pi} \tag{17}$$

となる．この方程式に反復法を適用すれば ε_k の近似値が得られ，したがって(15)を用いると，根 μ_k の近似値が得られる．

たとえば，小数点以下4位までの精度で

$$\mu_1 = 4.4934, \quad \mu_2 = 7.7253, \quad \mu_3 = 10.9041.$$

方程式(13)の正の根を $\mu_1, \mu_2, \mu_3, \cdots$ で表わすと，(12)によって固有値は

$$\lambda_k{}^2 = \left(\frac{\mu_k}{R}\right)^2 \qquad (k=1,2,3,\cdots) \tag{18}$$

である．各固有値 $\lambda_k{}^2$ に対応する固有関数は

$$w_k(r) = \frac{\sin\dfrac{\mu_k r}{R}}{r}. \tag{19}$$

$\lambda_0=0$ も $w_0(r)=\mathrm{const}$ を固有関数とする固有値問題 (7), (8) の固有値であることに注意しよう．

$\lambda=\lambda_k\,(k\geqq 1)$ に対する方程式 (6) の一般解は

$$T_k(t) = a_k \cos\frac{\mu_k a t}{R} + b_k \sin\frac{\mu_k a t}{R}$$

である．ここで，a_k, b_k は任意定数である．

$\lambda=\lambda_0=0$ に対しては，

$$T_0(t) = a_0 + b_0 t.$$

(5) によれば，つぎの関数は任意の a_0, b_0, a_k, b_k に対して方程式 (4) と境界条件 (3) を満足する：

$$u_k(r,t) = \left(a_k \cos\frac{\mu_k a t}{R} + b_k \sin\frac{\mu_k a t}{R}\right)\frac{\sin\dfrac{\mu_k r}{R}}{r},$$

$$u_0(r,t) = a_0 + b_0 t.$$

さらに級数

$$u(r,t) = a_0 + b_0 t + \sum_{k=1}^{\infty}\left(a_k \cos\frac{\mu_k a t}{R} + b_k \sin\frac{\mu_k a t}{R}\right)\frac{\sin\dfrac{\mu_k r}{R}}{r} \tag{20}$$

をつくる．初期条件 (2) が満たされるための条件は

$$f(r) = a_0 + \sum_{k=1}^{\infty} a_k \frac{\sin\dfrac{\mu_k r}{R}}{r}, \tag{21}$$

$$F(r) = b_0 + \sum_{k=1}^{\infty} \frac{\mu_k a}{R} b_k \frac{\sin\dfrac{\mu_k r}{R}}{r}. \tag{22}$$

である．級数 (21) が一様収束すると仮定すれば，(21) の両辺に $r\sin(\mu_n r/R)$ を掛けて r に関して 0 から R まで積分することによって，係数 a_k を決定することができる．そうすると，

第14章 気体の球対称な微小振動

$$\int_0^R rf(r)\sin\frac{\mu_n r}{R}dr = a_0\int_0^R r\sin\frac{\mu_n r}{R}dr +$$
$$+ \sum_{k=1}^\infty a_k\int_0^R \sin\frac{\mu_k r}{R}\sin\frac{\mu_n r}{R}dr. \quad (23)$$

つぎの等式を示そう:

$$\int_0^R r\sin\frac{\mu_n r}{R}dr = 0. \quad (24)$$

実際,部分積分によって

$$\int_0^R r\sin\frac{\mu_n r}{R}dr = -\frac{R^2}{\mu_n^2}(\mu_n\cos\mu_n - \sin\mu_n) = \frac{R^2\cos\mu_n}{\mu_n^2}(\tan\mu_n - \mu_n).$$

ゆえに,方程式(13)を考慮して(24)を得る. さらに,

$$\int_0^R \sin\frac{\mu_n r}{R}\sin\frac{\mu_k r}{R}dr = \frac{R}{2}\left[\frac{\sin(\mu_n-\mu_k)}{\mu_n-\mu_k} - \frac{\sin(\mu_n+\mu_k)}{\mu_n+\mu_k}\right]$$

から

$$\int_0^R \sin\frac{\mu_n r}{R}\sin\frac{\mu_k r}{R}dr = \frac{R\cos\mu_k\cos\mu_n(\mu_k\tan\mu_n - \mu_n\tan\mu_k)}{\mu_n^2 - \mu_k^2}.$$

ところが μ_k, μ_n は(13)の根であるから

$$\int_0^R \sin\frac{\mu_n r}{R}\sin\frac{\mu_k r}{R}dr = 0 \quad (k \neq n). \quad (25)$$

すなわち関数 $\sin(\mu_k r/R)$ は区間 $(0, R)$ 上で直交系をつくる. $n=k$ の場合には

$$\int_0^R \sin^2\frac{\mu_k r}{R}dr = \frac{R}{2}\left(1 - \frac{\sin^2\mu_k}{\mu_k^2}\right).$$

ところが

$$\sin^2\mu_k = \frac{\tan^2\mu_k}{1+\tan^2\mu_k} = \frac{\mu_k^2}{1+\mu_k^2}$$

だから,

$$\int_0^R \sin^2\frac{\mu_k r}{R}dr = \frac{R}{2}\frac{\mu_k^2}{1+\mu_k^2}. \quad (26)$$

(24), (25), (26)に注意すれば, (23)から

$$a_k = \frac{2}{R}\left(1 + \frac{1}{\mu_k^2}\right)\int_0^R rf(r)\sin\frac{\mu_k r}{R}dr \quad (k=1, 2, \cdots) \quad (27)$$

を得る.

係数 a_0 を決めるのには,(21)の両辺に r^2 を掛けて 0 から R まで積分する.

§1 球内の気体の球対称振動

そうすると

$$\int_0^R r^2 f(r)dr = \frac{R^3}{3}a_0 + \sum_{k=1}^\infty a_k \int_0^R r \sin\frac{\mu_k r}{R}dr.$$

(24)により和の中の積分は0, したがって

$$a_0 = \frac{3}{R^3}\int_0^R r^2 f(r)dr. \tag{28}$$

同様にして,

$$b_k = \frac{2}{a\mu_k}\left(1 + \frac{1}{\mu_k{}^2}\right)\int_0^R rF(r)\sin\frac{\mu_k r}{R}dr, \tag{29}$$

$$b_0 = \frac{3}{R^3}\int_0^R r^2 F(r)dr. \tag{30}$$

こうして解(20)に現われるすべての定数が求められた. さて, この解において最初の2項

$$a_0 + b_0 t \tag{31}$$

は落してもよいことを注意しておこう. 実際, 気体の運動を決定するためには, 振動している気体粒子の速度 v を決定すればよい. 速度の座標軸方向の成分 v_x, v_y, v_z は

$$v_x = -\frac{\partial u}{\partial x}, \quad v_y = -\frac{\partial u}{\partial y}, \quad v_z = -\frac{\partial u}{\partial z}$$

によって計算される. ここでポテンシャル u は(20)によって表わされているものである. ところが級数(20)に含まれる式(31)の部分は x, y, z には依存しない. ゆえに(20)から(31)を除いても振動する気体の速度分布の状態は変らない.

さて

$$a_k = A_k \sin\varphi_k, \quad b_k = A_k \cos\varphi_k$$

とおいてみると, 速度ポテンシャルの表式(20)はつぎのように書き直される:

$$u(r,t) = \sum_{k=1}^\infty A_k \frac{\sin\dfrac{\mu_k r}{R}}{r}\sin\left(\frac{a\mu_k t}{R}+\varphi_k\right). \tag{32}$$

この公式は, 気体の一般的な球対称振動が無限個の固有調和振動から成っているとみなしてよいことを示している. おのおのの固有振動の周期は

$$T_k = \frac{2\pi R}{\mu_k}\sqrt{\frac{\rho_0}{\gamma p_0}}$$

である．(32)の第1項は気体の球対称振動の基音を与えるが，その周期は

$$T_1 = \frac{2\pi R}{\mu_1}\sqrt{\frac{\rho_0}{\gamma p_0}}$$

である．ここに，μ_1 は方程式(13)の最小の正根である．

§2 無限円柱内の気体の軸対称振動

十分長い，したがって両側に無限に延びていると考えられる，固定された円管があるとしよう．この管の断面の半径を R とする．

この管の中には，平衡状態の付近で微小振動している気体が満たされているとする．問題はこの微小振動を調べることであるが，その際，軸対称で，かつ半径方向のみにおこる振動——さしあたり，単に**軸対称振動**とよぶ——だけに限定する．このときには，速度ポテンシャル u は r ——管の中心軸 Oz から振動している気体粒子までの距離——と時間 t だけの関数となる．

いまの場合，円柱座標 r, φ, z で書いた波動方程式

$$\frac{\partial^2 u}{\partial r^2} + \frac{1}{r}\frac{\partial u}{\partial r} + \frac{1}{r^2}\frac{\partial^2 u}{\partial \varphi^2} + \frac{\partial^2 u}{\partial z^2} = \frac{1}{a^2}\frac{\partial^2 u}{\partial t^2}$$

はもっと簡単なつぎの形になる：

$$\frac{\partial^2 u}{\partial r^2} + \frac{1}{r}\frac{\partial u}{\partial r} = \frac{1}{a^2}\frac{\partial^2 u}{\partial t^2}. \tag{33}$$

上述の問題を解くことは，明らかにつぎの初期条件(34)および境界条件(35)を満たす(33)の解を求めることである：

$$u|_{t=0} = f(r), \qquad \left.\frac{\partial u}{\partial t}\right|_{t=0} = F(r), \tag{34}$$

$$\left.\frac{\partial u}{\partial r}\right|_{r=R} = 0. \tag{35}$$

Fourier の方法に従って，(33)の特解を

$$u(r,t) = T(t)w(r) \tag{36}$$

の形で求めよう．これを(33)に代入すれば

$$\frac{w''(r) + \dfrac{1}{r}w'(r)}{w(r)} = \frac{T''(t)}{a^2 T(t)} = -\lambda^2.$$

§2 無限円柱内の気体の軸対称振動

したがって

$$T''(t)+a^2\lambda^2 T(t) = 0, \tag{37}$$

$$w''(r)+\frac{1}{r}w'(r)+\lambda^2 w(r) = 0. \tag{38}$$

恒等的に 0 ではない関数(36)が境界条件(35)を満足するためには,

$$\left.\frac{dw}{dr}\right|_{r=R} = 0 \tag{39}$$

でなければならない.(38)の一般解は(第12章§1をみよ)

$$w(r) = C_1 J_0(\lambda r) + C_2 Y_0(\lambda r) \tag{40}$$

である.ここに C_1, C_2 は任意定数である.

$Y_0(\lambda r)$ は $r=0$ で無限大になる.問題の性質上,求める解は中心軸 $r=0$ 上も含めて管内のすべての点で有限であるので,(40)において $C_2=0$ でなければならない.また,一般性を失うことなく $C_1=1$ としてよい.すなわち

$$w(r) = J_0(\lambda r).$$

そうすると境界条件(39)によって

$$J_0'(\lambda R) = 0. \tag{41}$$

あるいは,等式 $J_0'(x) = -J_1(x)$ を用いれば

$$J_1(\lambda R) = 0. \tag{42}$$

この方程式が,境界条件(39)および条件 "$w(0)=$有限" のもとでの方程式(38)の固有値を決定する.

第12章で,方程式

$$J_1(\mu) = 0 \tag{43}$$

は無限個の正根 $\mu_1, \mu_2, \mu_3, \cdots$ をもつことを示した.したがって

$$\lambda_k{}^2 = \left(\frac{\mu_k}{R}\right)^2 \tag{44}$$

によって問題の固有値が定まる.各固有値 $\lambda_k{}^2$ に対応する固有関数は

$$w_k(r) = J_0\!\left(\frac{\mu_k r}{R}\right) \tag{45}$$

である.$\lambda^2=0$ も固有値問題(38),(39)の固有関数 $w_0(r)=$const をもった固有値であることに注意しよう.

$\lambda=\lambda_k\ (k=1,2,\cdots)$ に対する(37)の一般解は,a_k, b_k を任意定数として

$$T_k(t) = a_k \cos\frac{\mu_k at}{R} + b_k \sin\frac{\mu_k at}{R}$$

の形となる．ただし，$\lambda=\lambda_0=0$ に対しては，
$$T_0(t) = a_0 + b_0 t.$$

(36)によって，関数
$$u_0 = a_0 + b_0 t,$$
$$u_k(r,t) = \left(a_k \cos\frac{\mu_k at}{R} + b_k \sin\frac{\mu_k at}{R}\right) J_0\left(\frac{\mu_k r}{R}\right)$$

は勝手な a_0, b_0, a_k, b_k に対して方程式(33)と境界条件(35)を満たすことがわかる．

結局，問題の解をつぎの形で求めることになる：
$$u(r,t) = a_0 + b_0 t + \sum_{k=1}^{\infty}\left(a_k \cos\frac{\mu_k at}{R} + b_k \sin\frac{\mu_k at}{R}\right) J_0\left(\frac{\mu_k r}{R}\right). \quad (46)$$

初期条件(34)を満足させるためには
$$f(r) = a_0 + \sum_{k=1}^{\infty} a_k J_0\left(\frac{\mu_k r}{R}\right), \quad (47)$$
$$F(r) = b_0 + \sum_{k=1}^{\infty} \frac{\mu_k a}{R} b_k J_0\left(\frac{\mu_k r}{R}\right) \quad (48)$$

が必要である．これらの級数は，Bessel 関数 $J_0(\mu_k r/R)$ による $f(r), F(r)$ の区間 $(0, R)$ 上での展開になっている．ここに μ_k は(43)の正根である．ところで，この種の展開については第 12 章で調べた．いまの場合は $\alpha=\nu=0$ という特別の場合で，第 12 章の(45),(46),(50)を適用すれば係数を決定できる：

$$a_0 = \frac{2}{R^2}\int_0^R rf(r)dr, \quad a_k = \frac{2}{R^2 J_0^{\,2}(\mu_k)}\int_0^R rf(r)J_0\left(\frac{\mu_k r}{R}\right)dr, \quad (49)$$
$$b_0 = \frac{2}{R^2}\int_0^R rF(r)dr, \quad b_k = \frac{2}{aR\mu_k J_0^{\,2}(\mu_k)}\int_0^R rF(r)J_0\left(\frac{\mu_k r}{R}\right)dr. \quad (50)$$

こうして解(46)のすべての係数が求められた．

さて，u が速度ポテンシャルであることに注意すれば，$a_0+b_0 t$ を落してもよい．なぜなら，このことによって振動気体の速度分布は変らないから．a_k, b_k の代りに新しい定数 A_k, φ_k を
$$a_k = A_k \sin\varphi_k, \quad b_k = A_k \cos\varphi_k$$

によって導入すれば，(46) は

$$u(r,t) = \sum_{k=1}^{\infty} A_k J_0\left(\frac{\mu_k r}{R}\right) \sin\left(\frac{\mu_k at}{R} + \varphi_k\right) \tag{51}$$

となる．したがって，明らかに気体の軸対称振動は調和振動の和であり，その基音の周期は

$$T_1 = \frac{2\pi R}{\mu_1} \sqrt{\frac{\rho_0}{\gamma p_0}}$$

で与えられる．ここに $\mu_1 = 3.8317\cdots$ は (43) の最小の正根である．

問 題

1. 理想気体が，固定された半径 $R_1, R_2 \ (R_1 < R_2)$ の同心球面の間を満たしている．球対称的な密度の初期攪乱

$$\rho(r,0) - \rho_0 = f(r) \qquad (R_1 < r < R_2)$$

によって起こる気体の微小振動を求めよ．

〔答〕

$$u(r,t) = \sum_{n=1}^{\infty} A_n \frac{\cos \lambda_n r + \gamma_n \sin \lambda_n r}{r} \sin a\lambda_n t.$$

ただし

$$\gamma_n = \frac{\lambda_n R_2 \sin \lambda_n R_2 + \cos \lambda_n R_2}{\lambda_n R_2 \cos \lambda_n R_2 - \sin \lambda_n R_2},$$

λ_1, λ_2 は

$$\tan \lambda(R_2 - R_1) = \frac{\lambda(R_2 - R_1)}{1 + \lambda^2 R_1 R_2}$$

の正根，

$$A_n = \frac{a}{\rho_0 \lambda_n \delta_n{}^2} \int_{R_1}^{R_2} rf(r)(\cos \lambda_n r + \gamma_n \sin \lambda_n r) dr,$$

$$\delta_n{}^2 = \int_{R_1}^{R_2} (\cos \lambda_n r + \gamma_n \sin \lambda_n r)^2 dr.$$

〔ヒント〕 問題はつぎの方程式と附加条件に帰着される：

$$\frac{\partial^2 u}{\partial t^2} = a^2 \left(\frac{\partial^2 u}{\partial r^2} + \frac{2}{r}\frac{\partial u}{\partial r}\right),$$

$$\left.\frac{\partial u}{\partial r}\right|_{r=R_1} = 0, \qquad \left.\frac{\partial u}{\partial r}\right|_{r=R_2} = 0,$$

$$u(r,0) = 0, \qquad \left.\frac{\partial u}{\partial t}\right|_{t=0} = \frac{a^2}{\rho_0} f(r) \qquad (R_1 < r < R_2).$$

2. 理想気体が同心球面 S_{R_1} と S_{R_2} の間を満たしている.内側の球面 S_{R_1} の半径は
$$R(t) = R_1 + \varepsilon \sin \omega t \qquad (0 < \varepsilon < R_1)$$
に従って変化し,外側の球面は固定されている.両球面間の気体の定常振動を求めよ.

〔答〕
$$u(r,t) = \left\{ \frac{\omega R_1 R_2 \cos\dfrac{\omega R_2}{a} - aR_1 \sin\dfrac{\omega R_2}{a}}{(R_2-R_1)\cos\dfrac{\omega(R_2-R_1)}{a}} \cdot \frac{\cos\dfrac{\omega r}{a}}{r} + \frac{\omega R_1 R_2 \sin\dfrac{\omega R_2}{a} + aR_1 \cos\dfrac{\omega R_2}{a}}{(R_2-R_1)\cos\dfrac{\omega(R_2-R_1)}{a}} \cdot \frac{\sin\dfrac{\omega r}{a}}{r} \right\} 2\varepsilon \cos \omega t$$

〔ヒント〕 問題はつぎの方程式と境界条件に帰着される:
$$\frac{\partial^2 u}{\partial r^2} + \frac{2}{r}\frac{\partial u}{\partial r} = \frac{1}{a^2}\frac{\partial^2 u}{\partial t^2},$$
$$\left.\frac{\partial u}{\partial r}\right|_{r=R_1} = \varepsilon\omega \cos \omega t, \qquad \left.\frac{\partial u}{\partial r}\right|_{r=R_2} = 0.$$

3. 一様な気体が無限に長い空洞の管を満たしている.管の内半径は R_1,外半径は R_2 とする.初期攪乱が軸対称な場合の気体の微小振動を求めよ.

〔答〕
$$u(r,t) = \sum_{k=1}^{\infty}(a_k \cos a\lambda_k t + b_k \sin a\lambda_k t)R_k(r),$$

ただし
$$R_k(r) = J_0(\lambda_k r)H_0^{(1)\prime}(\lambda_k R_2) - J_0'(\lambda_k R_2)H_0^{(1)}(\lambda_k r),$$

λ_k は方程式
$$J_1(\lambda_k R_1)H_0^{(1)\prime}(\lambda_k R_2) - J_0'(\lambda_k R_2)H_0^{(1)\prime}(\lambda_k R_1) = 0$$
の正根,
$$a_k = \frac{1}{N_k}\int_{R_1}^{R_2} rf(r)R_k(r)dr, \qquad b_k = \frac{1}{a\lambda_k N_k}\int_{R_1}^{R_2} rF(r)R_k(r)dr,$$
$$N_k = \int_{R_1}^{R_2} rR_k^2(r)dr.$$

4. 半径 R,高さ l の閉じた円筒がある.時刻 $t=0$ から始まる上底の横振動によって起こる円筒内の気体の振動を求めよ.ただし,上底における気体粒子の速度は $f(r)\cos\omega t$ に等しいとする.下底および側面は固定されているとする.

〔答〕
速度ポテンシャルは
$$u(r,z,t) = \sum_{m=0}^{\infty} A_m \cosh\left(z\sqrt{\frac{\mu_m^2}{R^2} - \frac{\omega^2}{a^2}}\right) J_0\left(\frac{\mu_m r}{R}\right)\cos \omega t +$$

$$+ \sum_{n,m=0}^{\infty} B_{nm} \cos\frac{n\pi z}{l} J_0\left(\frac{\mu_m r}{R}\right) \cos\left(at\sqrt{\frac{\mu_m^2}{R^2} + \frac{n^2\pi^2}{l^2}}\right),$$

$$A_m = \frac{2}{R^2 J_0^2(\mu_m)\sqrt{\frac{\mu_m^2}{R^2} - \frac{\omega^2}{a^2}} \sinh\left(l\sqrt{\frac{\mu_m^2}{R^2} - \frac{\omega^2}{a^2}}\right)} \int_0^R rf(r) J_0\left(\frac{\mu_m r}{R}\right) dr,$$

$$B_{nm} = -\frac{2A_m}{l} \int_0^l \cosh\left(z\sqrt{\frac{\mu_m^2}{R^2} - \frac{\omega^2}{a^2}}\right) \cos\frac{n\pi z}{l} dz,$$

$$B_{0m} = -\frac{A_m}{l} \int_0^l \cosh\left(z\sqrt{\frac{\mu_m^2}{R^2} - \frac{\omega^2}{a^2}}\right) dz,$$

$\mu_0, \mu_1, \mu_2, \cdots$ は $J_1(\mu)=0$ の正根.

第15章　Legendreの多項式

§1 Legendreの微分方程式

Legendreの方程式とよばれるのは，λをパラメータとして

$$\frac{d}{dx}\left[(1-x^2)\frac{dy}{dx}\right]+\lambda y = 0 \tag{1}$$

という形の方程式のことである．この方程式は $x=-1$ および $x=+1$ に特異点をもっている．

つぎの境界値問題——固有値問題——を考えよう：<u>区間$[-1,1]$における(1)の恒等的に 0 ではない解で，特異点 $x=\pm1$ で有界なものが存在するようなパラメータ λ の値を求めよ</u>．

Legendreの方程式の解をベキ級数

$$y = \sum_{n=0}^{\infty} a_n x^n \tag{2}$$

の形で求めよう．(2)を(1)に代入すれば，

$$\sum_{n=0}^{\infty}[(n+2)(n+1)a_{n+2}-n(n-1)a_n-2na_n+\lambda a_n]x^n = 0.$$

したがって，

$$(n+2)(n+1)a_{n+2}-[n(n+1)-\lambda]a_n = 0,$$

すなわち，

$$a_{n+2} = \frac{n(n+1)-\lambda}{(n+1)(n+2)}a_n. \tag{3}$$

係数 a_0 および a_1 はいまのところ任意である．$a_0 \neq 0$，$a_1=0$ ならば偶数ベキのみを含む(1)の特解が，$a_0=0$，$a_1 \neq 0$ ならば奇数ベキのみを含む(1)の特解が得られる．

$\lambda = n(n+1)$ ならば方程式(1)は n 次の多項式解をもつが，それはもちろん特異点 $x=\pm1$ で有界である．この λ に対応する方程式

$$\frac{d}{dx}\left[(1-x^2)\frac{dy}{dx}\right]+n(n+1)y = 0 \tag{4}$$

§1 Legendre の微分方程式

の n 次の多項式解を求めよう.

$2n$ 次の多項式

$$z = (x^2-1)^n$$

を考える. 容易にわかるように,この多項式は方程式

$$(x^2-1)\frac{dz}{dx} - 2nxz = 0$$

を満たす. これを x に関して n 回微分すれば,

$$(1-x^2)\frac{dz^{(n)}}{dx} + n(n+1)z^{(n-1)} = 0$$

が得られる. この方程式をもう1回 x について微分すれば,$z^{(n)}$ が方程式(4)を満たすことがわかる.

こうして,方程式(4)は C を定数として

$$y = Cz^{(n)} = C\frac{d^n(x^2-1)^n}{dx^n}$$

という解をもっている. そこで

$$C = \frac{1}{2^n n!}$$

ととったときの解を P_n とおけば,

$$y = P_n(x) = \frac{1}{2^n n!} \frac{d^n(x^2-1)^n}{dx^n} \qquad (n=0,1,2,\cdots) \tag{5}$$

となる.

この $P_n(x)$ が <u>n 次の</u> **Legendre の多項式** である. これは $\lambda = n(n+1)$ に対する方程式(1)の解になっている.

(5)は **Rodrigues の公式** とよばれる.

このように,Legendre の多項式はいま考えている問題の,固有値

$$\lambda_n = n(n+1) \qquad (n=0,1,2,\cdots)$$

に対応する固有関数である. 公式(5)によって計算すれば,

$$P_0(x) = 1, \quad P_1(x) = x, \quad P_2(x) = \frac{1}{2}(3x^2-1), \quad P_3(x) = \frac{1}{2}(5x^3-3x),$$

$$P_4(x) = \frac{1}{8}(35x^4-30x^2+3), \quad P_5(x) = \frac{1}{8}(63x^5-70x^3+15x), \quad \cdots\cdots.$$

最初の6個の Legendre の多項式のグラフを図37に示した.

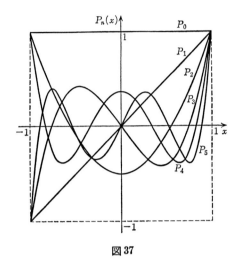

図 37

§2 Legendre の多項式の直交性とノルム

異なる次数の Legendre の多項式は区間$(-1, +1)$で直交していることを示そう．2つの異なる次数 m, n の Legendre の多項式に対する方程式(1)を書けば

$$\frac{d}{dx}[(1-x^2)P_m{}'(x)]+\lambda_m P_m(x) = 0,$$
$$\frac{d}{dx}[(1-x^2)P_n{}'(x)]+\lambda_n P_n(x) = 0. \quad (m \neq n)$$

最初の方程式に $P_n(x)$ を，2番目に $P_m(x)$ を掛けて引算し，区間$(-1, +1)$で積分すると，

$$(\lambda_m - \lambda_n)\int_{-1}^{1} P_n(x)P_m(x)dx$$
$$= \int_{-1}^{1}\left\{P_m(x)\frac{d}{dx}[(1-x^2)P_n{}'(x)] - P_n(x)\frac{d}{dx}[(1-x^2)P_m{}'(x)]\right\}dx$$
$$= \int_{-1}^{1}\frac{d}{dx}\{(1-x^2)[P_m(x)P_n{}'(x) - P_n(x)P_m{}'(x)]\}dx$$
$$= (1-x^2)[P_m(x)P_n{}'(x) - P_n(x)P_m{}'(x)]\Big|_{x=-1}^{x=+1} = 0.$$

したがって，
$$(\lambda_m - \lambda_n) \int_{-1}^{1} P_n(x) P_m(x) dx = 0,$$
あるいは
$$\int_{-1}^{1} P_n(x) P_m(x) dx = 0 \qquad (m \neq n).$$
すなわち，区間$(-1, +1)$において Legendre の多項式は直交系をなす．

Legendre の多項式のノルムの2乗
$$J_n = \int_{-1}^{1} P_n{}^2(x) dx$$
を計算しよう．(5)を用いて書き直すと
$$J_n = \frac{1}{2^{2n}(n!)^2} \int_{-1}^{1} \frac{d^n(x^2-1)^n}{dx^n} \frac{d^n(x^2-1)^n}{dx^n} dx.$$
これを n 回部分積分して，毎回，積分の外にでる項が 0 になることに注意すれば，
$$\int_{-1}^{1} P_n{}^2(x) dx = \frac{(-1)^n}{2^{2n}(n!)^2} \int_{-1}^{1} (x^2-1)^n \frac{d^{2n}(x^2-1)^n}{dx^{2n}} dx,$$
あるいは，
$$\int_{-1}^{1} P_n{}^2(x) dx = \frac{(-1)^n (2n)!}{2^{2n}(n!)^2} \int_{-1}^{1} (x^2-1)^n dx.$$
ところが，よく知られているように[1]，
$$\int_{-1}^{1} (x^2-1)^n dx = (-1)^n 2 \frac{2 \cdot 4 \cdots 2n}{3 \cdot 5 \cdots (2n+1)}.$$
よって，結局
$$\int_{-1}^{1} P_n{}^2(x) dx = \frac{2}{2n+1}.$$

---

[1]〔訳注〕 $x^2 = t$ とおけば，
$$\int_{-1}^{1} (x^2-1)^n dx = (-1)^n 2 \int_{0}^{1} (1-t)^n \frac{1}{2} t^{-1/2} dt = (-1)^n B\left(n+1, \frac{1}{2}\right)$$
$$= (-1)^n \frac{\Gamma(n+1)\Gamma\left(\frac{1}{2}\right)}{\Gamma\left(n+\frac{3}{2}\right)}.$$
あとは Γ 関数の公式による．なお，たとえば，寺沢寛一[1]，第5章21節をみよ．

このようにしてつぎの公式が得られる:

$$\int_{-1}^{1} P_n(x)P_m(x)dx = \begin{cases} 0 & (m \neq n) \\ \dfrac{2}{2n+1} & (m=n). \end{cases} \quad (6)$$

いま,任意関数 $f(x)$ が Legendre の多項式による級数

$$f(x) = \sum_{n=0}^{\infty} a_n P_n(x) \quad (7)$$

に展開されたとする.この展開の係数 a_n は,Legendre の多項式の直交性をつかって形式的に決定することができる.実際,(7)に $P_m(x)$ を掛けて区間 $[-1, +1]$ で積分すれば,(6)によって

$$a_n = \frac{2n+1}{2} \int_{-1}^{1} f(x) P_n(x) dx \quad (8)$$

となる.

さて区間 $(-1, +1)$ 上で Legendre の多項式の作る直交系は**閉じた系**[1]をなすことを示そう.実際,関数系(5)にはすべての次数の多項式が現われている.それゆえ,任意の n 次の多項式 $Q_n(x)$ は 0 次から n 次までの Legendre の多項式の線形結合として表わされる:

$$Q_n(x) = \sum_{k=0}^{n} C_k P_k(x).$$

他方 Weierstrass の近似定理[2]によって,区間 $[-1, 1]$ 上の勝手な連続関数は多項式 $Q_n(x)$ によって任意に精密に一様近似できる.

したがって任意の $\varepsilon > 0$ に対して,Legendre の多項式の線形結合を選んで

$$|f(x) - \sum_{k=0}^{n} C_k P_k(x)| < \frac{\sqrt{\varepsilon}}{2}$$

が成り立つようにすることができる.このことから直ちに

$$\int_{-1}^{1} [f(x) - \sum_{k=0}^{n} C_k P_k(x)]^2 dx < \varepsilon.$$

係数 C_k の代りに Legendre 関数に関する $f(x)$ の Fourier 係数(8)をとって

---

1)〔訳注〕 "閉じた系" の意味はすぐあとに述べられているが,直交系に関する系統的な説明に関しては,たとえば,加藤敏夫[1],第 2 章をみよ.
2)〔訳注〕 たとえば,寺沢寛一[1],第 4 章 12 節をみよ.

も，上の不等式は満足される[1]．ε>0 は任意に小さくとれるから，関数を Legendre の多項式による Fourier 級数の部分和によって近似する場合の平均2乗誤差は0に近づく．すなわち Legendre の多項式は確かに閉じた系をなしている．いいかえれば完全系をなす．このことから，方程式(1)は Legendre の多項式以外には特異点 $x=\pm 1$ で有界な解(固有関数)をもたないことがわかる．実際，もしそのような解があるとすると，その解はすべての Legendre の多項式と直交していることになるが，系 $\{P_n(x)\}$ が完全であるからこのようなことは不可能である．

§3 Legendre の多項式のいくつかの性質

1) n 次の Legendre の多項式は n と同じ偶奇性をもつ：
$$P_n(-x) = (-1)^n P_n(x). \tag{9}$$
このことは，$(x^2-1)^n$ が偶関数でこれを1回微分するごとにその偶奇性を変えることに注意すれば，(5)からすぐにでる．

2) $$P_{2n-1}(0) = 0, \quad P_{2n}(0) = (-1)^n \frac{(2n)!}{2^{2n}(n!)^2}. \tag{10}$$

第1の等式は(9)より直ちにでる．第2の等式を証明するに当って，多項式の $x=0$ における値はその定数項に等しいことに注意しよう．n 回微分すると各項の次数は n だけさがるから，定数項 $P_{2n}(0)$ は多項式 $(x^2-1)^{2n}$ の x^{2n} を含む項を $2n$ 回微分することによって得られる．この項は明かに $(-1)^n \frac{(2n)!}{(n!)^2} x^{2n}$ である．これを $2n$ 回微分して $\frac{1}{2^{2n}(2n)!}$ を掛ければ(10)の第2式を得る．

3) $$P_n(1) = 1, \quad P_n(-1) = (-1)^n. \tag{11}$$
これを証明するために，(5)をつぎのように書き直す：
$$P_n(x) = \frac{1}{2^n n!} \frac{d^n}{dx^n} [(x+1)^n (x-1)^n].$$
Leibniz の公式を適用すると
$$P_n(x) = \frac{1}{2^n n!} \left[(x+1)^n \frac{d^n}{dx^n}(x-1)^n + n \frac{d(x+1)^n}{dx} \frac{d^{n-1}(x-1)^n}{dx^{n-1}} + \cdots \right].$$

---

[1] 〔訳注〕 Fourier(型)級数の最良近似性による．これについては，たとえば，加藤敏夫[1]，第2章をみよ．

明らかに,

$$\frac{d^n(x-1)^n}{dx^n} = n!, \qquad \frac{d^{n-k}(x-1)^n}{dx^{n-k}}\bigg|_{x=1} = 0 \qquad (k=1, 2, \cdots, n).$$

したがって(11)の第1式

$$P_n(1) = 1$$

が直ちに得られる.

(11)の第2式は, (9)を用いれば第1式から得られる.

4) Legendre の多項式 $P_n(x)$ の零点はすべて実で相異なり区間 $(-1, +1)$ に含まれる.

この主張は公式(5)と Rolle の定理から容易に得られる. 実際, $2n-1$ 次の多項式 $\dfrac{d}{dx}(x^2-1)^n$ は $x=\pm 1$ を $(n-1)$ 重の零点としてもち, Rolle の定理によって区間 $[-1, +1]$ の内部に1個の零点 $x=\xi_1$ (実は0)をもつ. これでこの多項式の零点はすべてつくされている. つぎに, $2n-2$ 次の多項式 $\dfrac{d^2}{dx^2}(x^2-1)^n$ は $x=\pm 1$ を $(n-2)$ 重の零点としてもち, さらに Rolle の定理によって2個の実零点を——1つは $[-1, \xi_1]$ の内部に, もう1つは $[\xi_1, +1]$ の内部に——もつ. このように続けて行けば, $P_n(x)$ が $[-1, +1]$ の内部に n 個の相異なる零点をもつことがわかる.

§4 Legendre の多項式の積分表示

微分を用いた Rodrigues の公式(5)のほかに, Legendre の多項式に対しては一連の積分表示が得られている. たとえば, Schläfli は Legendre の多項式を複素積分の形で表わした:

$$P_n(x) = \frac{1}{2\pi i}\int_L \frac{1}{2^n}\frac{(z^2-1)^n}{(z-x)^{n+1}}dz. \tag{12}$$

ここに L は x を囲む任意の(単純)閉曲線である.

これを証明するために, つぎののことに注意しよう. (12)の右辺の積分は, Cauchy の定理によって被積分関数の唯一の極 $z=x$ における留数に等しい. $(z^2-1)^n$ を $(z-x)$ のベキに展開したときの $(z-x)^n$ の係数は $\dfrac{1}{n!}\dfrac{d^n}{dx^n}(x^2-1)^n$ だから, 求める留数は $\dfrac{1}{2^n n!}\dfrac{d^n}{dx^n}(x^2-1)^n$ であり, これは $P_n(x)$ にほかならない.

§4 Legendre の多項式の積分表示

Schläfli の公式から Laplace の公式

$$P_n(x) = \frac{1}{\pi}\int_0^\pi (x+\sqrt{x^2-1}\cos\varphi)^n d\varphi \tag{13}$$

がつぎのようにして導かれる．x を 1 より大きな実数とする．公式(12)の積分路 L を中心 x，半径 $\sqrt{x^2-1}$ の円とする．このとき φ が 0 から 2π までを動くとして変数変換

$$z = x+\sqrt{x^2-1}\,e^{i\varphi}$$

を行えば，

$$z^2-1 = (x+\sqrt{x^2-1}\,e^{i\varphi})^2-1 = (x^2-1)(1+e^{2i\varphi})+2x\sqrt{x^2-1}\,e^{i\varphi}$$
$$= 2\sqrt{x^2-1}\,e^{i\varphi}(x+\sqrt{x^2-1}\cos\varphi).$$

(12)に代入すると

$$P_n(x) = \frac{1}{2\pi i}\int_0^{2\pi}\frac{1}{2^n}\frac{2^n(\sqrt{x^2-1}\,e^{i\varphi})^n(x+\sqrt{x^2-1}\cos\varphi)^n}{(\sqrt{x^2-1}\,e^{i\varphi})^{n+1}}i\sqrt{x^2-1}\,e^{i\varphi}d\varphi$$
$$= \frac{1}{2\pi}\int_0^{2\pi}(x+\sqrt{x^2-1}\cos\varphi)^n d\varphi = \frac{1}{\pi}\int_0^\pi (x+\sqrt{x^2-1}\cos\varphi)^n d\varphi.$$

こうして公式(13)は $x>1$ の場合に示されたが，$P_n(x)$ は多項式であるから，この公式はすべての x の値に対して成り立つ．この際，根号に対する符号はどうでもよい．というのは，被積分関数を 2 項定理で展開して項別に積分すれば，根号を含んだ項は落ちてしまうからである．

Laplace の積分公式から直ちにつぎの評価が得られる：

$$|P_n(x)| \leqq 1 \qquad (-1\leqq x\leqq 1). \tag{14}$$

実際，

$$|P_n(x)| \leqq \frac{1}{\pi}\int_0^\pi |x+i\sqrt{1-x^2}\cos\varphi|^n d\varphi = \frac{1}{\pi}\int_0^\pi (\sqrt{x^2+(1-x^2)\cos^2\varphi})^n d\varphi$$
$$= \frac{1}{\pi}\int_0^\pi (\sqrt{x^2\sin^2\varphi+\cos^2\varphi})^n d\varphi \leqq \frac{1}{\pi}\int_0^\pi d\varphi = 1.$$

$P_n(1)=1$ であるから，全区間 $[-1,+1]$ に対する評価としては，(14)はこれ以上改良できないことに注意しよう．

§5 Legendre の多項式の母関数

関数
$$\frac{1}{\sqrt{1-2xz+z^2}}$$
は Legendre の多項式に対する**母関数**である．すなわち，Legendre の多項式は上の関数を z のベキに展開したときの係数である：

$$\frac{1}{\sqrt{1-2xz+z^2}} = \sum_{n=0}^{\infty} P_n(x) z^n. \tag{15}$$

この等式は任意の x と十分小さな z の値：$|z| < |x \pm \sqrt{x^2-1}|$ に対して成り立つ．これを示そう．上の仮定のもとでは Laplace の公式によって，

$$\begin{aligned}
\sum_{n=0}^{\infty} P_n(x) z^n &= \frac{1}{\pi} \int_0^{\pi} \sum_{n=0}^{\infty} [(x+\sqrt{x^2-1}\cos\varphi)z]^n d\varphi \\
&= \frac{1}{\pi} \int_0^{\pi} \frac{d\varphi}{1-(x+\sqrt{x^2-1}\cos\varphi)z} \\
&= \frac{1}{\pi z \sqrt{x^2-1}} \int_0^{\pi} \frac{d\varphi}{\dfrac{1-xz}{z\sqrt{x^2-1}} - \cos\varphi}.
\end{aligned} \tag{16}$$

定積分の公式[1]

$$\int_0^{\pi} \frac{d\varphi}{t-\cos\varphi} = \frac{\pi}{\sqrt{t^2-1}}$$

(ここで t は区間 $[-1, +1]$ に属さず，また平方根 $\sqrt{t^2-1}$ の値は $|t-\sqrt{t^2-1}|<1$ が満たされるように定めるとする）を考慮すれば，(16) の右辺が $\dfrac{1}{\sqrt{1-2xz+z^2}}$ となることがわかる．

級数 (15) の収束は $-1 \le x \le +1$，$|z| < 1$ において広義一様であることに注意する．実際，$-1 \le x \le +1$ ならば $|P_n(x)| \le 1$，したがって，$|P_n(x) z^n| \le |z|^n$ だからである．

$|z| > 1$ の場合には $z_1 = 1/z$ とすれば，$|z_1| < 1$ となって

$$\frac{1}{\sqrt{1-2xz+z^2}} = \frac{z_1}{\sqrt{1-2xz_1+z_1^2}} = z_1 \sum_{n=0}^{\infty} P_n(x) z_1^n = \sum_{n=0}^{\infty} \frac{P_n(x)}{z^{n+1}}.$$

---

1)〔訳注〕これを導くには，$f(z) = \dfrac{1}{2tz-(z^2+1)}$ の単位円周上の積分を留数を用いて計算せよ．

こうして,

$$\frac{1}{\sqrt{1-2xz+z^2}} = \begin{cases} \sum_{n=0}^{\infty} P_n(x)z^n & (|z|<1) \\ \sum_{n=0}^{\infty} \frac{P_n(x)}{z^{n+1}} & (|z|>1), \end{cases} \quad (-1 \le x \le 1).$$

§6 Legendreの多項式の漸化式

母関数をもとにすれば,Legendreの多項式のいろいろな漸化式が容易に得られる. 実際, (15)を z に関して微分して$(1-2xz+z^2)$を掛ければ

$$\frac{x-z}{\sqrt{1-2xz+z^2}} = (1-2xz+z^2)\sum_{n=1}^{\infty} nP_n(x)z^{n-1},$$

あるいは

$$(x-z)\sum_{n=0}^{\infty} P_n(x)z^n = (1-2xz+z^2)\sum_{n=1}^{\infty} nP_n(x)z^{n-1}.$$

したがって, z の同次の項の係数を比較すれば,

$$(n+1)P_{n+1}(x)-(2n+1)xP_n(x)+nP_{n-1}(x) = 0 \quad (n=1,2,\cdots), \quad (17)$$

$$P_1(x)-xP_0(x) = 0. \quad (18)$$

同様に, (15)を x で微分して$(1-2xz+z^2)$を掛けると

$$P_n(x) = \frac{dP_{n+1}(x)}{dx} + \frac{dP_{n-1}(x)}{dx} - 2x\frac{dP_n(x)}{dx}. \quad (19)$$

これに(17)の $P_{n+1}(x)$ を代入して

$$nP_n(x) = x\frac{dP_n(x)}{dx} - \frac{dP_{n-1}(x)}{dx}. \quad (20)$$

(19)と(20)から $x\dfrac{dP_n(x)}{dx}$ を消去すれば

$$(2n+1)P_n(x) = \frac{dP_{n+1}(x)}{dx} - \frac{dP_{n-1}(x)}{dx}. \quad (21)$$

この公式は $dP_{-1}(x)/dx=0$ とすれば $n=0$ のときでも成立する. (21)において $n=0,1,2,\cdots,n$ とおいて和をとると

$$\sum_{k=0}^{n}(2k+1)P_k(x) = \frac{dP_{n+1}(x)}{dx} + \frac{dP_n(x)}{dx}. \quad (22)$$

§7 第2種の Legendre 関数

方程式(4)の一般解を得るためには，Legendre の多項式とは線形独立なもう1つの解を求めなければならない．ここでは証明なしに，その解がつぎの形になることを述べておく：

$$Q_n(x) = \frac{1}{2} P_n(x) \log \frac{x+1}{x-1} - \sum_{k=1}^{N} \frac{2n-4k+3}{(2k-1)(n-k+1)} P_{n-2k+1}(x). \quad (23)$$

ここで，n が偶数ならば $N=n/2$，n が奇数ならば $N=(n+1)/2$ である．特に $n=0,1,2,3$ に対しては，

$$Q_0(x) = \frac{1}{2} \log \frac{x+1}{x-1},$$

$$Q_1(x) = \frac{x}{2} \log \frac{x+1}{x-1} - 1,$$

$$Q_2(x) = \frac{1}{4}(3x^2-1) \log \frac{x+1}{x-1} - \frac{3}{2}x,$$

$$Q_3(x) = \frac{1}{4}(5x^3-3x) \log \frac{x+1}{x-1} - \frac{5}{2}x^2 + \frac{2}{3}.$$

$P_n(x), Q_n(x)$ は線形独立であるから，(4)の一般解は C_1, C_2 を任意定数としてつぎの形に書ける：

$$y = C_1 P_n(x) + C_2 Q_n(x). \quad (24)$$

§8 回転する弦の微小振動

Legendre の多項式の簡単な応用例として，一端が動かない支点に固定され，そのまわりを自由に回転することのできる長さ l の一様な弦の振動を考察しよう．重力と空気抵抗を無視すれば，弦の平衡状態は，支点を通るある平面内を一定の角速度 ω で回転する直線の形での運動である．弦は平衡状態からずれるとその付近で振動する．この振動を調べるに当って，平衡状態を表わす直線の一様な運動は考えないで，平衡の直線からの変位 u だけに着目すればよい．変位 u は時間 t と支点からの距離 x の関数である．その際，u は弦の回転面に垂直であるとしよう．

この場合には，つぎの2つのベクトルの和で表わされる弦の点の加速度を求める必要がある．1つは一定の長さ x をもったベクトル，他の1つは(これに

§8 回転する弦の微小振動

垂直な)変動する長さ u をもったベクトルである．これらのベクトルは角速度 ω で回転している．

u は回転軸に平行(回転面に垂直)であるから，弦上の点の Ox 軸方向の加速度の成分は $-\omega^2 x$，Ou 軸方向の加速度の成分は $\dfrac{\partial^2 u}{\partial t^2}$ である．支点からの距離が x のところにある弦の線素 dx に働く力は，ρ を弦の線密度として

$$\rho dx \cdot \omega^2 x$$

に等しい．

点 x における張力は，点 x から外側の端点に至るまでの弦の全線素に働く力の総和になる：

$$T(x) = \int_x^l \rho\omega^2 x\, dx = \frac{\rho\omega^2}{2}(l^2 - x^2).$$

このことから，張力の Ou 軸方向の成分が近似的に $T(x)\dfrac{\partial u}{\partial x}$ であることに注意して，回転する弦の自由振動の方程式を導くことができる，すなわち

$$\rho dx \frac{\partial^2 u}{\partial t^2} = \left[\frac{\rho\omega^2}{2}(l^2-x^2)\frac{\partial u}{\partial x}\right]_{x+dx} - \left[\frac{\rho\omega^2}{2}(l^2-x^2)\frac{\partial u}{\partial x}\right]_x$$

$$= \frac{\rho\omega^2}{2}\frac{\partial}{\partial x}\left[(l^2-x^2)\frac{\partial u}{\partial x}\right]dx.$$

書きかえれば

$$\frac{\partial^2 u}{\partial t^2} = a^2 \frac{\partial}{\partial x}\left[(l^2-x^2)\frac{\partial u}{\partial x}\right] \qquad \left(a^2 = \frac{\omega^2}{2}\right). \tag{25}$$

明らかに，つぎの境界および初期条件を満たす(25)の解を求めれば，回転する弦の微小振動の問題を解決できる：

$$u|_{x=0} = 0, \tag{26}$$

$$u|_{t=0} = f(x), \quad \left.\frac{\partial u}{\partial t}\right|_{t=0} = F(x). \tag{27}$$

条件(26)を満たす(25)の特解を

$$u = T(t)X(x) \tag{28}$$

の形に求めよう．これを(25)に代入して，

$$\frac{T''(t)}{a^2 T(t)} = \frac{\dfrac{d}{dx}[(l^2-x^2)X'(x)]}{X(x)}$$

を得る．この等式の両辺の共通値を定数 $-\lambda$ とすると，

第15章 Legendre の多項式

$$T''(t) + a^2 \lambda T(t) = 0, \tag{29}$$

$$\frac{d}{dx}[(l^2-x^2)X'(x)] + \lambda X(x) = 0 \tag{30}$$

となる．$x=l\xi$ とおけば方程式(30)は

$$\frac{d}{d\xi}\left[(1-\xi^2)\frac{dX}{d\xi}\right] + \lambda X = 0 \tag{31}$$

となるが，これは Legendre の方程式である．

問題の物理的意味から，弦の変位 $u(x,t)$ は区間 $[0,l]$ において有界である．ゆえに(30)の解のうち，この区間において両端も含めて有界であるものを求めなくてはならない．この章の初めの部分で n を正整数として $\lambda = n(n+1)$ の場合には，Legendre の方程式(31)は区間 $[0,l]$ において $\xi = \pm 1$ で有界な解をもつことを示した．この解は Legendre の多項式 $P_n(\xi)$ である．したがって，もとの変数 x に戻れば，

$$X(x) = P_n\left(\frac{x}{l}\right) \tag{32}$$

が $\lambda = n(n+1)$ の場合の方程式(30)の $x = \pm l$ で有界な解であるということができる．

境界条件(26)を満足させるためには

$$P_n(0) = 0.$$

これは k を正整数として $n = 2k-1$ の場合には可能である．このようにして，境界条件

$$X(0) = 0, \quad X(l) = 有限 \tag{33}$$

を満たす(30)の恒等的に 0 ではない解は

$$\lambda = \lambda_k = 2k(2k-1) \quad (k=1,2,3,\cdots) \tag{34}$$

のときに限り可能である．

これらの固有値に対応する固有関数は

$$X_k(x) = P_{2k-1}\left(\frac{x}{l}\right) \tag{35}$$

であり，これらは区間 $[0,l]$ 上で直交系をなしている．

$\lambda = \lambda_k$ の場合，(29)の一般解はつぎの形になる：

$$T_k(t) = a_k \cos(\sqrt{2k(2k-1)}\, at) + b_k \sin(\sqrt{2k(2k-1)}\, at). \tag{36}$$

§8 回転する弦の微小振動

(28)によれば,関数

$$u_k(x,t) = [a_k \cos(\sqrt{2k(2k-1)}\, at) + b_k \sin(\sqrt{2k(2k-1)}\, at)] P_{2k-1}\left(\frac{x}{l}\right) \quad (37)$$

は勝手な a_k, b_k に対して方程式(25)と境界条件(26)を満足している.問題の解を得るために,級数

$$u(x,t) = \sum_{k=1}^{\infty} [a_k \cos(\sqrt{2k(2k-1)}\, at) + b_k \sin(\sqrt{2k(2k-1)}\, at)] P_{2k-1}\left(\frac{x}{l}\right) \quad (38)$$

を考え,初期条件(27)が満たされることを要求しよう:

$$u(x,0) = \sum_{k=1}^{\infty} a_k P_{2k-1}\left(\frac{x}{l}\right) = f(x), \quad (39)$$

$$\frac{\partial u(x,0)}{\partial t} = \sum_{k=1}^{\infty} \sqrt{2k(2k-1)}\, ab_k P_{2k-1}\left(\frac{x}{l}\right) = F(x). \quad (40)$$

級数(39)が一様収束すると仮定すれば,(39)の両辺に $P_{2k-1}\left(\frac{x}{l}\right)$ を掛けて x について 0 から l まで積分することによって,係数 a_k を決定することができる.すなわち,固有関数の直交性を考慮して,

$$\int_0^l f(x) P_{2k-1}\left(\frac{x}{l}\right) dx = a_k \int_0^l P_{2k-1}{}^2\left(\frac{x}{l}\right) dx = \frac{la_k}{2} \int_{-1}^1 P_{2k-1}{}^2(\xi) d\xi$$

$$= \frac{l}{4k-1} a_k.$$

ゆえに,

$$a_k = \frac{4k-1}{l} \int_0^l f(x) P_{2k-1}\left(\frac{x}{l}\right) dx. \quad (41)$$

同様に,

$$b_k = \frac{4k-1}{al\sqrt{2k(2k-1)}} \int_0^l F(x) P_{2k-1}\left(\frac{x}{l}\right) dx. \quad (42)$$

このようにして,問題の解は級数(38)によって与えられる.ただし a_k, b_k は(41),(42)で定められる.

(38)を

$$u(x,t) = \sum_{k=1}^{\infty} A_k \sin(\sqrt{2k(2k-1)}\, at + \varphi_k) P_{2k-1}\left(\frac{x}{l}\right) \quad (43)$$

と書き直してみると,回転する弦の微小振動は調和振動から成っていることがわかる.第 k 上音(上振動)の振動数 ω_k は

$$\omega_k = \sqrt{2k(2k-1)}\, a = \sqrt{k(2k-1)}\, \omega$$

によって表わされる.

したがって振動数は回転の角速度 ω に依存するが，弦の長さや密度には依存しない（もっとも密度を一様としてのことであるが）．弦の長さあるいは密度を大きくすると，弦の質量は大きくなる．このことはまず振動数を下げようとする．ところが質量の増加は張力の増大をもたらし，これは振動数の増加を引き起こす．これら2つの要因が相殺するのである．

問　題

1. 次式を示せ.
$$\int_0^1 P_n(x)dx = \begin{cases} 1 & (n=0) \\ 0 & (n=2k,\ k>0) \\ (-1)^k \dfrac{(2k)!}{2^{2k+1}k!(k+1)!} & (n=2k+1). \end{cases}$$

2. 次式を示せ.
$$\int_0^1 xP_k(x)dx = \begin{cases} 0 & (k=2n+1,\ n>0) \\ \dfrac{(-1)^{n-1}(2n-2)!}{2^{2n}(n-1)!(n+1)!} & (k=2n,\ n>0). \end{cases}$$

3. つぎの関数 $f(x)$ を Legendre の多項式によって展開せよ.
$$f(x) = \begin{cases} 0 & (-1 \leqq x < 0) \\ 1 & (0 < x \leqq 1). \end{cases}$$

〔答〕
$$f(x) = \frac{1}{2} + \frac{3}{2^2}P_1(x) - \frac{7\cdot 2!}{2^4\cdot 2!\cdot 1!}P_3(x) + \frac{11\cdot 4!}{2^6\cdot 3!\cdot 2!}P_5(x) - \cdots.$$

4. 級数
$$P_0(\cos\theta) + P_1(\cos\theta) + \cdots + P_n(\cos\theta) + \cdots$$
が $0 < \theta < \pi$ において収束することを証明せよ.

〔ヒント〕 Laplace の公式を用いよ.

5. 線密度が
$$\rho(x) = \frac{a}{\sqrt{b^2-x^2}} \qquad (a>0,\ b>l)$$
によって与えられる一様でない糸の端点 $x=0$ が固定軸に結ばれ，他の端点 $x=l$ には質量
$$M = \frac{a}{l}\sqrt{b^2-l^2}$$
の球が結びつけられている．糸が固定軸のまわりを一定角速度 ω で回転しているとき，

微小振動の方程式は
$$\frac{\partial^2 u}{\partial t^2} = \omega^2 \frac{\partial^2 u}{\partial y^2}, \quad y = \arcsin\frac{x}{b}$$
で与えられることを示せ.

〔ヒント〕 糸の張力は次式で定まる：
$$T(x) = a\omega^2 \int_x^l \frac{xdx}{\sqrt{b^2-x^2}} + \omega^2 a\sqrt{b^2-l^2}.$$

6. この章の§8で述べた回転する一様な弦に対して，連続的に分布する力 $\rho Y(x,t)$ が働いているとする．このとき，弦の強制振動は次式によって表わされることを示せ：
$$u(x,t) = \sum_{k=1}^{\infty} T_k(t) P_{2k-1}\left(\frac{x}{l}\right),$$
ただし
$$T_k(t) = \frac{4k-1}{al\sqrt{2k(2k-1)}} \int_0^t d\tau \int_0^l Y(\xi,\tau) \sin\omega_k(t-\tau) P_{2k-1}\left(\frac{\xi}{l}\right) d\xi.$$

第16章　Fourierの方法の長方形および円形の膜の微小振動への応用

§1　長方形膜の自由振動

周囲を固定した，両辺の長さが p, q の一様な長方形膜の微小振動を考えよう(図38).

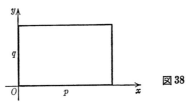

図38

第6章で，この問題は波動方程式

$$\frac{\partial^2 u}{\partial t^2} = a^2 \left(\frac{\partial^2 u}{\partial x^2} + \frac{\partial^2 u}{\partial y^2} \right) \tag{1}$$

の，境界条件

$$u|_{x=0} = 0, \quad u|_{x=p} = 0, \quad u|_{y=0} = 0, \quad u|_{y=q} = 0, \tag{2}$$

および初期条件

$$u|_{t=0} = f(x, y), \quad \left.\frac{\partial u}{\partial t}\right|_{t=0} = F(x, y) \tag{3}$$

を満たす解を求めることに帰着することを示した.

(2)を満たす(1)の解を

$$u(x, y, t) = T(t)v(x, y) \tag{4}$$

の形で求めよう．(4)を(1)に代入すると

$$\frac{T''(t)}{a^2 T(t)} = \frac{v_{xx} + v_{yy}}{v}.$$

明らかに，上の等式が成立するのは両辺が同一の定数に等しい場合に限る. この定数を $-k^2$ として境界条件(2)を考慮すれば

$$T''(t) + (ak)^2 T(t) = 0, \tag{5}$$

§1 長方形膜の自由振動

$$v_{xx}+v_{yy}+k^2v = 0, \tag{6}$$

$$v|_{x=0} = 0, \quad v|_{x=p} = 0, \quad v|_{y=0} = 0, \quad v|_{y=q} = 0. \tag{7}$$

境界値問題(6),(7)を解くのに,

$$v(x,y) = X(x)Y(y) \tag{8}$$

とおいて Fourier の方法を適用しよう.(8)を(6)に代入すれば

$$\frac{Y''(y)}{Y(y)}+k^2 = -\frac{X''(x)}{X(x)}.$$

これよりつぎの2方程式が得られる:

$$X''(x)+k_1^2 X(x) = 0, \quad Y''(y)+k_2^2 Y(y) = 0, \tag{9}$$

ただし

$$k_2^2 = k^2-k_1^2 \quad \text{すなわち} \quad k^2 = k_1^2+k_2^2. \tag{10}$$

(9)の一般解は

$$X(x) = C_1 \cos k_1 x + C_2 \sin k_1 x, \quad Y(y) = C_3 \cos k_2 y + C_4 \sin k_2 y. \tag{11}$$

境界条件(7)によってつぎの条件が要求される:

$$X(0) = 0, \quad X(p) = 0, \quad Y(0) = 0, \quad Y(q) = 0. \tag{12}$$

ゆえに,明らかに $C_1=C_3=0$. さらに,もし $C_2=C_4=1$ とおけば

$$X(x) = \sin k_1 x, \quad Y(y) = \sin k_2 y \tag{13}$$

となり,

$$\sin k_1 p = 0, \quad \sin k_2 q = 0 \tag{14}$$

でなければならない.(14)により, k_1 および k_2 は無限個の値

$$k_{1m} = \frac{m\pi}{p}, \quad k_{2n} = \frac{n\pi}{q} \quad (m, n=1, 2, 3, \cdots)$$

をとる.このとき対応する k^2 の値として,(10)から

$$k_{mn}^2 = k_{1m}^2+k_{2n}^2 = \pi^2\left(\frac{m^2}{p^2}+\frac{n^2}{q^2}\right) \tag{15}$$

が得られる.

したがって,境界値問題(6),(7)の固有値(15)に対応する固有関数は

$$v_{mn}(x,y) = \sin\frac{m\pi x}{p}\sin\frac{n\pi y}{q} \tag{16}$$

となる.

さて(5)については,各固有値 $k^2=k^2_{mn}$ に対して(5)の一般解は

$$T_{mn}(t) = A_{mn} \cos ak_{mn}t + B_{mn} \sin ak_{mn}t \tag{17}$$

である．こうして，(4),(16),(17)により，境界条件(2)を満たす(1)の特解として

$$u_{mn}(x,y,t) = (A_{mn} \cos ak_{mn}t + B_{mn} \sin ak_{mn}t) \sin\frac{m\pi x}{p} \sin\frac{n\pi y}{q} \tag{18}$$

が得られる．

初期条件(3)を満足させるためにつぎの級数を考える：

$$u(x,y,t) = \sum_{m=1}^{\infty}\sum_{n=1}^{\infty}(A_{mn}\cos ak_{mn}t + B_{mn}\sin ak_{mn}t)\sin\frac{m\pi x}{p}\sin\frac{n\pi y}{q}. \tag{19}$$

この級数，さらにこれを x, y, t に関して(2回まで)項別微分して得られる級数が一様収束するならば，この級数の和は(1)および(2)を満足する．初期条件(3)が満足されるためには

$$u|_{t=0} = f(x,y) = \sum_{m=1}^{\infty}\sum_{n=1}^{\infty}A_{mn}\sin\frac{m\pi x}{p}\sin\frac{n\pi y}{q}, \tag{20}$$

$$\left.\frac{\partial u}{\partial t}\right|_{t=0} = F(x,y) = \sum_{m=1}^{\infty}\sum_{n=1}^{\infty}ak_{mn}B_{mn}\sin\frac{m\pi x}{p}\sin\frac{n\pi y}{q} \tag{21}$$

となればよい．

(20),(21)が一様収束すると仮定すれば，これらの両辺に

$$\sin\frac{m_1\pi x}{p}\sin\frac{n_1\pi y}{q}$$

を掛けて x については 0 から p まで，y については 0 から q まで積分すると，係数 A_{mn}, B_{mn} を決定することができる．その際

$$\int_0^p\int_0^q \sin\frac{m\pi x}{p}\sin\frac{n\pi y}{q}\sin\frac{m_1\pi x}{p}\sin\frac{n_1\pi y}{q}\,dxdy$$
$$= \begin{cases} 0 & (m \neq m_1 \text{ または } n \neq n_1) \\ \dfrac{pq}{4} & (m_1=m,\ n_1=n) \end{cases}$$

に注意すればつぎの式を得る：

$$\left.\begin{aligned}A_{mn} &= \frac{4}{pq}\int_0^p\int_0^q f(x,y)\sin\frac{m\pi x}{p}\sin\frac{n\pi y}{q}dxdy, \\ B_{mn} &= \frac{4}{apqk_{mn}}\int_0^p\int_0^q F(x,y)\sin\frac{m\pi x}{p}\sin\frac{n\pi y}{q}dxdy.\end{aligned}\right\} \tag{22}$$

§1 長方形膜の自由振動

解(19)はつぎの形にも書ける:

$$u(x,y,t) = \sum_{m=1}^{\infty}\sum_{n=1}^{\infty} M_{mn} \sin\frac{m\pi x}{p}\sin\frac{n\pi y}{q}\sin(ak_{mn}t+\varphi_{mn}), \quad (23)$$

ただし

$$M_{mn} = \sqrt{A_{mn}{}^2+B_{mn}{}^2}, \qquad \varphi_{mn} = \arctan\frac{A_{mn}}{B_{mn}}.$$

(23)をみると,各項は調和振動を示しており,したがって膜の一般的な振動は定常波型の調和固有振動の無限個の重ね合せであることがわかる.

各固有振動の振動数 ω_{mn} と周期 T_{mn} は次式で与えられる:

$$\omega_{mn} = a\pi\sqrt{\frac{m^2}{p^2}+\frac{n^2}{q^2}}, \quad (24)$$

$$T_{mn} = \frac{2pq}{a\sqrt{m^2q^2+n^2p^2}}. \quad (25)$$

膜は弦とはつぎの点で異なっている.弦の場合には各固有振動数には固有の弦の形が対応し,それは節点によっていくつかの等しい部分に分れている.膜の場合には同一の固有振動数に対して,異なる**節線**の配置をもったいくつかの膜の図形が対応している.節線とはその上で固有調和振動の振幅が0になる線のことである.この事情は正方形の膜,すなわち,

$$p = q = \pi$$

の場合を例にとって考えれば見易い.

この場合固有振動数 ω_{mn} は

$$\omega_{mn} = a\sqrt{m^2+n^2}.$$

この式からわかるように,表式

$$u_{11} = M_{11}\sin(\omega_{11}t+\varphi_{11})\sin x \sin y$$

で定められる基底振動(基音)の振動数は $\omega_{11}=a\sqrt{2}$ である.この振動の節線は明らかに膜を形造っている正方形の辺と一致する.

ところが

$$m=1,\ n=2 \quad \text{または} \quad m=2,\ n=1$$

の場合には,同一の振動数

$$\omega = \omega_{12} = \omega_{21} = a\sqrt{5}$$

をもった2つの上振動(上音)が現われる:

$$u_{12} = M_{12}\sin(\omega_{12}t+\varphi_{12})\sin x \sin 2y,$$
$$u_{21} = M_{21}\sin(\omega_{21}t+\varphi_{21})\sin 2x \sin y.$$

この振動数をもつ振動,すなわち,u_{12}, u_{21} を重ね合せたものの節線の方程式は,α, β を定数としてつぎのようになる:
$$\alpha \sin x \sin 2y + \beta \sin 2x \sin y = 0,$$
すなわち,
$$\alpha \cos y + \beta \cos x = 0.$$

この場合の最も簡単な節線は図 39 に点線で示されている.$\alpha \neq \pm\beta$,$\alpha, \beta \neq 0$ の場合にはもっと複雑な節線が得られるが,ここには述べない.

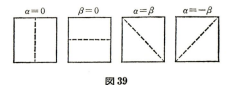

図 39

同様な方法でさらに高い上音に対する節線も調べられる.

長方形膜の強制振動も弦の場合と全く同様に取り扱うことができる.ただ異なる点は,外力 $\Phi(x, y, t)$ が 1 重でなく 2 重 Fourier 級数に展開されるということである.

§2 円形膜の自由振動

周囲を固定した半径 l の円形膜の振動の問題を考察しよう.この問題は,極座標で書いた波動方程式

$$\frac{\partial^2 u}{\partial r^2} + \frac{1}{r}\frac{\partial u}{\partial r} + \frac{1}{r^2}\frac{\partial^2 u}{\partial \varphi^2} = \frac{1}{a^2}\frac{\partial^2 u}{\partial t^2} \tag{26}$$

を境界条件
$$u|_{r=l} = 0, \tag{27}$$

および初期条件
$$u|_{t=0} = f(r, \varphi), \quad \left.\frac{\partial u}{\partial t}\right|_{t=0} = F(r, \varphi) \tag{28}$$

のもとで解くことに帰着する.

§2 円形膜の自由振動

問題の物理的意味から,解 $u(r, \varphi, t)$ は φ の関数として周期 2π の1価周期関数であり,また膜の中心 $r=0$ をも含めた膜のすべての点で有界でなければならない.

Fourier の方法を適用するために,
$$u(r, \varphi, t) = T(t)v(r, \varphi) \tag{29}$$
とおこう. $T(t)$ に対する方程式は
$$T''(t) + a^2\lambda^2 T(t) = 0$$
で,これの一般解は
$$T(t) = C_1 \cos \lambda at + C_2 \sin \lambda at. \tag{30}$$
$v(r, \varphi)$ に対してはつぎの境界値問題が得られる:
$$\frac{\partial^2 v}{\partial r^2} + \frac{1}{r}\frac{\partial v}{\partial r} + \frac{1}{r^2}\frac{\partial^2 v}{\partial \varphi^2} + \lambda^2 v = 0, \tag{31}$$
$$v|_{r=l} = 0, \tag{32}$$
$$v|_{r=0} = 有限, \quad v(r, \varphi+2\pi) = v(r, \varphi). \tag{33}$$

(31)の解をつぎの形で求めよう:
$$v(r, \varphi) = R(r)\Phi(\varphi). \tag{34}$$
これを(31)に代入して変数分離を行えば
$$\frac{\Phi''(\varphi)}{\Phi(\varphi)} = -\frac{r^2 R''(r) + r R'(r) + \lambda^2 r^2 R(r)}{R(r)} = -p^2.$$
(32),(33),(34)に注意すれば,上の方程式からつぎの2つの境界値問題に到達する:
$$\Phi''(\varphi) + p^2\Phi(\varphi) = 0, \tag{35}$$
$$\Phi(\varphi) = \Phi(\varphi+2\pi); \tag{36}$$
$$R''(r) + \frac{1}{r}R'(r) + \left(\lambda^2 - \frac{p^2}{r^2}\right)R(r) = 0, \tag{37}$$
$$R(l) = 0, \quad R(0) = 有限. \tag{38}$$

容易にわかるように,問題(35),(36)の恒等的に 0 でない周期解が存在するのは $p=n$ (n は整数) の場合に限られ,そのとき解はつぎの形になる:
$$\Phi_n(\varphi) = A_n \cos n\varphi + B_n \sin n\varphi \quad (n=0, 1, 2, \cdots).$$
方程式(37)に移ろう.その $p=n$ のときの一般解は

$$R_n(r) = \delta_n J_n(\lambda r) + \varepsilon_n Y_n(\lambda r)$$

である．(38)の第2の条件から $\varepsilon_n = 0$ がでる．一方，(38)の最初の条件によって $J_n(\lambda l) = 0$ となる．

$\lambda l = \mu$ とおけば，μ を決定するための超越方程式

$$J_n(\mu) = 0 \qquad (39)$$

が得られる．この方程式は，すでに知っているように(第12章をみよ)無限個の正根

$$\mu_1^{(n)}, \ \mu_2^{(n)}, \ \mu_3^{(n)}, \ \cdots$$

をもっている．これらの根には λ の値

$$\lambda_{nm} = \frac{\mu_m^{(n)}}{l} \qquad (m=1,2,\cdots, \ n=0,1,2,\cdots)$$

と，問題(37),(38)の解

$$R_{nm}(r) = J_n\left(\frac{\mu_m^{(n)} r}{l}\right)$$

が対応する．

境界値問題(31)-(33)に戻ってみれば，固有値 $\lambda_{nm}^2 = \left(\dfrac{\mu_m^{(n)}}{l}\right)^2$ に対してつぎの2つの線形独立な固有関数が対応することがわかる：

$$J_n\left(\frac{\mu_m^{(n)} r}{l}\right)\cos n\varphi, \qquad J_n\left(\frac{\mu_m^{(n)} r}{l}\right)\sin n\varphi \qquad (m=1,2,\cdots, \ n=0,1,2,\cdots).$$

上のことから，境界条件(27)を満たす(26)の無限個の特解をつぎのように構成することができる：

$$u_{nm}(r,\varphi,t) = \left[\left(A_{nm}\cos\frac{a\mu_m^{(n)} t}{l} + B_{nm}\sin\frac{a\mu_m^{(n)} t}{l}\right)\cos n\varphi \right.$$
$$\left. + \left(C_{nm}\cos\frac{a\mu_m^{(n)} t}{l} + D_{nm}\sin\frac{a\mu_m^{(n)} t}{l}\right)\sin n\varphi\right]J_n\left(\frac{\mu_m^{(n)} r}{l}\right).$$

初期条件(28)を満足させるためにつぎの級数を考える：

$$u(r,\varphi,t) = \sum_{n=0}^{\infty}\sum_{m=1}^{\infty}\left[\left(A_{nm}\cos\frac{a\mu_m^{(n)} t}{l} + B_{nm}\sin\frac{a\mu_m^{(n)} t}{l}\right)\cos n\varphi \right.$$
$$\left. + \left(C_{nm}\cos\frac{a\mu_m^{(n)} t}{l} + D_{nm}\sin\frac{a\mu_m^{(n)} t}{l}\right)\sin n\varphi\right]J_n\left(\frac{\mu_m^{(n)} r}{l}\right). \quad (40)$$

係数 $A_{nm}, B_{nm}, C_{nm}, D_{nm}$ は初期条件(28)によって決定される．実際,(40)で

§2 円形膜の自由振動

$t=0$ とおけば

$$f(r,\varphi) = \sum_{m=1}^{\infty} A_{0m} J_0\left(\frac{\mu_m^{(0)} r}{l}\right) + \sum_{n=1}^{\infty}\left(\sum_{m=1}^{\infty} A_{nm} J_n\left(\frac{\mu_m^{(n)} r}{l}\right)\right)\cos n\varphi +$$

$$+ \sum_{n=1}^{\infty}\left(\sum_{m=1}^{\infty} C_{nm} J_n\left(\frac{\mu_m^{(n)} r}{l}\right)\right)\sin n\varphi. \tag{41}$$

これは周期関数 $f(r,\varphi)$ の区間 $(0, 2\pi)$ における Fourier 級数展開であるから，$\cos n\varphi$, $\sin n\varphi$ の係数は Fourier 係数でなければならない．いいかえれば，

$$\frac{1}{2\pi} \int_0^{2\pi} f(r,\varphi) d\varphi = \sum_{m=1}^{\infty} A_{0m} J_0\left(\frac{\mu_m^{(0)} r}{l}\right), \tag{42}$$

$$\frac{1}{\pi} \int_0^{2\pi} f(r,\varphi) \cos n\varphi \, d\varphi = \sum_{m=1}^{\infty} A_{nm} J_n\left(\frac{\mu_m^{(n)} r}{l}\right), \tag{43}$$

$$\frac{1}{\pi} \int_0^{2\pi} f(r,\varphi) \sin n\varphi \, d\varphi = \sum_{m=1}^{\infty} C_{nm} J_n\left(\frac{\mu_m^{(n)} r}{l}\right). \tag{44}$$

これらの等式をみると，これらが任意関数 $\Phi(r)$ の Bessel 関数によるつぎのような級数展開の形になっていることがわかる：

$$\Phi(r) = \sum_{m=1}^{\infty} a_m J_n\left(\frac{\mu_m^{(n)} r}{l}\right).$$

第12章で，係数 a_m は

$$a_m = \frac{2}{l^2 J_{n+1}^2(\mu_m^{(n)})} \int_0^l r\Phi(r) J_n\left(\frac{\mu_m^{(n)} r}{l}\right) dr$$

によって定められることを示した．それに従えば，A_{0m}, A_{nm}, C_{nm} に対するつぎの式が容易に得られる：

$$A_{0m} = \frac{1}{\pi l^2 J_1^2(\mu_m^{(0)})} \int_0^l \int_0^{2\pi} f(r,\varphi) J_0\left(\frac{\mu_m^{(0)} r}{l}\right) r dr d\varphi, \tag{45}$$

$$A_{nm} = \frac{2}{\pi l^2 J_{n+1}^2(\mu_m^{(n)})} \int_0^l \int_0^{2\pi} f(r,\varphi) J_n\left(\frac{\mu_m^{(n)} r}{l}\right) \cos n\varphi \, r dr d\varphi, \tag{46}$$

$$C_{nm} = \frac{2}{\pi l^2 J_{n+1}^2(\mu_m^{(n)})} \int_0^l \int_0^{2\pi} f(r,\varphi) J_n\left(\frac{\mu_m^{(n)} r}{l}\right) \sin n\varphi \, r dr d\varphi. \tag{47}$$

同様な議論で係数 B_{0m}, B_{nm}, D_{nm} を決定できる．それには(45), (46), (47) において $f(r,\varphi)$ を $F(r,\varphi)$ でおきかえ，おのおのの対応する式を $a\mu_m^{(n)}/l$ で割りさえすればよい．このようにして展開式(40)のすべての係数が決定される．求められた問題の解をさらにつぎの形に書き換えることができる：

第16章　Fourier の方法の応用

$$u(r,\varphi,t) = \sum_{n=0}^{\infty}\sum_{m=1}^{\infty} M_{nm} J_n\!\left(\frac{\mu_m^{(n)} r}{l}\right) \sin(n\varphi + \phi_{nm}) \sin\!\left(\frac{\mu_m^{(n)} at}{l} + \nu_{nm}\right). \quad (48)$$

ここで定数 $M_{nm}, \phi_{nm}, \nu_{nm}$ は $A_{nm}, B_{nm}, C_{nm}, D_{nm}$ と明らかな仕方で関係している．(48) から明らかなように，円形膜の一般の振動は振動数

$$\omega_{nm} = \frac{\mu_m^{(n)}}{l}\sqrt{\frac{T_0}{\sigma}}$$

(T_0 は張力，σ は膜の面密度)の固有調和振動の無限個の重ね合せである．

$n=0$, $m=1$ の場合が最小の振動数

$$\omega_{01} = \frac{\mu_1^{(0)}}{l}\sqrt{\frac{T_0}{\sigma}}$$

をもった基底振動(基音)である．

さらに (48) は円形膜のいろいろな振動数の定常波が節線をもつことを示している．これらの節線のなかで最も簡単なのはつぎの方程式で定められるものである：

$$J_n\!\left(\frac{\mu_m^{(n)} r}{l}\right) = 0, \quad \sin(n\varphi + \phi_{nm}) = 0. \quad (49)$$

初めの方程式は膜の縁と同心な $m-1$ 個の円周を定義していて，これらの円周の半径は

$$r_1 = \frac{\mu_1^{(n)}}{\mu_m^{(n)}} l, \quad r_2 = \frac{\mu_2^{(n)}}{\mu_m^{(n)}} l, \quad \cdots, \quad r_{m-1} = \frac{\mu_{m-1}^{(n)}}{\mu_m^{(n)}} l$$

である．(49) の第2式はつぎのような n 個の膜の直径を定める：

$$\varphi_1 = -\frac{\phi_{nm}}{n}, \quad \varphi_2 = \frac{\pi}{n} - \frac{\phi_{nm}}{n}, \quad \cdots, \quad \varphi_n = \frac{(n-1)\pi}{n} - \frac{\phi_{nm}}{n}.$$

図40には簡単ないくつかの場合について節線の位置が示されている．

円形膜が円対称振動をするのは初期関数が r だけの関数のときである：

$$u|_{t=0} = f(r), \quad \left.\frac{\partial u}{\partial t}\right|_{t=0} = F(r). \quad (50)$$

この場合には，(45), (46), (47) および同様な (B_{nm} を定める) 式から

$$A_{0m} = \frac{2}{l^2 J_1^2(\mu_m^{(0)})} \int_0^l r f(r) J_0\!\left(\frac{\mu_m^{(0)} r}{l}\right) dr,$$

$$B_{0m} = \frac{2}{a l \mu_m^{(0)} J_1^2(\mu_m^{(0)})} \int_0^l r F(r) J_0\!\left(\frac{\mu_m^{(0)} r}{l}\right) dr$$

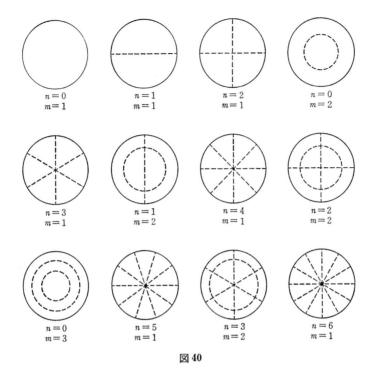

図 40

が得られ，$n>0$ に対しては $A_{nm}, B_{nm}, C_{nm}, D_{nm}$ は 0 である．級数 (40) は

$$u(r,t) = \sum_{m=1}^{\infty} \left(A_{0m} \cos \frac{a\mu_m^{(0)}t}{l} + B_{0m} \sin \frac{a\mu_m^{(0)}t}{l} \right) J_0\left(\frac{\mu_m^{(0)}r}{l} \right) \quad (51)$$

となる．ただし $\mu_m^{(0)}$ は $J_0(\mu)=0$ の正根である．

問　題

1. 一様な正方形膜が初期時刻 $t=0$ では $Axy(b-x)(b-y)$ で表わされる形をもっていて，初速度 0 で振動を始めたとする．ただし $A>0$ は十分小さいとする．縁を固定された膜の自由振動を調べよ．

〔答〕

$$u(x,y,t) = \frac{64Ab^4}{\pi^6} \sum_{n,m=0}^{\infty} \frac{\sin\frac{(2n+1)\pi x}{b}\sin\frac{(2m+1)\pi y}{b}}{(2n+1)^3(2m+1)^3} \cos\sqrt{(2n+1)^2+(2m+1)^2}\,\frac{a\pi t}{b}.$$

2. 縁を固定した長方形膜 $0 \leqq x \leqq l$, $0 \leqq y \leqq m$ が，初期時刻 $t=0$ において中心点の近傍で

$$\lim_{\varepsilon \to 0} \iint_{\sigma_\varepsilon} v_0 \, dxdy = A$$

なる衝撃を受けたとする．v_0 は初速度，A は定数である．膜の自由振動を決定せよ．

〔答〕

$$u(x,y,t) = \frac{4A}{a\pi ml} \sum_{k,\nu=1}^{\infty} \frac{\phi_{k\nu}\left(\frac{l}{2}, \frac{m}{2}\right)}{\mu_{k\nu}} \phi_{k\nu}(x,y) \sin \mu_{k\nu} \pi a t,$$

ただし

$$\phi_{k\nu}(x,y) = \sin\frac{k\pi x}{l} \sin\frac{\nu\pi y}{m}, \qquad \mu_{k\nu} = \sqrt{\left(\frac{k}{l}\right)^2 + \left(\frac{\nu}{m}\right)^2}.$$

3．高さ h の円筒形の管に比重 q の液体が満たされている．管の底は面密度 ρ の薄膜で一様な張力 T_0 が働いている．この薄膜の軸対称の振動の方程式はつぎのようになることを示せ．

$$\frac{\partial^2 u}{\partial t^2} + \frac{1}{r}\frac{\partial u}{\partial r} + b^2(u+h) = \frac{1}{a^2}\frac{\partial^2 u}{\partial t^2}, \quad a = \sqrt{\frac{T_0}{\rho}}, \quad b = \sqrt{\frac{q}{T_0}}.$$

4．半径 R の一様な円形膜が比重 q の液体の表面におかれている．この膜の円対称振動の基音の周期は

$$T = \frac{2\pi l\sqrt{T_0\rho}}{\sqrt{\mu^2 T_0^2 + q^2 R^2}}$$

で与えられることを証明せよ，ただし μ は方程式 $J_0(\mu)=0$ の最小の正根である．

〔ヒント〕 膜の微小振動の方程式の導出に当っては，膜の面要素 $d\sigma$ は静水圧

$$-qu d\sigma$$

を受けることに注意し，膜面についた液体の質量は無視せよ．

5．半径 R_1 および R_2 の同心円周によって囲まれた円環状の一様な膜の境界が固定されている．この膜の基本振動は

$$u = A\{J_0(\mu_1 r)Y_0(\mu_1 R_1) + Y_0(\mu_1 r)J_0(\mu_1 R_1)\}\cos a\mu_1 t$$

によって定まることを証明せよ．ここに μ_1 は方程式

$$J_0(\mu R_1)Y_0(\mu R_2) - J_0(\mu R_2)Y_0(\mu R_1) = 0$$

の最小の正根である．

6．周囲を固定した半径 R の一様な円形膜の自由振動をつぎの初期条件のもとで求めよ：初期時刻 $t=0$ において膜面は回転放物面で初速度は 0 である．

〔答〕

$$u(r,t) = 8A\sum_{n=1}^{\infty} \frac{J_0\left(\frac{\mu_n r}{R}\right)}{\mu_n^3 J_1(\mu_n)} \cos\frac{a\mu_n t}{R} \quad (A = \text{const}),$$

ただし $\mu_1, \mu_2, \mu_3, \cdots$ は $J_0(\mu)=0$ の正根．

7．周囲を固定した半径 R の一様な円形膜が，張力 T_0 のもとで平衡状態にある．時刻 $t=0$ から，調和的に変化する外力 $\rho A \sin \omega t$ が膜面に一様に加えられた．膜の円対称振動を求めよ．

〔答〕
$$u(r,t) = \frac{A}{\omega^2}\left[\frac{J_0\left(\frac{\omega r}{a}\right)}{J_0\left(\frac{\omega R}{a}\right)} - 1\right]\sin\omega t - \frac{2A\omega R^3}{a}\sum_{n=1}^{\infty}\frac{\sin\frac{\mu_n at}{R}J_0\left(\frac{\mu_n r}{R}\right)}{\mu_n{}^2(\omega^2 R - a^2\mu_n{}^2)J_0{}'(\mu_n)},$$

ただし $\mu_1, \mu_2, \mu_3, \cdots$ は $J_0(\mu)=0$ の正根.

8. 半径 l_1, l_2 の円周によって囲まれた円環状の一様な膜が境界を固定されている. 初期条件が

$$u|_{t=0} = f(r,\varphi), \qquad \frac{\partial u}{\partial t}\bigg|_{t=0} = 0$$

で与えられている場合に, 膜の平衡の位置からの変位は次式で表わされることを示せ:

$$u(r,\varphi,t) = \sum_{n=0}^{\infty}\sum_{m=1}^{\infty} W_{nm}(r)(A_{nm}\cos n\varphi + B_{nm}\sin n\varphi)\cos k_{nm}at.$$

$$A_{nm} = \frac{1}{\pi L}\int_0^{2\pi}\int_{l_1}^{l_2} f(r,\varphi)W_{nm}(r)\cos n\varphi\, rdrd\varphi,$$

$$B_{nm} = \frac{1}{\pi L}\int_0^{2\pi}\int_{l_1}^{l_2} f(r,\varphi)W_{nm}(r)\sin n\varphi\, rdrd\varphi.$$

ただし

$$W_{nm}(r) = \frac{J_n(k_{nm}r)}{J_n(k_{nm}l_1)} - \frac{Y_n(k_{nm}r)}{Y_n(k_{nm}l_1)}, \qquad L = \left[\frac{r^2}{2}\left\{\frac{J_n{}'(k_{nm}r)}{J_n(k_{nm}l_1)} - \frac{Y_n{}'(k_{nm}r)}{Y_n(k_{nm}l_1)}\right\}\right]_{l_1}^{l_2},$$

k_{nm} は超越方程式 $J_n(kl_1)Y_n(kl_2) - J_n(kl_2)Y_n(kl_1) = 0$ の根である.

第Ⅱ部　楕円型微分方程式

第17章 楕円型方程式の理論における積分公式

§1 定義と記号[1]

この章で扱う積分公式は数理物理学,特に以下の章で研究する楕円型方程式の理論に広く応用される.

以下の記述にとってこれまで用いてきた記号よりも,より便利な記号の体系の考察からはじめよう.以前には,空間の点の直角座標を x, y, z によって,また点そのものはアルファベットの大文字によって表わした.以下においては,しばしば,空間の点は小文字,たとえば x, ξ で,またそれらの座標は同じ文字に添字 $1, 2, 3$ をつけて表わす.たとえば,x_1, x_2, x_3 によって点 x の座標が,ξ_1, ξ_2, ξ_3 によって点 ξ の座標が示される.座標軸はそれぞれ $1, 2, 3$ 軸と名づけよう.$|x|, |\xi|$ によって点 x, ξ の座標原点からの距離を,また,$|x-\xi|, |y-\eta|$ によって2点 x と ξ,y と η の間の距離を表わそう.もし,前後の関係からどの2点が問題になっているかが明らかならば,それらの2点の間の距離を r で表わす.

以下に考察する関係式は体積積分,面積分あるいは線積分を含んでいる.曲面や曲線の概念の完全に厳密な定義はトポロジーによって与えられるが,かなりむずかしいので,これまでと同様,直観的定義によることにする.

3次元領域 あるいは **2次元領域** とは,つぎの条件を満たす空間あるいは曲面の部分をいう[2].

a) 領域内の任意の2点はその領域に含まれる曲線で結ばれる(連結性).

b) 領域内の各点 x に対し,正数 $\eta = \eta(x)$ が対応し,空間(あるいは曲面)内の点で x との距離が η より小さなものはすべてこの領域に属する.

---

1)〔訳注〕 この節および次節では,原著における些か不要,あるいは場ちがいな記述を,誤解をさけるために省略した個所がある.

2)〔訳注〕 空間の領域,曲面の領域を考えているが,要するに,領域とは連結開集合のことである.

§1 定義と記号

平面上の領域を**平面領域**という．

空間(曲面)の点で，それからの任意に小さな距離以内に，考える領域に属する点も属さない点も存在するものを領域の**境界点**という．境界点全体の集合を**境界**という．領域の境界の点は領域には属さないことに気をつけよう．

領域の点とその境界の点との全体の集合を**閉領域**という．閉領域の点でその境界に属さないものを**内点**という．

領域の境界はいつも曲面(曲線)であると仮定する．境界は，何個かの閉曲面(閉曲線)から成っていてもよい．たとえば，球のなかから小さな半径の球をくり抜いた残りの領域の境界は，2つの球面から成っている．

境界の性質に関しては，以後用いられる関係式に明確な意味を与えるような仮定をおく．特にことわらないときは，領域の境界は**断片的に**(区分的に)**滑らか**であるとする．これは，たとえば3次元の領域の境界上では，有限個の曲線を除外すれば，いたるところただ1つの法線(ただ1つの接平面)が存在して，その方向余弦が境界点の連続関数であることを意味する．以下で2次元領域の境界を問題にするのは，平面領域の場合だけである．この場合にも境界の局所的性質を特徴づけるのには，境界の法線およびその2つの方向余弦を考えればよい．平面領域の断片的に滑らかな境界上では，有限個の点を除けば，いたるところただ一つの法線が定まりその方向余弦は連続である．

3次元領域の境界を考えるとき，境界上の各点 x において，それを原点とする局所的な直角座標をつぎのようにとることができると仮定することがある．すなわち，x を中心とするある球の内部では境界が方程式

$$\xi_3 = f(\xi_1, \xi_2)$$

により表わされ，この関数 $f(\xi_1, \xi_2)$ およびその1階導関数は，連続であり，かつ点 x で0になる．第19章§6で，この条件を満たす境界は滑らかであることをみるであろう．

ある点を含む領域はすべてその点の**近傍**とよばれる．考察する図形の次元に応じて，空間，曲面，あるいは曲線の部分になっているいろいろな次元の近傍が考えられる．

もし，領域のすべての点が，半径を十分大きくとった1つの球の内部に含まれるならば，この領域を**有界領域**あるいは**有限領域**であるという．そうでない

ときは**無限領域**である．空間の点で，ある閉曲面 S に属さないものは，2 つの領域をなす．1 つは有限で，他は無限である．無限領域は S の外部にあるといい，有限領域は S の内部にあるという．曲面 S はそれらの領域の共通の境界である．曲面 S の法線で(S の外側の)無限領域の側に向いているものを有限領域の境界の**外向き法線**という．曲面 S の法線で上述のものと反対向きのものを無限領域の境界の外向き法線という．以下では，領域の外向き法線のみを用いる．

平面は空間を 2 つの無限領域にわける．それらのいずれをも**半空間**という．同様に，直線は平面を 2 つの無限領域(半平面)にわける．

以下の記号を用いる．V, S, L はそれぞれ 3, 2, 1 次元の閉領域である．dV, dS, dL はそれぞれの領域の無限小要素の測度(体積，面積，長さ)である[1]．$\mathscr{F}V, \mathscr{F}S, \mathscr{F}L$ はそれぞれの領域の境界である[2]．

誤解をまねくおそれがないときには，簡単のため"閉領域 V"のかわりに単に"領域 V"等ということにする．ある領域または境界に，ある点が属することを示すために，記号 $\in$ を用いる．たとえば

$$x \in V, \quad x \in V - \mathscr{F}V, \quad x \in \mathscr{F}V$$

はそれぞれ，x が領域 V の点である，x が領域 V の内点である，x が領域 V の境界の点であることを示す．

§2 Gauss-Ostrogradskii の公式と Green の公式

$A_i(x)$, $i=1,2,3$ を領域 V で連続な 1 階導関数をもつ関数とする．導関数 $\partial A_1/\partial x_1$ の領域 V での積分を，2 重積分の形に表わそう：

$$\iiint_V \frac{\partial A_1}{\partial x_1} dV = \iint_\sigma dx_2 dx_3 \int_{l(x_2,x_3)} \frac{\partial A_1}{\partial x_1} dx_1,$$

ここで σ は領域 V の境界 $\mathscr{F}V$ の点の $(2,3)$ 軸面上への射影からなる領域であり，$l(x_2, x_3)$ は座標が x_2, x_3 である領域 σ 上の点を通り，領域 V に含まれる

---

1) 測度，多重積分などの概念については Smirnov, V. I. [1]，II 巻 1 分冊，第 3 章をみよ．〔訳注〕たとえば，高木貞治[1]，第 9 章，あるいは，溝畑茂[1]．証明抜きの記述としては，加藤敏夫[1]，第 3 章．

2)〔訳注〕 $\mathscr{F}V$ の $\mathscr{F}$ は，境界を意味する frontière[仏]などから出たものであろう．最近では $\mathscr{F}V$ のかわりに ∂V のように書く．

§2 Gauss-Ostrogradskii の公式と Green の公式　251

1軸に平行なすべての区間の合併(和)である．$l(x_2, x_3)$のある区間に沿っての$\partial A_1/\partial x_1$の線積分は，積分の上端，下端に対応するその区間の両端におけるA_1の値の差に等しい．

曲面$\mathscr{F}V$はつぎの3つの部分にわかれる．すなわち，それぞれ積分の上端および下端に対応する$l(x_2, x_3)$の区間の端点(1軸に平行な直線が領域Vへ入る点とそれから出る点)からなるS_1とS_2，および，1軸に平行な$\mathscr{F}V$の接平面内にあり，考えている区間の端点でない点からなるS_3である．(n_x, x_1)によって，1軸と点$x \in \mathscr{F}V$における$\mathscr{F}V$の外法線とのなす角を示すことにする．また$q > 0$なら1，$q < 0$なら-1，$q = 0$なら0に等しい関数 sgn q を導入しよう[1]．容易につぎのことがわかる：

$$\text{sgn}\cos(n_x, x_1) = \begin{cases} -1 & (x \in S_1 \text{ のとき}) \\ 1 & (x \in S_2 \text{ のとき}) \\ 0 & (x \in S_3 \text{ のとき}). \end{cases}$$

さて今度は，σにおける積分の被積分関数について考えよう．$l(x_2, x_3)$に沿って積分したものは境界$\mathscr{F}V$上のA_1の値，すなわち$A_1(x)\text{sgn}\cos(n_x, x_1)$の和の形になる．そして，項数は対応する1軸に平行な直線と$\mathscr{F}V$との交点の数に等しい．こうしてS_1およびS_2上の各点xに対応する量$A_1(x)\text{sgn}\cos(n_x, x_1)$が現われるが，その全体は$S_1$および$S_2$上で被積分関数を完全に決定する．このことは$\sigma$での積分から$\mathscr{F}V$での積分に移ることを可能にする．そのために，$dS(x)$を境界$\mathscr{F}V$における，点$x \in \mathscr{F}V$の無限小近傍($\mathscr{F}V$の要素)とすれば

$$dx_2 dx_3 = dS(x)|\cos(n_x, x_1)| = dS(x)\cos(n_x, x_1)\text{sgn}\cos(n_x, x_1)$$

であることに注意しよう．対応するおきかえを実行し，積分を$S_1 \cup S_2$全体に広げると次式を得る：

$$\iint_\sigma dx_2 dx_3 \int_{l(x_2, x_3)} \frac{\partial A_1}{\partial x_1} dx_1 = \iint_{S_1 \cup S_2} A_1 \text{sgn}\cos(n_x, x_1)|\cos(n_x, x_1)|dS(x)$$
$$= \iint_{S_1 \cup S_2} A_1 \cos(n, x_1) dS.$$

記述を簡単にするため，被積分関数の変数xは省略されている．また，積分は

---

[1] 記号 sgn はラテン語 signum(符号)の略であり，シグヌムと読む．〔訳注〕 日本ではシグナムまたは符号と読む．原注はロシヤ人向きであろう．

S_3 の上に拡げることができる. なぜなら, そこでは $\cos(n, x_1)=0$ であるから. したがって,

$$\iiint_V \frac{\partial A_1}{\partial x_1} dx_1 = \iint_{\mathcal{F}V} A_1 \cos(n, x_1) dS.$$

添字 1 を 2, 3 におきかえると, 関数 A_2, A_3 についても同様の関係式を得る. これらの関係式を加えあわせると, Gauss-Ostrogradskii の公式に到達する:

$$\iiint_V \sum_{\alpha=1}^{3} \frac{\partial A_\alpha}{\partial x_\alpha} dV = \iint_{\mathcal{F}V} \sum_{\alpha=1}^{3} A_\alpha \cos(n, x_\alpha) dS. \tag{1}$$

Gauss-Ostrogradskii の公式を導く際に, 曲面 $\mathcal{F}V$ 内の例外的な曲線上では法線が存在しないかも知れないということを考慮しなかった. しかし, これは正当化できる. なぜなら, これらの曲線に属する点の測度(面積)は 0 であり, したがって, これらの点の除外は積分の値に影響を及ぼさないから. 望むなら, 領域 V をわけて, 各部分では積分はその境界の滑らかな部分にしか存在しないようにして公式 (1) を導き, その結果を加えあわせて, ふたたび全領域 V に対する公式を得ることも可能である.

Gauss-Ostrogradskii の公式を用いて, まず, 数理物理学において重要な役割を果す Green の公式を導き出そう.

つぎの 2 階の線形微分表式を考えよう:

$$\mathcal{M}u = \sum_{\alpha, \beta=1}^{3} a_{\alpha\beta} \frac{\partial^2 u}{\partial x_\alpha \partial x_\beta} + \sum_{\alpha=1}^{3} b_\alpha \frac{\partial u}{\partial x_\alpha} + cu. \tag{2}$$

ただし, $a_{\alpha\beta}(=a_{\beta\alpha}), b_\alpha, c$ は点 x の関数である. もし, $a_{\alpha\beta}$ および

$$e_\alpha \equiv b_\alpha - \sum_{\beta=1}^{3} \frac{\partial a_{\alpha\beta}}{\partial x_\beta} \tag{3}$$

が連続な 1 階導関数をもつなら, 微分表式 $\mathcal{M}u$ をつぎの形に書くことができる:

$$\mathcal{M}u = \sum_{\alpha, \beta=1}^{3} \frac{\partial}{\partial x_\alpha} \left(a_{\alpha\beta} \frac{\partial u}{\partial x_\beta} \right) + \sum_{\alpha=1}^{3} e_\alpha \frac{\partial u}{\partial x_\alpha} + cu. \tag{4}$$

この場合, 微分表式

$$\mathcal{N}u \equiv \sum_{\alpha, \beta=1}^{3} \frac{\partial}{\partial x_\alpha} \left(a_{\alpha\beta} \frac{\partial u}{\partial x_\beta} \right) - \sum_{\alpha=1}^{3} \frac{\partial (e_\alpha u)}{\partial x_\alpha} + cu \tag{5}$$

は微分表式 $\mathcal{M}u$ に**共役**であるといわれる. $\mathcal{N}u$ を

§2 Gauss-Ostrogradskii の公式と Green の公式

$$\mathcal{N}u = \sum_{\alpha,\beta=1}^{3} \frac{\partial}{\partial x_\alpha}\left(a_{\alpha\beta}\frac{\partial u}{\partial x_\beta}\right) - \sum_{\alpha=1}^{3} e_\alpha \frac{\partial u}{\partial x_\alpha} + \left(c - \sum_{\alpha=1}^{3}\frac{\partial e_\alpha}{\partial x_\alpha}\right)u$$

の形に表わすと,共役性の性質は対称的であることが容易にわかる.すなわち,$\mathcal{M}u$ は $\mathcal{N}u$ に共役である.

もし,$\mathcal{M}u = \mathcal{N}u$ なら,$\mathcal{M}u$ は**自己共役**であるといわれる.$\mathcal{M}u$ が自己共役であるためにはつぎの等式が満足されることが必要十分である:

$$e_\alpha \equiv b_\alpha - \sum_{\beta=1}^{3}\frac{\partial a_{\alpha\beta}}{\partial x_\beta} = 0 \quad (\alpha=1, 2, 3).$$

つぎの微分表式を作ろう:

$$v\mathcal{M}u - u\mathcal{N}v = \sum_{\alpha,\beta=1}^{3}\frac{\partial}{\partial x_\beta}\left\{a_{\alpha\beta}\left(v\frac{\partial u}{\partial x_\alpha} - u\frac{\partial v}{\partial x_\alpha}\right)\right\} + \sum_{\alpha=1}^{3}\frac{\partial}{\partial x_\alpha}(e_\alpha uv).$$

もし,u と v が領域 V でその1階,2階導関数と共に連続であるならば,これを V で積分し,Gauss-Ostrogradskii の公式を用いて,つぎの **Green の公式**を得る:

$$\iiint_V (v\mathcal{M}u - u\mathcal{N}v)dV$$
$$= \iint_{\mathcal{F}V}\left[\sum_{\alpha,\beta=1}^{3} n_\beta a_{\alpha\beta}\left(v\frac{\partial u}{\partial x_\alpha} - u\frac{\partial v}{\partial x_\alpha}\right) + \sum_{\alpha=1}^{3} e_\alpha n_\alpha uv\right]dS. \quad (6)$$

Green の公式は,u と v の2階導関数が積分可能で,V の内部だけで連続な場合にも成り立つ[1].これを示すために,境界まで含めて領域 V の内部に含まれる領域 V' を考えよう.$v\mathcal{M}u - u\mathcal{N}v$ は積分可能であるから,$V' \to V$ に際し,V' での積分の極限は V での積分になる.公式(6)の右辺の積分記号のなかの式は領域 V の境界まで連続である.したがって $V' \to V$ のとき,この式の $\mathcal{F}V'$ での積分は,$\mathcal{F}V$ での積分に収束する.一方,V' については公式(6)は正しい.したがって $V' \to V$ の極限を考えることにより,V についての公式(6)を得ることができる.

$\mathcal{M}u$ が

$$\mathcal{M}u = \frac{\partial^2 u}{\partial x_1^2} + \frac{\partial^2 u}{\partial x_2^2} + \frac{\partial^2 u}{\partial x_3^2} + cu$$

であるときの Green の公式の特別な形は重要である.この微分表式は自己共

---

1) たとえば,領域 V の境界に近づくとき関数 u と v の2階導関数が無限に増大し,境界の上で無限大の不連続が現われてもよい.

役である．すなわち，
$$\mathcal{N}v = \frac{\partial^2 v}{\partial x_1{}^2} + \frac{\partial^2 v}{\partial x_2{}^2} + \frac{\partial^2 v}{\partial x_3{}^2} + cv.$$
この場合，表式
$$\sum_{\alpha,\beta=1}^{3} n_\beta a_{\alpha\beta} \frac{\partial}{\partial x_\alpha} = \sum_{\beta=1}^{3} n_\beta \frac{\partial}{\partial x_\beta} \equiv \frac{\partial}{\partial n}$$
は $\mathcal{F}V$ の外向き法線 n の方向の微分作用素を表わしている．それゆえ，Green の公式はつぎの形になる：
$$\iiint_V (v\Delta u - u\Delta v)dV = \iint_{\mathcal{F}V}\left(v\frac{\partial u}{\partial n} - u\frac{\partial v}{\partial n}\right)dS. \tag{7}$$
ここで Δ は Laplace の作用素（ラプラシアン）
$$\frac{\partial^2}{\partial x_1{}^2} + \frac{\partial^2}{\partial x_2{}^2} + \frac{\partial^2}{\partial x_3{}^2}$$
を表わす．

S を平面領域とすると，つぎの公式が成り立つ：
$$\iint_S (v\mathcal{M}u - u\mathcal{N}v)dS$$
$$= \int_{\mathcal{F}S}\left[\sum_{\alpha,\beta=1}^{2} n_\beta a_{\alpha\beta}\left(v\frac{\partial u}{\partial x_\alpha} - u\frac{\partial v}{\partial x_\alpha}\right) + \sum_{\alpha=1}^{2} e_\alpha n_\alpha uv\right]dL. \tag{8}$$
これは公式(6)に類似しており，やはり Green の公式とよばれる．$\mathcal{M} = \partial^2/\partial x_1{}^2 + \partial^2/\partial x_2{}^2$ のとき，これはつぎの形になる：
$$\iint_S (v\Delta u - u\Delta v)dS = \int_{\mathcal{F}S}\left(v\frac{\partial u}{\partial n} - u\frac{\partial v}{\partial n}\right)dL. \tag{9}$$
ここで $\partial/\partial n$ は領域 S の境界 $\mathcal{F}S$ の外向き法線の方向の微分作用素である．

問　題

平面領域に対する Green の公式(9)を導け．

§3　Green の公式の変形[1]

Green の公式(6)はもっと簡単な形に変形できる．そのため，境界 $\mathcal{F}V$ の各

---

1) この章の§3-6は第27章においてのみ用いられる．第27章を読むときまでは，これらを省略しても差しつかえない．

点に,その点を通って方向余弦

$$\nu_i = \frac{1}{a}\sum_{\beta=1}^{3} a_{i\beta}n_\beta, \tag{10}$$

$$a = \left[\sum_{\alpha=1}^{3}(\sum_{\beta=1}^{3}a_{\alpha\beta}n_\beta)^2\right]^{1/2} \tag{11}$$

をもった直線を対応させる.この直線を**余法線**とよぼう.ここで

$$\sum_{\alpha,\beta=1}^{3} n_\beta a_{\alpha\beta}\frac{\partial}{\partial x_\alpha} = a\sum_{\alpha=1}^{3}\nu_\alpha\frac{\partial}{\partial x_\alpha} \equiv a\frac{\partial}{\partial \nu} \tag{12}$$

に注意しよう.ただし $\partial/\partial\nu$ は余法線方向の微分を示す.

$$b \equiv \sum_{\alpha=1}^{3} e_\alpha n_\alpha$$

と書けば,Green の公式(6)はつぎの形になる:

$$\iiint_V (v\mathcal{M}u - u\mathcal{N}v)dV = \iint_{\mathcal{F}V}\left[a\left(v\frac{\partial u}{\partial \nu} - u\frac{\partial v}{\partial \nu}\right) + buv\right]dS. \tag{13}$$

β を任意の連続関数として

$$\mathcal{P}u \equiv a\frac{\partial u}{\partial \nu} + \beta u, \quad \mathcal{Q}v \equiv a\frac{\partial v}{\partial \nu} + (\beta - b)v \tag{14}$$

なる記号を導入すると,Green の公式はつぎの形にも書ける:

$$\iiint_V (v\mathcal{M}u - u\mathcal{N}v)dV = \iint_{\mathcal{F}V}(v\mathcal{P}u - u\mathcal{Q}v)dS. \tag{15}$$

平面領域の場合,公式(13),(15)はつぎの形になる:

$$\iint_S (v\mathcal{M}u - u\mathcal{N}v)dS = \int_{\mathcal{F}S}\left[a\left(v\frac{\partial u}{\partial \nu} - u\frac{\partial v}{\partial \nu}\right) + buv\right]dL, \tag{16}$$

$$\iint_S (v\mathcal{M}u - u\mathcal{N}v)dS = \int_{\mathcal{F}S}(v\mathcal{P}u - u\mathcal{Q}v)dL. \tag{17}$$

ここで余法線方向の微分は(10)-(12)と同様な式によって定義される.

§4 Levi 関数

この節では,一般の楕円型方程式の理論において大きな役割を果す関数について考察しよう.

微分表式(2)が**楕円型**であるとしよう.すなわち,ある $\varepsilon>0$ が存在し,

$$\sum_{\alpha=1}^{3}\lambda_\alpha^2 = 1$$

であるかぎり,つねに不等式

$$\sum_{\alpha,\beta=1}^{3} a_{\alpha\beta}\lambda_\alpha\lambda_\beta \geqq \varepsilon \tag{18}$$

が満たされていると仮定しよう[1]。この不等式によって,係数 $a_{ij}=a_{ji}$ を成分とする行列式

$$A(x) \equiv \begin{vmatrix} a_{11} & a_{12} & a_{13} \\ a_{21} & a_{22} & a_{23} \\ a_{31} & a_{32} & a_{33} \end{vmatrix}$$

は 0 にならない。成分 a_{ij} の余因子を行列式 A の値で割ったものを $\tilde{a}_{ij}$ で表わそう。行列式のよく知られた性質によって,

$$\sum_{\alpha=1}^{3} a_{i\alpha}\tilde{a}_{\alpha j} = \delta_{ij} \equiv \begin{cases} 1 & (i=j) \\ 0 & (i \neq j). \end{cases} \tag{19}$$

さらに,(18)からつぎの不等式がでることが容易にわかる:

$$\sum_{\alpha,\beta=1}^{3} \tilde{a}_{\alpha\beta}\lambda_\alpha\lambda_\beta > 0 \quad (\sum_{\alpha=1}^{3}\lambda_\alpha^2=1). \tag{20}$$

これを確かめるには,不等式(18)の 2 次形式を直交変換によって

$$c_{11}\mu_1^2 + c_{22}\mu_2^2 + c_{33}\mu_3^2$$

の形に帰着させればよい。なぜなら,そのとき不等式(20)の 2 次形式は

$$c_{11}^{-1}\mu_1^2 + c_{22}^{-1}\mu_2^2 + c_{33}^{-1}\mu_3^2$$

となり,(18)により $c_{11},c_{22},c_{33}>0$ であるから,上述の主張が成り立つことは明らかである。

座標がそれぞれ x_1,x_2,x_3 および ξ_1,ξ_2,ξ_3 である 2 点を x と ξ で表わし,関数

$$H(\xi,x) = \frac{1}{4\pi}\left[A(x)\sum_{\alpha,\beta=1}^{3}\tilde{a}_{\alpha\beta}(x)(\xi_\alpha-x_\alpha)(\xi_\beta-x_\beta)\right]^{-1/2} \tag{21}$$

を考えよう。

$x \neq \xi$ のとき,

$$\sum_{\alpha,\beta=1}^{3} a_{\alpha\beta}(x)\frac{\partial^2 H}{\partial\xi_\alpha\partial\xi_\beta} = 0 \tag{22}$$

---

[1]〔訳注〕 以下の扱いでは $a_{\alpha\beta}$ およびその 1 階導関数の境界までの連続性を仮定してあるとするのが無難。

が成り立つ. 実際, まず

$$\frac{\partial H}{\partial \xi_i} = -\frac{1}{4\pi}[A(x)]^{-1/2}\frac{\sum_{\alpha=1}^{3}\tilde{a}_{i\alpha}r_\alpha}{\left(\sum_{\alpha,\beta=1}^{3}\tilde{a}_{\alpha\beta}r_\alpha r_\beta\right)^{3/2}}, \qquad (23)$$

ただし, ここで $\xi_i - x_i \equiv r_i$ $(i=1,2,3)$. さらに,

$$\frac{\partial^2 H}{\partial \xi_i \partial \xi_j} = -\frac{1}{4\pi}[A(x)]^{-1/2}\left[\frac{\tilde{a}_{ij}}{\left(\sum_{\alpha,\beta=1}^{3}\tilde{a}_{\alpha\beta}r_\alpha r_\beta\right)^{3/2}} - 3\frac{\sum_{\alpha,\beta=1}^{3}\tilde{a}_{i\alpha}\tilde{a}_{j\beta}r_\alpha r_\beta}{\left(\sum_{\alpha,\beta=1}^{3}\tilde{a}_{\alpha\beta}r_\alpha r_\beta\right)^{5/2}}\right],$$

$$\sum_{\gamma,\delta=1}^{3}a_{\gamma\delta}\frac{\partial^2 H}{\partial \xi_\gamma \partial \xi_\delta} = -\frac{1}{4\pi}[A(x)]^{-1/2}\left[\sum_{\alpha,\beta=1}^{3}a_{\alpha\beta}r_\alpha r_\beta\right]^{-3/2} \times$$

$$\times \left[\sum_{\gamma,\delta=1}^{3}a_{\gamma\delta}\tilde{a}_{\gamma\delta} - 3\frac{\sum_{\alpha,\beta,\gamma,\delta=1}^{3}a_{\gamma\delta}\tilde{a}_{\gamma\alpha}\tilde{a}_{\delta\beta}r_\alpha r_\beta}{\sum_{\alpha,\beta=1}^{3}\tilde{a}_{\alpha\beta}r_\alpha r_\beta}\right]. \qquad (24)$$

$a_{ij}=a_{ji}$, $\tilde{a}_{ij}=\tilde{a}_{ji}$ を考慮に入れると, (19) から

$$\sum_{\gamma,\delta=1}^{3}a_{\gamma\delta}\tilde{a}_{\gamma\delta} = 3,$$

$$\sum_{\alpha,\beta,\gamma,\delta=1}^{3}a_{\gamma\delta}\tilde{a}_{\gamma\alpha}\tilde{a}_{\delta\beta}r_\alpha r_\beta = \sum_{\alpha,\beta,\gamma=1}^{3}\delta_{\gamma\alpha}\tilde{a}_{\gamma\beta}r_\alpha r_\beta = \sum_{\alpha,\beta=1}^{3}\tilde{a}_{\alpha\beta}r_\alpha r_\beta.$$

これらの関係式から (24) の右辺は 0 になることがでて, (22) が証明される. もし, $i \neq j$ のとき $a_{ij}=0$, $i=j$ のとき $a_{ij}=1$ なら,

$$H(\xi, r) = \frac{1}{4\pi}\frac{1}{r}$$

ただし, $r \equiv |\xi - x|$ は点 x, ξ 間の距離である. 一般の場合にも, 領域 $V \cup \mathcal{F}V$ にふくまれる有界閉領域のなかでつぎの関係が成り立つ:

$$|H| \leq \frac{B}{r}, \quad \left|\frac{\partial H}{\partial \xi_i}\right| \leq \frac{B_1}{r^2}, \quad \left|\frac{\partial^2 H}{\partial \xi_i \partial \xi_j}\right| \leq \frac{B_2}{r^3}. \qquad (25)$$

ここで $i, j=1,2,3$, また B, B_1, B_2 は正数である. これらの関係の証明はどれも同様である. 例として 2 番目を証明しよう. 実際,

第17章 楕円型方程式の理論における積分公式

$$r^2 \frac{\partial H}{\partial \xi_i} = -\frac{1}{4\pi} [A(x)]^{-1/2} \frac{\sum_{\alpha=1}^{3} \tilde{a}_{i\alpha}(\xi_\alpha - x_\alpha)}{\left[\sum_{\alpha,\beta=1}^{3} \tilde{a}_{\alpha\beta}(\xi_\alpha - x_\alpha)(\xi_\beta - x_\beta)\right]^{3/2}} r^2$$

$$= -\frac{1}{4\pi} [A(x)]^{-1/2} \frac{\sum_{\alpha=1}^{3} \tilde{a}_{i\alpha}\mu_\alpha}{\left[\sum_{\alpha,\beta=1}^{3} \tilde{a}_{\alpha\beta}\mu_\alpha\mu_\beta\right]^{3/2}},$$

ただし

$$\mu_i = \frac{\xi_i - x_i}{r}$$

は2点 x, ξ を通る直線の方向余弦である.2次形式 $\sum_{\alpha,\beta=1}^{3} \tilde{a}_{\alpha\beta} r_\alpha r_\beta$ は正定符号であるから,次のような $C^* > 0$ が存在する:

$$\sum_{\alpha,\beta=1}^{3} \tilde{a}_{\alpha\beta}\mu_\alpha\mu_\beta \geqq C^*.$$

ゆえに,

$$r^2 \left|\frac{\partial H}{\partial \xi_i}\right| \leqq \frac{1}{4\pi} [A(x)]^{-1/2} \left|\sum_{\alpha=1}^{3} \tilde{a}_{i\alpha}\mu_\alpha\right| (C^*)^{-3/2}.$$

この不等式の右辺は有界である.考えている領域での右辺の最大値を B_1 としよう.不等式の両辺を r^2 で割ると,(25) の2番目の不等式を得る.

$\varphi(\xi, x)$ が,$\xi \neq x$ のとき考えている領域 V で座標 ξ に関する1階および2階の導関数とともに連続で,V に境界を加えた閉領域で一様に

$$|\varphi| \leqq \frac{C_1}{r^{1-\lambda}}, \quad \left|\frac{\partial \varphi}{\partial \xi_i}\right| \leqq \frac{C_2}{r^{2-\lambda}}, \quad \left|\frac{\partial^2 \varphi}{\partial \xi_i \partial \xi_j}\right| \leqq \frac{C_3}{r^{3-\lambda}} \qquad (26)$$

($i, j = 1, 2, 3$,C_1, C_2, C_3 および $\lambda < 1$ は点 x, ξ によらない正数)が満足されている場合,関数

$$L(\xi, x) \equiv H(\xi, x) + \varphi(\xi, x)$$

を **Levi 関数** とよぶ.$H(\xi, x)$ は Levi 関数の主要部分である.

問 題

1. もし,係数 a_{ij} が定数なら,関数 $H(\xi, x)$ はつぎの方程式の解であることを示せ:

$$\sum_{\alpha,\beta=1}^{3} a_{\alpha\beta} \frac{\partial^2 u}{\partial \xi_\alpha \partial \xi_\beta} = 0.$$

2. $r < \delta$ のとき

$$\left|\sum_{\alpha,\beta=1}^{3}[a_{\alpha\beta}(x)-a_{\alpha\beta}(\xi)]\frac{\partial^2 H}{\partial\xi_\alpha\partial\xi_\beta}\right| \leq \frac{B(\delta)}{r}$$

であることを証明せよ．ただし δ および $B(\delta)$ は正数である．

§5 Green–Stokes の公式

つぎの不等式で定義される x の閉近傍を $J(x,\rho)$ で表わす：

$$\sum_{\alpha,\beta=1}^{3}\tilde{a}_{\alpha\beta}(x)(\xi_\alpha-x_\alpha)(\xi_\beta-x_\beta) \leq \rho^2. \tag{27}$$

解析幾何で知っているように，このような近傍は楕円体で，その体積は

$$V_J = \frac{4}{3}\pi[A(x)]^{1/2}\rho^3 \tag{28}$$

である．

V を閉領域，x をその内点とする．$J(x,\rho)$ が V の内部に完全に含まれるように ρ を十分小さくとる．領域 $V-J-\mathcal{F}V$ 内では Levi 関数 $L(\xi,x)$ は1階および2階の導関数とともに連続である．したがって，領域 $V-J$ では $v(\xi) = L(\xi,x)$ として Green の公式 (15) を適用できる：

$$\iiint_{V-J}(L\mathcal{M}_\xi u-u\mathcal{N}_\xi L)dV_\xi = \iint_{\mathcal{F}V+\mathcal{F}J}(L\mathcal{P}_\xi u-u\mathcal{Q}_\xi L)dS_\xi. \tag{29}$$

ここで，添字 ξ は微分や積分を点 ξ の座標について行なうことを示す．

この等式で $\rho\to 0$ の極限をとることを目標としよう．x の近傍では被積分関数は無限に増大することに注意して評価をする必要がある．いま

$$L(\xi,x) = H(\xi,x)+\varphi(\xi,x)$$

とおき，(14) を考慮すると，つぎのように書ける：

$$L\mathcal{P}_\xi u-u\mathcal{Q}_\xi L = -ua(\xi)\frac{\partial H}{\partial\nu}+\psi(\xi,x), \tag{30}$$

$$\psi(\xi,x) = -ua\frac{\partial\varphi}{\partial\nu}+[(c-b)u+\mathcal{P}_\xi u](H+\varphi).$$

$u, \mathcal{P}_\xi u$ は有界であるから，不等式 (25) および (26) から，

$$|\psi(\xi,x)| \leq \frac{B^*}{r^{2-\lambda}}+\frac{B_1^*}{r^{1-\lambda}}+\frac{B_2^*}{r}.$$

ここで $\lambda(\lambda<1), B^*, B_1^*, B_2^*$ は正の定数である．x の十分小さな近傍では，この不等式の右辺の第1項が他に比較して圧倒的に大きくなる．それゆえ，次式

を満たす $\delta>0$ および $B_3^*>0$ が存在する：

$$r \leqq \delta \text{ ならば，} |\varphi(\xi, x)| \leqq \frac{B_3^*}{r^{2-\lambda}}. \tag{31}$$

さて，$L\mathcal{M}u - u\mathcal{N}L$ を考えよう．(21)を考慮すれば

$$L\mathcal{M}_\xi u - u\mathcal{N}_\xi L = -u \sum_{\alpha,\beta=1}^{3} a_{\alpha\beta}(\xi) \frac{\partial^2 H}{\partial \xi_\alpha \partial \xi_\beta} + \phi_1(\xi, x), \tag{32}$$

ここで $\phi_1(\xi, x)$ は $\varphi(\xi, x)$ の2階より高階の導関数も，$H(\xi, x)$ の1階より高階の導関数も含まない．したがって，x の十分小さな近傍ではつぎの評価が成り立つ：

$$r \leqq \delta_1 \text{ ならば } |\phi_1(\xi, x)| \leqq \frac{C_1^*}{r^{3-\lambda}},$$

ただし，C_1^* および δ_1 は x によらない正の定数である．さらに，(22)によって，

$$\sum_{\alpha,\beta=1}^{3} a_{\alpha\beta}(\xi) \frac{\partial^2 H}{\partial \xi_\alpha \partial \xi_\beta} = \sum_{\alpha,\beta=1}^{3} [a_{\alpha\beta}(\xi) - a_{\alpha\beta}(x)] \frac{\partial^2 H}{\partial \xi_\alpha \partial \xi_\beta}.$$

r の1次より高次の無限小を無視すれば，

$$a_{ij}(\xi) - a_{ij}(x) = \left.\frac{\partial a_{ij}}{\partial r}\right|_{\xi=x} r \tag{33}$$

とおいてよい．ただし $\partial/\partial r$ は2点 x と ξ を結ぶ直線の方向の微分を表わす．$a_{ij}(\xi)$ の導関数は仮定により連続であり，したがって有界であり，(25)の最後の不等式から，十分小さな r に対してつぎの評価が成り立つ：

$$\left|\sum_{\alpha,\beta=1}^{3} a_{\alpha\beta}(\xi) \frac{\partial^2 H}{\partial \xi_\alpha \partial \xi_\beta}\right| \leqq \frac{C_2^*}{r^2}, \quad C_2^* > 0.$$

(32)の右辺の各項に対する上の評価を考慮すると，つぎの結論が得られる．すなわち，十分小さな $\delta^*>0$ に対して

$$r \leqq \delta^* \text{ ならば } |L\mathcal{M}u - u\mathcal{N}L| \leqq \frac{C^*}{r^{3-\lambda}}. \tag{34}$$

ここで，C^* および $\lambda<1$ は x によらない正の定数である．

さて，(29)で $\rho\to 0$ の極限をとろう．不等式(34)により，(29)の左辺の積分は有限な極限

$$\iiint_V (L\mathcal{M}_\xi u - u\mathcal{N}_\xi L) dV_\xi = \lim_{\rho\to 0} \iiint_{V-J} (L\mathcal{M}_\xi u - u\mathcal{N}_\xi L) dV_\xi \tag{35}$$

に近づく．さらに，(30)により，

§5 Green-Stokes の公式

$$\iint_{\mathcal{F}J}(L\mathcal{P}_\xi u - u\mathcal{Q}_\xi L)dS_\xi = -\iint_{\mathcal{F}J} ua(\xi)\frac{\partial H}{\partial \nu}dS_\xi + \iint_{\mathcal{F}J}\phi(\xi,x)dS_\xi. \quad (36)$$

(31)の評価により,右辺の第2項は $\rho \to 0$ のとき 0 に近づく.実際,

$$\left|\iint_{\mathcal{F}J}\phi(\xi,x)dS_\xi\right| \leq \iint_{\mathcal{F}J}|\phi(\xi,x)|dS_\xi \leq B_3^* \iint_{\mathcal{F}J}\frac{dS_\xi}{r^{2-\lambda}} \leq B_3^* \frac{S_J}{r_m^{2-\lambda}}.$$

ここで,S_J は曲面 $\mathcal{F}J$ の面積,r_m は点 x と $\mathcal{F}J$ 上の点との最小距離である.$\rho \to 0$ のとき,楕円体(27)は収縮するがその形状は相似に保たれる.なぜなら,係数 $\tilde{a}_{ij}(x)$ は ρ によらないからである.したがって,その表面積は,$\bar{B}$ を ρ によらない定数として

$$S_J = \bar{B}r_m^2.$$

こうして,

$$\left|\iint_{\mathcal{F}J}\phi(\xi,x)dS_\xi\right| \leq B_3^* \bar{B}r_m^\lambda.$$

$\rho \to 0$ のとき,この不等式の右辺は 0 に近づく.なぜなら,ρ と r_m は同時に 0 に近づくからである.これで上述の主張が証明された.

(36)の右辺第1項の積分の考察に移ろう.(12)によって

$$\frac{\partial H}{\partial \nu} = \frac{1}{a(\xi)}\sum_{\alpha,\beta=1}^{3}n_\beta a_{\alpha\beta}(\xi)\frac{\partial H}{\partial \xi_\alpha}.$$

ここで n_i $(i=1,2,3)$ は境界 $\mathcal{F}J$ の外向き法線の方向余弦である.$\partial H/\partial \xi_i$ に対する表式を書き下し,$\mathcal{F}J$ 上では

$$\sum_{\alpha,\beta=1}^{3}\tilde{a}_{\alpha\beta}(x)(\xi_\alpha - x_\alpha)(\xi_\beta - x_\beta) = \rho^2$$

であることを考慮すると,つぎの式を得る:

$$-u(\xi)a(\xi)\frac{\partial H}{\partial \nu} = \frac{1}{4\pi}\frac{u(\xi)}{\sqrt{A(x)}}\frac{1}{\rho^3}\sum_{\alpha,\beta,\gamma=1}^{3}n_\beta a_{\alpha\beta}(\xi)\tilde{a}_{\alpha\gamma}(x)(\xi_\gamma - x_\gamma). \quad (37)$$

r が小さいと

$$u(\xi) = u(x) + \left.\frac{\partial u}{\partial r}\right|_{\xi=x}r = u(x) + O(r), \quad (37)'$$

ここで $O(r)$ は r と同程度以上の無限小を一般に表わす記号である[1].さらに(33)および(19)により,r が小さいとき

---

1)〔訳注〕 詳しくは,数学辞典[1],第2版690頁をみよ.

$$\sum_{\alpha=1}^{3} a_{\alpha i}(\xi)\tilde{a}_{\alpha j}(x) = \sum_{\alpha=1}^{3}\left[a_{\alpha i}(x)\tilde{a}_{\alpha j}(x) + \frac{\partial a_{\alpha i}}{\partial r}\bigg|_{\xi=x} r\tilde{a}_{\alpha j}(x)\right] = \delta_{ij} + O(r).$$

(37)の α についての和に上式を用い，$u(\xi)$ に対する式(37)′を代入すると，

$$-\iint_{\mathcal{F}J} u(\xi)a(\xi)\frac{\partial H}{\partial \nu}dS_{\xi}$$

$$= \frac{1}{4\pi}\frac{u(x)}{\sqrt{A(x)}}\frac{1+O(r)}{\rho^3}\iint_{\mathcal{F}J}\sum_{\beta=1}^{3} n_{\beta}(\xi_{\beta}-x_{\beta})dS_{\xi}. \qquad (38)$$

被積分関数の和 $\sum_{\beta=1}^{3} n_{\beta}(\xi_{\beta}-x_{\beta})$ は x から ξ に至るベクトル $\vec{r}$ の，$\mathcal{F}J$ 上の点 ξ における外向き法線方向の成分に等しい．この成分は負である．なぜなら，領域 $V-J$ の境界としての $\mathcal{F}J$ の外向き法線は，楕円体に対して内向きだからである(図41)．さらに，面素 dS を底面とし点 x に頂点をもつ錐体の体積は，高次の無限小を無視すれば $\frac{1}{3}r|\cos(n,\vec{r})|dS$ に等しいことに注意しよう．これらの錐体をすべて合わせると $J(x,\rho)$ になることを考慮すれば，(38)の右辺の積分は楕円体 $J(x,\rho)$ の体積の3倍に等しいことが結論される．この結果，(28)と $\cos(n,\vec{r})$ の符号を考慮して，

$$\iint_{\mathcal{F}J}\sum_{\beta=1}^{3} n_{\beta}(\xi_{\beta}-x_{\beta})dS_{\xi} = -4\pi\sqrt{A(x)}\rho^3.$$

これを等式(38)に代入すると，次式を得る：

$$\iint_{\mathcal{F}J} u(\xi)a(\xi)\frac{\partial H}{\partial \nu}dS_{\xi} = u(x)[1+O(r)].$$

上に得られた評価によって，$\rho\to 0$ のとき(36)はつぎの極限に近づくことがわかる：

$$\lim_{\rho\to 0}\iint_{\mathcal{F}J}(L\mathcal{P}_{\xi}u - u\mathcal{Q}_{\xi}L)dS_{\xi} = -u(x).$$

この極限値を考慮して，(29)で $\rho\to 0$ とすれば，**Green–Stokes** の公式

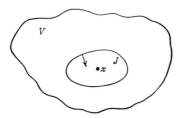

図41

$$u(x) = \iint_{\mathcal{F}V}(L\mathcal{P}_\xi u - u\mathcal{Q}_\xi L)dS_\xi - \iiint_V (L\mathcal{M}_\xi u - u\mathcal{N}_\xi L)dV_\xi \qquad (39)$$

を得る．これは楕円型方程式の理論において重要な役割を果す．

しばしば現われる $\mathcal{M}_\xi u = \Delta u \equiv \sum_{\alpha=1}^{3} (\partial^2 u/\partial \xi_\alpha^2)$ (すなわち，$a_{ij}=0\ (i\neq j)$, $a_{ij}=1$ $(i=j)$) の場合には，Green-Stokes の公式はつぎのようになる：

$$u(x) = \iint_{\mathcal{F}V}\left(L\frac{\partial u}{\partial n} - u\frac{\partial L}{\partial n}\right)dS - \iiint_V (L\Delta u - u\Delta L)dV, \qquad (40)$$

ただし

$$L = \frac{1}{4\pi}\frac{1}{r} + \varphi(\xi, x). \qquad (41)$$

問　題

関数 u が，S を境界とする有界領域内で方程式 $\Delta u=0$ を満足すると仮定して，つぎの公式を導け．

$$u(x) = \frac{1}{4\pi}\iint_S \left[\frac{1}{r}\frac{\partial u}{\partial n} - u\frac{\partial}{\partial n}\left(\frac{1}{r}\right)\right]dS.$$

§6　2次元の Green-Stokes の公式

平面上における Levi 関数の構成および Green-Stokes の公式の導出は，空間の場合とほとんど同じように行なわれる．閉じた有界平面領域 S 内で定義されたつぎの関数を考えよう：

$$H(\xi, x) = \frac{1}{2\pi}[A(x)]^{-1/2}\log\left[\sum_{\alpha,\beta=1}^{2}\tilde{a}_{\alpha\beta}(x)(\xi_\alpha - x_\alpha)(\xi_\beta - x_\beta)\right]^{-1/2}.$$

右辺の記号はここでも §4 の記号と同様である．恒等式

$$\sum_{\alpha,\beta=1}^{2} a_{\alpha\beta}(x)\frac{\partial^2 H}{\partial \xi_\alpha \partial \xi_\beta} = 0$$

が成り立ち，また，S に境界を加えた閉領域でつぎの不等式が成り立つ：

$$|H| \leq B\left|\log\frac{1}{r}\right|, \quad \left|\frac{\partial H}{\partial \xi_i}\right| \leq \frac{B_1}{r}, \quad \left|\frac{\partial^2 H}{\partial \xi_i \partial \xi_j}\right| \leq \frac{B_2}{r^2}.$$

ここで $i,j=1,2$，また B, B_1, B_2 は x によらない正数である．関数

$$L(\xi, x) = H(\xi, x) + \varphi(\xi, x)$$

を **Levi 関数**という．ただし，$\varphi(\xi, x)$ は，考えている領域で有界で，$\xi \neq x$ のとき，ξ に関する1階および2階導関数と共に連続であり，S に境界を加えた閉

領域でつぎの不等式を満たす関数である：

$$\left|\frac{\partial \varphi}{\partial \xi_i}\right| \leq \frac{C_1}{r^{1-\lambda}}, \quad \left|\frac{\partial^2 \varphi}{\partial \xi_i \partial \xi_j}\right| \leq \frac{C_2}{r^{2-\lambda}}.$$

ここで, $i,j=1,2,$ また $\lambda(<1), C_1, C_2$ は x にもよらない正数である.

このように平面の Levi 関数を定義すると, **Green-Stokes の公式**

$$u(x) = \int_{\mathscr{F}S}(L\mathscr{P}_\xi u - uQ_\xi L)dl_\xi - \iint_S (L\mathscr{M}_\xi u - u\mathscr{N}_\xi L)dS_\xi \qquad (42)$$

が成り立つ. ここで S は平面領域である.

問 題

関数 u が, L を境界とする有界平面領域で方程式 $\Delta u=0$ を満足するとき, つぎの公式を導け.

$$u(x) = \frac{1}{2\pi}\int_L \left(\frac{\partial u}{\partial n}\log\frac{1}{r} - u\frac{\partial}{\partial n}\log\frac{1}{r}\right)dL_\xi.$$

§7 いくつかの微分作用素の直交座標系での表示

数理物理の積分公式には種々の微分作用素が現われるが, これまではこれらを直角(Descartes)座標を用いて表わした. たとえば, Gauss-Ostrogradskii の公式(1)および Green の公式(7)ではつぎのような式が現われた：

$$\frac{\partial A_1}{\partial x_1} + \frac{\partial A_2}{\partial x_2} + \frac{\partial A_3}{\partial x_3}, \qquad (43)$$

$$\frac{\partial^2 u}{\partial x_1^2} + \frac{\partial^2 u}{\partial x_2^2} + \frac{\partial^2 u}{\partial x_3^2}. \qquad (44)$$

またしばしば **Stokes の公式** が用いられる. その導出[1]はしないが, 結果はつぎの形に書かれる：

$$\iint_S B_n dS = \int_{\mathscr{F}S} A_\tau dL.$$

ここで S は断片的に滑らかな, 向きづけられた(空間内の)曲面, 境界 $\mathscr{F}S$ は断片的に滑らかな空間曲線であり, また, 関数 B_n, A_τ はつぎの公式により関数 A_1, A_2, A_3 を用いて表わされる：

---

[1] Smirnov, V. I. [1], II 巻 1 分冊, 第 3 章をみよ. 〔訳注〕 たとえば, 寺沢寛一[1], 第 3 章 15 節.

§7 いくつかの微分作用素の直交座標系での表示

$$\left.\begin{aligned}B_n &= \left(\frac{\partial A_3}{\partial x_2} - \frac{\partial A_2}{\partial x_3}\right)\cos(n, x_1) + \left(\frac{\partial A_1}{\partial x_3} - \frac{\partial A_3}{\partial x_1}\right)\cos(n, x_2) + \\ &\quad + \left(\frac{\partial A_2}{\partial x_1} - \frac{\partial A_1}{\partial x_2}\right)\cos(n, x_3), \\ A_\tau &= A_1 \cos(\tau, x_1) + A_2 \cos(\tau, x_2) + A_3 \cos(\tau, x_3).\end{aligned}\right\} \quad (45)$$

ここで, $\cos(n, x_i), \cos(\tau, x_i), i=1,2,3$ は, S の法線 n および $\mathscr{F}S$ の接線 τ の方向余弦である. S の法線の正の向きは任意にとってよいが, その際, 線積分 $\int_{\mathscr{F}S} A_\tau dL$ において $\mathscr{F}S$ は S の法線ベクトルの先端から見て, 反時計の向き[1]に回るようにとらなければならない. 関数 A_1, A_2, A_3 は曲面 S を含む領域 V のなかで定義され, 1 階導関数とともに連続であると仮定する. この関数はあるベクトル A の成分と考えることができる. このとき, 関数 B_n は,

$$B_i = \frac{\partial A_k}{\partial x_j} - \frac{\partial A_j}{\partial x_k} \quad \left(i, j, k = \begin{cases} 1, 2, 3 \\ 2, 3, 1 \\ 3, 1, 2 \end{cases}\right)$$

という成分をもつベクトル B, すなわち A の回転(rotation, curl)とよばれるベクトル $B = \text{rot}\, A$ の法線 n の方向の成分と考えてよい. また, A_τ は A の接線 τ の方向の成分である.

微分作用素(43)-(45)の任意の直交座標系における形を求めよう.

直交(曲線)座標系の定義を思いおこそう. いまは, 空間領域における座標についてのみ考察することにする. 2次元領域については読者にまかせる.

点 x がパラメータ τ_1, τ_2, τ_3 によって表わされるとしよう. すなわち,

$$x = x(\tau_1, \tau_2, \tau_3)$$

あるいは,

$$x_1 = x_1(\tau_1, \tau_2, \tau_3), \quad x_2 = x_2(\tau_1, \tau_2, \tau_3), \quad x_3 = x_3(\tau_1, \tau_2, \tau_3). \quad (46)$$

この 3 つの関数が 1 価であるなら, 各 (τ_1, τ_2, τ_3) に決まった点 x が対応する. 関数(46)が単に 1 価であるだけでなく, 連続な 1 階導関数をもつと仮定して, $d\tau_1, d\tau_2, d\tau_3$ に関する連立方程式

$$dx_i = \frac{\partial x_i}{\partial \tau_1} d\tau_1 + \frac{\partial x_i}{\partial \tau_2} d\tau_2 + \frac{\partial x_i}{\partial \tau_3} d\tau_3 \quad (47)$$

を考察しよう. 偏導関数 $\partial x_i / \partial \tau_j$ よりなるこの連立方程式の行列式を, 関数系

---

[1]〔訳注〕 時計の針の回転と逆の方向に(counter-clockwise:〔英〕).

(46)の **Jacobi 行列式** あるいは **関数行列式** とよぶ．系(46)の Jacobi 行列式は明らかにパラメータ τ_1, τ_2, τ_3 の関数である．

陰関数の定理としてつぎの命題[1]が知られている．もし，座標 $x_1=x_1{}^0$, $x_2=x_2{}^0$, $x_3=x_3{}^0$ なる点 x^0 に対応するパラメータ $\tau_1=\tau_1{}^0$, $\tau_2=\tau_2{}^0$, $\tau_3=\tau_3{}^0$ のある近傍 T において，系(46)の Jacobi 行列式が 0 にならないならば，点 x^0 のある近傍 X において，系(46)は τ_i に関して一意的に解ける:

$$\tau_1 = \tau_1(x_1, x_2, x_3), \quad \tau_2 = \tau_2(x_1, x_2, x_3), \quad \tau_3 = \tau_3(x_1, x_2, x_3).$$

さらに，関数 $\tau_i=\tau_i(x_1, x_2, x_3)$ は近傍 X で x_1, x_2, x_3 に関する連続な1階導関数をもつ．

こうして，考えている条件のもとでは，各点 $x \in X$ には決まったパラメータの組 (τ_1, τ_2, τ_3) が対応し，それらを方程式(46)に代入すると，点 x の直角座標が得られる．いいかえれば，x と (τ_1, τ_2, τ_3) との間に1対1対応が存在し，τ_i は点 x の関数と考えられる．τ_1, τ_2, τ_3 を点 x の **曲線座標** とよぶ．

ふつう，関数系(46)の Jacobi 行列式が0になる点あるいは曲線があれば，それを除いて，考えている領域のすべての点に1対1に対応する曲線座標を用いる．これらの除外点(線)を曲線座標の **特異点(線)** とよぶ．

曲線座標のどれか1つが一定値を保つような曲面を **座標面** という．座標 τ_i が一定の曲面を τ_i 面とよび，τ_i 面の全体は $\underline{\tau_i \text{面の族}}$ をなす．座標の個数に応じて，3つの座標面の族 τ_1 面，τ_2 面，τ_3 面がある．座標面の交わりは **座標線** をなす．それらの全体は **座標網** を与える．座標線に沿っては3つの座標のうち1つだけが変化する．座標線も3つの族にわかれる．τ_i 族の座標線に沿っては座標 τ_i のみが変化する．3つの座標面の族からそれぞれ2つずつ座標面をとった3対の座標面は曲線座標の平行6面体をつくり，その稜は座標線の一部分になっている．

異なる族からとった任意の2つの座標面が直角に交わっているとき，曲線座標は **直交** であるという．この場合には，座標線も直交していることは明らかである．

ある点 x を通る1つの座標線 τ_j に沿って，曲線座標の増分 $d\tau_j$ に相当する

---

1) Smirnov, V. I. [1], Ⅲ 第1部，第1章をみよ．〔訳注〕 たとえば三村征雄[1]，第16章4節．

§7 いくつかの微分作用素の直交座標系での表示

x の変化を考えよう．連立方程式(47)から，点 x の直角座標の増分は

$$dx_i = \sum_{j=1}^{3} \frac{\partial x_i}{\partial \tau_j} d\tau_j \quad (i=1,2,3).$$

したがって，x における τ_j 線への接線の方向余弦は $\partial x_1/\partial \tau_j$, $\partial x_2/\partial \tau_j$, $\partial x_3/\partial \tau_j$ に比例する．これから，つぎの**直交条件**が導かれる：

$$\sum_{\alpha=1}^{3} \frac{\partial x_\alpha}{\partial \tau_j} \cdot \frac{\partial x_\alpha}{\partial \tau_k} = 0 \quad (j \neq k).$$

曲線座標の増分 $d\tau_j$ に対応する変位の大きさは

$$ds_j = \sqrt{dx_1^2 + dx_2^2 + dx_3^2} = d\tau_j \sqrt{\left(\frac{\partial x_1}{\partial \tau_j}\right)^2 + \left(\frac{\partial x_2}{\partial \tau_j}\right)^2 + \left(\frac{\partial x_3}{\partial \tau_j}\right)^2} = h_j d\tau_j,$$

ただし

$$h_j = \sqrt{\left(\frac{\partial x_1}{\partial \tau_j}\right)^2 + \left(\frac{\partial x_2}{\partial \tau_j}\right)^2 + \left(\frac{\partial x_3}{\partial \tau_j}\right)^2}.$$

$h_j(j=1,2,3)$ を **Lamé の座標パラメータ**とよぶ．

直交曲線座標系では，無限小曲線座標平行 6 面体の体積は明らかに

$$ds_1 ds_2 ds_3 = h_1 h_2 h_3 d\tau_1 d\tau_2 d\tau_3.$$

Lamé のパラメータの積 $h_1 h_2 h_3$ は，符号を除いて変換の Jacobi 行列式 D に等しい．これを確かめるには，行列式の掛算の法則を用いて Jacobi 行列式を 2 乗すればよい．このとき，直交関係からつぎの式を得る：

$$D^2 = \begin{vmatrix} h_1^2 & 0 & 0 \\ 0 & h_2^2 & 0 \\ 0 & 0 & h_3^2 \end{vmatrix} = (h_1 h_2 h_3)^2.$$

したがって，座標の特異点では Lamé のパラメータのうちどれか一つは 0 になる．以下では，2 つの曲線座標：<u>円柱座標</u>および<u>球座標</u>だけを用いる．

点 x の**円柱座標** r, φ, z はつぎの連立方程式によって定義される：

$$x_1 = r\cos\varphi, \quad x_2 = r\sin\varphi, \quad x_3 = z \quad (r \geq 0).$$

Lamé の座標パラメータはつぎの値をとる：

$$h_1 \equiv h_r = 1, \quad h_2 \equiv h_\varphi = r, \quad h_3 \equiv h_z = 1. \tag{48}$$

r 座標面は直角座標の x_3 軸(<u>円柱座標の軸</u>とよばれる)のまわりの半径 r の円柱面の族を作り，φ 座標面は円柱座標の軸を境界とする半平面の族を作り，z 座標面は円柱座標の軸に垂直な平面の族を作っている．座標 r は点 x の直角

座標の x_3 軸(あるいは同じとこだが，円柱座標の軸)からの距離を表わし，φ は，円柱座標の軸を境界とする半平面のうち点 x を通るものと x_1 軸を含むものとがなす角を表わし，z は直角座標 x_3 と一致する．

円柱座標の軸上にない各点 x については，その点を通る r, φ, z 座標面が 1 つずつある．円柱座標の軸の上では $h_\varphi = 0$ であり，したがって円柱座標の軸は特異線である．この軸上では座標 φ の値が定まらない．

点 x の**球座標** r, θ, φ はつぎの連立方程式で定義される：

$$x_1 = r \sin\theta \cos\varphi, \qquad x_2 = r \sin\theta \sin\varphi, \qquad x_3 = r \cos\theta$$

$$(r \geqq 0, \quad 0 \leqq \theta \leqq \pi).$$

Lamé の座標パラメータは

$$h_1 \equiv h_r = 1, \qquad h_2 \equiv h_\theta = r, \qquad h_3 \equiv h_\varphi = r \sin\theta. \tag{49}$$

r 座標面は，球座標の原点とよばれる点 $x_1=x_2=x_3=0$ を中心とする同心球面の族を作り，θ 座標面は直角座標の x_3 軸を共通の軸にもち原点を頂点とする円錐の族を作る．この軸を極軸という．φ 座標面は極軸を境界とする半平面の族を作る．座標 r は点 x の位置ベクトルの長さを表わし，θ は位置ベクトルと極軸との間の角を表わす．φ は極軸を境界とする半平面のうち，点 x を通るものと直角座標の x_1 軸を含むものとの間の角を表わす．

極軸上にない各点 x を通って，r, θ, φ 座標面が一つずつある．極軸上では $h_\varphi=0$，したがって極軸は特異線である．この軸上では座標 φ の値が定まらない．特異点 $r=0$ では，座標 θ も定義されない．

さて，われわれが関心をもつ微分作用素の直交座標における表示の計算に移ろう．

ベクトル A の成分を A_1, A_2, A_3 とし，領域 V を 6 枚の座標面 $\tau_1, \tau_1+d\tau_1, \tau_2,$ $\tau_2+d\tau_2, \tau_3, \tau_3+d\tau_3$ によって作られる曲線座標平行 6 面体とする(図42)．まず Gauss-Ostrogradskii の公式の考察からはじめよう．この平行 6 面体の稜の長さは

$$ds_1 = h_1 d\tau_1, \qquad ds_2 = h_2 d\tau_2, \qquad ds_3 = h_3 d\tau_3 \tag{50}$$

に等しい．公式(1)で，平行 6 面体の表面にわたる積分を各側面における積分の和に分解すると，次式を得る：

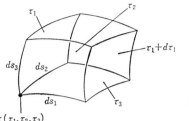

図42

$$\iiint_V \left(\frac{\partial A_1}{\partial x_1} + \frac{\partial A_2}{\partial x_2} + \frac{\partial A_3}{\partial x_3}\right) dV = \sum_{\alpha=1}^{3} \left(\iint_{S_{\tau_\alpha}} A_n dS_\alpha + \iint_{S_{\tau_\alpha+d\tau_\alpha}} A_n dS_\alpha\right).$$

ここで S_{τ_α} と $S_{\tau_\alpha+d\tau_\alpha}$ はそれぞれ τ_α 座標面と $\tau_\alpha+d\tau_\alpha$ 座標面からなる側面, $A_n = \sum_{\beta=1}^{3} A_\beta \cos(n, x_\beta)$ は側面の法線方向のベクトル A の成分である．平行6面体の1つの側面上での外向き法線の向きは，その側面に垂直な座標線の向きに一致し，それに向かい合った側面上のものとは反対向きになっていることに注意しよう．平均値の定理により，

$$\iiint_V \left(\frac{\partial A_1}{\partial x_1} + \frac{\partial A_2}{\partial x_2} + \frac{\partial A_3}{\partial x_3}\right) dV = \left(\frac{\partial A_1}{\partial x_1} + \frac{\partial A_2}{\partial x_2} + \frac{\partial A_3}{\partial x_3}\right)\overline{V},$$

$$\iint_{S_{\tau_\alpha}} A_n dS_\alpha = -\iint_{S_{\tau_\alpha}} A_{\tau_\alpha} dS_\alpha = -A_{\tau_\alpha}\overline{S}_{\tau_\alpha} \quad (\alpha=1,2,3),$$

$$\iint_{S_{\tau_\alpha+d\tau_\alpha}} A_n dS_\alpha = \iint_{S_{\tau_\alpha+d\tau_\alpha}} A_{\tau_\alpha} dS_\alpha = A_{\tau_\alpha+d\tau_\alpha}\overline{S}_{\tau_\alpha+d\tau_\alpha} \quad (\alpha=1,2,3)$$

ここで $\overline{V}$ は平行6面体の体積, $\overline{S}_{\tau_\alpha}, \overline{S}_{\tau_\alpha+d\tau_\alpha}$ は平行6面体の側面積，また右辺の関数はそれぞれの積分領域のある内点における値をとる．

高次の無限小を無視すれば

$$A_{\tau_\alpha+d\tau_\alpha}\overline{S}_{\tau_\alpha+d\tau_\alpha} = A_{\tau_\alpha}\overline{S}_{\tau_\alpha} + \frac{\partial A_{\tau_\alpha}\overline{S}_{\tau_\alpha}}{\partial \tau_\alpha} d\tau_\alpha.$$

これを Gauss-Ostrogradskii の公式に代入すると，

$$\left(\frac{\partial A_1}{\partial x_1} + \frac{\partial A_2}{\partial x_2} + \frac{\partial A_3}{\partial x_3}\right)\overline{V} = \sum_{\alpha=1}^{3}\left[\left(A_{\tau_\alpha}\overline{S}_{\tau_\alpha} + \frac{\partial}{\partial \tau_\alpha}(A_{\tau_\alpha}\overline{S}_{\tau_\alpha})d\tau_\alpha\right) - A_{\tau_\alpha}\overline{S}_{\tau_\alpha}\right]$$

$$= \sum_{\alpha=1}^{3} \frac{\partial(A_{\tau_\alpha}\overline{S}_{\tau_\alpha})}{\partial \tau_\alpha} d\tau_\alpha$$

を得る．これに

第17章 楕円型方程式の理論における積分公式

$$\overline{V} = ds_1 ds_2 ds_3 = h_1 h_2 h_3 d\tau_1 d\tau_2 d\tau_3, \quad (51\,\text{a})$$

$$\overline{S}_{\tau_\alpha} = ds_\beta ds_\gamma = h_\beta h_\gamma d\tau_\beta d\tau_\gamma \quad \left(\alpha, \beta, \gamma = \begin{Bmatrix} 1,2,3 \\ 2,3,1 \\ 3,1,2 \end{Bmatrix}\right) \quad (51\,\text{b})$$

を代入して,$V \to 0$ の極限に移れば,求める公式が得られる:

$$\frac{\partial A_1}{\partial x_1} + \frac{\partial A_2}{\partial x_2} + \frac{\partial A_3}{\partial x_3}$$
$$= \frac{1}{h_1 h_2 h_3}\left[\frac{\partial}{\partial \tau_1}(h_2 h_3 A_{\tau_1}) + \frac{\partial}{\partial \tau_2}(h_3 h_1 A_{\tau_2}) + \frac{\partial}{\partial \tau_3}(h_1 h_2 A_{\tau_3})\right]. \quad (52)$$

いま,

$$A_i = \frac{\partial u}{\partial x_i} \qquad (i=1,2,3)$$

とおくとき,すなわち $A = \text{grad}\, u$ とおくとき,$\tau_1 \tau_2 \tau_3$ 系では

$$A_{\tau_\alpha} = \frac{\partial u}{\partial s_\alpha} = \frac{1}{h_\alpha}\frac{\partial u}{\partial \tau_\alpha} \qquad (\alpha=1,2,3) \quad (53)$$

であることに注意すると,つぎの公式も得られる:

$$\frac{\partial^2 u}{\partial x_1^2} + \frac{\partial^2 u}{\partial x_2^2} + \frac{\partial^2 u}{\partial x_3^2} = \frac{1}{h_1 h_2 h_3}\left[\frac{\partial}{\partial \tau_1}\left(\frac{h_2 h_3}{h_1}\frac{\partial u}{\partial \tau_1}\right) + \frac{\partial}{\partial \tau_2}\left(\frac{h_3 h_1}{h_2}\frac{\partial u}{\partial \tau_2}\right) + \right.$$
$$\left. + \frac{\partial}{\partial \tau_3}\left(\frac{h_1 h_2}{h_3}\frac{\partial u}{\partial \tau_3}\right)\right]. \quad (54)$$

図42の平行6面体の側面の1つ,たとえば,τ_1 座標面によって作られる側面に Stokes の公式を適用しよう.側面の周にわたる積分をその稜についての積分の和に分解し,平均値の定理を適用して(50)を考慮すれば,

$$B_1 \overline{S}_{\tau_1} = A_2' ds_2 - A_3' ds_3 + A_3' ds_3 + \frac{\partial}{\partial \tau_2}(A_3' ds_3) d\tau_2 - A_2' ds_2 - \frac{\partial}{\partial \tau_3}(A_2' ds_2) d\tau_3$$
$$= \frac{\partial}{\partial \tau_2}(h_3 A_3') d\tau_3 d\tau_2 - \frac{\partial}{\partial \tau_3}(h_2 A_2') d\tau_2 d\tau_3$$

を得る.ただし,A_i' は A_{τ_i} を表わす[1]($i=1,2,3$).また,ここで B_1 はベクトル $\boldsymbol{B}$ の τ_1 方向の成分である.この関係式において,側面の法線の向きは τ_1 の増加する向きとする.これに対応する周の向きは図43に示されている.

---

[1]〔訳注〕 原著では,A_i' と A_i との記号上の区別がないため,たとえば,(53)式などにおいて混乱がみられた.

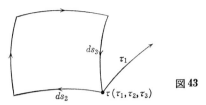

図 43

関係式(51 b)の面積の値 $\overline{S_{\tau_1}}$ を入れよう．すると

$$B_1 = \frac{1}{h_2 h_3}\left\{\frac{\partial (h_3 A_3')}{\partial \tau_2} - \frac{\partial (h_2 A_2')}{\partial \tau_3}\right\}$$

が得られる．これから，添字の巡回置換により一般に次式を得る：

$$B_\alpha = \frac{1}{h_\beta h_\gamma}\left\{\frac{\partial (h_\gamma A_\gamma')}{\partial \tau_\beta} - \frac{\partial (h_\beta A_\beta')}{\partial \tau_\gamma}\right\} \quad \left(\alpha,\beta,\gamma=\begin{cases}1,2,3\\2,3,1\\3,1,2\end{cases}\right). \quad (55)$$

この公式で与えられる成分をもつベクトル $\boldsymbol{B}$ を任意の方向 n に射影して得られる表式と(45)の第1式の右辺とを等置すると，次式を得る：

$$\begin{aligned}&\left(\frac{\partial A_3}{\partial x_2} - \frac{\partial A_2}{\partial x_3}\right)\cos(n, x_1) + \left(\frac{\partial A_1}{\partial x_3} - \frac{\partial A_3}{\partial x_1}\right)\cos(n, x_2) + \left(\frac{\partial A_2}{\partial x_1} - \frac{\partial A_1}{\partial x_2}\right)\cos(n, x_3)\\&= \frac{1}{h_2 h_3}\left(\frac{\partial h_3 A_3'}{\partial \tau_2} - \frac{\partial h_2 A_2'}{\partial \tau_3}\right)\cos(n, \tau_1) + \frac{1}{h_3 h_1}\left(\frac{\partial h_1 A_1'}{\partial \tau_3} - \frac{\partial h_3 A_3'}{\partial \tau_1}\right)\cos(n, \tau_2) +\\&\quad + \frac{1}{h_1 h_2}\left(\frac{\partial h_2 A_2'}{\partial \tau_1} - \frac{\partial h_1 A_1'}{\partial \tau_2}\right)\cos(n, \tau_3). \hspace{4em} (56)\end{aligned}$$

問　題

1. Green の公式(7)を用いて公式(54)を導け．

〔ヒント〕 Green の公式において，$v=1$ とおく．

2. 平面上の直交曲線座標では，(54)はつぎの形をとることを示せ．

$$\frac{\partial^2 u}{\partial x_1{}^2} + \frac{\partial^2 u}{\partial x_2{}^2} = \frac{1}{h_1 h_2}\left[\frac{\partial}{\partial \tau_1}\left(\frac{h_2}{h_1}\frac{\partial u}{\partial \tau_1}\right) + \frac{\partial}{\partial \tau_2}\left(\frac{h_1}{h_2}\frac{\partial u}{\partial \tau_2}\right)\right],$$

ただし，パラメータ h_1, h_2 は3次元の場合と同じ意味をもつ．

3. 関係

$$x_1 = (c + r\cos\theta)\cos\varphi, \quad x_2 = (c + r\cos\theta)\sin\varphi, \quad x_3 = r\sin\theta$$

による変数の変換によって，微分方程式

$$\frac{\partial^2 u}{\partial x_1^2} + \frac{\partial^2 u}{\partial x_2^2} + \frac{\partial^2 u}{\partial x_3^2} = 0$$

はつぎの形をとることを証明せよ：

$$\frac{\partial}{\partial r}\left[r(c+r\cos\theta)\frac{\partial u}{\partial r}\right] + \frac{1}{r}\frac{\partial}{\partial \theta}\left[(c+r\cos\theta)\frac{\partial u}{\partial \theta}\right] + \frac{r}{c+r\cos\theta}\frac{\partial^2 u}{\partial \varphi^2} = 0.$$

4. 座標面が方程式

$$(x_1^2+x_2^2)^{1/2} = \frac{c\sinh\tau_1}{\cosh\tau_1-\cos\tau_2}, \qquad x_2 = x_1\tanh\tau_3, \qquad x_3 = \frac{c\sin\tau_2}{\cosh\tau_1-\cos\tau_2}$$

で与えられるとき，この直交曲線座標ではLaméのパラメータが

$$h_1 = h_2 = \frac{c}{\cosh\tau_1-\cos\tau_2}, \qquad h_3 = \frac{c\sinh\tau_1}{\cosh\tau_1-\cos\tau_2}$$

となることを証明せよ．この座標系は<u>円環座標</u>とよばれる．その座標面は円環，球，および平面である．

5. 座標面が方程式

$$(x_1^2+x_2^2)^{1/2} = \frac{c\sin\tau_2}{\cosh\tau_1-\cos\tau_2}, \qquad x_2 = x_1\tan\tau_3, \qquad x_3 = \frac{c\sinh\tau_1}{\cosh\tau_1-\cos\tau_2}$$

で与えられるとき，この直交曲線座標ではLaméのパラメータが

$$h_1 = h_2 = \frac{c}{\cosh\tau_1-\cos\tau_2}, \qquad h_3 = \frac{c\sin\tau_2}{\cosh\tau_1-\cos\tau_2}$$

となることを証明せよ．この座標系は<u>双極座標</u>とよばれる．

第18章 Laplace の方程式と Poisson の方程式

§1 Laplace の方程式と Poisson の方程式．Laplace の方程式に帰着される問題の例

x_1, x_2, x_3 を直角座標として，方程式

$$\frac{\partial^2 u}{\partial x_1{}^2}+\frac{\partial^2 u}{\partial x_2{}^2}+\frac{\partial^2 u}{\partial x_3{}^2}=0 \tag{1}$$

を **Laplace の方程式**という．左辺の u に対する作用素(演算子)を **Laplace の作用素**，あるいは**ラプラシアン**という．Laplace の作用素は記号 Δ で表わす．したがって，方程式(1)はつぎの形に書かれる：

$$\Delta u = 0.$$

f を与えられた関数として，非同次方程式

$$\frac{\partial^2 u}{\partial x_1{}^2}+\frac{\partial^2 u}{\partial x_2{}^2}+\frac{\partial^2 u}{\partial x_3{}^2}=f, \tag{2}$$

すなわち

$$\Delta u = f$$

を **Poisson の方程式**という．

Laplace および Poisson の方程式の左辺の微分式の形はすべての直角座標において同一である．曲線座標に移るとその形は変る．直交曲線座標のときは前章の §7 の関係式によって与えられる．特に，第17章の公式 (48), (49), (54) を用いると，円柱座標 r, φ, z では，

$$\Delta = \frac{1}{r}\frac{\partial}{\partial r}\left(r\frac{\partial}{\partial r}\right)+\frac{1}{r^2}\frac{\partial^2}{\partial \varphi^2}+\frac{\partial^2}{\partial z^2}, \tag{3}$$

球座標 r, θ, φ では，

$$\Delta = \frac{1}{r^2}\frac{\partial}{\partial r}\left(r^2\frac{\partial}{\partial r}\right)+\frac{1}{r^2\sin\theta}\frac{\partial}{\partial \theta}\left(\sin\theta\frac{\partial}{\partial \theta}\right)+\frac{1}{r^2\sin^2\theta}\frac{\partial^2}{\partial \varphi^2}. \tag{4}$$

熱伝導，静電気，流体力学などの理論の多くの問題が Laplace および Poisson の方程式に帰着する．例として，Laplace の方程式に導かれるいくつかの問題

を考えよう．

1. 一様な物体の熱的定常状態

外界から孤立した一様な等方性物体があり，その熱的状態が時間に依存しないと仮定しよう．物体が占める部分を V，その境界を $\mathscr{F}V$, $x \in V$ における温度を $u(x)$ で表わす．

この物体の中のすべての点 x において，$u(x)$ が Laplace の方程式を満たすことを示そう．

そのために，物体から閉曲面 $\mathscr{F}V_1$ で囲まれた任意の領域 V_1 をとりだして，$\mathscr{F}V_1$ の面要素 dS_1 を単位時間当りに通過する熱量を考察する．Fourier の法則により，それは面要素の面積および法線方向の微分係数 $\partial u/\partial n$ に比例する．ただし n は閉曲面の外向き法線を示す．すなわちこの熱量は

$$k \frac{\partial u}{\partial n} dS_1$$

に等しい．比例定数 k は物体の内部熱伝導率である．

物体内の熱の移動を考察しよう．熱力学によれば，熱は高温度の点から低温度の点へ流れることが知られている．したがって，微分係数 $\partial u/\partial n$ が負のとき，熱は $\mathscr{F}V_1$ で囲まれた部分からこの面の外部領域に流出する．この微分係数が正なら熱の伝わり方は反対になる．

ゆえに，面積分

$$k \iint_{\mathscr{F}V_1} \frac{\partial u}{\partial n} dS_1 \tag{5}$$

は単位時間に $\mathscr{F}V_1$ を通過する熱量の総和を与える．これは負ならば流出する熱量を，正ならば流入する熱量を表わす．

もし，物体内に熱の湧き出しも吸い込みもないと仮定するなら，(5)は0に等しくなければならない．実際，そうでないなら熱は物体の中に蓄積したり失われたりするから，物体の温度は時間的に変化するであろう．これは物体の熱的状態が変化しないという仮定に矛盾する．

こうして，この場合にはつぎの等式が成り立つ：

$$\iint_{\mathscr{F}V_1} \frac{\partial u}{\partial n} dS_1 = 0. \tag{6}$$

領域 V_1 に第17章(7)の Green の公式

§1 Laplace の方程式に帰着される問題の例　　　　275

$$\iiint_{V_1}(u\Delta v-v\Delta u)dV = \iint_{\mathcal{F}V_1}\left(u\frac{\partial v}{\partial n}-v\frac{\partial u}{\partial n}\right)dS_1$$

を適用し，$v=1$ とおく．そうすると(6)から次式を得る：

$$\iiint_{V_1}\Delta u\, dV = 0.$$

したがって，領域 V_1 が任意であることを考慮すれば，

$$\Delta u = 0,$$

すなわち，$u(x)$ は Laplace の方程式を満足する．

さて，物体の表面 $\mathcal{F}V$ 上で温度分布が知られている場合に，物体の<u>内部</u>の任意の点における温度を決定することを考えよう．

$\mathcal{F}V$ 上の点 x における温度を $f(x)$ で表わすとき，境界条件

$$u = f(x) \qquad (x \in \mathcal{F}V) \tag{7}$$

を満足する Laplace の方程式の解が求まれば，この問題を解いたことになる．

2. 導体表面上における電荷の平衡

ある電荷の系によって空間に作られる定常な静電場を考察しよう．もし電荷 $q_1, q_2, \cdots, q_n$ が点 $\xi_1, \xi_2, \cdots, \xi_n$ に離散的に分布しているとすれば，点 x における電場のポテンシャルは，$r_\alpha = |\xi_\alpha - x|$ を電荷 q_α から点 x への距離として

$$u = \sum_{\alpha=1}^{n}\frac{q_\alpha}{r_\alpha} \tag{8}$$

で与えられる．もし，電荷が連続的に曲線 L，曲面 S，あるいは領域 V に分布しているならば，場のポテンシャルはそれぞれつぎの積分によって表わされる：

$$u = \int_L \frac{\rho_2}{r}dL, \quad u = \iint_S \frac{\rho_1}{r}dS, \quad u = \iiint_V \frac{\rho}{r}dV. \tag{9}$$

ここで r は線素(面素，体積要素)から，考察する点までの距離である．この公式で ρ_2, ρ_1, ρ はそれぞれ電荷の線密度，面密度，体密度を表わす．すなわち，

$$\rho_2 = \lim_{\Delta L \to 0}\frac{\Delta q}{\Delta L} = \frac{dq}{dL}, \quad \rho_1 = \lim_{\Delta S \to 0}\frac{\Delta q}{\Delta S} = \frac{dq}{dS}, \quad \rho = \lim_{\Delta V \to 0}\frac{\Delta q}{\Delta V} = \frac{dq}{dV} \tag{10}$$

である．ここで Δq は曲線 L (曲面 S，領域 V) の要素における電荷である．一般の場のポテンシャルはこれらの電荷分布のおのおのによって作られるポテンシャルの和に等しい．

第 18 章　Laplace の方程式と Poisson の方程式

空間の有限領域 V が導電性の媒質，すなわち，その中で電荷が自由に動ける媒質によって占められ，空間の他の部分は誘電性[1]の媒質，すなわち，その中では電荷の運動が不可能な媒質によって占められていると仮定しよう．

定常状態においては，境界をこめた領域 V のすべての点で電場のポテンシャルは等しい．なぜなら，そうでないとすると，ポテンシャルを平均化する向きに電荷の運動が起こり，場の状態が変化するであろうから．これから直ちにわかるように，V 内では，場のポテンシャルは Laplace の方程式を満たす：

$$\Delta u = 0. \tag{11}$$

導体の内部では，異符号の電荷は相互に中和し合う．実際，導体内にどちらか一方の符号の電荷が余分に残ったとすれば，同符号の電荷間の反撥力の作用で電荷の移動が起こり，導体の境界上にのみ分布するようになるであろう．したがって，定常状態では，余分な電荷は導体の境界 ∂V 上に無限に薄い層の形で分布する．

この層によるポテンシャル u の点 x における値は，r を導体表面の動点 ξ から点 x までの距離として，

$$u = \iint_{\partial V} \frac{\rho_1}{r} dS \tag{12}$$

で与えられる．

もし，点 x が導体外にあれば，関数 $1/r$ は Laplace の方程式を満足する．実際，

$$\frac{\partial}{\partial x_i}\frac{1}{r} = -\frac{x_i-\xi_i}{r^3}, \quad \frac{\partial^2}{\partial x_i^2}\frac{1}{r} = 3\frac{(x_i-\xi_i)^2}{r^5} - \frac{1}{r^3}.$$

これから

$$\Delta \frac{1}{r} = -\sum_{\alpha=1}^{3}\frac{\partial^2}{\partial x_\alpha^2}\frac{1}{r} = -\frac{3}{r^3} + \frac{3}{r^5}\sum_{\alpha=1}^{3}(x_\alpha-\xi_\alpha)^2 = 0.$$

したがって，(12) で定義されるポテンシャルは Laplace の方程式を満足する．これを示すには，積分 (12) にパラメータによる微分の法則を適用すればよい．仮定から点 x は表面 S 上にはなく，したがって (12) の被積分関数は決して無限大にならないから，これは許される．

---

[1]〔訳注〕 電気的絶縁性ともいう．

§1 Laplace の方程式に帰着される問題の例

こうして，導体外の各点 x において，ポテンシャル u はやはり Laplace の方程式を満足する．

さて，誘電体によって満たされた空間の無限遠点および導体の表面の点において起こる事情の検討に移ろう．

あとで明らかにするように，積分(12)は無限遠点において(その1階導関数とともに) 0 になり，積

$$ru, \quad r^2\frac{\partial u}{\partial x_i} \quad (i=1,2,3)$$

は，点 x から座標の原点までの距離 r が無限に増大するときも，有界にとどまる．導体表面上に起こっている状況に関しては，ポテンシャル u は有限にとどまり，点 x が導体表面を通りぬけるとき連続であることが示される．これに反して，ポテンシャル u の法線方向の導関数には，導体表面を通過する際に有限の跳び(jump)をともなう不連続が現われる．この跳びは，つぎの式で与えられる：

$$\frac{\partial u}{\partial n_i} - \frac{\partial u}{\partial n_e} = 4\pi\rho_1. \tag{13}$$

ここで $\partial u/\partial n_i$ および $\partial u/\partial n_e$ は $\xi \in \mathscr{F}V$ における法線に沿って，それぞれ内側および外側から，x を ξ に近づけたときの

$$\sum_{\alpha=1}^{3}\frac{\partial u}{\partial x_\alpha}\cos(n, x_\alpha)$$

の極限値である[1]．

静電気の問題とよばれる問題，すなわち，与えられた導体が電気的平衡状態に到達したとき，導体の表面に分布する電気の層の密度を求める問題を定式化するのに，等式(13)を用いよう．

与えられた導体がそのような状態になっていると仮定しよう．そうすると，以前の説明により，導体内のポテンシャルは定数値をとる．したがって，つぎの等式が成り立つ：

$$\frac{\partial u}{\partial n_i} = 0.$$

---

[1]〔訳注〕 $\cos(n, x_\alpha)$ において，n は近づき方によらず一定で，外向き法線を表わす．念のため．

この等式および (13) から，

$$\rho_1 = -\frac{1}{4\pi}\frac{\partial u}{\partial n_e}. \tag{14}$$

すなわち，層の密度は，この層によるポテンシャル u を導体外の点で決定すれば求められる．

こうして，問題は，導体を囲む空間のすべての点で Laplace の方程式を満たし，無限遠で 0 になり，かつ，つぎの条件を満足する関数 u を求めることに帰着した：

$$u(x) = \text{const} \qquad (x \in \mathscr{F}V).$$

3. 非圧縮性流体の運動

非圧縮性流体の定常的な運動を考察しよう．$\boldsymbol{v}$ で流体の速度(ベクトル)を表わし，v_1, v_2, v_3 は $\boldsymbol{v}$ の固定した座標軸への射影，すなわち，成分とする．これからの考察において，速度は時間 t によらないと仮定する．このような運動を**定常流**という．

さて，流体の運動は**速度ポテンシャル** u をもつと仮定しよう．いいかえれば，つぎの等式が成り立つとする：

$$v_i = \frac{\partial u}{\partial x_i} \qquad (i=1, 2, 3). \tag{15}$$

このポテンシャルは Laplace の方程式

$$\Delta u = 0 \tag{16}$$

を満足することを示そう．実際，第 6 章 §2 において，ベクトル $\boldsymbol{v}$ の成分 v_1, v_2, v_3 および流体の密度 ρ は，連続の方程式

$$\frac{\partial \rho}{\partial t} + \sum_{\alpha=1}^{3}\frac{\partial(\rho v_\alpha)}{\partial x_\alpha} = 0$$

によって結ばれていることをみた．非圧縮性流体では密度 ρ が定数であることを考慮すると，この方程式はつぎの形に書きかえられる：

$$\sum_{\alpha=1}^{3}\frac{\partial v_\alpha}{\partial x_\alpha} = 0.$$

ここで $v_\alpha (\alpha=1, 2, 3)$ を (15) でおきかえると，Laplace の方程式 (16) が導かれる．

境界条件は，問題の性質による．たとえば，容器の剛体壁の上では，

$$\frac{\partial u}{\partial n} = 0$$

を得る．ここで n は壁の法線である．もし剛体が，流体中で与えられた運動をしているとすると，剛体の表面では

$$\frac{\partial u}{\partial n} = f(x), \tag{17}$$

ここで $f(x)$ は与えられた関数である．流体の自由表面に対してはもっと複雑な境界条件が用いられる(第24章をみよ)．

さらに，ポテンシャルが無限遠点で満足すべき条件も考慮しなければならない．流体力学の多くの問題では，流体の運動を引き起こす攪乱が空間の有限領域内で起こるとき，その有限領域から無限に遠いところでは流体が静止状態のままであると仮定する．このとき無限遠で偏導関数 $\partial u/\partial x_i$ が 0 になるが，これからさらに

$$|ru|, \quad \left| r^2 \frac{\partial u}{\partial x_i} \right| \quad (i=1,2,3)$$

が，r の無限の増大に際し有限にとどまることを示すことができる．

無限遠で流体が静止しているという仮定は，たとえば，全空間を満たしている非圧縮性流体中の剛体の運動という重要な問題においてなされる．

問　題

内部に熱源が連続的に分布している有界かつ一様な物体中の定常的温度分布の問題は，方程式

$$\Delta u = -4\pi f_1 \quad (x \in V - \mathscr{F}V)$$

を条件

$$\frac{\partial u}{\partial n} + ku + f = 0 \quad (x \in \mathscr{F}V)$$

のもとに解くことに帰着されることを示せ．ただし，V は物体の占める領域，k, f_1, f は，ある与えられた関数であるが，f_1 は物体の内部で与えられ，f および k は表面で与えられる．

§2　境界値問題

以上われわれは一連の物理学の問題を考察してきた．そのどれもがつぎの数学的問題に帰着された：与えられた領域 V 内では Laplace の方程式 $\Delta u = 0$ を

満たし，領域 V の境界 $\mathscr{F}V$ 上ではある条件を満たす関数 u を求めよ．後者の条件は**境界条件**とよばれる．この数学的問題を**境界値問題**という[1]．

境界値問題は Laplace の方程式に対してだけ設定されるのではなく，任意の楕円型方程式に対しても考えられる．

境界条件の形にしたがって，基本的な境界値問題の3つの型がある[2]．

1. $\mathscr{F}V$ 上で $u(x)=\varphi(x)$ ならば，**第1種境界値問題**または **Dirichlet 問題**．
2. $\mathscr{F}V$ 上で $\partial u/\partial n=\varphi(x)$ ならば，**第2種境界値問題**または **Neumann 問題**．
3. $\mathscr{F}V$ 上で $\partial u/\partial n+\beta u=\varphi(x)$ ならば，**第3種境界値問題**[3]．

ここで φ および β は境界 $\mathscr{F}V$ で定義された連続関数，$\partial u/\partial n$ は $\mathscr{F}V$ 上の点での外向き法線方向の導関数を表わす．

広い範囲の定常的な物理的過程や現象の研究が，境界値問題に帰着される．特に，前節で考察した例は，われわれを Dirichlet 問題と Neumann 問題に導いた．しかし，他の境界条件の問題に出会うこともある．その中には，たとえば，ある流体と他の流体が作る自由境界面を考える流体力学の問題がある．もし，媒質が全体で一様ではなく，いくつかの一様な部分からなるならば，それらの境界上ではある接合条件を満足しなければならない．

もし，方程式の解を探す領域が有界なら，境界値問題は**内部問題**とよばれる．また，その領域がある有界領域の外部の空間全体であるとき，境界値問題は**外部問題**とよばれる．領域の境界が平面であるときは，境界値問題は**半空間**に対して設定されているという．前節で考察した一様な物体の熱的状態の問題は内部 Dirichlet 問題，静電気の問題は外部 Dirichlet 問題の例である．

さて，境界値問題の厳密な数学的定式化をしよう．第0章においてふれたように，数理物理の問題の一意的な解が存在し，与えられたデータに対して連続であるとき，その問題は**適切に設定されている**という[4]．問題の設定の適切さは，ふつう解が物理的意味をもつことを保証する．

---

1)〔訳注〕 原著ではこの直後に境界条件，境界値問題に関するロシヤ語の術語についての説明があったが，必要でないので省略した．
2) 第27章§2も参照のこと．
3)〔訳注〕 Robin 問題ともいう．
4)〔訳注〕 原著では適切さの解説がつづくが，第0章のくりかえしであり，明快な説明でもないので省いた．

§2 境界値問題

境界値問題の適切性のために要求される条件は，問題に応じていくらか相違がある．しかし，つぎに述べるように，それらの定式化のすべてに現われる 1 組の基本的条件がある．すなわち，(2 階偏微分方程式についての) 境界値問題の解となる関数は，

1) 問題の設定された領域内で，境界までこめて連続でなければならない．

2) 領域内では連続な 2 階導関数をもち，与えられた方程式 (たとえば Laplace の方程式，Poisson の方程式など) を満足しなければならない．

3) 領域の境界上で，与えられた境界条件を満足しなければならない．

4) 領域が 3 次元の無限領域なら，領域に属する任意の半直線に沿って無限遠点に行くとき，0 にならなければならない[1]．

3 次元の領域内で設定された境界値問題の解で，上に挙げた条件を満たすものを**正則な解**とよぼう．

あとで示すように，基本的な境界値問題の正則な解は (ときにはいくつかの補助的条件のもとに) 一意的であり，境界条件に連続的に依存する．解の存在の証明には専門的な数学的手段が必要なので，われわれは立入らない．ただ，正則な解は与えられた境界条件が十分滑らかなときにのみ存在することを注意しておく．この事情は，実用上重要な制限ではない．というのは，物理的意味のある境界条件は，十分滑らかな関数によっていくらでも精密に近似されるからである．物理的対象を連続なものとする理想化された考察の枠内では，この近似は本来の問題と全く同じ物理的意義をもっている．解の存在の問題のより根本的な解決は**一般化された関数 (超関数)** の理論によって与えられる．それについては第 39 章でふれるであろう．

最後に，任意の楕円型方程式に対する適切に設定された問題の解は，それを決める関数 (方程式の係数，データ) よりも，(何階まで連続な導関数をもつかという意味での) 滑らかさがおとることはないことを注意しよう．ふつう，考えている領域のすべての内点において，解は無限回微分可能でさえある．境界値問題の解のこの性質は，安定した (定常な) 物理過程——平均化の過程のあげくに実現する平衡——を定式化すると境界値問題に帰着するという事実と密接

---

[1] 〔訳注〕 要請 4) は本書としての立場であり，一般には，無限遠での境界条件として他のものをとることもある．

に関係している.この場合,問題の解ばかりではなく,現象の性質を規定する境界値も滑らかであることが,物理的考察から当然期待される.

§3 調和関数

関数 $u(x)$ が点 x で,連続な2階導関数をもち,Laplace の方程式を満たしているとき,<u>$u(x)$ はこの点で調和である</u>という.もしも $u(x)$ が閉領域 V に対して,

1) その領域で連続であり,
2) 領域のすべての内点で調和であり,
3) V が無限領域の場合には,領域に属する任意の半直線に沿って x を無限遠点にもって行くとき,0 に近づく

を満足するならば,<u>u は閉領域 V で調和である</u>という.

この定義によれば,Laplace の方程式の境界値問題の正則解は,その領域内で調和であることに注意しよう.

調和関数のいくつかの重要な性質を導こう.

最大・最小の原理[1]. 領域 V で調和な関数 $u(x)$ は V の境界上で最大値,最小値をとり,定数関数となる場合以外は領域内部では最大にも最小にもならない.

これを証明するために,かりに u が $x \in V - \mathscr{F}V$ で最大値をとったとする.点 x を中心とし V の内部に入る球面 σ を描こう.球面 σ の半径を十分小さくとれば,球面 σ 上での u の最大値を u_M とするとき,ある正数 ε に対して

$$u(x) > u_M + \varepsilon \tag{18}$$

が成り立つようにできる[2].さらに,球面 σ 上またはその内部の任意の点 ξ に対して,$|x-\xi|$ を点 x と点 ξ との距離として,

$$\eta |x-\xi|^2 < \frac{\varepsilon}{2}$$

---

1)〔訳注〕 ふつう,最大値の原理(maximum principle[英])という.
2)〔訳注〕 これが可能であるためには,u の最大値を与える点全体の集合のなかで,x が孤立点になっていなくてはならない.この意味で,ここでの証明はやや不充分である.厳格な証明については,たとえば,宇野利雄・洪姙植[1],第3章§8をみよ.

となるような十分小さな正の定数 η を見つけることができる．そうすると，不等式(18)によって，関数
$$v(\xi) = u(\xi)+\eta|x-\xi|^2$$
は点 $\xi=x$ でその σ 上の最大値を超える．これは，$v(\xi)$ の最大が球面 σ の内部で達せられることを意味する．また，ξ の座標による2階導関数は最大点では0を超えない．一方
$$\Delta_\xi v = \frac{\partial^2 v}{\partial \xi_1{}^2} + \frac{\partial^2 v}{\partial \xi_2{}^2} + \frac{\partial^2 v}{\partial \xi_3{}^2} = \eta\Delta_\xi|x-\xi|^2 = 6\eta > 0.$$

この矛盾は不等式(18)が不可能なことを示す．ゆえに u は V の内部で最大値をとり得ない．同様にして，u は V の内部で最小値もとり得ないことが示される．しかし，すべての連続関数がそうであるように，u は閉領域 V においては最大値と最小値をとる[1] (Weierstrass の定理)．V の内部ではこれは不可能だから，u の最大値と最小値が到達されるのは領域の境界においてである．

この定理からでる便利な系を1つ述べよう．もし関数 u, v が領域 V で調和なら，領域の境界上で不等式
$$u \leqq v \quad (\text{または} \quad |u| \leqq v)$$
が満足されることは，同じ不等式 $u \leqq v$ (または $|u| \leqq v$) が領域内部でも成り立つことを意味する．

実際，もしも，領域 V で調和な関数 $(u-v)$ が，領域の境界で正でなければ $(u-v\leqq 0)$，それらは領域全体でも正でない．なぜなら，それは領域内部では，境界上における(最大)値を超えることがないからである．これから不等式 $u \leqq v$ に関する主張がでる．不等式 $|u| \leqq v$ は2つの不等式 $u \leqq v$，$-v \leqq u$ と同等である．すでに示されたことにより，これらが境界上で満たされることは，領域内部でも同じものが満たされることを意味する．ゆえに，不等式 $|u| \leqq v$ に関する主張が示された．

最大・最小の原理に基づき，つぎの<u>除去可能な特異点に関する補題</u>を示す．

<u>点 $\xi=x$ を関数 $u(\xi)$ の孤立特異点とし，点 x のある近傍 Ω のすべての点で $u(\xi)$ は調和であるとする．そうすると，$r=|x-\xi|$ を点 x, ξ 間の距離として，</u>

---
1) Smirnov, V. I. [1] I，第1章参照．〔訳注〕たとえば，三村征雄[1]，第5章11節．

$\xi \to x$ のとき,関数 $u(\xi)$ は $1/r$ よりおそくなく発散するか,あるいは点 x において除去可能な特異性をもち,この点で調和になるように拡張(修正)することができるかのどちらかである.

正数 a を十分小さくとって,球 $r \leq a$ が近傍 Ω の中に入ってしまうようにしよう.球内で調和であり,その表面で与えられた連続関数に一致する関数を作れることを,§6 において上の補題を用いることなしに示す.その結果を先どりして,球 $r \leq a$ で調和であり,その表面で $u(\xi)$ と同じ値をとる関数を $v(\xi)$ で表わす.関数

$$\frac{1}{r} - \frac{1}{a}$$

を考えよう.これは球 $r \leq a$ で非負であり,球 $r \leq a$ から点 x の任意に小さな近傍 $r \leq \varepsilon$ を除いて得られる領域 V_ε において調和である.$\xi \to x$ の際,これは $1/r$ のように増加する.したがって,もし $u(\xi)$ が $\xi \to x$ の際に $1/r$ よりおそく発散する(すなわち,$\xi \to x$ のとき $ru \to 0$)ならば,ε と共に 0 に近づく数 η が存在して,$r = \varepsilon$ および $r = a$ のとき

$$|u - v| \leq \eta \left(\frac{1}{r} - \frac{1}{a} \right) \tag{19}$$

が成り立つ.η としては,たとえば $r = \varepsilon$ における次式の最大値をとればよい:

$$|u - v| \frac{ra}{a - r}.$$

関数 $(u-v)$ および $\eta(1/r - 1/a)$ は共に領域 V_ε で調和であるから,上に示された最大・最小の原理の系により,不等式(19)は $\varepsilon \leq r \leq a$ においても成り立つ.(19)において ξ を固定し,ε を 0 に近づけよう.その際,(19)の右辺は 0 に近づく.また,左辺は ε によらないから,すべての $\xi \neq x$, $r \leq a$ について $u = v$ でなければならない.

ゆえに,関数 $u(\xi)$ が $\xi \to x$ のとき $1/r$ よりおそく発散するならば,すべての $\xi \neq x$ について,u は有界な関数 v に一致し,したがって $\xi \neq x$ において有界である.さらに,すべての $\xi \neq x$ について $u = v$ だから,特異点 $\xi = x$ で $u(x) = v(x)$ ととれば,u の特異点がなくなる.すなわち,点 x は関数 $u(\xi)$ の<u>除去可能な特異点</u>である.

§3 調和関数

こうして，除去不能な特異性を示す何個かの孤立点 x^i ($i=1,2,3,\cdots$) を除いて領域 V のすべての点で調和な関数は，それらの点に近づくとき，$1/|\xi-x^i|$ よりおそく発散することはない．この他の型の特異点はない．x^i において除去不能な特異性をもち，空間の他のすべての点で調和な関数の例としては，関数 $1/|\xi-x^i|$ がある．

無限領域で調和な関数を調べるための準備として，空間の各点 x に対して

$$\xi_i = x_i \frac{a^2}{|x|^2} \quad (i=1,2,3, \quad |x|^2 = x_1{}^2+x_2{}^2+x_3{}^2, \quad a=\mathrm{const}) \quad (20)$$

を座標にもつ点 ξ を対応させる変換を考えよう．この変換を，原点 $x=0$ を中心とする半径 a の球面に関する**反転**という．2点 x と ξ を上の球面に関する**調和共役点**[1]という．

比

$$\frac{\xi_i}{x_i} = \frac{a^2}{|x|^2} \quad (i=1,2,3)$$

がすべての i に対し同じ値をもつから，調和共役点 x, ξ は原点からでる一つの動径上にある．さらに，式(20)によって原点と ξ の距離 $|\xi| = \sqrt{\xi_1{}^2+\xi_2{}^2+\xi_3{}^2}$ を計算すると，$|\xi||x|=a^2$ が成り立つ．

したがって，上の変換の幾何学的意味は，全空間を原点を中心とする半径 a の球面鏡 Σ で映したことになる．その際，Σ 上の点はそれ自身に変換され，Σ の外(内)部の点は Σ の内(外)部の点に変換される．特に，無限遠点は点 $x=0$ に，点 $x=0$ は無限遠点に変換される．反転の際，曲線は曲線に，曲面は曲面に，領域は領域に変換されることを示すのは容易である．また，無限領域は原点を含む領域に，原点を含む領域は無限領域に変換される．

2点の共役性は相互的である，すなわち，反転によってそれらは相互に一方から他方に移されるから，任意の点集合についてもこの性質がみられる．特に，反転によって領域 V が領域 V' に変換されるときには，V' は V に変換される．V, V' は互いに他の**共役**であるという．

V' を半径1の球に関する反転について領域 V に共役な領域とする．つぎの定理を示そう．

---

[1]〔訳注〕 互いに他の鏡像の位置にあるともいう．

Kelvin の定理: 関数 $u(x)$ が V で調和ならば, 関数

$$v(\xi) = \frac{1}{|\xi|} u\left(\frac{\xi_1}{|\xi|^2}, \frac{\xi_2}{|\xi|^2}, \frac{\xi_3}{|\xi|^2}\right) \tag{21}$$

は V' で調和である.

$x=0$ を原点とする球座標 r, θ, φ を導入しよう. そのとき, $x(r, \theta, \varphi) \in V$ の調和共役点は $\xi(r', \theta, \varphi) \in V'$ である. ただし $r'=1/r$. したがって, 表式(21)はつぎの形になる:

$$v(r', \theta, \varphi) = ru(r, \theta, \varphi) = \frac{1}{r'} u\left(\frac{1}{r'}, \theta, \varphi\right) \quad \left(r' \equiv \frac{1}{r}\right). \tag{22}$$

まず, 領域 V' は点 $r'=0$ を含まないとする. 球座標で書いた Laplace の方程式(公式(4)をみよ)

$$r'^2 \Delta_\xi v = \frac{\partial}{\partial r'}\left(r'^2 \frac{\partial v}{\partial r'}\right) + \frac{1}{\sin\theta} \frac{\partial}{\partial \theta}\left(\sin\theta \frac{\partial v}{\partial \theta}\right) + \frac{1}{\sin^2\theta} \frac{\partial^2 v}{\partial \varphi^2} = 0 \tag{23}$$

を $v(\xi)$ が満すかどうかを調べよう. いま

$$\frac{\partial}{\partial r'} = \frac{\partial r}{\partial r'} \frac{\partial}{\partial r} = -\frac{1}{r'^2} \frac{\partial}{\partial r} = -r^2 \frac{\partial}{\partial r}$$

を考慮すると,

$$\frac{\partial}{\partial r'}\left\{r'^2 \frac{\partial}{\partial r'}\left[\frac{1}{r'} u\left(\frac{1}{r'}, \theta, \varphi\right)\right]\right\} = r^2 \frac{\partial^2}{\partial r^2}[ru(r, \theta, \varphi)] = r \frac{\partial}{\partial r}\left(r^2 \frac{\partial u}{\partial r}\right)$$

が得られる. したがって, (23)は次式に帰着した:

$$\frac{\partial}{\partial r}\left(r^2 \frac{\partial u}{\partial r}\right) + \frac{1}{\sin\theta}\left(\frac{\partial}{\partial \theta} \sin\theta \frac{\partial u}{\partial \theta}\right) + \frac{1}{\sin^2\theta} \frac{\partial^2 u}{\partial \varphi^2} = 0.$$

関数 u が領域 V で調和であるから, 上の方程式は, $x(r, \theta, \varphi) \in V$ のとき, すなわち, $\xi(r', \theta, \varphi) \in V'$ のとき, 恒等的に満たされる. したがって, 関数 $v(\xi)$ は $\xi \in V'$ のとき Laplace の方程式(23)を満足する. また, 直接微分することにより容易に確かめられるように, V における $u(x)$ の導関数の存在と連続性から, V' における v の同じ階数の導関数の存在と連続性がでる. こうして, $r'=0$ が V' に含まれないという仮定のもとに, 定理は証明された.

さて, V' が $r'=0$ を含むとしよう. この点は関数 $v=u(1/r', \theta, \varphi)/r'$ の特異点である. これが除去可能な特異点であることを示そう.

ξ' を $\xi' \neq 0$ なる V' の任意の点, ω を中心が $r'=0$ で ξ' を含まないような十

分小さな球とする.そうすると,領域 $V'-\omega$ は $r'=0$ を含まず,上に示されたことにより,v はそこで調和,特に,ξ' で調和である.したがって,v は,(v が定義されていない) $r'=0$ を除いた $r'=0$ のある近傍で調和であり,除去可能な特異点に関する補題により,$r'=0$ のとき,有界に留まるか,あるいは $1/r'$ よりおそくなく発散するかのいずれかである.しかし,後者は不可能である.実際,(22)から

$$r'v(r',\theta,\varphi) = u\left(\frac{1}{r'},\theta,\varphi\right)$$

である.$r'\to 0$ のとき,$u(1/r',\theta,\varphi)$ はその無限遠点での値に等しい極限に近づく.一方,u は仮定により調和であるから,この極限値は 0 である[1].したがって,$\lim_{r'\to 0} r'v=0$.こうして,v は特異点の近傍で有界であり,したがって,全領域 V' で調和であるように拡張することができる.これで,Kelvin の定理が完全に証明された.

Kelvin の定理から,<u>無限遠における調和関数のふるまいについての補題</u>がでる.すなわち,<u>無限領域で調和な関数 u はつぎの不等式を満たす</u>:

$$|u(x)| \leq \frac{A}{|x|}, \quad \left|\frac{\partial u}{\partial x_i}\right| \leq \frac{A}{|x|^2}$$

$$(i=1,2,3;\ |x|=\sqrt{x_1^2+x_2^2+x_3^2}>r_0). \tag{24}$$

ただし A, r_0 は適当に選ばれた定数である.

実際,ξ を点 x の調和共役点とする.関数 $v(\xi)=|x|u(x)$ は Kelvin の定理により,点 $\xi=0$ およびそのある近傍 $|\xi|<\varepsilon$ で調和,したがってそこで有界である.ゆえに,$r_0=1/\varepsilon$ とし,A_0 を $|\xi|\leq\varepsilon$ における $|v(\xi)|$ の最大値として,$A\geq A_0$ ととれば,(24)のはじめの不等式がでる.さらに,(20)で $a=1$ とすると

$$\frac{\partial}{\partial x_i} = \sum_{\alpha=1}^{3} \frac{\partial \xi_\alpha}{\partial x_i}\frac{\partial}{\partial \xi_\alpha} = \frac{1}{|x|^2}\frac{\partial}{\partial \xi_i} - \frac{2x_i}{|x|^3}\sum_{\alpha=1}^{3}\frac{x_\alpha}{|x|}\frac{\partial}{\partial \xi_\alpha}$$

が得られることに注意すれば,直接微分することによって

$$\frac{\partial u}{\partial x_i} = \frac{1}{|x|^2}\frac{\partial}{\partial \xi_i}(|\xi|v(\xi)) - \frac{2x_i}{|x|^3}\sum_{\alpha=1}^{3}\frac{x_\alpha}{|x|}\frac{\partial}{\partial \xi_\alpha}(|\xi|v(\xi))$$

$$= \frac{1}{|x|^3}\frac{\partial v}{\partial \xi_i} + \frac{1}{|x|^2}\frac{\xi_i}{|\xi|}v - \frac{2x_i}{|x|^3}\sum_{\alpha=1}^{3}\frac{x_\alpha}{|x|}\left[\frac{1}{|x|}\frac{\partial v}{\partial \xi_\alpha} + \frac{\xi_\alpha}{|\xi|}v\right]$$

---

[1] 〔訳注〕 本書では外部領域で調和な関数は無限遠で 0 になるものとしている.

を得る.比 $x_j/|x|$, $\xi_j/|\xi|$ $(j=1,2,3)$ は有界で,さらに,v および $\partial v/\partial \xi_i$ も近傍 $|\xi|\leq \varepsilon$ では有界であるから,$|\partial u/\partial x_i|\leq A_i/|x|^2$ であるような数 A_i が存在する.さきに求めた A および A_j $(j=1,2,3)$ のうちの最大のものをあらためて A とすれば,(24) の不等式がすべて得られる.

問　題

1. x が ξ に対して調和共役であるなら,逆に ξ は x に対して調和共役である,すなわち,共役性は相互的であることを示せ.
2. Kelvin の定理は一般の形の反転:
$$\xi_i = y_i + \frac{a^2(x_i-y_i)}{|x-y|^2} \quad (i=1,2,3)$$
に対しても成り立つことを示せ.ただし y は任意の定点である.
3. 反転は等角写像であること,すなわち,反転の際に,曲線間の角は保存することを示せ.
　〔ヒント〕　弧長の要素の写像を考えよ.
4. 最大・最小の定理を無限領域に拡張せよ.

§4　境界値問題の解の一意性

Laplace および Poisson の方程式に対する Dirichlet 問題の解の一意性を証明しよう.Dirichlet 問題

$$\begin{aligned}\Delta u &= f \quad (x\in V-\mathscr{F}V),\\ u &= \phi \quad (x\in \mathscr{F}V)\end{aligned} \tag{25}$$

が 2 つの解 u_1, u_2 をもつと仮定する.そうすると,差 $w=u_1-u_2$ は領域 V で調和であり,V の境界で 0 になる.

　もし V が有界なら,最大・最小の原理が直接使える.V の内部では,調和関数 w は境界値 0 より大きな値も小さな値もとり得ない.したがって,それは領域内全体で 0 に等しい.すなわち,u_1, u_2 は考えている領域で一致する.V が原点を含まない無限領域の場合には,ξ を座標 $\xi_i=x_i/|x|^2$ をもつ点として,関数 $w^*(\xi)\equiv |x|w(x)$ を作って,Kelvin の定理を用いる.$w^*(\xi)$ は V に共役な有界領域 V' で調和であり,w に対する境界条件によってその境界で 0 になる.したがって,すでに証明されたことにより,$w^*\equiv 0$.ゆえに $w(x)=|\xi|w^*(\xi)$ も 0 に等しい.（証明終り）

§4 境界値問題の解の一意性

Dirichlet 問題の解が境界値に連続に依存することも，同様に簡単に証明される．u_1, u_2 を同じ領域に対する Dirichlet 問題の解で，境界値の差の絶対値が ε より大きくならないものとする．そうすると，$w \equiv u_1 - u_2$ は調和関数で，領域の境界点で 0 との差が ε より大きくない．V が有界であれば，最大・最小の原理により，w は領域内部の任意の点で，0 との差が ε より大きくない．したがって，全領域において $|u_1-u_2|\leqq\varepsilon$. これから求める主張がでる．$V$ が無限で $x=0$ が V に属さないなら，Kelvin の定理を用いて，V に共役な領域 V' で調和な関数 $w^*(\xi)\equiv|x|w(x)$ を得る．w^* の境界値は，A を境界 $\mathcal{F}V$ 上の $|x|$ の最大値とすれば，$A\varepsilon$ を超えない．したがって，上に証明したことにより，$\xi \in V'$ に対して $|w^*(\xi)|\leqq A\varepsilon$. これから，$B$ を境界 $\mathcal{F}V$ における $|x|$ の最小値として，$|w(x)|\leqq(A/B)\varepsilon$ がでる．すなわち，われわれの主張は証明された．点 $x=0$ が領域 V に属するときは，Kelvin の定理を適用する前に座標の原点を移動し，その後で Kelvin の定理を使えば，ふたたび求める結論に達する．

Neumann 問題および第3種境界値問題を考えるために，第17章の Green の公式(7)に注目しよう．任意の連続関数 β に対して成り立つ恒等式

$$v\left(\frac{\partial u}{\partial n}+\beta u\right)-u\left(\frac{\partial v}{\partial n}+\beta v\right) \equiv v\frac{\partial u}{\partial n}-u\frac{\partial v}{\partial n} \tag{26}$$

を考慮し，記法の簡略のために記号

$$\mathcal{P} \equiv \frac{\partial}{\partial n}+\beta \tag{27}$$

を導入すると，Green の公式は有界領域 V に対して

$$\iiint_V (v\Delta u - u\Delta v)dV = \iint_{\mathcal{F}V}(v\mathcal{P}u - u\mathcal{P}v)dS \tag{28}$$

と書ける．この公式において，u, v の中の一方を 1 とし，他方を調和関数 w の 2 乗に等しいとおくと，**Dirichlet の公式**

$$\iiint_V \left[\left(\frac{\partial w}{\partial x_1}\right)^2+\left(\frac{\partial w}{\partial x_2}\right)^2+\left(\frac{\partial w}{\partial x_3}\right)^2\right]dV = \iint_{\mathcal{F}V} w\mathcal{P}wdS - \iint_{\mathcal{F}V}\beta w^2 dS \tag{29}$$

が得られる．これを用いて，Laplace および Poisson の方程式に対する内部第3種境界値問題および内部 Neumann 問題の解の一意性のための条件を導こう．記号(27)を用いれば，この2つの問題は，1つの形に書かれる：

$$\begin{aligned}\Delta u &= f \quad (x \in V - \mathscr{F}V), \\ \mathcal{P}u &= \phi \quad (x \in \mathscr{F}V).\end{aligned} \Biggr\} \quad (30)$$

$\beta \not\equiv 0$ のときは第 3 種境界値問題に，$\beta \equiv 0$ のときは Neumann 問題に対応する．

問題 (30) が，領域 V で 1 階導関数とともに連続な 2 つの解 u_1, u_2 をもつと仮定しよう．そうすると，それらの差 $w = u_1 - u_2$ は同次境界値問題：

$$\Delta w = 0 \quad (x \in V - \mathscr{F}V); \qquad \mathcal{P}w = 0 \quad (x \in \mathscr{F}V)$$

の解で，同じ連続性の条件を満たす．このとき，$\beta \geqq 0$ に対しては Dirichlet の公式から

$$\iiint_V \left[\left(\frac{\partial w}{\partial x_1}\right)^2 + \left(\frac{\partial w}{\partial x_2}\right)^2 + \left(\frac{\partial w}{\partial x_3}\right)^2 \right] dV \leqq 0$$

が得られる．被積分項はすべて非負，かつ仮定により連続であるから，$\partial w/\partial x_i \equiv 0 \, (i=1,2,3)$ でなければならない．すなわち，

$$w = u_1 - u_2 = \text{const.}$$

この等式の右辺の定数の許される値を定めるために，考えている同次の問題における境界条件に目を向けよう．もし $\beta \equiv 0$ (Neumann 問題) ならば，任意の定数が境界条件を満足する．すなわち，任意の定数が同次の Neumann 問題の解になっている．よって，非同次 Neumann 問題の解は任意の付加定数を除いて定まる．一方，もし境界 $\mathscr{F}V$ のどの部分かで $\beta \neq 0$ ならば，この定数は 0 に等しい．すなわち，第 3 種境界値問題の解は一意である．

Neumann 問題に帰着する物理的問題では，解の中に現われる定数項が本質的でなかったり (関数 u の値を測る起点の選び方に任意性がある場合にそうである)，境界上の関数 u のふるまいに対する補助的な要請によってこの定数項が定められたりするのがふつうである．たとえば，しばしば興味があるのは領域の境界上での解の平均値が 0 となる場合である．これは条件

$$\iint_{\mathscr{F}V} u \, dS = 0 \quad (31)$$

に帰着される．このような解は明らかに一意である．

このように，Neumann 問題を適切なものにする補助的条件は，考えている物理の問題の具体的な内容によってきめられる．

外部問題に移ろう．

§4 境界値問題の解の一意性

V を有限な境界 $\mathscr{F}V$ をもつ無限領域とする. 領域 V から, $\mathscr{F}V$ をその内部に含む球面 Σ の内部にある有限な部分 V^* を取りだそう. 領域 V^* に Dirichlet の公式(29)を適用すると,

$$\iiint_{V^*}\left[\left(\frac{\partial w}{\partial x_1}\right)^2+\left(\frac{\partial w}{\partial x_2}\right)^2+\left(\frac{\partial w}{\partial x_3}\right)^2\right]dV$$
$$=\iint_{\mathscr{F}V}w\mathcal{P}wdS-\iint_{\mathscr{F}V}\beta w^2dS+\iint_{\Sigma}w\frac{\partial w}{\partial n}dS$$

を得る. 球面 Σ の半径 r を無限に増大させよう. 調和関数の無限遠におけるふるまいについての補題によって, 無限遠点の近傍では, $(\partial w/\partial x_i)^2$ は $1/r^4$ よりおそくなく減少する. 一方, V^* の体積は r^3 の速さでしか増大しない. したがって, このとき V^* での積分は V における広義積分に収束する. 積分 $\iint_{\Sigma}(w\partial w/\partial n)dS$ は, r の増大に伴って 0 に収束する. なぜなら, 同じ補題によって $w\partial w/\partial n$ は Σ 上で $1/r^3$ よりおそくなく減少し, Σ の面積は r^2 でしか増大しないからである. 上の関係式において極限移行を行なえば, <u>無限領域に対する Dirichlet の公式に到達する</u>:

$$\iiint_{V}\left[\left(\frac{\partial w}{\partial x_1}\right)^2+\left(\frac{\partial w}{\partial x_2}\right)^2+\left(\frac{\partial w}{\partial x_3}\right)^2\right]dV=\iint_{\mathscr{F}V}w\mathcal{P}wdS-\iint_{\mathscr{F}V}\beta w^2dS. \quad (32)$$

この公式は(29)と完全に一致している. したがって前と同じ論法により, $\beta \geqq 0$ のとき, 外部境界値問題

$$\left.\begin{array}{ll}\Delta u=f & (x\in V-\mathscr{F}V),\\ \mathcal{P}u\equiv\dfrac{\partial u}{\partial n}+\beta u=\phi & (x\in\mathscr{F}V)\end{array}\right\} \quad (33)$$

の2つの解 u_1, u_2 の差 $w=u_1-u_2$ は $\partial w/\partial x_i\equiv 0$ $(i=1,2,3)$ を満たすことになり, これから $w=\mathrm{const}$ がでる. この式の右辺の定数は外部第3種境界値問題についても, 外部 Neumann 問題についても 0 に等しい. というのは, 無限遠点において, すべての調和関数は同じ値 0 をとるからである. このようにして, $\beta\geqq 0$ のときの外部問題の正則解は一意である.

今度は Laplace の方程式についての Neumann 問題の解の存在条件にふれよう. Green の公式(第17章の(7))で $v=1$, $\Delta u=0$ とおくと次式が得られる:

$$\iint_{S}\frac{\partial u}{\partial n}dS=0. \quad (34)$$

ここで S は有界領域の境界となっている任意の閉曲面であるが，その内部領域で u が調和であるものとする．したがって，Laplace の方程式の内部 Neumann 問題の境界条件

$$\frac{\partial u}{\partial n} = \phi \quad (x \in \mathscr{F}V)$$

における ϕ は任意ではありえず，つぎの関係を満足しなければならない：

$$\iint_{\mathscr{F}V} \phi \, dS = 0. \tag{35}$$

この結果は簡単な解釈ができる．たとえば温度場を考えよう．Newton の法則によって，面素 dS を通って流れる熱量は $(\partial u/\partial n)dS$ に比例する．ここで $\partial u/\partial n$ は温度 u の要素 dS の法線方向に沿っての導関数である．温度場が時間的に変化しないならば，物体内部の任意の閉曲面を通過する全熱量は 0 に等しい．このようにして，(34) または (35) は場の定常性の条件を表わしている．

(34) によって表わされる性質は調和関数に固有のものであることに注意しよう (問題 1 をみよ)．

しかし，条件 (35) は外部 Neumann 問題にまでは拡げられない．実際，Dirichlet の公式を導く際に考えた領域 V^* をふたたび導入しよう．領域 V^* に (34) を適用すると

$$\iint_{\mathscr{F}V} \frac{\partial u}{\partial n} dS = -\iint_{\Sigma} \frac{\partial u}{\partial n} dS$$

を得る．球面 Σ が無限に大きくなるとき，Σ 上の積分は 0 にならない．なぜなら，調和関数の無限遠におけるふるまいについての補題から，被積分関数は一般には $1/r^2$ でしか減少しない．すなわち，Σ 上の積分は Σ が膨張しても 0 にはならないということになる．したがって，(34)，およびそれにともなう (35) も，無限領域で調和な関数にまでは拡張できない．

(34) の解釈を思いだすと，<u>無限領域内の媒質と外部空間との相互作用</u>は，領域の境界 $\mathscr{F}V$ 上でだけ行なわれているのではなく，<u>無限遠の点</u>においても行なわれているとみなさねばならない．その結果，境界 $\mathscr{F}V$ 上での釣り合いが破れていても不都合はない．

問　題

1. u を領域 V で 1 階および 2 階の連続な導関数をもつ関数とし, さらに, V の外にでない任意の閉曲面 S に対しては,

$$\iint_S \frac{\partial u}{\partial n} dS = 0$$

とする. このとき, 関数 u は領域 V で調和であることを証明せよ.

〔ヒント〕 第 17 章の Green の公式 (7) を, $v=1$ として, 利用せよ.

2. 公式 (34) を用いて, 最大・最小の原理を証明せよ.

〔ヒント〕 関数 u の最大点あるいは最小点を含む十分小さな半径の球面上で, 導関数 $\partial u/\partial n$ は符号が一定になることを利用せよ.

3. Dirichlet の公式によって, Dirichlet 問題の解の一意性を証明せよ.

4. 最大・最小の原理を適用して, **Liouville** の定理 "全空間で調和な関数は恒等的に 0 に等しい" を示せ.

5. Kelvin の定理によって, 外部 Dirichlet 問題は内部 Dirichlet 問題に帰着されることを示せ.

§5　Laplace の方程式の基本解. 調和関数論の基本公式

§1 でみたように, 2 点 ξ, x の座標を $\xi_j, x_j (j=1, 2, 3)$ とするとき, 関数

$$\frac{1}{r} = \frac{1}{\sqrt{\sum_{\alpha=1}^{3}(\xi_\alpha - x_\alpha)^2}} \tag{36}$$

は $\xi \neq x$ のとき Laplace の方程式を満足する. 表式 $1/r$ は点 ξ, x の座標に関して対称であるから, このことは, 微分を ξ の座標について行なった場合にも, x のそれについて行なった場合にも成り立つ. $\xi = x$ のとき $1/r$ は無限大になる.

関数 $\varphi(\xi, x)$ が領域 V で ξ に関して調和であり, かつ 1 階導関数までこめて連続なとき, 関数

$$L(\xi, x) = \frac{1}{4\pi}\left[\frac{1}{r} + \varphi(\xi, x)\right] \tag{37}$$

を領域 V における Laplace の方程式の**基本解**とよぼう.

基本解の性質を用いると, 任意の十分滑らかな関数の定義領域内部または境界上の点における値と, 境界におけるこの関数の値および法線方向の導関数の

値の全体とを結びつける，重要な積分公式を導くことができる．

まずはじめに，有界領域を考えよう．V をそのような領域とする．点 x が V の外にあるとき，基本解 $L(\xi, x)$ は ξ に関しこの領域で調和である．このことにより，第17章の Green の公式(7)において，
$$v(\xi) = L(\xi, x)$$
とおけば，
$$\iint_{\mathscr{F}V}\left(L\frac{\partial u}{\partial n} - u\frac{\partial L}{\partial n}\right)dS_\xi = \iiint_V L\Delta u\, dV_\xi \quad (x \in R_3 - V) \quad (38)$$
を得る．ここで，R_3 は<u>全空間</u>を示し，x はパラメータと考えられている．x が V の内部にあるときには，Green の公式は領域 $V - \Omega_\varepsilon$ で適用できる．ここで，Ω_ε は V に含まれる，中心 x，任意に小さな半径 ε の球である．このとき，関係式(38)の代りに次の式を得る：
$$\iint_{\mathscr{F}V}\left(L\frac{\partial u}{\partial n} - u\frac{\partial L}{\partial n}\right)dS_\xi = \iiint_{V-\Omega_\varepsilon} L\Delta u\, dV_\xi - \iint_{\mathscr{F}\Omega_\varepsilon} L\frac{\partial u}{\partial n}dS_\xi +$$
$$+ \iint_{\mathscr{F}\Omega_\varepsilon} u\frac{\partial L}{\partial n}dS_\xi.$$

広義積分 $\iiint_V L\Delta u\, dV_\xi$ が存在するならば，$\varepsilon \to 0$ のとき積分 $\iiint_{V-\Omega_\varepsilon} L\Delta u\, dV_\xi$ はそれに近づく．導関数 $\partial u/\partial n$ は(Green の公式の導出の際用いられた仮定によって)連続，したがって有界である．また関数 $L(\xi, x)$ は $\mathscr{F}\Omega_\varepsilon$ 上で $1/\varepsilon$ のように増大し，一方 $\mathscr{F}\Omega_\varepsilon$ の面積は ε^2 のように減少するから，積分 $\iint_{\mathscr{F}\Omega_\varepsilon}(L\partial u/\partial n)dS_\xi$ は 0 に近づく．

$u\partial L/\partial n$ の積分のふるまいを調べよう．(37)によって
$$\iint_{\mathscr{F}\Omega_\varepsilon} u\frac{\partial L}{\partial n}dS_\xi = \frac{1}{4\pi}\iint_{\mathscr{F}\Omega_\varepsilon} u\frac{\partial \varphi}{\partial n}dS_\xi + \frac{1}{4\pi}\iint_{\mathscr{F}\Omega_\varepsilon} u\frac{\partial}{\partial n}\left(\frac{1}{r}\right)dS_\xi.$$

右辺の第1項は $\varepsilon \to 0$ のとき 0 になる．なぜなら被積分関数が有界だからである．第2の積分の被積分関数を変形しよう．球面 $\mathscr{F}\Omega_\varepsilon$ 上では $\partial/\partial n = -\partial/\partial r$ である．なぜなら領域 $V - \Omega_\varepsilon$ の境界上の外向き法線は半径 r に沿って球 Ω_ε の内側へ向いているからである．したがって，
$$\frac{1}{4\pi}\iint_{\mathscr{F}\Omega_\varepsilon} u\frac{\partial}{\partial n}\left(\frac{1}{r}\right)dS_\xi = \frac{1}{4\pi}\iint_{\mathscr{F}\Omega_\varepsilon} \frac{u}{r^2}dS_\xi = \frac{1}{4\pi\varepsilon^2}\iint_{\mathscr{F}\Omega_\varepsilon} u\, dS_\xi.$$

平均値の定理により

§5 Laplace の方程式の基本解

$$\iint_{\mathscr{F}\Omega_\varepsilon} u dS_\xi = u_{\mathrm{av}} \iint_{\mathscr{F}\Omega_\varepsilon} dS_\xi.$$

ここで u_{av} は球面 $\mathscr{F}\Omega_\varepsilon$ 上のある点における u の値である．積分 $\iint_{\mathscr{F}\Omega_\varepsilon} dS_\xi$ が $\mathscr{F}\Omega_\varepsilon$ の面積 $4\pi\varepsilon^2$ に等しいこと，また $\varepsilon \to 0$ のとき，u は連続だから u_{av} は $u(x)$ に近づくことに注意すると，

$$\lim_{\varepsilon \to 0} \iint_{\mathscr{F}\Omega_\varepsilon} u \frac{\partial L}{\partial n} dS_\xi = \lim_{\varepsilon \to 0} \frac{u_{\mathrm{av}}}{4\pi\varepsilon^2} \iint_{\mathscr{F}\Omega_\varepsilon} dS_\xi = \lim_{\varepsilon \to 0} u_{\mathrm{av}} = u(x) \qquad (39)$$

を得る．この極限値を考慮すると，最終的に次式を得る：

$$\iint_{\mathscr{F}V} \left(L\frac{\partial u}{\partial n} - u\frac{\partial L}{\partial n} \right) dS_\xi = \iiint_V L\Delta u dV_\xi + u(x) \qquad (x \in V - \mathscr{F}V). \quad (40)$$

最後に，点 x が境界面 $\mathscr{F}V$ 上にあると仮定しよう．Ω_ε' を中心 x，小さな半径 ε の球 Ω_ε と V との共通部分として，Green の公式を $V - \Omega_\varepsilon'$ に適用すれば，

$$\iint_{\mathscr{F}V - \omega_\varepsilon} \left(L\frac{\partial u}{\partial n} - u\frac{\partial L}{\partial n} \right) dS_\xi = \iiint_{V - \Omega_\varepsilon'} L\Delta u dV - \iint_{\omega_\varepsilon'} L\frac{\partial u}{\partial n} dS_\xi +$$
$$+ \iint_{\omega_\varepsilon'} u \frac{\partial L}{\partial n} dS_\xi.$$

ここで ω_ε は $\mathscr{F}V$ の Ω_ε 内にある部分，ω_ε' は Ω_ε の表面と V との共通部分である．$\varepsilon \to 0$ のとき，この式の左辺の積分は $\mathscr{F}V$ における広義積分に近づく．この値が右辺の極限値となるが，右辺の極限値の計算に際しては，(39) において積分 $\iint_{\mathscr{F}\Omega_\varepsilon} dS_\xi$ の代りに $\iint_{\omega_\varepsilon'} dS_\xi$ (Ω_ε の表面と V との共通部分の面積)が現われることを除いて，前の場合 ($x \in V$ の内部) の論法をそのまま繰り返すことができる．

点 x において，第3軸を x における $\mathscr{F}V$ への外向き法線の向きにとった局所直角座標系 $\zeta_1, \zeta_2, \zeta_3$ を導入しよう．仮定 (第17章§1) から，x を中心とするある球の内部では，$\mathscr{F}V$ の方程式はつぎの形に書かれる：

$$\zeta_3 = f(\zeta_1, \zeta_2).$$

ここで関数 f およびその1階導関数は連続，かつ x ではともに 0 になる．したがって平均値の定理により，x の小さな近傍では $\mathscr{F}V$ の点 $(\zeta_1, \zeta_2, \zeta_3)$ に対し

$$\zeta_3 = h_1 \zeta_1 + h_2 \zeta_2$$

が成り立つ．ここで h_1, h_2 は $\zeta_1, \zeta_2 \to 0$ のとき 0 になる．いま

$$\zeta_1 = r \sin\theta \cos\varphi, \qquad \zeta_2 = r \sin\theta \sin\varphi, \qquad \zeta_3 = r \cos\theta$$

とおいて，球座標 r, θ, φ を導入しよう．上に得られた関係式にこの式を代入すると

$$\cos\theta = h_1 \sin\theta\cos\varphi + h_2 \sin\theta\sin\varphi \equiv h(r, \theta, \varphi) \tag{41}$$

を得る．ここで，h は有界で r と共に 0 になる関数，θ は $\mathscr{F}V$ 上の点の角変数である．これらを用いれば，問題にしている積分に対するつぎの評価に到達する:

$$\begin{aligned}\frac{1}{4\pi\varepsilon^2}\iint_{\omega'_\varepsilon}dS_\xi &= \frac{1}{4\pi\varepsilon^2}\iint_{\omega'_\varepsilon}r^2\sin\theta'd\theta'd\varphi' = \frac{1}{4\pi}\int_0^{2\pi}d\varphi'\int_0^{\theta}\sin\theta'd\theta'\\&= \frac{1}{4\pi}\int_0^{2\pi}d\varphi'\int_0^{\pi/2}\sin\theta'd\theta' + \frac{1}{4\pi}\int_0^{2\pi}d\varphi'\int_{\pi/2}^{\theta}\sin\theta'd\theta'\\&= \frac{1}{2} + \frac{1}{4\pi}\int_0^{2\pi}d\varphi'[-\cos\theta']_{\pi/2}^{\theta} = \frac{1}{2} - \frac{1}{4\pi}\int_0^{2\pi}h(\varepsilon, \theta, \varphi')d\varphi'\\&= \frac{1}{2} - H(\varepsilon).\end{aligned}$$

ここで

$$H(\varepsilon) \equiv \frac{1}{4\pi}\int_0^{2\pi}h(\varepsilon, \theta, \varphi')d\varphi'$$

は有界な関数で，ε と共に 0 になる．ゆえに

$$\lim_{\varepsilon\to 0}\iint_{\omega'_\varepsilon}u\frac{\partial L}{\partial n}dS_\xi = \lim_{\varepsilon\to 0}\frac{u_{\mathrm{av}}}{4\pi\varepsilon^2}\iint_{\omega'_\varepsilon}dS_\xi = \lim_{\varepsilon\to 0}u_{\mathrm{av}}\left[\frac{1}{2} - H(\varepsilon)\right] = \frac{1}{2}u(x).$$

これから次式が得られる:

$$\iint_{\mathscr{F}V}\left(L\frac{\partial u}{\partial n} - u\frac{\partial L}{\partial n}\right)dS_\xi = \iiint_V L\Delta u\, dV_\xi + \frac{1}{2}u(x) \qquad (x \in \mathscr{F}V). \tag{42}$$

公式 (38), (40), (42) を1つにまとめると，

$$\iint_{\mathscr{F}V}\left(L\frac{\partial u}{\partial n} - u\frac{\partial L}{\partial n}\right)dS_\xi = \iiint_V L\Delta u\, dV_\xi + \begin{cases} 0 & (x \in R_3 - V) \\ \dfrac{1}{2}u(x) & (x \in \mathscr{F}V) \\ u(x) & (x \in V - \mathscr{F}V). \end{cases} \tag{43}$$

関数 u が領域 V で調和ならば，(43) はつぎの形になる:

$$\iint_{\mathscr{F}V}\left(L\frac{\partial u}{\partial n} - u\frac{\partial L}{\partial n}\right)dS_\xi = \begin{cases} 0 & (x \in R_3 - V) \\ \dfrac{1}{2}u(x) & (x \in \mathscr{F}V) \\ u(x) & (x \in V - \mathscr{F}V). \end{cases} \tag{44}$$

§5 Laplaceの方程式の基本解

この関係式は**調和関数論の基本公式**とよばれる.

この公式は無限領域にまで拡張される. V を有限な境界 $\mathscr{F}V$ をもつ無限領域とし, V^* を $\mathscr{F}V$ を含む半径 r の球 Ω と V との共通部分とする. 公式(44)を V^* に適用すると, (44)の左辺に積分

$$\iint_{\mathscr{F}\Omega}\left(L\frac{\partial u}{\partial n}-u\frac{\partial L}{\partial n}\right)dS_\xi$$

を加えたものが得られる.

Ω の半径が無限に増大すると, この積分は 0 に収束する. なぜなら, 調和関数の無限遠におけるふるまいについての補題(§3)と, 基本解 $L(\xi,x)$ の定義により, 被積分関数はこの場合 $1/r^3$ の程度で減少するのに, 球 Ω の表面積は r^2 の程度でしか増大しないからである. $r\to\infty$ の極限に移ると, 有界領域に対する公式(44)と同じ公式

$$\iint_{\mathscr{F}V}\left(L\frac{\partial u}{\partial n}-u\frac{\partial L}{\partial n}\right)dS_\xi = \begin{cases} 0 & (x\in R_3-V) \\ \dfrac{1}{2}u(x) & (x\in \mathscr{F}V) \\ u(x) & (x\in V-\mathscr{F}V) \end{cases} \quad (45)$$

がふたたび得られる.

公式(44)および(45)を用いて, 領域の内部では, <u>任意の調和関数は無限回微分可能である</u>ことを示そう. そのため $L(\xi,x)=(1/4\pi)(1/r)$ とおこう. 点 $\xi=x$ を含まない任意の閉領域で, 基本解 $(1/4\pi)(1/r)$ は x の座標に関して無限回微分可能であり, かつその任意階数の導関数は変数 ξ に関して有界である. x が領域 V の内点であれば, $\xi\in\mathscr{F}V$ のとき $\xi\neq x$ である. したがって, (44)および(45)の積分はパラメータとしての x に関して何回でも微分することができる. これは, 調和関数 u がその1階導関数とともに閉領域 V で連続であるときには上述の主張が正しいことを示している. 1階導関数の連続性が V の境界までは成立していなくても, この主張は正しい. なぜなら, (44)および(45)において, 曲面 $\mathscr{F}V$ 上の積分を, 完全に領域 V の内部に含まれ, かつ x をその内部に含むような曲面 S 上の積分でおきかえることができる. 領域の内部では, すべての調和関数は2回微分可能であるから, S 上の積分を含んだ公式は意味をもつ. したがって, それから, ふたたび関数 $u(x)$ の無限回微分可能性がでるか

らである.

Ω を，中心 x，半径 a の球であって，関数 u が調和な領域に完全にはいっているものとする．Ω の表面では $\partial/\partial n = \partial/\partial r$ であるから，上と同様に $L(\xi, x) = (1/4\pi)(1/r)$ とおけば，(34) により，(44) は

$$\frac{1}{4\pi a^2} \iint_{\mathscr{F}\Omega} u dS_\xi = u(x) \tag{46}$$

の形になる．すなわち，調和関数の球面上での算術平均はその中心における関数の値に等しい．この命題は**調和関数の平均値の定理**とよばれる．

問 題

1. 公式(46)を用いて，調和関数はその定義領域内部で，単に無限回微分可能であるばかりでなく，解析的でもあることを証明せよ．
2. 条件(46)を満足する関数は調和であることを示せ．

§6 Poisson の公式．球に対する Dirichlet 問題の解

ζ を動点とし，u を不等式 $|\zeta| \leq 1$ により定義される球 Ω で調和な関数，x を Ω の内点，ξ を x に調和共役な点(§3)とする．つぎの記号を導入する:

$$r_0 \equiv |x|, \quad r \equiv |x-\zeta|, \quad r^* \equiv |\xi-\zeta|.$$

関数 $1/4\pi r$, $1/4\pi r^*$ はそれぞれ Ω の内部および外部に特異点をもった Laplace の方程式の基本解になっている．したがって，基本公式(44)を用いると，

$$\frac{1}{4\pi}\iint_{|\zeta|=1}\left[\frac{1}{r^*}\frac{\partial u}{\partial n} - u\frac{\partial}{\partial n}\left(\frac{1}{r^*}\right)\right]dS_\zeta = 0, \tag{47}$$

$$\frac{1}{4\pi}\iint_{|\zeta|=1}\left[\frac{1}{r}\frac{\partial u}{\partial n} - u\frac{\partial}{\partial n}\left(\frac{1}{r}\right)\right]dS_\zeta = u(x) \tag{48}$$

を得る．$\xi_j = x_j/r_0^2$ $(j=1, 2, 3)$ および $\sum_{\alpha=1}^{3}\zeta_\alpha^2 = 1$ $(\zeta \in \mathscr{F}\Omega)$ を考慮すると，点 $\zeta \in \mathscr{F}\Omega$ に対して

$$r^* = \sqrt{\sum_{\alpha=1}^{3}\left(\frac{x_\alpha}{r_0^2} - \zeta_\alpha\right)^2} = \sqrt{\frac{1}{r_0^2} - 2\sum_{\alpha=1}^{3}\frac{x_\alpha\zeta_\alpha}{r_0^2} + 1} = \frac{1}{r_0}\sqrt{\sum_{\alpha=1}^{3}(x_\alpha - \zeta_\alpha)^2} = \frac{r}{r_0},$$

すなわち

$$r^* = \frac{r}{r_0} \qquad (\zeta \in \mathscr{F}\Omega) \tag{49}$$

を得る．(47) に $-1/r_0$ を掛け，これに(48)を加えると，(49) により

§6 Poisson の公式. 球に対する Dirichlet 問題の解

$$u(x) = \frac{1}{4\pi} \iint_{|\zeta|=1} u \left\{ \frac{1}{r_0} \frac{\partial}{\partial n} \left(\frac{1}{r^*} \right) - \frac{\partial}{\partial n} \left(\frac{1}{r} \right) \right\} dS_\zeta \qquad (50)$$

を得る. 球面 $\mathscr{S}\Omega$ の半径は 1 だから, ζ の座標 ζ_j ($j=1,2,3$) は ζ における $\mathscr{S}\Omega$ の外向き法線の方向余弦に等しい. したがって,

$$\frac{\partial}{\partial n} = \sum_{\alpha=1}^{3} \zeta_\alpha \frac{\partial}{\partial \zeta_\alpha}.$$

(49) を考慮すると,

$$\frac{\partial}{\partial n}\left(\frac{1}{r}\right) = \sum_{\alpha=1}^{3} \zeta_\alpha \frac{\partial}{\partial \zeta_\alpha}\left(\frac{1}{r}\right) = -\frac{1}{r^2} \sum_{\alpha=1}^{3} \zeta_\alpha \frac{\partial r}{\partial \zeta_\alpha}$$

$$= \frac{1}{r^2} \sum_{\alpha=1}^{3} \frac{\zeta_\alpha(x_\alpha - \zeta_\alpha)}{r} = \frac{1}{r^3} \sum_{\alpha=1}^{3} \zeta_\alpha x_\alpha - \frac{1}{r^3},$$

$$\frac{\partial}{\partial n}\left(\frac{1}{r^*}\right) = \sum_{\alpha=1}^{3} \zeta_\alpha \frac{\partial}{\partial \zeta_\alpha}\left(\frac{1}{r^*}\right) = \frac{1}{r^{*3}} \sum_{\alpha=1}^{3} \zeta_\alpha \xi_\alpha - \frac{1}{r^{*3}}$$

$$= \frac{1}{r^{*3} r_0^2} \sum_{\alpha=1}^{3} \zeta_\alpha x_\alpha - \frac{1}{r^{*3}} = \frac{r_0}{r^3} \sum_{\alpha=1}^{3} \zeta_\alpha x_\alpha - \frac{r_0^3}{r^3}.$$

したがって,

$$\frac{1}{r_0} \frac{\partial}{\partial n}\left(\frac{1}{r^*}\right) - \frac{\partial}{\partial n}\left(\frac{1}{r}\right) = -\frac{r_0^2}{r^3} + \frac{1}{r^3} = \frac{1-r_0^2}{r^3}.$$

この式を (50) に代入すると, 調和関数 u の球 $|x| \leq 1$ の内点における値を, その関数の球面における値によってきめる **Poisson の公式**を得る:

$$u(x) = \frac{1}{4\pi} \iint_{|\zeta|=1} u \frac{1-r_0^2}{r^3} dS_\zeta. \qquad (51)$$

Poisson の公式の右辺で, u の代りに球面 $|x|=1$ で連続な関数 $\varphi(\zeta)$ を代入すると, 関数

$$u(x) = \frac{1}{4\pi} \iint_{|\zeta|=1} \varphi \frac{1-r_0^2}{r^3} dS_\zeta \qquad (52)$$

を得る. この関数が, Dirichlet 問題:

$$\left.\begin{array}{ll} \Delta u = 0 & (|x|<1), \\ u = \varphi & (|x|=1) \end{array}\right\} \qquad (53)$$

の解であることを示そう.

証明は 2 段階にわかれる. はじめに $|x|<1$ で関数 u が調和であることを証明し, つぎに $|x| \to 1$ のとき $u \to \varphi$ を証明する.

被積分関数
$$\phi\frac{1-r_0^2}{r^3} = \phi(\zeta)\frac{1-x_1^2-x_2^2-x_3^2}{[(x_1-\zeta_1)^2+(x_2-\zeta_2)^2+(x_3-\zeta_3)^2]^{3/2}} \quad (|\zeta|=1) \quad (54)$$

を考える．x が球の内部にあると，$|\zeta|=1$ のときこれは ζ に関して連続，有界である．したがって，$|x|<1$ のとき，ζ による積分と，x の座標による微分の順序を交換することができる．被積分関数は，点 x の関数として $|x|<1$ のとき連続な 2 階の導関数をもち，Laplace の方程式を満足する（これは，方程式に代入することによって確かめられる）から，$|x|<1$ のときは積分 (52) は調和関数を表わしている．

今度は，$|x| \to 1$ のとき積分 (52) が関数 ϕ に近づくことを証明しよう．球面 $|\zeta|=1$ をその中に含むある有界領域を考えよう．この領域の内部および境界上で $u \equiv 1$ である関数は調和である．したがって，これに Poisson の公式を適用することができて，

$$\frac{1}{4\pi}\iint_{|\zeta|=1}\frac{1-r_0^2}{r^3}dS_\zeta = 1.$$

そこで，差

$$u(x)-\phi(y) = \frac{1}{4\pi}\iint_{|\zeta|=1}\frac{1-r_0^2}{r^3}[\phi(\zeta)-\phi(y)]dS_\zeta$$

を作ろう．ここで，y は球面 $|\zeta|=1$ 上の任意の点である．方程式 $|\zeta|=1$ で定義される曲面 Σ 上において，半径 η，中心 y の球にはいる微小部分 σ をとり，つぎの積分を考えよう：

$$J_1 = \frac{1}{4\pi}\iint_\sigma \frac{1-r_0^2}{r^3}[\phi(\zeta)-\phi(y)]dS_\zeta, \quad (55)$$

$$J_2 = \frac{1}{4\pi}\iint_{\Sigma-\sigma} \frac{1-r_0^2}{r^3}[\phi(\zeta)-\phi(y)]dS_\zeta. \quad (56)$$

容易につぎのことがわかる：

$$|J_1| = \frac{1}{4\pi}\left|\iint_\sigma \frac{1-r_0^2}{r^3}[\phi(\zeta)-\phi(y)]dS_\zeta\right| \leq \frac{M}{4\pi}\iint_\sigma \frac{1-r_0^2}{r^3}dS_\zeta$$

$$\leq \frac{M}{4\pi}\iint_{|\zeta|=1}\frac{1-r_0^2}{r^3}dS_\zeta = M.$$

ここで M は差 $|\phi(\zeta)-\phi(y)|$ の $\zeta \in \sigma$ における上限である．ϕ の連続性により，任意の正数 ε に対して η を小さくとって

$$|J_1| < \frac{\varepsilon}{2} \tag{57}$$

となるようにすることができる．つぎに，ϕ は連続であるから Σ の上で有界である．つまり $\zeta \in \Sigma$ のとき $|\phi| \leq A$ なる数 A が存在する．したがって，積分 J_2 に対して，評価

$$|J_2| = \frac{1}{4\pi}\left|\iint_{\Sigma-\sigma} \frac{1-r_0^2}{r^3}[\phi(\zeta)-\phi(y)]dS_\zeta\right|$$

$$\leq \frac{2A}{4\pi}\iint_{\Sigma-\sigma}\frac{1-r_0^2}{r^3}dS_\zeta \leq 2AM^*$$

が得られる．ここで，M^* は $(1-r_0^2)/r^3$ の $\Sigma-\sigma$ 上での上限である．η がどんなに小さくても，η を固定した上で x を y に十分近づけて，$1-r_0^2$ を η よりいくらでも小さくすることができる．一方，距離 $r \equiv |x-\zeta|$ は $\zeta \in \Sigma-\sigma$ のとき η と同じ程度の小ささである．ゆえに，任意の η に対して，x を y に十分近づけると

$$|J_2| < \frac{\varepsilon}{2}$$

であるようにすることができる．ゆえに x が y に十分近いときに

$$|u(x)-\varphi(y)| = |J_1+J_2| \leq |J_1|+|J_2| < \varepsilon$$

が成り立つ．ε の任意性によりつぎのように結論できる：x が球 $|\zeta| \leq 1$ の内部に留りつつ，その境界上の点 y に近づくとき，$u(x) \to \phi(y)$ となる．（証明終り）

われわれは球 $|\zeta| \leq 1$ に対する内部 Dirichlet 問題の解を，任意の連続な境界値に対して作ることに成功した．すなわち，問題の解の存在が示された．

この結果は，座標の線形変換によって，任意の球に対する Dirichlet 問題に一般化される．

問　題

1. Poisson の公式によって，調和関数の平均値の定理(§5)を証明せよ．
2. 平均値の定理によって，調和関数の最大・最小の原理(§3)を証明せよ．

§7　Green 関数

この節では，境界値問題の解で，考えている領域で連続かつ1階導関数も

連続な関数のつくるクラスに属するものを考察しよう. このときには積分公式 (43)および(44)が便利に利用できる.

Dirichlet 問題

$$\begin{aligned}\Delta u &= f \quad (x \in V - \mathscr{F}V),\\ u &= \phi \quad (x \in \mathscr{F}V)\end{aligned} \right\} \quad (58)$$

を考えよう. ここで V は有界領域, f および ϕ は連続関数である.

$$G(\xi, x) \equiv \frac{1}{4\pi}\left[\frac{1}{r} + \varphi(\xi, x)\right] \quad (r \equiv |\xi - x|) \quad (59)$$

が, 領域 V における Laplace の方程式の基本解で, ξ に関して境界 $\mathscr{F}V$ で 0 になるものと仮定しよう. そのためには, $\varphi(\xi, x)$ は ξ についての境界値問題

$$\begin{aligned}\Delta_\xi \varphi(\xi, x) &= 0 \quad (\xi, x \in V - \mathscr{F}V),\\ \varphi(\xi, x) &= -\frac{1}{r} \quad (\xi \in \mathscr{F}V,\ x \in V - \mathscr{F}V)\end{aligned}\right\} \quad (60)$$

の解でなければならない.

公式(43)において, 境界値問題(58)のデータ(f および ϕ)を代入し, $L(\xi, x) = G(\xi, x)$ とおくと,

$$u(x) = -\iint_{\mathscr{F}V} \phi \frac{\partial G}{\partial n} dS_\xi - \iiint_V fG dV_\xi \quad (x \in V - \mathscr{F}V) \quad (61)$$

を得る. もし基本解 $G(\xi, x)$ およびその導関数 $\partial G/\partial n$ が存在するなら, この公式は, 上述のクラスに属する Dirichlet 問題(58)の解を積分の形で与えている. これによって, 非同次の境界条件に対する一般の形の Dirichlet 問題を解くことは, 関数 $G(\xi, x)$ を求めることにおきかえられる. そのためには, 同次方程式に対する特別な形の Dirichlet 問題(60)の解を求めることが要求される. 基本解 $G(\xi, x)$ を問題(58)の **Green 関数** あるいは <u>Laplace の作用素の Green 関数</u> とよぶ.

上に得られた結果は直ちに Laplace の方程式 $\Delta u = 0$ に対する外部 Dirichlet 問題に拡張される. これは有限および無限領域に対する公式(44)と(45)が一致することからでる. Poisson の方程式に対する外部 Dirichlet 問題に関して, 内部問題のときと同じ論法を適用するためには, 公式(43)を無限領域に一般化しておく必要がある. このことは, 無限遠において不等式

§7 Green 関数

$$|u| \leq \frac{A}{r}, \quad \left|\frac{\partial u}{\partial x_i}\right| \leq \frac{A}{r^2} \quad (i=1, 2, 3;\ r > r_0) \tag{62}$$

を満足する Poisson の方程式の解に対して，$\iiint_V fLdV$ が意味をもつという付加条件のもとに可能である．ここで A と r_0 は調和関数に対する不等式(24)におけるものと同様である．実際，このとき，(43)の一般化のためには(44)の一般化のときと同じ論法を適用すれば十分である．(62)は**無限遠における正則性**の条件とよばれる．こうして，Poisson の方程式に対する外部 Dirichlet 問題の，考えているクラスに属する解は，対応する Green 関数が存在しさえすれば，積分 $\iiint_V fGdV$ が意味をもつという条件のもとに，やはり公式(61)で表わされる．

第3種境界値問題

$$\left.\begin{array}{l} \Delta u = f \quad (x \in V - \mathscr{F}V), \\ \dfrac{\partial u}{\partial n} + \beta u = \phi \quad (x \in \mathscr{F}V) \end{array}\right\} \tag{63}$$

に移ろう．恒等式

$$L\left(\frac{\partial u}{\partial n} + \beta u\right) - u\left(\frac{\partial L}{\partial n} + \beta L\right) = L\frac{\partial u}{\partial n} - u\frac{\partial L}{\partial n}$$

を用い，簡単のために記号

$$\mathscr{P} \equiv \frac{\partial}{\partial n} + \beta$$

を導入して，(43)をつぎの形に変形しよう:

$$u(x) = \iint_{\mathscr{F}V}(L\mathscr{P}u - u\mathscr{P}L)dS_\xi - \iiint_V L\Delta u dV_\xi \quad (x \in V - \mathscr{F}V). \tag{64}$$

いま，$G(\xi, x)$ を V における Laplace の方程式の境界条件

$$\mathscr{P}_\xi G(\xi, x) = 0 \quad (\xi \in \mathscr{F}V,\ x \in V - \mathscr{F}V) \tag{65}$$

を満たす基本解としよう．そのためには，関数 $\varphi(\xi, x)$ は境界値問題

$$\left.\begin{array}{l} \Delta_\xi \varphi = 0 \quad (\xi, x \in V - \mathscr{F}V), \\ \mathscr{P}_\xi \varphi = -\mathscr{P}_\xi \dfrac{1}{r} \quad (\xi \in \mathscr{F}V,\ x \in V - \mathscr{F}V) \end{array}\right\} \tag{66}$$

の解でなければならない．(64)に境界値問題(63)のデータを代入し，$L = G$ とおくと，問題(63)の解の積分表示を得る:

$$u(x) = \iint_{\mathscr{F}V} G\phi dS_\xi - \iiint_V fG dV_\xi \qquad (x \in V - \mathscr{F}V). \tag{67}$$

基本解 $G(\xi, x)$ は問題(63)の <u>Green 関数</u>とよばれる．

最後に Neumann 問題

$$\left. \begin{aligned} \Delta u &= f & (x \in V - \mathscr{F}V), \\ \frac{\partial u}{\partial n} &= \phi & (x \in \mathscr{F}V) \end{aligned} \right\} \tag{68}$$

を考えよう．第3種境界値問題に対するのと同じ論法を適用すればつぎの結論に達する．Neumann 問題の解は，$\varphi(\xi, x)$ が境界値問題

$$\left. \begin{aligned} \Delta_\xi \varphi &= 0 & (\xi, x \in V - \mathscr{F}V), \\ \frac{\partial \varphi}{\partial n_\xi} &= -\frac{\partial}{\partial n_\xi}\left(\frac{1}{r}\right) & (\xi \in \mathscr{F}V,\ x \in V - \mathscr{F}V) \end{aligned} \right\} \tag{69}$$

の解であれば，(67)と同じ公式によって表わされるであろう．しかしそのような関数 φ は存在しない．実際，(44)で $u=1$, $L(\xi, x)=(1/4\pi)(1/r)$ とおくと

$$\iint_{\mathscr{F}V} \frac{\partial \varphi}{\partial n_\xi} dS = -\iint_{\mathscr{F}V} \frac{\partial}{\partial n_\xi}\left(\frac{1}{r}\right) dS = 4\pi \neq 0 \qquad (x \in V - \mathscr{F}V) \tag{70}$$

を得る．にもかかわらず，(34)により調和関数の法線導関数の閉曲面に関する積分は0でなければならない．

問題(69)の解は存在しないから，法線方向の導関数が有界領域の境界で0になる基本解は存在しない．ではあるが，境界上での法線方向の導関数が一定であり，したがって第3種境界値問題(63)の Green 関数と同じ役割をする基本解は存在する．この解を求めるために，問題(69)の境界条件を変更して

$$\frac{\partial \varphi}{\partial n_\xi} = -\frac{4\pi}{\bar{S}} - \frac{\partial}{\partial n_\xi}\left(\frac{1}{r}\right) \qquad (\xi \in \mathscr{F}V,\ x \in V - \mathscr{F}V)$$

としよう．ここで $\bar{S} \equiv \iint_{\mathscr{F}V} dS$ は曲面 $\mathscr{F}V$ の面積である．容易にわかるように，今度は関係式(34)が成り立ち，したがって関数 φ は存在する．この関数 φ を用いて基本解を

$$G(\xi, x) = \frac{1}{4\pi}\left(\frac{1}{r} + \varphi\right)$$

と定義すると，

$$\frac{\partial G}{\partial n_\xi} = -\frac{1}{\bar{S}}$$

§7 Green 関 数

を得る. (43)に $L=G$ および問題(68)のデータを代入すると,

$$u(x) = \iint_{\mathscr{F}V} G\varphi dS_\xi + \frac{1}{\bar{S}} \iint_{\mathscr{F}V} u dS_\xi - \iiint_V fG dV_\xi \quad (x \in V - \mathscr{F}V)$$

を得る. 積分$(1/\bar{S})\iint_{\mathscr{F}V} u dS_\xi$は未知関数$u$の曲面$\mathscr{F}V$での平均値を表わしており, 一般には, これもまた未知数である. しかし, すでに見たように, Neumann問題の解は付加定数を除いて定まり, これを適当に選ぶことによって, $\mathscr{F}V$上での解の平均値を任意なあらかじめ与えられた値にすることができる. したがって, 上の積分は任意定数と考えるべきである.

このようにして, 問題

$$\left.\begin{aligned}&\Delta_\xi \varphi = 0 &&(\xi, x \in V - \mathscr{F}V),\\&\frac{\partial \varphi}{\partial n_\xi} = -\frac{4\pi}{\bar{S}} - \frac{\partial}{\partial n_\xi}\left(\frac{1}{r}\right) &&(\xi \in \mathscr{F}V,\ x \in V - \mathscr{F}V),\\&\bar{S} \equiv \iint_{\mathscr{F}V} dS &&\end{aligned}\right\} \quad (71)$$

の解φを求めて, (59)により基本解$G(\xi, x)$を定義すると, Neumann問題(68)の解のうち曲面$\mathscr{F}V$上での平均値が0のものが, (67)によって与えられる. Neumann問題の他のすべての解は, この解に任意定数を加えることによって得られる.

公式(67)および(68)をそれぞれ外部問題へ拡張することに関しては, 公式(61)に対してなされたと同じ考察が適用できる. すなわち, Laplaceの方程式の外部問題に対しては(61)は直ちに拡張され, Poissonの方程式の場合には, 解の正則性および積分$\iiint_V fG dV$の収束性の条件のもとに拡張される. その際, 外部Neumann問題が第3種問題と比較して特に変っているという点はない. なぜなら, 条件(34)は無限領域で調和な関数には拡張されないからである.

Green関数は, <u>点源</u>により作られる場という簡単な意味をもっている. 点電荷の場を例にとって説明しよう. Coulombの法則により, 自由空間においては, 点xにある単位点電荷による場のポテンシャル$u(\xi)$は(有理単位系で)$1/4\pi r$に等しい(ただし$r=|\xi-x|$). ところで, この電荷が閉じた導体の中の空洞におかれたとしよう. そのとき空洞の境界では電荷が誘導され, その電荷によるポテンシャル$\varphi/4\pi$は点電荷の場と打ち消し合わなければならない. なぜなら, 接地された導体のポテンシャルは0に等しいからである. それゆえ, ポテンシャ

ル φ は空洞の境界で境界条件 $\varphi=-1/r$ を満たさなければならない．これから明らかに，空洞の中の場のポテンシャル $(1/4\pi)\times(1/r+\varphi)$ は，空洞がつくる領域に対する Dirichlet 問題の Green 関数を表わしている．

Green 関数の存在の問題にふれよう．その物理的解釈から明らかなように，Green 関数は非常に一般的な条件のもとに存在することが期待される．楕円型微分方程式の理論において，Green 関数の存在は，対応する境界値問題の解が存在して一意のときには，証明されている．この問題の解は公式(61)と(67)で表わされる（詳しくは第27章§6をみよ）．

公式(61)と(67)はこれからわれわれが出会う境界値問題の Green の解法の基礎になっている．

問　題

1. 領域 V に対する Dirichlet 問題の Green 関数はその領域内で正であることを示せ．
   〔ヒント〕 Green 関数はその特異点を中心とする十分小さな球面では正であり，領域 V の境界上で 0 になることを使い，最大・最小の原理を適用せよ．
2. 領域 V で，$\xi=x$ を除き，1階導関数までこめて連続な Green 関数は，この領域で点 ξ, x に関して対称，すなわち $G(\xi, x)=G(x, \xi)$ であることを示せ．
   〔ヒント〕 領域 $V-\Omega_\epsilon(\xi)-\Omega_\epsilon(x)$ $(\Omega_\epsilon(\xi), \Omega_\epsilon(x)$ はそれぞれ中心 $\xi, x \in V-\mathscr{F}V$，半径 ϵ の球)において，関数 $G(\zeta, x), G(\zeta, \xi)$ に第17章の Green の公式(7)を適用し，$\epsilon\to 0$ の極限をとれ．

§8　平面上の調和関数

これまでわれわれは空間の調和関数を考察してきた．平面上の調和関数の理論は，空間の調和関数の理論とほとんど同様であるが，これから述べるように，いくつかの相違もある．

有界な平面領域で調和関数に対する最大・最小の原理は，§3 のときと全く同様に証明され，完全な形で成り立つ．

2次元の場合の（単位円に関する）反転とは，平面の点 x が座標

$$\xi_i=\frac{x_i}{|x|^2} \qquad (i=1, 2, \ |x|^2=x_1^2+x_2^2) \tag{72}$$

をもつ点 ξ に移る変換を意味する．その際，以前に球面が果した役割は円周にとって代られる．

§8 平面上の調和関数

Kelvin の定理が成り立つ：もし関数 $u(x)$ が領域 S で調和なら，関数

$$v(\xi) = u(x) \equiv u\left(\frac{\xi_1}{|\xi|^2}, \frac{\xi_2}{|\xi|^2}\right) \tag{73}$$

は，S に共役な（反転によって移された）領域 S' で調和である．

式(21)には u の前に因数 $|\xi|^{-1}$ があったが，式(73)にはないことに注意しよう．平面領域に対する Kelvin の定理の証明は読者にまかせる．

公式(73)から，無限平面領域で調和な関数は，一般の場合，無限遠で 0 にはならないことがでる．実際，有限領域で調和な関数 u の変換によって得られた関数 $v(\xi)$ は，$u(0)=0$ のときだけ無限遠で 0 になる．しかし，差 $v(\xi)-u(0)$ は無限遠で絶対値において，$1/|\xi|$ の程度で減少し，導関数は $1/|\xi|^2$ の程度で減少することが示される．

最大・最小の原理と Kelvin の定理によって，§4 におけるのと同じ考察により，Laplace および Poisson の方程式に対する Dirichlet 問題の解の一意性の定理が容易に証明される．

Dirichlet の公式

$$\iint_S\left[\left(\frac{\partial w}{\partial x_1}\right)^2 + \left(\frac{\partial w}{\partial x_2}\right)^2\right]dS = \int_{\mathcal{I}S} w\mathcal{P}w\,dl - \int_{\mathcal{I}S} \beta w^2 dl$$

も容易に導かれる．ここで w は領域 S で調和な関数，また $\mathcal{P}w \equiv \partial w/\partial n + \beta w$ である．この公式を用いて Neumann および第3種問題の解の一意性に関する，§4 と同様な定理が証明できる．しかし，平面領域では，外部 Neumann 問題の解も内部問題の解と同様に付加定数を除いて定まる点が違う．

関数

$$L(\xi, x) = \frac{1}{2\pi}\left[\log\frac{1}{r} + \varphi(\xi, x)\right]$$

を平面領域 S における Laplace の方程式の基本解とよぶ．ここで，r は 2 点 ξ，x 間の距離，$\varphi(\xi, x)$ は点 ξ の座標に関し S で調和な関数である．$\xi \neq x$ のとき，関数 $\log(1/r)$ は点 ξ, x の座標に関して調和であることは容易にわかる．

第 17 章の Green の公式(9)によってつぎの公式が得られる：

$$\int_{\mathscr{F}S}\left(L\frac{\partial u}{\partial n}-u\frac{\partial L}{\partial n}\right)dl_{\xi}=\iint_{S}L\Delta u dS_{\xi}+\begin{cases}0 & (x\in R_{2}-S)\\ \frac{1}{2}u(x) & (x\in \mathscr{F}S)\\ u(x) & (x\in S-\mathscr{F}S).\end{cases} \quad (74)$$

ここで S は有界な平面領域, R_2 は全平面である. $\Delta u=0$ とおけば, これから平面の調和関数論の "基本公式" がでる:

$$\int_{\mathscr{F}S}\left(L\frac{\partial u}{\partial n}-u\frac{\partial L}{\partial n}\right)dl_{\xi}=\begin{cases}0 & (x\in R_{2}-S)\\ \frac{1}{2}u(x) & (x\in \mathscr{F}S)\\ u(x) & (x\in S-\mathscr{F}S).\end{cases} \quad (75)$$

境界 $\mathscr{F}S$ が単位円周 C ならば, (75) を変形して, 平面上の調和関数に対する Poisson の積分公式が得られる:

$$u(x)=\frac{1}{2\pi}\int_{C}u(\xi)\frac{1-r_{0}^{2}}{r^{2}}dl. \quad (76)$$

3次元の場合と同様に, Poisson の公式に連続な境界値を代入すれば, 円に対する内部 Dirichlet 問題の解が得られることが容易に示される. Poisson の公式からつぎの平均値の定理も導かれる: 円周上での調和関数の平均値は, 円の中心におけるその値に等しい. この定理の証明には, Poisson の公式で $|x|=0$ とおけば十分である.

第17章の Green の公式 (9) で $v=1$, $\Delta u=0$ とおくと, (34) と同様の公式

$$\int_{\mathscr{F}S}\frac{\partial u}{\partial n}dl=0 \quad (77)$$

を得る.

公式 (75), (77) を有限な境界 $\mathscr{F}S$ をもつ無限平面領域における調和関数に拡張しよう. u をそのような関数とし, C を半径 a, 座標原点を中心とする円周で, $\mathscr{F}S$ を取り囲むものとしよう. $\mathscr{F}S$ と C とで囲まれた領域 S^* において, 関数 u に (75) を適用すれば,

$$\frac{1}{2\pi}\int_{\mathscr{F}S}\left(\frac{\partial u}{\partial n}\log\frac{1}{r}-u\frac{\partial}{\partial n}\log\frac{1}{r}\right)dl_{\xi}+$$

$$+\frac{1}{2\pi}\int_{C}\left(\frac{\partial u}{\partial n}\log\frac{1}{r}-u\frac{\partial}{\partial n}\log\frac{1}{r}\right)dl_{\xi}=\begin{cases}0 & (x\in R_{2}-S^{*})\\ \frac{1}{2}u(x) & (x\in \mathscr{F}S^{*})\\ u(x) & (x\in S^{*}-\mathscr{F}S^{*})\end{cases}$$

§8 平面上の調和関数

　$a\to\infty$ のとき，この式の左辺の第2の積分を考察しよう．無限遠における調和関数のふるまいに関する補題により，$a\to\infty$ のとき，$(\partial u/\partial n)\log(1/r)$ は

$$\frac{\log(x_1{}^2+x_2{}^2)}{x_1{}^2+x_2{}^2}$$

よりおそくなく 0 に近づく．すなわち，積分 $\int_C (\partial u/\partial n)\log(1/r)dl$ は無限遠で 0 になる．また積分 $-(1/2\pi)\int_C u(\partial/\partial n)\log(1/r)dl_\xi$ に関しては，$(\partial/\partial n)\log(1/r)=-(1/r)$ となること，および，点 x がなんであろうと，円 C の半径 a が無限に増大するとき r は a に近づくことに注意すると，この積分は $a\to\infty$ のとき "無限遠における関数 u の平均値"

$$u_\infty \equiv \lim_{a\to\infty}\frac{1}{2\pi a}\int_C u\,dl$$

に近づくことがわかる．このようにして，つぎの無限平面領域における調和関数に対する基本公式に達する：

$$\frac{1}{2\pi}\int_{\mathscr{F}S}\left(\frac{\partial u}{\partial n}\log\frac{1}{r}-u\frac{\partial}{\partial n}\log\frac{1}{r}\right)dl_\xi+u_\infty = \begin{cases} 0 & (x\in R_2-S) \\ \dfrac{1}{2}u(x) & (x\in \mathscr{F}S) \\ u(x) & (x\in S-\mathscr{F}S). \end{cases} \quad (78)$$

無限遠における調和関数の導関数に関する評価を用い，有界領域 S^* における積分の，その外側の境界が無限に増大するときの極限を考えると，

$$\int_{\mathscr{F}S}\frac{\partial u}{\partial n}dl = 0 \qquad (79)$$

を得ることも困難ではない．

　3変数に対する，これに類似な公式はないことに注意しよう．このようにして，平面上では，Laplace の方程式に対する外部 Neumann 問題の境界条件は内部問題の境界条件と同じ積分関係式を満たさなければならない．

　平面上の <u>Green 関数</u> を定義することも，§7 の公式と同様の積分公式を導きだすことも困難ではない．

　終りに，複素変数関数論は，平面上の Laplace の方程式の境界値問題を解くための非常に強力な道具であることに注意しよう．$w(z)=u+iv$ を複素変数 $z=x_1+ix_2$ の解析関数とする．このとき，関数 u,v は，よく知られているよう

に[1],Cauchy-Riemann の方程式

$$\frac{\partial u}{\partial x_1} = \frac{\partial v}{\partial x_2}, \quad \frac{\partial v}{\partial x_1} = -\frac{\partial u}{\partial x_2} \qquad (80)$$

を満足する.これらの方程式の前者を x_1 で,後者を x_2 で微分して加え合わせると,

$$\frac{\partial^2 u}{\partial x_1^2} + \frac{\partial^2 u}{\partial x_2^2} = 0$$

を得る.同様にして

$$\frac{\partial^2 v}{\partial x_1^2} + \frac{\partial^2 v}{\partial x_2^2} = 0.$$

これから

$$\frac{\partial^2 w}{\partial x_1^2} + \frac{\partial^2 w}{\partial x_2^2} = 0$$

でなければならない.すなわち任意の複素変数の解析関数は Laplace の方程式を満足する.

複素変数関数論において,つぎの2つの命題が証明されている[2].

a)[3] 変数 x_1, x_2 を変数 ξ_1, ξ_2 へ移すすべての解析的変換は x 平面から ξ 平面への第1種の等角写像を与え,逆に,任意の第1種の等角写像は解析的である.

b)[4] 全平面とも,無限遠をつけ加えた全平面とも異なる,複素平面の任意の単連結平面領域は等角写像によって円に写される.

円に対する内部 Dirichlet 問題の解は Poisson の積分公式によって与えられ,外部問題は Kelvin の定理により内部問題に帰着される.したがって,上述のことによって,与えられた領域から円への等角写像になっている変換があれば,その領域に対する Dirichlet 問題の解をみつけることができるわけであるが,そのような変換の存在を主張しているのが上の b) である.

今度は,平面上の Neumann 問題が Dirichlet 問題に帰着されることを示そ

---

1) Smirnov, V.I. [1],Ⅲ巻2部1分冊,第1章をみよ.〔訳注〕 たとえば,寺沢寛一[1] 5章4節.

2) 複素変数関数論で用いられる用語は既知とする.

3)〔訳注〕 たとえば,寺沢寛一[1]第5章6節.逆の部分の証明については写像の滑らかさを仮定すればやさしいが,厳格には,たとえば Menchoff, D. [1],§7をみよ.

4)〔訳注〕 b)は Riemann の写像定理,あるいは,等角写像の基本定理という.証明については,たとえば,H. カルタン (高橋礼司訳)[1],第6章3節をみよ.

う．そのために，Cauchy-Riemann の条件によって，解析関数 w の実数部分 u の任意の方向 n への導関数は，この関数の虚数部分の n に直角な方向 τ への導関数に等しいことを注意しておこう．

さて，u を Neumann 問題の求める解とし，

$$\frac{\partial u}{\partial n} = \phi \quad (x \in \mathscr{F}S) \tag{81}$$

を与えられた境界条件とする．境界上での値がつぎのように与えられている調和関数 v を導入しよう：

$$v(x) = \int_y^x \phi(\xi) dl_\xi \quad (x \in \mathscr{F}S),$$

ここで y は曲線 $\mathscr{F}S$ 上の任意の定点で，積分はこの曲線に沿って行なう．そうすると，明らかに

$$\frac{\partial v}{\partial \tau} = \phi \tag{82}$$

を得る．ここで $\partial v/\partial \tau$ は $\mathscr{F}S$ の接線方向の導関数である．$\mathscr{F}S$ に属さない点では，v は対応する Dirichlet 問題の解として定められる．

Neumann 問題の解を探している領域で方程式(80)が成立するように，関数 u を v から決めれば，u は調和であり，関係式(82)と上の注意によって，(81)を満たす法線導関数をもつ．容易にわかるように，u は上述の作り方によって，任意定数を除いて定められる．

このようにして，平面上の Laplace の方程式に対する Dirichlet および Neumann 問題はある種の等角写像の問題に帰着される．等角写像の詳しい結果については複素変数関数論の教科書を見てほしい．

第19章　ポテンシャル論

§1　Newton ポテンシャル

ポテンシャル論は歴史的に早くから発展した数理物理学の分野の一つであり，物理的応用の観点から重要である．

Newton の法則によると，点 ξ に集中した質量 m によってつくり出された重力場の，点 x におけるポテンシャルは

$$-\kappa \frac{m}{r}$$

に等しい．ここで κ は重力定数，r は2点 x, ξ 間の距離である．もし，質量が領域 V に密度 ρ で分布しているならば，それによってつくり出されるポテンシャルは，明らかに体積積分

$$-\kappa \iiint_V \frac{\rho}{r} dV_\xi$$

で与えられる．密度 ρ で分布した電荷の Coulomb ポテンシャルも定数因数だけ異なる同じ形の表式によって表わされる．

いずれの場合にも，ポテンシャルは定数因数を除いて積分

$$U(x) = \iiint_V \frac{\rho}{r} dV_\xi \tag{1}$$

に等しい．これをわれわれは **Newton ポテンシャル**とよぼう．

Newton ポテンシャル (1) と，重力および電荷の場のポテンシャルの違いに注意しよう．

重力場の場合には，質量間の引力を考慮して積分 (1) の前に負の因数を入れなければならない．この因数の絶対値は単位のとり方に依存する．したがって本質的ではない．そのうえ，引き合う質量の密度 ρ は，電荷密度と違っていつも非負である．すなわち，重力場を考察するときは，Newton ポテンシャル (1) の特殊な場合を扱うことになる．

電荷の場の場合には，積分 (1) の前に正の因数を入れておかなければならな

い．なぜなら同種の電荷は斥け合うからである．密度 ρ の符号は一定しない．

われわれは Newton ポテンシャル(1)を研究するに当って，具体的な相互作用の性質(引力あるいは斥力)は問題にしない．われわれが得る結論は相互作用の性質にはよらないで，電荷の場にも，また密度 ρ の非負性の要求が満たされるときには，重力場にも適用される．

さて，Newton ポテンシャルの性質を調べよう．

もし，密度 ρ が連続な1階導関数をもつ有界な関数で，無限遠点で $1/|\xi|^2$ より速く減少するならば ($|\xi|^2 \equiv \xi_1^2 + \xi_2^2 + \xi_3^2$)，Newton ポテンシャルは Poisson の方程式

$$\Delta U = -4\pi\rho \tag{2}$$

を満足し，連続な1階および2階の導関数をもつことを示すことができる．単純だが長くなるこの証明はここでは述べない．それは，たとえば V. I. Smirnov の教科書[1]にある．第39章において，上述よりもずっと一般な仮定のもとで(2)の証明を与える．

以下，われわれは質量あるいは電荷の分布領域 V の外部における Newton ポテンシャルを考察する．その際，V は有界，密度 ρ は連続と仮定する．$x \in R_3 - V$ (R_3 は全空間)のとき，積分(1)の被積分関数は連続で，かつ x の座標に関して無限回微分可能である．したがって，$x \in R_3 - V$ のとき，Newton ポテンシャルのすべての階数の導関数は積分記号下で微分することによって得られる．

関数 $1/r$ は $\xi \in V$, $x \in R_3 - V$ のとき調和であるから，Newton ポテンシャルは $x \in R_3 - V$ で Laplace の方程式を満足する．$x \to \infty$ のとき，被積分関数は0に近づく．領域 V が有界であるから，Newton ポテンシャルもこのとき0に近づく．したがって，質量(電荷)分布領域の外部では，<u>Newton ポテンシャルは調和関数である</u>．

問 題

1. 半径 R の一様な円板によってつくられたポテンシャルの，円板の軸上にあって円板の中心から距離 h にある点における値を求めよ．

---

1) Smirnov, V. I. [1]，Ⅱ巻2分冊，第7章をみよ．〔訳注〕 たとえば，宇野利雄・洪姃植[1]，第4章§2をみよ．

〔答〕
$$U = \frac{2m}{R^2}(\sqrt{R^2+h^2}-h).$$
ここで，m は円板の全質量である．

2. 半径 R の重い球がある．その密度はある直径を含む平面からの距離の 2 乗に比例して変化している．この平面に対する球の中心を通る垂線上にあり，球の中心から距離 h の点におけるポテンシャルを求めよ．ただし $h>R$ とする．

〔答〕
比例定数を 1 とすれば，
$$U = \frac{4\pi}{15} R^4 \left(\frac{R}{h} + \frac{2}{7} \frac{R^3}{h^3} \right).$$

§2 いろいろな次数のポテンシャル

三角形 $x\xi\zeta$ を考えよう（図 44）．各辺の長さをつぎの記号で表わす：
$$r \equiv |\xi-x|, \quad r_0 \equiv |\xi-\zeta|, \quad R \equiv |x-\zeta|.$$
よく知られた公式により
$$r = R\sqrt{1+\frac{r_0^2}{R^2}-2\frac{r_0}{R}\cos\gamma}.$$
γ は角 $x\zeta\xi$ である．ζ を固定し，r_M を $\xi \in V$ のときの距離 $|\xi-\zeta|$ の最大値とする．Ω で球 $\{x | |x-\zeta| \leq r_M\}$ の外部を表わす．$x \in \Omega$ なら $r_0 < R$，したがって，関数 $1/r$ は絶対収束，かつ $\xi \in V$ に関し一様収束する級数
$$\frac{1}{r} = \frac{1}{R} + \frac{1}{R}\sum_{n=1}^{\infty}\left(\frac{r_0}{R}\right)^n P_n(\cos\gamma) \quad (x \in \Omega) \tag{3}$$
に展開される．ここで，$P_n(\cos\gamma)$ は Legendre の多項式である（第 15 章 §5）．

他方，

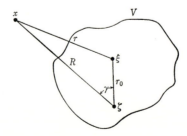

図 44

§2 いろいろな次数のポテンシャル

$$r = \sqrt{\sum_{\alpha=1}^{3}[(\xi_\alpha-\zeta_\alpha)-(x_\alpha-\zeta_\alpha)]^2}$$

に注意して，関数 $1/r$ を $\xi_j-\zeta_j$ の Taylor 級数に展開すると，

$$\frac{1}{r} = \frac{1}{R} + \sum_{\alpha=1}^{\infty}\frac{1}{\alpha!}\left\{\left[\sum_{\beta=1}^{3}(\xi_\beta-\zeta_\beta)\frac{\partial}{\partial\xi_\beta}\right]^\alpha \frac{1}{r}\right\}_{\xi=\zeta}.$$

{ } の添字 $\xi=\zeta$ は，微分を遂行した後，点 ξ の座標 ξ_1, ξ_2, ξ_3 を点 ζ の座標 $\zeta_1, \zeta_2, \zeta_3$ でおきかえることを示す．$x\in\Omega$ のとき，この級数もまた絶対かつ一様に収束する（$\xi\in V$ に関し）．ところが

$$\frac{\partial}{\partial\xi_i}\left(\frac{1}{r}\right) = -\frac{\partial}{\partial x_i}\left(\frac{1}{r}\right) \qquad (i=1,2,3) \tag{4}$$

であるから，ξ_i による微分は x_i による微分でおきかえられる．そうすれば，おきかえ $\xi=\zeta$ は微分する前に行なうことができる．恒等式 $1/r|_{\xi=\zeta}\equiv 1/R$ により，

$$\frac{1}{r} = \frac{1}{R} + \sum_{\alpha=1}^{\infty}\frac{(-1)^\alpha}{\alpha!}r_0^\alpha\left[\sum_{\beta=1}^{3}\frac{\xi_\beta-\zeta_\beta}{r_0}\frac{\partial}{\partial x_\alpha}\right]^\alpha \frac{1}{R}. \tag{5}$$

比 $(\xi_\beta-\zeta_\beta)/r_0$ は線分 $\overline{\zeta\xi}$ の方向余弦に等しく（図44），したがって，演算

$$\sum_{\beta=1}^{3}\frac{\xi_\beta-\zeta_\beta}{r_0}\frac{\partial}{\partial x_\beta} \equiv \frac{\partial}{\partial r_0}$$

は線分 $\overline{\zeta\xi}$ の方向への微分を意味することに注意すると，つぎの式を得る：

$$\frac{1}{r} = \frac{1}{R} + \sum_{\alpha=1}^{\infty}(-1)^\alpha\frac{r_0^\alpha}{\alpha!}\frac{\partial^\alpha}{\partial r_0^\alpha}\left(\frac{1}{R}\right) \qquad (r_0<R). \tag{6}$$

級数 (3), (6) を比較すると，Legendre の多項式についての公式

$$P_n(\cos\gamma) = (-1)^n\frac{R^{n+1}}{n!}\frac{\partial^n}{\partial r_0^n}\left(\frac{1}{R}\right) \tag{7}$$

を得る．これから，特に，積 $R^{n+1}(\partial^n/\partial r_0^n)(1/R)$ は R によらず，角 γ だけによることがわかる．

(3) と (6) に $\rho(\xi)$ を掛け，質量の分布領域 V で ξ に関し項別に積分する（これは一様収束性によって許される）．その結果，Newton ポテンシャルの無限級数展開

$$U(x) = U_0(x)+U_1(x)+U_2(x)+\cdots \qquad (x\in\Omega) \tag{8}$$

を得る．ここに，

$$U_n(x) \equiv \frac{1}{R^{n+1}}\iiint_V \rho r_0^n P_n(\cos\gamma)dV = \frac{(-1)^n}{n!}\iiint_V \rho r_0^n \frac{\partial^n}{\partial r_0^n}\left(\frac{1}{R}\right)dV$$
$$(n=0,1,2,\cdots). \tag{9}$$

関数 U_n は **n 次のポテンシャル**とよばれる．これらが調和であることは容易に確かめられる．

領域 V から十分遠くでの Newton ポテンシャル $U(x)$ は，0 でない最初の n 次のポテンシャルにより，十分高い精度で表わされる．実際，第15章の公式 (14) により $|P_n(\cos\gamma)| \leq 1$ であるから，

$$\left| \iiint_V \rho r_0{}^n P_n(\cos\gamma) dV \right| \leq \iiint_V |\rho| r_M{}^n dV \leq r_M{}^n q^*.$$

ここで，

$$q^* = \iiint_V |\rho| dV,$$

また，r_M は $r_0 \equiv |\xi-\zeta|$ の領域 V における最大値である（ξ の関数としての）．この評価を (9) に入れると

$$|U_n| \leq \frac{q^*}{R}\left(\frac{r_M}{R}\right)^n$$

を得る．これから，

$$\sum_{\alpha=m}^{\infty} |U_\alpha| \leq \frac{q^*}{R} \sum_{\alpha=m}^{\infty} \left(\frac{r_M}{R}\right)^\alpha = \frac{q^* r_M{}^m}{R^{m+1}} \frac{R}{R-r_M} \tag{10}$$

となる．いま，

$$U_{m-1} \equiv \frac{1}{R^m} \iiint_V \rho r_0{}^{m-1} P_{m-1}(\cos\gamma) dV$$

を恒等的に 0 でないポテンシャルの最初のものとする．式(10)によると，$x \to \infty$ のとき，他のすべてのポテンシャルの和は $1/R^{m+1}$ のように減少するのに，これだけは $1/R^m$ のように減少する．よって，上の主張が証明された．

重力場に対しては，ρ は符号が一定である．したがって，ζ を重心にとると，1 次のポテンシャル $U_1(x)$ を 0 にすることができる．したがって，質量分布の領域の拡がりに比較して十分遠いところでは，その Newton ポテンシャルは，V の全質量に等しい質量を持ち重心におかれた質点による Newton ポテンシャルに，3 次の微小量を除いて一致する．

不等式 (10) で $m=0$ とおくと，Newton ポテンシャルは無限遠で $1/R$ よりおそくなく減少することがわかる．

問題

密度 ρ の符号が領域 V で変化する場合には,点 ζ を1次のポテンシャルが0になるように選ぶことは,一般には不可能であることを示せ.

§3 多重極(多極子)

Newton ポテンシャルの級数展開(8)に戻ろう.式(9)によって,(8)の第1項(0次のポテンシャル)は

$$U_0 = \frac{1}{R}\iiint_V \rho dV_\xi$$

に等しい.この式は,形式上,点 ζ におかれた点電荷 $q = \iiint_V \rho dV_\xi$ のポテンシャルに一致する.級数(8)の残りの各項も点 ζ に集中した分布のポテンシャルと考えることができることをみていこう.

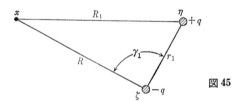

図 45

それぞれ点 ζ, η におかれた2つの点電荷 $-q, +q \, (q>0)$ を考える(図 45).この電荷の対によって点 x に作られる電場のポテンシャルは

$$U(x) = -\frac{q}{R} + \frac{q}{R_1}$$

に等しい.ここで R, R_1 は線分 $\overline{\zeta x}, \overline{\eta x}$ の長さである.線分 $\overline{\zeta \eta}$ の長さ r_1 が R より小さいと仮定して,関数 $1/R_1$ を(3)の形の級数に展開しよう.すると,

$$U(x) = \frac{q}{R}\sum_{n=1}^{\infty}\left(\frac{r_1}{R}\right)^n P_n(\cos \gamma_1) \tag{11}$$

となる.ここで γ_1 は線分 $\overline{\zeta x}$ と $\overline{\zeta \eta}$ の間の角である.

電荷 $+q$ をもつ点 η を線分 $\overline{\eta \zeta}$ に沿って移動させて,$-q$ の電荷をもつ点 ζ に近づけ,同時に電荷の絶対値 q を積

$$p_1 \equiv qr_1 \tag{12}$$

が一定であるように増加させる．そうすると，容易にわかるように，展開(11)の中のすべての項は第1項を除いて0に近づき，極限において

$$\lim_{r_1 \to 0} U(x) = p_1 \frac{P_1(\cos \gamma_1)}{R^2} \equiv U^{(1)}(x) \tag{13}$$

を得る．(7)によれば，つぎのようにも書ける：

$$U^{(1)}(x) = -p_1 \frac{\partial}{\partial r_1}\left(\frac{1}{R}\right). \tag{14}$$

ここで $\partial/\partial r_1$ は線分 $\overline{\zeta\eta}$ の方向への微分を示す．η を ζ にこのように近づけた結果として得られる点物体を **2重極(双極子)** とよぶ．もっと正確には，2重極とは，ポテンシャル(13)または(14)により特徴づけられる場の特異点を意味する．2重極ポテンシャルは，展開(8)における1次のポテンシャルと同様に，距離の2乗に逆比例して減少する．

(13), (14)に現われている量 p_1 を **2重極モーメント** とよび，<u>負電荷から正電荷</u>へ向かう有向線分 $\overline{\zeta\eta}$ の向きを **2重極の軸** とよぶ．

さて，ポテンシャルが R^3 に逆比例する点物体，すなわち，ポテンシャルが展開(8)における2次のポテンシャルと同様に減少するような点物体を作ろう．

そのため，任意の点 η にモーメントが p_1 で向きが r_1 の軸をもつ2重極をおき，点 ζ に同じ2重極で向きが $-r_1$ の軸をもつものをおく(図46)．公式(14)により，点 x におけるこの系のポテンシャルは

$$U(x) = p_1\left[\frac{\partial}{\partial r_1}\left(\frac{1}{R}\right) - \frac{\partial}{\partial r_1}\left(\frac{1}{R_1}\right)\right] = p_1 \frac{\partial}{\partial r_1}\left(\frac{1}{R} - \frac{1}{R_1}\right)$$

に等しい．関数 $1/R_1$ を(6)の形に展開しよう．(6)の r_0 はいまの場合線分 $\overline{\zeta\eta}$ の長さに等しいが，これを r_2 で表わす．そうすると

$$U(x) = -p_1 \frac{\partial}{\partial r_1} \sum_{\alpha=1}^{\infty} (-1)^\alpha \frac{r_2^\alpha}{\alpha!} \frac{\partial^\alpha}{\partial r_2^\alpha}\left(\frac{1}{R}\right)$$
$$= \sum_{\alpha=1}^{\infty} (-1)^{\alpha+1} \frac{p_1 r_2^\alpha}{\alpha!} \frac{\partial^{1+\alpha}}{\partial r_1 \partial r_2^\alpha}\left(\frac{1}{R}\right) \tag{15}$$

を得る．ここで $\partial/\partial r_2$ は線分 $\overline{\zeta\eta}$ の方向の微分を示す．

線分 $\overline{\zeta\eta}$ の向きを保ち，同時に積

$$p_2 \equiv 2!\, p_1 r_2$$

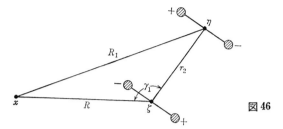

図 46

が一定値を保つように,モーメント p_1 の大きさを増大させながら,点 η を点 ζ に近づけよう.そのとき級数(15)のすべての項は,第1項を除いて0に近づく.したがって,極限において

$$\lim_{r_2 \to 0} U(x) = \frac{p_2}{2!} \frac{\partial^2}{\partial r_1 \partial r_2}\left(\frac{1}{R}\right) \equiv U^{(2)}(x) \qquad (16)$$

を得る.このような極限移行により得られる点物体は**4重極(4極子)**とよばれる.p_2 を4重極モーメント,向き r_1 および r_2 をそれらの軸という.4重極ポテンシャルは,R が増大するとき,(8)の3次のポテンシャルと同様に R^3 に逆比例して減少する.

2つの4重極を近づけると,**8重極(8極子)**,すなわちポテンシャル

$$U^{(3)}(x) = \frac{p_3}{3!} \frac{\partial^3}{\partial r_1 \partial r_2 \partial r_3}\left(\frac{1}{R}\right)$$

によって特徴づけられる場の点源を作ることができる.この操作をつづけると,一般に **n 次の多重極(多極子)**,すなわち,ポテンシャル

$$U^{(n)}(x) = \frac{p_n}{n!} \frac{\partial^n}{\partial r_1 \partial r_2 \cdots \partial r_n}\left(\frac{1}{R}\right) \qquad (17)$$

によって特徴づけられる場の点源が得られる.ここで $\partial/\partial r_k\,(k=1,2,\cdots,n)$ は r_k 方向の微分を示す.向き r_k を**多重極の軸**,p_n をその**モーメント**という.

多重極の次数を高めるに従って,それを特徴づけるのに必要なパラメータの数が多くなる."0次の多重極"(点電荷)は1つの数により完全に決定される.2重極は3つのパラメータ:2重極モーメントと,その軸の向きをきめる2つの量,によって定まる.n 次の多重極は $2n+1$ 個のパラメータ:多重極モーメント p_n と,その n 個の軸((17)における n 個の微分の方向)をきめる $2n$ 個のパラメータ,によって定まる.

特別の場合には，多重極のすべての軸が一致して，ある1つの向き r_0 をとることがある．そのような多重極を**軸性多重極**という．そのポテンシャルは

$$U_0{}^{(n)}(x) = \frac{p_n}{n!} \frac{\partial^n}{\partial r_0{}^n} \left(\frac{1}{R}\right)$$

と書ける．(7)を考慮すると，軸性多重極のポテンシャルは

$$U_0{}^{(n)}(x) = (-1)^n \frac{p_n}{R^{n+1}} P_n(\cos\gamma) \tag{18}$$

という形に表わされる．ここで γ は，多重極の軸と，多重極から点 x への向きとのなす角である．

問　題

1. 2重極は，大きさがそのモーメント p_1 に等しく，向きがその軸の向きと同じ，<u>2重極モーメントベクトル $\boldsymbol{P}$</u> によって一意的に特徴づけられることを示せ．
   〔ヒント〕 2重極の軸と座標軸の間の角の余弦
   $$\cos(\boldsymbol{P}, X_i) = \frac{x_i - \zeta_i}{r_0} \quad (i=1, 2, 3)$$
   を導入し，成分が $p_1 \cos(\boldsymbol{P}, X_i)$ のベクトルと，2重極からポテンシャルを決定すべき点に向かう単位ベクトルとのスカラー積によって，2重極の場を表わせ．
2. 同一の場所にある，次数の同じ2つの多重極は，その場を変えないようなモーメントと向きをもった同じ次数の1つの多重極によっておきかえることができることを示せ．
   〔ヒント〕 恒等式
   $$\frac{\partial^n}{\partial r_1 \partial r_2 \cdots \partial r_n} = \sum_{\alpha+\beta+\gamma=n} a_{\alpha\beta\gamma} \frac{\partial^n}{\partial x_1{}^\alpha \partial x_2{}^\beta \partial x_3{}^\gamma}$$
   を用いよ．ここで $a_{\alpha\beta\gamma}$ は定数である．
3. 点 ξ にある点電荷 q による場のポテンシャルを，点 ζ にあるいろいろな次数の多重極系のポテンシャルによって表わせ．

§4　多重極によるポテンシャルの展開と球面関数

点 ζ を原点とする球座標 R, θ, φ を導入し，展開(8)を考えよう．前にも示したように(公式(7)に対する注意をみよ)，積 $R^{n+1}(\partial/\partial r_0{}^n)(1/R)$ は R によらない．ポテンシャル

§4 多重極によるポテンシャルの展開と球面関数

$$U_n = \frac{(-1)^n}{n!} \iiint_V \rho r_0{}^n \frac{\partial^n}{\partial r_0{}^n}\left(\frac{1}{R}\right) dV$$

$$= \frac{1}{R^{n+1}} \frac{(-1)^n}{n!} \iiint_V \rho r_0{}^n R^{n+1} \frac{\partial^n}{\partial r_0{}^n}\left(\frac{1}{R}\right) dV \tag{19}$$

は2つの因数の積として表わされるが,最初の因数 $1/R^{n+1}$ は R だけの関数であり,第2の因数

$$Y_n(\theta, \varphi) \equiv \frac{(-1)^n}{n!} \iiint_V \rho r_0{}^n R^{n+1} \frac{\partial^n}{\partial r_0{}^n}\left(\frac{1}{R}\right) dV \tag{20}$$

は上に述べたように R によらず,したがって,角座標 θ, φ だけの関数である.いいかえれば,<u>すべての球面 $R=\mathrm{const}\,(x\epsilon\Omega)$ の上のポテンシャル U_n の値の分布は相似である</u>.したがって,任意の n 次のポテンシャルは座標 θ, φ だけに依存する因数 $Y_n(\theta, \varphi)$ によって一意的に特徴づけることができる.この因数は **n 次の球面関数**とよばれる.

多重極ポテンシャルは調和であるから,球面関数は,θ, φ に関して連続で無限回微分可能である.

多重極のポテンシャルと球関数とを結びつけるいくつかの関係式を導こう.

線分 $\overline{r_0\xi}$ の方向余弦を ν_1, ν_2, ν_3 で示し,

$$\frac{\partial}{\partial r_0} = \sum_{\alpha=1}^{3} \nu_\alpha \frac{\partial}{\partial x_\alpha}$$

を考慮すると,つぎの等式を得る:

$$\frac{\partial^n}{\partial r_0{}^n} = \left(\sum_{\alpha=1}^{3} \nu_\alpha \frac{\partial}{\partial x_\alpha}\right)^n = \sum_{\alpha+\beta+\gamma=n} \frac{n!}{\alpha!\,\beta!\,\gamma!} \nu_1{}^\alpha \nu_2{}^\beta \nu_3{}^\gamma \frac{\partial^n}{\partial x_1{}^\alpha \partial x_2{}^\beta \partial x_3{}^\gamma}. \tag{21}$$

この式を(19)に代入して,導関数

$$\frac{\partial^n}{\partial x_1{}^\alpha \partial x_2{}^\beta \partial x_3{}^\gamma}\left(\frac{1}{R}\right)$$

が積分領域 V の点の座標によらないことを考慮に入れると,簡単な変形の結果,

$$U_n = \sum_{\alpha+\beta+\gamma=n} \frac{1}{n!} e_{\alpha\beta\gamma} \frac{\partial^n}{\partial x_1{}^\alpha \partial x_2{}^\beta \partial x_3{}^\gamma}\left(\frac{1}{R}\right) \tag{22}$$

を得る.ここで

$$e_{\alpha\beta\gamma} = (-1)^n \frac{n!}{\alpha!\,\beta!\,\gamma!} \iiint_V \rho r_0{}^n \nu_1{}^\alpha \nu_2{}^\beta \nu_3{}^\gamma dV \tag{23}$$

である．定数 $e_{jkl}\,(j+k+l=n)$ を <u>n 次のモーメント</u>という．

(22) と (17) の項を比較すると，(22) は，点 ζ におかれた多重極モーメント $e_{\alpha\beta\gamma}$ の n 次の多重極ポテンシャルの和を表わしていることがわかる．この和は，同じ点におかれたある 1 つの多重極と同等であること，すなわち，そのポテンシャルが U_n と一致するような n 次の多重極を作ることができることを示すのは容易である．実際，表式

$$L_n = \sum_{\alpha+\beta+\gamma=n} e_{\alpha\beta\gamma} \frac{\partial^n}{\partial x_1{}^\alpha \partial x_2{}^\beta \partial x_3{}^\gamma}$$

を積

$$L_n = p_n \prod_{\alpha=1}^{n} \left(\sum_{\beta=1}^{3} a_{\alpha\beta} \frac{\partial}{\partial x_\beta} \right)$$

の形に表わそう[1]．ここで，p_n は定数である．係数 $a_{\alpha 1}, a_{\alpha 2}, a_{\alpha 3}$ は条件

$$\sum_{\beta=1}^{3} a_{\alpha\beta}{}^2 = 1$$

を満足していると仮定することができる．もし，ある α についてそうでないならば，対応する $a_{\alpha 1}, a_{\alpha 2}, a_{\alpha 3}$ をそれぞれ $\sqrt{\sum_{\beta=1}^{3} a_{\alpha\beta}{}^2}$ で割り，それに応じて p_n を変えると，上の条件を満たす $a_{\alpha 1}, a_{\alpha 2}, a_{\alpha 3}$ を得る．すなわち，係数 $a_{\alpha 1}, a_{\alpha 2}, a_{\alpha 3}$ はある向き r_α の方向余弦と見なすことができ，したがって，

$$L_n = p_n \prod_{\alpha=1}^{n} \frac{\partial}{\partial r_\alpha} = p_n \frac{\partial^n}{\partial r_1 \partial r_2 \cdots \partial r_n}.$$

これで上の主張が証明された．

このようにして，(19) は点 ζ におかれたある多重極のポテンシャルになっている．したがって，級数 (8) は，点 ζ におかれたいろいろな次数の多重極ポテンシャルを用いた Newton ポテンシャルの級数展開を表わしている．

(22) の両辺に R^{n+1} を乗じ，(19) と (20) を考慮に入れると，

$$Y_n(\theta, \varphi) = \sum_{\alpha+\beta+\gamma=n} e_{\alpha\beta\gamma} Y_{\alpha\beta\gamma} \tag{24}$$

となる．ただし，

$$Y_{\alpha\beta\gamma} = \frac{1}{n!} R^{n+1} \frac{\partial^n}{\partial x_1{}^\alpha \partial x_2{}^\beta \partial x_3{}^\gamma} \left(\frac{1}{R} \right) \tag{25}$$

---

1) このように表わせることは，この表式の括弧の積を展開し，同類項を集めることによって直接示される．その際，$a_{\alpha\beta}$ は，得られた表式がはじめの表式に一致するように選べることがわかる．

は特殊な形の球面関数である．モーメント $e_{\alpha\beta\gamma}$ は R, θ, φ によらないから，(24) から，任意の n 次の球面関数は特別な形の球面関数(25)の線形結合として表わされ，またその項数を計算してみると，$1+2+\cdots+n+(n+1)=(n+2)(n+1)/2$ に等しいことがわかる．しかし，すべての関数 $Y_{\alpha\beta\gamma}(\alpha+\beta+\gamma=n)$ が線形独立なのではない．すなわち，それらの一部は他の同じ次数の球面関数 $Y_{\alpha\beta\gamma}$ の線形結合としても表わされる．

このことは，関数 Y_n/R^{n+1} がある n 次の多重極ポテンシャルを表わしているということから予見できる．§3で示したように，n 次の多重極はちょうど $(2n+1)$ 個のパラメータを与えることによって完全に決められる．ゆえに，$(2n+1)$ 個より多い線形独立な n 次の球面関数は存在しないと予想できる．

これを証明するために，関数 $1/R$ は Laplace の方程式を満たすことに注意しよう：

$$\left(\frac{\partial^2}{\partial x_1^2}+\frac{\partial^2}{\partial x_2^2}+\frac{\partial^2}{\partial x_3^2}\right)\frac{1}{R}=0.$$

したがって，$1/R$ の1つの偏導関数は他のものによって表わされる．たとえば，関係式

$$\frac{\partial^2}{\partial x_3^2}\left(\frac{1}{R}\right)=-\left(\frac{\partial^2}{\partial x_1^2}+\frac{\partial^2}{\partial x_2^2}\right)\frac{1}{R}$$

を用いて，(25)の形の関数で $\gamma\geqq 2$ のものを $\gamma\leqq 1$ のもので表わせば，x_3 に関する2階以上のすべての導関数を除くことができる．γ の値が与えられたときの β がとり得る値の個数は $n-\gamma+1$ に等しい．さらに，$\alpha+\beta+\gamma=n$ であるから，与えられた各 β, γ の値の組には，α の値が1つだけ対応する．もし，$\gamma\leqq 1$ とすると，β のとり得る値の個数は $(n+1)+n=2n+1$ である．こうして，実際のところ，関数(25)のうち，$(2n+1)$ 個より多くの線形独立なものは存在しない．

第21章において，$(2n+1)$ 個の互いに直交(これからそれらの線形独立性がでる)する球面関数が，与えられた n に対して系統的に構成される．またこのようにして作られた球面関数の全系の完全性も証明されるであろう．

領域 V における質量(電荷)の分布の密度 ρ が，多重極による展開によって(もっと一般には，質量あるいは電荷によって占められた領域 V の外での場によって)一意的に決定されるかということが問題になることがある．一般にい

えば，これに対する答は否定的である．これは，たとえば，場のポテンシャルの展開には，すでに見たように，n 次の項には $(2n+1)$ 個より多くの線形独立なものは含まれないのに，3変数関数の Taylor 級数展開は，よく知られているように $(n+2)(n+1)/2$ 個の n 次の線形独立な項を含むことからわかる．このように，同一の場が質量あるいは電荷のいろいろ異なった分布によって作られ得る．しかし，領域 V 内の全質量あるいは全電荷は U_0 だけで一意に決定される．

問　題

1. 線形独立な1次の球面関数を求めよ．
2. n 次の球面関数によって，n 次の多重極ポテンシャルを表わせ．

§5　1重層および2重層ポテンシャル

曲面 S 上に，ある質量(電荷)が面密度 $\bar{\rho}(\xi)$ で分布していると仮定しよう．考えている質量(電荷)分布により作られた場のポテンシャルは，定数因子を除いて，積分

$$\bar{U}(x) \equiv \iint_S \frac{\bar{\rho}}{r} dS_\xi \qquad (r \equiv |x-\xi|) \tag{26}$$

に等しい．この積分は**1重層ポテンシャル**とよばれる．密度 $\bar{\rho}(\xi)$ を**1重層密度**とよび，曲面 S を一重層の**台**という[1]．

つぎに，曲面 S 上に，S の外向き法線 n の向きの軸をもった2重極の層が分布していると仮定しよう．S の面素 dS_ξ の2重極モーメントを $\bar{\rho}(\xi)dS_\xi$ とおく．公式(14)によって，dS_ξ 上の2重極により作られた場の点 x におけるポテンシャルは $-\bar{\rho}(\xi)(\partial/\partial n)(1/r)dS_\xi$ に等しい(r は2点 ξ, x 間の距離である)．したがって，考えている2重極の分布により作られる場のポテンシャルが，積分

$$\bar{U}(x) \equiv -\iint_S \bar{\rho} \frac{\partial}{\partial n}\left(\frac{1}{r}\right) dS_\xi \tag{27}$$

によって表わされることは明らかである．これを**2重層ポテンシャル**とよび，$\bar{\rho}$ および S をそれぞれその**密度**および**台**という．

---

[1]〔訳注〕　原著では，S のことを1重層ポテンシャルの層とよび，台(support) という語は用いていない．2重層についても同様．

以下において，密度 $\bar{\rho}$ および $\bar{p}$ は連続とする．

積分(26),(27)のいくつかの性質について述べよう．点 x が台に属さなければ，点 x の座標に関する微分は積分記号下で行なえる．関数 $1/r$ は台の点の外では(すなわち $x \neq \xi \in S$ のとき)すべての点で調和であるから，1重層，2重層ポテンシャルは，台の点の外では Laplace の方程式を満たす．面 S を以下では有界かつ閉と考える．この場合，$x \to \infty$ のとき積分(26),(27)はそれぞれ $1/r, 1/r^2$ と同じ位数の無限小で，無限遠点で0になる(詳しい証明は読者に委せる)．したがって，1重層および2重層ポテンシャルは台の外ではすべての点で調和である．

逆に，第18章の公式(44)および(45)で，$L(\xi, x) = (1/4\pi)(1/r)$, $\partial u/\partial n \equiv \bar{\rho}$, $-u \equiv \bar{p}$ とおくと，<u>すべての調和関数は1重層および2重層のポテンシャルによって表わされ得る</u>，という結論に達する．

台の点の近傍およびその点自身における積分(26),(27)のふるまいを調べることはむつかしい．この研究を十分厳密に行なうためには，考えている台である曲面 S の性質と，密度 $\bar{\rho}$ および $\bar{p}$ の性質に関連して，いくつかの明確な仮定をすることが必要である．

§6 Ljapunov 曲面

ポテンシャル論の分野における多くの結果を与えた Ljapunov はつぎの仮定をした．1重層および2重層の台である曲面 S はつぎの条件を満たす：

a) 曲面の各点において，ただ1つの法線が存在する；

b) 十分小さな半径を決めれば，曲面のいかなる点 ζ を中心にしてこの半径で球を描いても，この球に含まれる曲面の部分は，ζ における法線に平行な直線と1点でしか交わらない；

c) 曲面の任意の2点 ζ および ξ における法線の間の角は $A|\xi - \zeta|^\lambda$ を超えない．ここで $|\xi - \zeta|$ はこれらの点間の距離，A と λ は定数で，$0 < \lambda \le 1$ とする．

これらの条件を満足する曲面を **Ljapunov 曲面** とよぶ．

境界面に関する第17章§1の仮定は，Ljapunov の条件のはじめの2つが成立することを保証するものである．滑らかな曲面では第1の条件が満たされることは自明である．第2の条件が満たされることを示そう．

曲面 S 上の任意に選ばれた点 ζ に局所直角座標を導入し，その第3軸を点 ζ における S の外向き法線の向きにとる．境界面に関する第17章§1の仮定により，ある球 $|\xi| \leq a$ 内では S の方程式は

$$\xi_3 = f(\xi_1, \xi_2)$$

の形に書け，ここで，関数 f およびその1階導関数は球 $|\xi| \leq a$ 内で連続でありかつ点 ζ において 0 になる．

解析幾何のよく知られた公式により，$\xi \in S$ における法線の方向余弦は

$$\left. \begin{array}{c} \cos \gamma_1 = \dfrac{f_1}{\sqrt{1+f_1{}^2+f_2{}^2}}, \quad \cos \gamma_2 = \dfrac{f_2}{\sqrt{1+f_1{}^2+f_2{}^2}}, \\ \cos \gamma_3 = \dfrac{1}{\sqrt{1+f_1{}^2+f_2{}^2}} \end{array} \right\} \quad (28)$$

に等しい．ここで f_1 および f_2 は考えている点における関数 f の ξ_1 および ξ_2 に関する偏導関数，γ_3 は ζ および ξ における法線のなす角である．球 $|\xi| \leq a$ の半径 a を十分小さく選べば，$\xi \in S$ をこの球内でどのようにとっても $f_1{}^2 + f_2{}^2 < 1$ であるようにすることができる．したがって，不等式

$$\cos \gamma_3 \geq C > 0 \quad (29)$$

が成り立つ．この際，球 $|\xi| \leq a$ 内での S の曲り方は $\pi/2$ を超えない．したがって，点 ζ における法線に平行な任意の直線はこの球内に入る S の部分と1点でのみ交わる．

第17章§1の仮定と，Ljapunov の第3の条件との関係を明らかにするために，式(28)から得られる

$$\sin \gamma_3 = \frac{\sqrt{f_1{}^2+f_2{}^2}}{\sqrt{1+f_1{}^2+f_2{}^2}}$$

に注意する．仮定により，導関数 f_1 および f_2 は連続であるから，球 $|\xi| \leq a$ の半径 a を十分小さくとれば，$\sin \gamma_3$ が S 上のすべての点 ξ に対し，あらかじめ与えられた任意の数より小さくなるようにできる．γ_3 が小さいときは，不等式 $0 < (\sin \gamma_3)/\gamma_3 \leq 1$ が成り立つから，球 $|\xi| \leq a$ の内部で，不等式

$$\gamma_3 \leq A_1 \sqrt{f_1{}^2+f_2{}^2}$$

が満たされるような正定数 A_1 が存在する．もし導関数 f_1, f_2 が，第17章§1 の条件のほかに，球 $|\xi| \leq a$ の内部で，さらに **Hölder の条件**

§6 Ljapunov 曲面

$$\frac{|f_i(\xi_1, \xi_2)-f_i(0, 0)|}{|\xi|^\lambda} \leq A_2 \quad (i=1, 2) \tag{30}$$

(A_2 は正定数，指数 λ は $0<\lambda\leq 1$ を満たす定数)を満足するならば，$f_i(0, 0)=0$ を考慮して，つぎの不等式に達する：

$$\gamma_3 \leq A|\xi|^\lambda. \tag{31}$$

このようにして，関数 f の 1 階偏導関数が Hölder の条件 $(0<\lambda\leq 1)$ を満たすならば，Ljapunov の第 3 条件は球 $|\xi|\leq a$ の内部で満たされ，したがって，ζ の任意性から全曲面 S に対して満足されている[1]．

このように，Ljapunov の第 3 の条件を満足させるためには，第 17 章 §1 の仮定に，1 階導関数は Hölder の条件を満たすという仮定を追加すればよい．以下では，この仮定は満たされているとする．

導関数 f_1, f_2 に対して Hölder の条件が満たされていることから導かれるいくつかの不等式を求めよう．

$a>0$ および $A>0$ を適当に選ぶと，(28)からつぎの不等式が出る：

$$|\cos\gamma_1| \leq A|\xi-\zeta|^\lambda, \quad |\cos\gamma_2| \leq A|\xi-\zeta|^\lambda, \quad \text{ただし，} |\xi-\zeta|<a. \tag{32}$$

平均値の定理により

$$\xi_3 = f(\xi_1, \xi_2) = f_1(\theta\xi_1, \theta\xi_2)\xi_1 + f_2(\theta\xi_1, \theta\xi_2)\xi_2 \tag{33}$$

となることに注意する．θ は 0 と 1 の間の数である．さらに，定数 $a>0$ および $A>0$ を適当に選ぶと，自明な不等式 $|\xi_1|\leq|\xi|$, $|\xi_2|\leq|\xi|$ を考慮して，つぎの不等式が得られる：

$$|\xi_3| \leq A|\xi|^{1+\lambda}. \tag{34}$$

問　題

S を，閉じていない表裏の区別ある曲面で Ljapunov の条件を満たすものとする．曲面の一方の側の部分を見込む立体角を正とし，他の側の部分を見込む立体角を負とする．このとき，

$$\iint_S \frac{\partial}{\partial n}\left(\frac{1}{r}\right) dS_\xi = -\omega \quad (r \equiv |x-\xi|)$$

を証明せよ．ただし ω は点 x から曲面 S を見込む立体角である．

---

1)〔訳注〕 原著では(31)から全曲面 S に関する結論を導くに当って，余分かつ不正確な記述があり，訳では省略した．局所的な結論から S に関する結論を得るには，S のコンパクト性(たとえば，三村征雄[1]，Ⅰ巻第 3 章)を用いればよい．

§7 広義積分のパラメータに関する一様収束と連続性

$F(\xi, x)$ は Ljapunov 曲面 S の点 ξ の関数で,点 x をパラメータとして含むものとする.$\xi \neq x$ のとき,関数 $F(\xi, x)$ は連続で,点 $\xi = x$ のある近傍で不等式

$$|F(\xi, x)| \leq \frac{B}{r^{2-\lambda}}$$

を満足すると仮定する.ここで $r \equiv |\xi - x|$ は点 ξ と x 間の距離,λ, B は正定数である.この条件のもとに,積分

$$\iint_S F(\xi, x) dS_\xi$$

が絶対収束することを示そう.そのためには,積分

$$\iint_S \frac{dS}{r^{2-\lambda}} \tag{35}$$

が収束することを証明すれば十分である.

点 x が曲面 S 上になければ,(35) は狭義積分であり,したがって,有限である.$x = \zeta \in S$ の場合には,ζ を原点とし,ζ における S への法線を第 3 軸とする座標系を導入しよう.すでにみたように,十分小さな半径 a の球 $|\xi| \leq a$ 内に入る S の部分 s 上では,不等式 (29): $\cos \gamma_3 \geq C > 0$ が成り立つ.ここで γ_3 は ζ および ξ での法線のなす角である.したがって,s 上では

$$dS_\xi = \frac{d\xi_1 d\xi_2}{\cos \gamma_3} \leq \frac{1}{C} d\xi_1 d\xi_2,$$

したがって

$$\iint_s \frac{dS}{r^{2-\lambda}} \leq \frac{1}{C} \iint_s \frac{d\xi_1 d\xi_2}{r^{2-\lambda}}.$$

$\lambda > 0$ のとき,右辺の積分は,よく知られた判定条件[1]によって収束し,したがって左辺の積分も収束する.さて,$(S-s)$ での対応する積分はふつう(狭義)の積分であり,発散の心配はなく,結局 (35) の収束が得られる.よって,われわれの主張は証明された.

今度は,x を Ljapunov 曲面 S と交わっているある領域 G の点とする.領域 G の次元は任意でよい.

---

[1] Smirnov, V. I. [1], II 巻 1 分冊第 3 章をみよ.

§7 広義積分のパラメータに関する一様収束と連続性

有界な曲面 S 上での積分 $\iint_S F(\xi, x)dS_\xi$ が点 $x=\zeta \in S$ で**一様収束**するとは，任意の $\varepsilon>0$ に対して，G における ζ の近傍 $m(\varepsilon) \subset G$ および S における ζ の近傍 $s(\varepsilon) \subset S$ が存在して

$$\iint_{s(\varepsilon)} |F(\xi, x)|dS_\xi < \varepsilon \qquad (x \in m(\varepsilon))$$

となることである.

点 $x=\zeta$ で一様収束する積分 $\iint_S F(\xi, x)dS_\xi$ は，その点で x の連続な関数となることを示そう．いいかえれば，G に属する ζ の十分小さい近傍 $m_1(\varepsilon)$ が存在して，$x \in m_1(\varepsilon)$ のとき，差

$$\iint_S F(\xi, x)dS_\xi - \iint_S F(\xi, \zeta)dS_\xi$$

が，絶対値において，任意に小さな正数を超えないようにできることを示す.

つぎの不等式を利用する:

$$\left| \iint_S F(\xi, x)dS_\xi - \iint_S F(\xi, \zeta)dS_\xi \right|$$
$$\leq \left| \iint_{S-s(\varepsilon)} F(\xi, x)dS_\xi - \iint_{S-s(\varepsilon)} F(\xi, \zeta)dS_\xi \right| + \iint_{s(\varepsilon)} |F(\xi, x)|dS_\xi +$$
$$+ \iint_{s(\varepsilon)} |F(\xi, \zeta)|dS_\xi.$$

考えている積分の一様収束性の仮定により，点 ζ の近傍 $s(\varepsilon) \subset S$ と $m(\varepsilon) \subset G$ を十分小さく選び，上の不等式の右辺の最後の 2 つの積分が，$x \in m(\varepsilon)$ であるかぎり，任意に小さな正数 ε を超えないようにすることができる．さらに，$\xi \neq x$ のときの $F(\xi, x)$ の連続性により，点 ζ の，より小さな近傍 $m_1(\varepsilon) \subset m(\varepsilon)$ が存在して，$x \in m_1(\varepsilon)$, $\xi \in S-s(\varepsilon)$ のとき，不等式

$$|F(\xi, x) - F(\xi, \zeta)| < \frac{\varepsilon}{\bar{S}}$$

が成り立つようにできる．ここで，$\bar{S}$ は曲面 S の面積である．不等式

$$\left| \iint_{S-s(\varepsilon)} [F(\xi, x) - F(\xi, \zeta)]dS_\xi \right| \leq \iint_{S-s(\varepsilon)} |F(\xi, x) - F(\xi, \zeta)|dS_\xi$$
$$\leq |F(\xi_1, x) - F(\xi_1, \zeta)|\bar{S}$$

により，2 つ前の不等式の右辺第 1 項は ε を超えないことがわかる．これらの評価を考慮すると，$x \in m_1(\varepsilon)$ のとき，つぎの不等式が成り立つ:

$$\left|\iint_S F(\xi, x)dS_\xi - \iint_S F(\xi, \zeta)dS_\xi\right| < 3\varepsilon.$$

εの任意性により，これが証明するべき連続性を与える．

今度は，連続性のためのつぎの判定条件を証明しよう：任意の ε>0 に対し，曲面 S の点 ζ の近傍 $n(\varepsilon)$ が存在して

$$|F(\xi, x)| \leq \frac{B}{|\xi-x|^{2-\lambda}} \qquad (x \in n(\varepsilon)) \tag{36}$$

となるならば，積分 $\iint_S F(\xi, x)dS_\xi$ は $x=\zeta$ で連続である．ここに，B, λ は正定数で，$|\xi-x|$ は2点 ξ, x 間の距離である．

上に証明したように，不等式(36)により，考えている積分は絶対収束である．したがって，正数 ε がなんであっても，点 ζ の近傍 $s(\varepsilon) \subset S$ が存在して，すべての $x \in n(\varepsilon)$ に対して

$$\iint_{s(\varepsilon)} |F(\xi, x)|dS_\xi < \varepsilon.$$

ゆえに，$x=\zeta$ における積分 $\iint_S F(\xi, x)dS_\xi$ の一様収束性の条件が満足される．一方，一様収束性から点 $x=\zeta$ における積分の連続性がでる．これが主張されたことである．

§8 台を通過するときの1重層ポテンシャルとその法線導関数のふるまい

上で証明された広義積分の連続性の条件を1重層ポテンシャル

$$\bar{U}(x) = \iint_S \frac{\bar{\rho}}{r}dS_\xi$$

に適用すれば，これは台のすべての点で連続，したがって全空間で連続であることが確かめられる．

ポテンシャル $\bar{U}(x)$ の，任意の方向 ν に沿っての導関数を求めよう．積分記号下で形式的に微分すると，

$$\frac{\partial \bar{U}}{\partial \nu} = \iint_S \bar{\rho} \frac{\partial}{\partial \nu}\left(\frac{1}{r}\right)dS_\xi = \iint_S \frac{\bar{\rho}}{r^2}\cos\varphi \, dS_\xi \tag{37}$$

を得る．ここで φ は ν と線分 $\overline{\xi x}$ の間の角である．S に属さないすべての x について，被積分関数は連続である．したがって，そのような x に対しては積分記号下での微分は許され，1重層ポテンシャルの導関数を与える．

§8 台を通過するときの1重層ポテンシャルのふるまい

いま，x が $\zeta \in S$ に立てた法線 n_0 に沿って ζ に近づくという仮定のもとに，x が S に近づく際の積分 (37) のふるまいを調べよう．x がそれぞれ S の外側および内側から ζ に近づいたときの，$\bar{U}$ の法線 n の向きの導関数の極限値を

$$\frac{\partial \bar{U}(\zeta)}{\partial n_e}, \quad \frac{\partial \bar{U}(\zeta)}{\partial n_i}$$

で表わす．また，$x = \zeta$ における積分 (37) の値を

$$\frac{\partial \bar{U}(\zeta)}{\partial n_0}$$

によって表わす．$\partial \bar{U}(\zeta)/\partial n_e$，$\partial \bar{U}(\zeta)/\partial n_i$ をそれぞれ ζ における1重層ポテンシャルの**外側，内側法線導関数**とよび，$\partial \bar{U}(\zeta)/\partial n_0$ を同じ点での法線導関数の**直接値**という．

1重層ポテンシャルの外側，内側法線導関数，および法線導関数の直接値は存在し，一意的に定まり，互いにつぎの関係式によって結ばれることを証明しよう：

$$\left. \begin{aligned} \frac{\partial \bar{U}(\zeta)}{\partial n_e} &= \frac{\partial \bar{U}(\zeta)}{\partial n_0} - 2\pi \bar{\rho}(\zeta), \\ \frac{\partial \bar{U}(\zeta)}{\partial n_i} &= \frac{\partial \bar{U}(\zeta)}{\partial n_0} + 2\pi \bar{\rho}(\zeta). \end{aligned} \right\} \tag{38}$$

まず，差

$$\iint_S \bar{\rho} \frac{\partial}{\partial n_0}\left(\frac{1}{r}\right) dS_\xi - \bar{\rho}_0 \iint_S \frac{\partial}{\partial n}\left(\frac{1}{r}\right) dS_\xi$$
$$= \iint_S \bar{\rho} \left(\frac{\partial}{\partial n_0} - \frac{\partial}{\partial n} \right) \frac{1}{r} dS_\xi + \iint_S (\bar{\rho} - \bar{\rho}_0) \frac{\partial}{\partial n}\left(\frac{1}{r}\right) dS_\xi \tag{39}$$

を作ろう．ここで，$\partial/\partial n_0$ は ζ での S の外向き法線微分を表わし，$\partial/\partial n$ は面 S の動点 ξ での外向き法線微分を表わし，また $\bar{\rho} \equiv \bar{\rho}(\xi)$，$\bar{\rho}_0 \equiv \bar{\rho}(\zeta)$ である．点 ζ で差 (39) は連続であることを示そう．このことから，われわれに関心のある積分 $\iint_S \bar{\rho}(\partial/\partial n_0)(1/r)dS_\xi$ が，関数 $\bar{\rho}_0 \iint_S (\partial/\partial n)(1/r)dS$ と同じ不連続性をもつことが得られるであろう．

$1/r$ を法線 n_0 と n の方向に微分すると，

$$\frac{\partial}{\partial n_0}\left(\frac{1}{r}\right) = -\frac{1}{r^2} \cos \alpha, \quad \frac{\partial}{\partial n}\left(\frac{1}{r}\right) = -\frac{1}{r^2} \cos \beta \tag{40}$$

を得る．ここで α と β は，それぞれ線分 $\overline{\xi x}$ と法線 n_0 との間の角，および，$\overline{\xi x}$

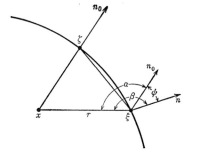

図 47

と法線 n との間の角(図 47)である.したがって

$$\left(\frac{\partial}{\partial n_0}-\frac{\partial}{\partial n}\right)\frac{1}{r}=-\frac{1}{r^2}(\cos\alpha-\cos\beta)=\frac{2}{r^2}\sin\frac{\alpha+\beta}{2}\sin\frac{\alpha-\beta}{2}. \quad (41)$$

法線ベクトル n_0, n および線分 $\overline{\xi x}$ を稜とし, ξ を頂点とする3角錐を考えよう. 初等的な考察からわかるように,

$$|\alpha-\beta| \leqq |\psi|. \quad (42)$$

ここで, ψ は n_0, n 間の角である(等号は n, n_0 と線分 $\overline{\xi x}$ とが同一平面内にあるときに成り立つ). 一方, Ljapunov 曲面の性質 c) により

$$\psi \leqq A|\xi-\zeta|^\lambda$$

である. ここで, $A>0$, $0<\lambda\leqq 1$. したがって, この不等式を(41),(42)と組合わせると, つぎのような定数 A^* を求めることができる:

$$\left|\left(\frac{\partial}{\partial n_0}-\frac{\partial}{\partial n}\right)\frac{1}{r}\right| \leqq A^*\frac{|\xi-\zeta|^\lambda}{r^2} = A^*\frac{1}{r^{2-\lambda}}\left(\frac{|\xi-\zeta|}{|x-\xi|}\right)^\lambda. \quad (43)$$

比 $|\xi-\zeta|/|x-\xi|$ は, $x\to\zeta$ のとき, すべての ξ について有界に留まることを示そう. 局所座標系を導入して, 原点を ζ に, 第3軸を法線 n_0 の向きにとる. 点 x は第3軸上にあるから,

$$|x-\xi| \geqq \sqrt{\xi_1{}^2+\xi_2{}^2} = \sqrt{|\xi|^2-\xi_3{}^2}.$$

$|\xi-\zeta|=\sqrt{\xi_1{}^2+\xi_2{}^2+\xi_3{}^2}$ に注意すると,

$$\frac{|\xi-\zeta|}{|x-\xi|} \leqq \sqrt{1+\frac{\xi_3{}^2}{|\xi|^2-\xi_3{}^2}}.$$

一方, (34)によれば, $\xi_3{}^2 \leqq A^2|\xi|^{2(1+\lambda)}$, ただし $\lambda>0$. したがって,

$$\frac{|\xi-\zeta|}{|x-\xi|} \leqq \sqrt{1+\frac{\xi_3{}^2}{|\xi|^2(1-A^2|\xi|^{2\lambda})}} \leqq \sqrt{1+\frac{1}{1-A^2|\xi|^{2\lambda}}}.$$

§8 台を通過するときの1重層ポテンシァルのふるまい

この不等式の右辺は, $|\xi|\to 0$ のとき $\sqrt{2}$ に近づく. これから, 求める有界性がでる. 不等式(43)から, 今度は, つぎのような正定数 B が存在すると結論できる:

$$\left|\left(\frac{\partial}{\partial n_0}-\frac{\partial}{\partial n}\right)\frac{1}{r}\right|\leq \frac{B}{r^{2-\lambda}}.$$

したがって, 広義の積分の連続性の判定条件(§7)により, (39)の右辺の最初の積分は ζ で連続である.

(39)の右辺の第2の積分に移ろう. 座標系の原点をやはり点 ζ におく. s を十分小さな半径の球 $|\xi|\leq a$ の内部にある S の部分とすれば, 容易につぎの不等式を得る:

$$\left|\iint_s(\bar\rho-\bar\rho_0)\frac{\partial}{\partial n}\left(\frac{1}{r}\right)dS\right|\leq \iint_s\left|(\bar\rho-\bar\rho_0)\frac{\partial}{\partial n}\left(\frac{1}{r}\right)\right|dS$$
$$\leq |\bar\rho-\bar\rho_0|_s\iint_s\left|\frac{\partial}{\partial n}\left(\frac{1}{r}\right)\right|dS = |\bar\rho-\bar\rho_0|_s\iint_s\frac{|\cos\varphi|}{r^2}dS. \quad (44)$$

ここで φ は $\xi\in s$ での法線 n と線分 $\overline{\xi x}$ との間の角, $|\bar\rho-\bar\rho_0|_s$ は s 上での $|\bar\rho-\bar\rho_0|$ の最大値である.

(44)の右辺の積分が, x が ζ に近づくときに有界であることを示そう[1]. 図を見ればわかるように, $|\cos\varphi|dS$ は面素 dS を線分 $\overline{x\xi}$ に垂直な平面に射影した面積である. したがって, $|\cos\varphi|/r^2$ は, 点 x から面素 dS を見込む立体角を表わす. すなわち,

$$\iint_s\frac{|\cos\varphi|}{r^2}dS = x \text{ から曲面領域 } s \text{ を見込む立体角の総和}$$

となり, x が十分 ζ に近ければ, この値は 4π でおさえられる(§6の問題をみよ).

こうして, 球 $|\xi|\leq a$ の半径を適当に選んで, $|\bar\rho-\bar\rho_0|_s$ を十分小さくし, 不等式(44)の右辺が, あらかじめ与えられた小さな $\varepsilon>0$ よりもさらに小さくなるようにすることができる. こうして, つぎのように結論できる: S に含まれる ζ の近傍 $s(\varepsilon)$ と球 $|\xi|\leq a$ に含まれる ζ の近傍 $m(\varepsilon)$ が存在して

---

[1] 〔訳注〕 この有界性に対する原著の証明は不完全であったので修正した. 立体角をもち出さない証明も可能である.

$$\iint_{s(\varepsilon)}\left|(\bar{\rho}-\bar{\rho}_0)\frac{\partial}{\partial n}\left(\frac{1}{r}\right)\right|dS<\varepsilon \qquad (x\in m(\varepsilon) \text{ のとき}).$$

そのうえ，関数 $(\bar{\rho}-\bar{\rho}_0)(\partial/\partial n)(1/r)$ は $[S-s(\varepsilon)]$ で連続である．このことにより，(39) の右辺の第 2 の積分は一様収束し，したがって，$x=\zeta$ で連続である．

このようにして，差 (39) は n_0 上の点 x の連続関数であることがわかる．したがって，

$$\iint_S \bar{\rho}\frac{\partial}{\partial n_0}\left(\frac{1}{r}\right)dS \quad と \quad \rho_0\iint_S\frac{\partial}{\partial n}\left(\frac{1}{r}\right)dS$$

とは，x が S を通りぬける瞬間，同じ大きさだけ変化する．

後者の積分を計算するために，第 18 章の調和関数の理論の基本公式 (44) を用いる．この公式で，$n=1$, $L(\xi,x)=(1/4\pi)(1/r)$, $\mathscr{F}V=S$ とおくと，**Gauss の公式**

$$\iint_S\frac{\partial}{\partial n}\left(\frac{1}{r}\right)dS = \begin{cases} -4\pi & (x \text{ が } S \text{ の内部}) \\ -2\pi & (x \text{ が } S \text{ の上}) \\ 0 & (x \text{ が } S \text{ の外部}) \end{cases} \qquad (45)$$

を得る．これから直ちに (38) がでる．

問　題

S 上の 1 重層ポテンシャルの導関数の直接値は S 上で連続であることを証明せよ．

§9 1 重層ポテンシャルの接線導関数と任意方向の導関数

τ を Ljapunov 曲面 S の点 ζ における接平面と平行なある方向，n_0 を同じ点 ζ における S への法線の方向とする．点 x が，法線 n_0 に沿って S に近づくとしよう．積分

$$\frac{\partial \bar{U}}{\partial \tau} \equiv \iint_S \bar{\rho}\frac{\partial}{\partial \tau}\left(\frac{1}{r}\right)dS \qquad (46)$$

の $x\to\zeta$ のときの極限値を，ζ における 1 重層ポテンシャルの**接線導関数**とよぶ．x が S に内側から近づくなら，その導関数は**内側導関数**，逆の場合は**外側導関数**とよぶ．

容易にわかるように，1 重層ポテンシャルの内側，および外側接線導関数は同時に存在するか，同時に存在しないかのどちらかである．接線導関数の存在

§9 1重層ポテンシャルの接線導関数と任意方向の導関数

を証明するためには，密度 $\bar{\rho}$ の連続性についての仮定のほかに，ζ の近傍における $\bar{\rho}$ のふるまいについてさらに強い仮定をする必要がある．これらの仮定はいろいろあるが，すべて十分条件を与えるものである．それらの必要性についてはなにも証明されていない．

1重層ポテンシャルの密度が，ζ の近傍で Hölder の条件

$$\frac{|\bar{\rho}(\zeta) - \bar{\rho}(\eta)|}{|\zeta - \eta|^{\lambda_1}} \leq A_1 \tag{47}$$

(A_1, λ_1 は正定数，ζ, η は考えている近傍の任意の2点)を満たす場合には，ζ における外側と内側の接線導関数は一致し，S 上で ζ の連続関数であることを証明しよう．

これを示すために，ふたたび ζ に法線 n_0 を立て，半径と高さが b，軸が n_0，中心が ζ である円柱 C を作る．Ljapunov 面の性質 b)により，b を十分小さくとれば，n_0 に平行な直線は面 S から円柱 C によって切り取られた部分 s と1回しか交わらないようにすることができる(実際，C は半径 $b\sqrt{2}$，中心 ζ の球の中に完全に入ってしまう)．この条件のもとでは，S 上での積分は，ζ で S に接する平面から C によって切り取られた部分 s' での積分でおきかえることができる．半径 b を十分小さく選んで，ζ および s 上の任意の点での S に対する法線の間の角が $\pi/8$ を超えないようにする．このとき，S は C とその側面で交わるが底とは交わらず，また，接平面上にある s' は円である．

s 上の積分を s' 上の積分におきかえると，

$$\iint_s \bar{\rho} \frac{\partial}{\partial \tau}\left(\frac{1}{r}\right) dS = \iint_{s'} \bar{\rho} \frac{\partial}{\partial \tau}\left(\frac{1}{r}\right) \frac{dS'}{\cos \psi} \tag{48}$$

を得る．s が平面であり ($\cos \psi = 1$)，s 上の密度 $\bar{\rho}$ が一定値 ρ_0 ならば，この積分は $x \neq \zeta \in S$ のとき恒等的に0であり，$x = \zeta$ で条件収束することを示そう．

直角座標系の原点を ζ に，第1軸を τ 方向に，第3軸を円柱 C の軸方向にとる．1-2平面は，この場合，ζ で S に接する平面 K に一致する．いま，

$$r = |\xi - x| = \sqrt{\xi_1^2 + \xi_2^2 + x_3^2} \qquad (\xi \in K, \ x \in n_0),$$

$$\frac{\partial}{\partial \tau}\left(\frac{1}{r}\right) = \frac{\partial}{\partial x_1}\left(\frac{1}{r}\right) = \frac{\xi_1 - x_1}{r^3} = \frac{\xi_1}{(\xi_1^2 + \xi_2^2 + x_3^2)^{3/2}}$$

を考慮すると，

$$\iint_{s'} \rho_0 \frac{\partial}{\partial \tau}\left(\frac{1}{r}\right) dS = \rho_0 \iint_{s'} \frac{\xi_1}{(\xi_1{}^2+\xi_2{}^2+x_3{}^2)^{3/2}} d\xi_1 d\xi_2.$$

$x_3 \neq 0$ とする. s' を $\xi_1>0$, $\xi_1<0$ の2つの半円にわける. これらの半円上の積分は絶対値は等しく符号が反対なことに注意すると,考えている積分はすべての $x_3 \neq 0$ で0に等しいことがわかる. したがって, 特に

$$\lim_{x_3 \to 0} \iint_{s'} \frac{\xi_1}{(\xi_1{}^2+\xi_2{}^2+x_3{}^2)^{3/2}} d\xi_1 d\xi_2 = 0. \tag{49}$$

$x=\zeta$ のときは, $x_3=0$ であって, つぎの広義積分を考えなければならない:

$$\iint_{s'} \frac{\xi_1}{(\xi_1{}^2+\xi_2{}^2)^{3/2}} d\xi_1 d\xi_2.$$

s'' を s' に含まれる $\xi=0$ のある近傍とする. 広義積分の定義により,考えている積分は, 近傍 s'' が任意の仕方で $\xi=0$ に収縮するときの, 積分

$$\iint_{s'-s''} \frac{\xi_1}{(\xi_1{}^2+\xi_2{}^2)^{3/2}} d\xi_1 d\xi_2$$

の極限に等しい. しかし,この極限は存在しない. というのは, 積分

$$\iint_{s'} \frac{|\xi_1|}{(\xi_1{}^2+\xi_2{}^2)^{3/2}} d\xi_1 d\xi_2$$

は発散し, したがって, 問題の極限値は(その存在さえも), s'' が $\xi=0$ に収縮する仕方に依存する. しかしながら, この仕方を固定すると, 有限な一定の極限値が得られる. この意味で, 考えている積分は<u>条件収束</u>するという. 特に, 近傍 s'' を中心 $\xi=0$ の円に選ぶと, 容易にわかるように, 積分は0に条件収束する.

今度は一般の場合 ($\cos\phi \neq 1$) に戻って, 前のように r で2点 $x \in n_0$, $\xi \in S$ 間の距離を, r' で ξ の 1-2 平面への正射影 ξ' と x との距離を表わそう. さて, 差

$$\iint_{s'} \bar{\rho} \frac{\partial}{\partial \tau}\left(\frac{1}{r}\right) \frac{dS}{\cos\phi} - \bar{\rho}_0 \iint_{s'} \frac{\partial}{\partial \tau}\left(\frac{1}{r'}\right) dS$$

$$= \iint_{s'} (\bar{\rho}-\bar{\rho}_0) \frac{\partial}{\partial \tau}\left(\frac{1}{r}\right) \frac{dS}{\cos\phi} + \iint_{s'} \frac{1-\cos\phi}{\cos\phi} \bar{\rho}_0 \frac{\partial}{\partial \tau}\left(\frac{1}{r}\right) dS +$$

$$+ \bar{\rho}_0 \iint_{s'} \frac{\partial}{\partial \tau}\left(\frac{1}{r} - \frac{1}{r'}\right) dS \tag{50}$$

を考える. ここで $\bar{\rho}_0 \equiv \bar{\rho}(\zeta)$ である. γ を τ と線分 $\overline{\xi x}$ との間の角とすれば,

§9 1重層ポテンシァルの接線導関数と任意方向の導関数

$$\frac{\partial}{\partial \tau}\left(\frac{1}{r}\right) = -\frac{\cos\gamma}{r^2}$$

となること，不等式(47)，および Ljapunov 曲面上の角 ϕ に対する条件を考慮すると，(50)の右辺の初めの2つの積分が，§7 の連続性の判定条件によって，$x=\zeta$ で連続なことを確かめることは困難ではない．右辺の最後の積分に移ろう．容易に次式が得られる：

$$\frac{\partial}{\partial \tau}\left(\frac{1}{r}-\frac{1}{r'}\right) = \frac{\partial}{\partial x_1}\left(\frac{1}{r}-\frac{1}{r'}\right) = (\xi_1-x_1)\left(\frac{1}{r^3}-\frac{1}{r'^3}\right)$$
$$= \xi_1\frac{r'-r}{r'r}\left(\frac{1}{r^2}+\frac{1}{r'^2}+\frac{1}{rr'}\right).$$

不等式(34)を考慮すると，半径 b を十分小さくとれば，

$$r, r' \geq |\xi'| = \sqrt{\xi_1{}^2+\xi_2{}^2} = \sqrt{|\xi|^2-\xi_3{}^2}$$
$$= |\xi|\sqrt{1-\frac{\xi_3{}^2}{|\xi|^2}} \geq |\xi|\sqrt{1-A^2|\xi|^{2\lambda}} \geq \frac{|\xi|}{A_1}$$

を得る．ここで A と A_1 は正定数である．三角形 $x\xi\xi'$ (図 48) をみるとわかるように $|r-r'| \leq |\xi_3|$ となり，これから，(34)によって，不等式

$$|r-r'| \leq A|\xi|^{1+\lambda}$$

がでる．最後に，自明な不等式 $|\xi_1|\leq|\xi|$，$|\xi'|\leq|\xi|$ を考慮すれば，十分小さな b に対し，

$$\left|\frac{\partial}{\partial \tau}\left(\frac{1}{r}-\frac{1}{r'}\right)\right| \leq |\xi|\frac{AA_1{}^2|\xi|^{1+\lambda}}{|\xi|^2}\frac{3A_1{}^2}{|\xi|^2} \leq \frac{B}{|\xi|^{2-\lambda}} \leq \frac{B}{|\xi'|^{2-\lambda}}$$

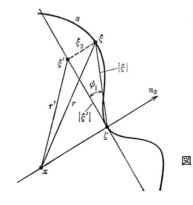

図 48

を得る．ここで B は正定数である．このようにして，

$$\iint_{s'}\left|\frac{\partial}{\partial\tau}\left(\frac{1}{r}-\frac{1}{r'}\right)\right|dS \leq B\iint_{s'}\frac{dS}{|\xi|^{2-\lambda}} = B\iint_{s'}\frac{d\xi_1 d\xi_2}{(\xi_1^2+\xi_2^2)^{2-\lambda}}.$$

この不等式の右辺の積分は絶対収束する．したがって，任意の $\varepsilon>0$ に対して ζ の近傍 $s'(\varepsilon)$ が存在して，勝手な $x\in n_0$ に対して

$$\iint_{s'(\varepsilon)}\left|\frac{\partial}{\partial\tau}\left(\frac{1}{r}-\frac{1}{r'}\right)\right|dS < \varepsilon$$

であるようにできる．関数 $1/r$ と $1/r'$ は ζ でだけ不連続になるのだから，$s'(\varepsilon)$ の外部とその境界上では $\partial(1/r-1/r')/\partial\tau$ は連続である．ゆえに (50) の右辺の第3の積分は ζ の近傍で一様収束し，したがってまた ζ で連続である．こうして差 (50) は連続であり，したがって，積分

$$\iint_s \bar{\rho}\frac{\partial}{\partial\tau}\left(\frac{1}{r}\right)dS \tag{51}$$

は $x\to\zeta\in S$ のとき跳びをもつとしても，それは積分

$$\bar{\rho}_0\iint_{s'}\frac{\partial}{\partial\tau}\left(\frac{1}{r'}\right)dS \tag{52}$$

の跳びと同じだけの跳びである，ということが証明できた．ところが，積分 (52) は $x_3\neq 0$ のとき存在して 0 に等しく，$x_3\to 0$ のとき極限値 0 をもつから，積分 (51)，したがって，積分 (46) の値は S の内部および外部から $x\to\zeta\in S$ のとき，共通の極限値をもつ．

最後に，われわれが以上に用いたすべての積分評価は，Ljapunov 曲面と密度 $\bar{\rho}$ との性質にはよるが，曲面上の点 ζ の位置にはよらない，すなわち，$\zeta\in S$ に関して一様に成り立つことに注意しよう．ところが，第19章§7 で示したように，パラメータに依存する広義積分の一様収束性からそれの面 S 上の連続性がでる．したがって，接線導関数は $\zeta\in S$ の連続関数であることがわかる．これでわれわれの主張が証明された．

点 $x=\zeta$ において積分 (51) は条件収束する．なぜなら，そこで積分 (52) が条件収束するからである．これによって，$x=\zeta$ のときの積分 (51) の値は

$$\lim_{s\to 0}\iint_{S-s}\bar{\rho}\frac{\partial}{\partial\tau}\left(\frac{1}{r}\right)dS \quad (s \text{ は点 } \zeta \text{ の近傍})$$

と考えられるが，これは $s\to 0$ の仕方に依存する．したがって，上に示したよ

うに，外側と内側の接線導関数の定まった極限値が存在し，互いに等しいにもかかわらず，接線導関数の直接値は存在しない．いいかえれば，積分(46)は，xがSを通過するところで除去可能な不連続をもつ．

今度は，xがSの内部からSに近づき，xの占める各位置において，ある一定方向lへの導関数$\partial \bar{U}/\partial l$が定まっているとしよう．導関数$\partial \bar{U}/\partial l$の極限$\partial \bar{U}/\partial l_i$を$S$上の点における内側の$l$方向導関数と呼ぶ．外側の$l$方向導関数も同様に定義される．

Ljapunov面Sの上に分布する1重層分布が，Hölderの条件(47)を満足するならば，xが面Sに近づくとき，任意の固定された方向への1重層ポテンシャルの導関数は一定の極限値に近づき，この極限値は近づく道にはよらない．しかし，外側からSに近づく場合と内側から近づく場合とでは，その値は相異なるかも知れない．これらのことを示そう．

上の定理の証明を，Sの外側から近づく場合について行なう．Sの内側から近づく場合も同様に証明される．

xをSの外部の任意の点とし，nを点xを通るSの法線とする．点xにおけるポテンシャルの任意の固定した方向lへの導関数は

$$\frac{\partial \bar{U}}{\partial l} = \frac{\partial \bar{U}}{\partial n}\cos(n,l) + \frac{\partial \bar{U}}{\partial \tau}\cos(\tau,l)$$

の形に表わされる．ここで，$\partial/\partial n, \partial/\partial \tau$はそれぞれ$n$方向および$n$に垂直な適当に選ばれた方向$\tau$への微分を示す．Ljapunov 曲面の性質c)により，この表現はSの近くで一意的である．したがって，上に証明された$\partial \bar{U}/\partial n, \partial \bar{U}/\partial \tau$の性質および§6の問題から，面$S$の法線に沿って$S$に近づくとき任意に固定された方向$l$への導関数は存在し，$\xi \epsilon S$の連続関数であることがわかる．

さて$\xi \epsilon S$におけるSの法線をn_ξで表わそう．n_ξに沿ってξに近づくときに導関数$\partial \bar{U}/\partial l$が近づく極限値を$D(\xi)$とする．いかなる$\varepsilon > 0$に対しても，$\eta > 0$が存在して，

$$|x-\xi| < \eta \quad \text{なら} \quad \left|\frac{\partial \bar{U}(x)}{\partial l} - D(\xi)\right| \leq \varepsilon \tag{53}$$

となることを示そう．いま，球$|\xi - \zeta| \leq \eta$に含まれるSの部分をsとする．ηを十分小さく選び，

$$\left|\frac{\partial \bar{U}(x)}{\partial l} - D(\zeta)\right| \leqq \frac{\varepsilon}{2} \qquad (\zeta \in s,\ x \in n_\zeta,\ |x-\zeta| < \eta)$$

となるようにする．関数 $D(\xi)$ は連続であるから，半径 η を十分小さく選べば，

$$|D(\xi) - D(\zeta)| \leqq \frac{\varepsilon}{2} \qquad (\xi, \zeta \in s)$$

のようにできる．上の2つの不等式から(53)がでて，定理の証明は終る．

問　題

次式を示せ：

$$\frac{\partial \bar{U}(\zeta)}{\partial l_i} - \frac{\partial \bar{U}(\zeta)}{\partial l_e} = 4\pi\bar{\rho}(\zeta)\cos(n, l).$$

§10 台を通過するときの2重層ポテンシャルのふるまい

密度 $\bar{\rho}$ の2重層が分布した Ljapunov 面 S の任意の固定点を ζ とし，$\bar{\rho}_0 = \bar{\rho}(\zeta)$ とする．点 x が ζ に一致するときの，差

$$\bar{\rho}_0 \iint_S \frac{\partial}{\partial n}\left(\frac{1}{r}\right) dS - \iint_S \bar{\rho}\frac{\partial}{\partial n}\left(\frac{1}{r}\right) dS = \iint_S (\bar{\rho}_0 - \bar{\rho})\frac{\partial}{\partial n}\left(\frac{1}{r}\right) dS \quad (54)$$

を考えよう．層の密度 $\bar{\rho}$ は連続と仮定する．そうすると，右辺の積分は連続である．実際，s を S に含まれる ζ のある近傍とすれば，

$$\left|\iint_s (\bar{\rho}_0 - \bar{\rho})\frac{\partial}{\partial n}\left(\frac{1}{r}\right) dS\right| \leqq |\bar{\rho}_0 - \bar{\rho}|_s \iint_s \left|\frac{\partial}{\partial n}\left(\frac{1}{r}\right)\right| dS.$$

ここで，$|\bar{\rho}_0 - \bar{\rho}|_s$ は $|\bar{\rho}_0 - \bar{\rho}|$ の s 上での最大値である．§8でみたように，この不等式の右辺の積分は有界である．したがって，$\bar{\rho}$ の連続性の仮定から，任意の $\varepsilon > 0$ に対して，十分小さな近傍 $s(\varepsilon)$ が選べて，

$$\left|\iint_{s(\varepsilon)} (\bar{\rho}_0 - \bar{\rho})\frac{\partial}{\partial n}\left(\frac{1}{r}\right) dS\right| < \varepsilon$$

が成り立つ．$S - s(\varepsilon)$ では関数 $(\bar{\rho}_0 - \bar{\rho})\partial(1/r)/\partial n$ が連続であるから，(54) の右辺の積分は $x = \zeta$ で一様収束し，したがって，そこで連続である．したがって (54) の左辺の2つの積分は，x が台をつらぬくとき，同じ不連続を持つ．Gauss の公式 (45) を考慮して，つぎの結論に達する：2重層ポテンシャルは，台の任意の点 x に S の外側および内側から近づくとき，それぞれ

§10 台を通過するときの2重層ポテンシャルのふるまい

$$\left.\begin{array}{l}\bar{U}_{2e}(\zeta) = \bar{U}(\zeta)+2\pi\bar{\rho}_0, \\ \bar{U}_{2i}(\zeta) = \bar{U}(\zeta)-2\pi\bar{\rho}_0\end{array}\right\} \tag{55}$$

に近づく. ここで

$$\bar{U}(\zeta) = \iint_S \bar{\rho}\frac{\partial}{\partial n}\left(\frac{1}{r}\right)dS$$

は S 上で連続で, 2重層ポテンシャルの直接値という.

公式(55)と(38)の形式的類似に注意しよう. 2重層ポテンシャルの導関数の Ljapunov 面上でのふるまいの解析は, その考察, 計算において非常な複雑さをともなう. したがって, われわれは, つぎのことを指摘するに留めよう. 関数 $\bar{\rho}$ の滑らかさに関する一定の条件のもとでは, 2重層の分布する Ljapunov 面 S を通過するところで2重層ポテンシャルの接線導関数は不連続をもつのに, <u>法線導関数は連続</u>であることを示すことができる[1]. この不連続の大きさはつぎの通りである:

外側からの接線導関数は ζ における接線導関数の<u>直接値</u>よりも $2\pi\partial\bar{\rho}(\zeta)/\partial\tau$ だけ小さく, 内側からのそれは同じだけ大きい.

問題

(Ljapunov の例題) Hölder の条件

$$\frac{|\bar{\rho}(\xi)-\bar{\rho}(\zeta)|}{|\xi-\zeta|^{\lambda_1}} \le A_1 \quad (A_1>0, \ \lambda>0, \ \xi, \eta \in S)$$

は2重層の法線導関数の存在には十分でないことを示せ. そのためには, 平面部分 S_1 を持つ Ljapunov 面 S を考え, S_1 上に ζ に中心をもつ円 Σ をとり,

$$\bar{\rho} = A_1|\zeta-\xi|^{\lambda_1} \quad (\xi \in \Sigma)$$

とする. そうして, Σ 上で積分して Σ に近い点での2重層ポテンシャルに対する表式を求めよ. この表式を微分して, Σ の近くでこのポテンシャルの法線導関数は無限に増大することを示せ.

---

1) Günter [18] II巻§10を参照せよ. 〔訳注〕宇野利雄・洪姃植[1], 第4章§4をみよ.

第20章 対数ポテンシャル論のあらまし

§1 対数ポテンシャル

この章では，ごく簡単に平面上のポテンシャル論について考える．

万有引力の法則に従って，線分 $\overline{ab}$ から引力を受けている単位質量の質点 x を考えよう．直角座標系の軸を図49に示すようにとり，x から $\overline{ab}$ までの距離を r で示す．容易にわかるように，考えている線分の要素 dl は，x に対して引力

$$dF = k\frac{\rho_1 dl}{r_1{}^2} = k\frac{\rho_1 d\theta}{r_1 \cos\theta} = k\frac{\rho_1 d\theta}{r}$$

を及ぼす．ここで，k は比例係数，ρ_1 は線分の質量密度，r_1 は点 x から要素 dl への距離である．これから直ちに，dF の座標軸への射影はつぎの形になることが導かれる：

$$dF_1 = \frac{k\rho_1 \sin\theta\, d\theta}{r},$$

$$dF_2 = -\frac{k\rho_1 \cos\theta\, d\theta}{r}.$$

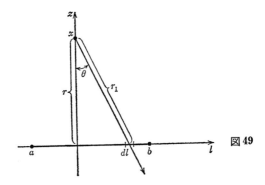

図49

$\overline{ab}$ の端点に対応する角 θ を θ_0, θ_1 で表わす．すると，$\overline{ab}$ による引力の成分はつぎの式で与えられる：

$$F_1 = \frac{k\rho_1}{r}\int_{\theta_0}^{\theta_1}\sin\theta\,d\theta = \frac{k\rho_1}{r}(\cos\theta_0-\cos\theta_1),$$
$$F_2 = -\frac{k\rho_1}{r}\int_{\theta_0}^{\theta_1}\cos\theta\,d\theta = \frac{k\rho_1}{r}(\sin\theta_0-\sin\theta_1). \quad (1)$$

いま $\overline{ab}$ は非常に長くて，両側に無限に延びているとみなせると仮定しよう．そうすると，明らかに $\theta_0=-\pi/2$, $\theta_1=\pi/2$ であり，(1)は $F_1=0$, $F_2=-2k\rho_1/r$ となる．したがって，無限に長い直線は，正の単位質量をつぎの力 F で引きよせることがわかる：

$$F = -\frac{2k\rho_1}{r}.$$

上の例が示すように，引き合う物体間の相互作用が距離の逆数の法則にしたがう場合もある．すなわち，質量 m が単位質量をこのような法則で引きよせるとすれば，引力 F は

$$F = \frac{m}{r}$$

で与えられる．ここで r は引き合う両質量間の距離である．

この場合，引力の成分は，関数

$$U = m\log\frac{1}{r}$$

の偏導関数になっていることが容易にわかる．これは**対数ポテンシャル**とよばれる．

質量が，一様な密度 ρ_1 で，平面の曲線 L に沿って連続的に分布していると仮定する．この質量が点 x におかれた単位質量を距離の逆数の法則にしたがって引きよせるとすると，重力場は

$$U = \int_L \rho_1 \log\frac{1}{r}dL \quad (2)$$

と表わされるポテンシャルをもつ．ここで r は，x から L 上の動点 ξ までの距離である．

このポテンシャルは**1重層対数ポテンシャル**とよばれ，ρ_1, L はそれぞれその**密度**および**台**である．この性質は1重層 Newton ポテンシャルの性質に完全に類似している．たとえば，台の点を含まない任意の領域でポテンシャル(2)

は調和である．さらに，容易に示されるように，台 L と密度 ρ_1 に対してある仮定をおくと，このポテンシャルは点 x が台上の点に近づくときにも連続な関数になる．

しかし，つぎのことを注意する．点 x を無限遠に遠ざけるとき，対数ポテンシャルは 1 重層 Newton ポテンシャルとは異なった行動をする．実際，座標原点から x への距離を R で表わし，無限遠での Newton ポテンシャルの解析に際して用いた議論を繰り返すと，R の大きな値に対しては，1 重層対数ポテンシャルはつぎの近似式によって表わされる：

$$U(x) = m \log \frac{1}{R}. \qquad (3)$$

ここで，引力層の全質量を m で表わしている．この公式からつぎのことがわかる：無限遠点において Newton ポテンシャル $U(x)$ は 0 になるのに，対数ポテンシャル $U(x)$ は無限大になる．

§2 2 重層対数ポテンシャル

曲線 L の外向き法線ベクトルを n で表わし，つぎの積分を考える：

$$U_1(x) = \int_L \rho_2 \frac{\partial}{\partial n}\left(\log \frac{1}{r}\right) dL. \qquad (4)$$

この積分は **2 重層対数ポテンシャル**，また，関数 ρ_2 は 2 重層の**密度**とよばれる．L は 2 重層の台である．

この定義および性質に関しては，対数ポテンシャルは 2 重層 Newton ポテンシャルと全く同様である．明らかに，台 L を含まないすべての領域において，$U_1(x)$ は調和である．さらに，ベクトル n と r の方向がなす角を φ として，

$$\frac{\partial}{\partial n}\left(\log \frac{1}{r}\right) = \frac{\cos \varphi}{r} \qquad (5)$$

であることを考慮すると（図 50），このポテンシャルは

$$U_1(x) = \int_L \frac{\cos \varphi}{r} dL \qquad (6)$$

の形に変形できる．また台 L 上のポテンシャル U_1 の不連続性も，2 重層 Newton ポテンシャルのそれと全く同様であることを示すことができる．L が曲面に対する Ljapunov の条件と類似の条件，特に，その上の各点において接線を

§2 2重層対数ポテンシャル

もつという条件を満たす閉曲線ならば，上述の不連続性は次式によって特徴づけられる：

$$U_{1i} = U_{10} - \pi\rho_{20}, \\ U_{1e} = U_{10} + \pi\rho_{20}. \quad (7)$$

ここで，U_{10} と ρ_{20} は L の任意の点 ζ での U_1 の直接値および密度 ρ_2 の値であり，U_{1i} と U_{1e} は，x がそれぞれ L の内側および外側から ζ に近づいたときのポテンシャルの極限値である．

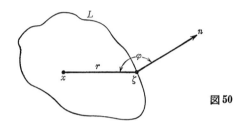

図50

特別な場合として，積分

$$\int_L \frac{\cos\varphi}{r} dL \quad (8)$$

は Gauss の公式の積分と同様に，x が曲線 L の内側か，外側か，または曲線上にあるかにしたがって，異なった3つの値

$$-2\pi, \quad 0, \quad -\pi$$

をとる．公式(7)を半径 r_0 の円内の Laplace の方程式に対する内部 Dirichlet 問題に適用しよう．そのために極座標系の極を円の中心におき，極軸を第1軸に沿ってとる．ζ と x の極座標を r_0, θ_0，および r', θ' とし，円周 $r' = r_0$ 上で与えられた連続関数を $f(r_0, \theta)$ とする．さて，2重層ポテンシャル

$$U_1(r', \theta') = \int_C f(r_0, \theta) \frac{\cos\varphi}{r} dC \quad (9)$$

を作ろう．ここで C は円周である（図51をみよ）．図から明らかに，x が C 上にきたときには，等式

$$-\frac{\cos\varphi}{r} = \frac{1}{2r_0}$$

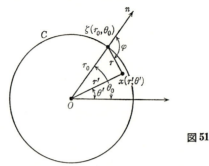

図51

が成り立つ．これから直ちに，ポテンシャル(9)はつぎの式によって決まる一定値を C 上でとることがわかる：

$$U_1(r_0, \theta') = -\frac{1}{2r_0}\int_C f(r_0, \theta)\,dC. \tag{10}$$

これに基づいて，容易につぎのことを示すことができる．公式

$$U(r', \theta') = -\frac{1}{\pi}\int_C f(r_0, \theta)\left(\frac{1}{2r_0} + \frac{\cos\varphi}{r}\right)dC \tag{11}$$

は内部 Dirichlet 問題の解を与える．すなわち，この式は内部で調和で，円周 C 上で与えられた値 $f(r_0, \theta)$ をとる関数 $U(r', \theta')$ を決定する．実際，(11)を

$$U(r', \theta') = \frac{1}{\pi}[U_1(r_0, \theta') - U_1(r', \theta')]$$

の形に書きかえると，$U(r', \theta')$ が調和なことは容易にわかる．ここで x を ζ に近づけると，

$$\lim_{x\to\zeta} U(r', \theta') = \frac{1}{\pi}[U_1(r_0, \theta_0) - \lim_{x\to\zeta} U_1(r', \theta')].$$

ところが，(7)の第1式によって

$$\lim_{x\to\zeta} U_1(r', \theta') = U_1(r_0, \theta_0) - \pi f(r_0, \theta_0).$$

したがって，

$$\lim_{x\to\zeta} U(r', \theta') = f(r_0, \theta_0).$$

これが証明すべきことであった．

さて，$dC = r_0 d\theta$ と書けば，公式(11)をつぎの形に書きかえることができる：

§3 台の上での1重層対数ポテンシャルの法線導関数の不連続　347

$$U(r, \theta) = \frac{1}{2\pi} \int_0^{2\pi} f(r_0, \theta_0) \frac{r_0^2 - r^2}{r_0^2 - 2rr_0 \cos(\theta - \theta_0) + r^2} d\theta_0. \quad (12)$$

これは Poisson の積分公式であって，第18章(76)の形にも容易に変形できる．

§3 台の上での1重層対数ポテンシャルの法線導関数の不連続

2重層ポテンシャルと同様に，1重層ポテンシャルの法線導関数も台 L 上で不連続になる．この不連続は Newton ポテンシャル論における対応する公式と類似のつぎの公式で特徴づけられる：

$$\frac{\partial U}{\partial n_i} = \pi \rho_{10} + \int_L \rho_1 \frac{\cos \phi}{r'} dL, \quad (13)$$

$$\frac{\partial U}{\partial n_e} = -\pi \rho_{10} + \int_L \rho_1 \frac{\cos \phi}{r'} dL. \quad (14)$$

ここで，ρ_{10}，$\partial U/\partial n_i$，$\partial U/\partial n_e$ は曲線 L 上の任意の点 ζ での密度，ポテンシャルの法線導関数を表わす．記号 r'，ϕ に関しては，図52から明らかであろう．そこでは，L 上の動点を ξ で表わしてある．公式(13)を用いて，円内のLaplace の方程式に対する Neumann 問題をいかにして閉じた形に解くかを示そう．

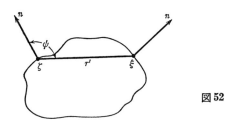

図52

円周 C 上で連続であり，条件

$$\int_C f(\xi) dC = 0 \quad (15)$$

を満足する与えられた関数を $f(\xi)$ で表わす．この関数を用いて積分

$$U(x) = \frac{1}{\pi} \int_C f(\xi) \log \frac{1}{r} dC \quad (16)$$

を作る．ここで r は点 x と円周上の任意の点 ξ との距離である．明らかに，この積分は式

$$\rho_1(\xi) = \frac{1}{\pi} f(\xi)$$

によって決まる密度をもった1重層のポテンシャルとみなせるから，C内で調和な関数を表わしている．

さて x が C 上の点 ζ に近づくとき，ポテンシャル(16)の法線導関数 $\partial U/\partial n_i$ の値は $f(\zeta)$ に収束することを示そう．実際，図53からわかるように，$x=\zeta$ のときは

$$\frac{\cos\phi}{r'} = -\frac{1}{2r_0}$$

である．ここで r_0 は与えられた円の半径である．この等式と(13)とを使えば，容易に

$$\frac{\partial U}{\partial n_i} = f(\zeta) - \frac{1}{2r_0}\int_C f(\xi)dC$$

が得られる．(15)を考慮すると，最終的に証明するべき式

$$\frac{\partial U}{\partial n_i} = f(\zeta)$$

を得る．

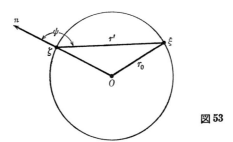

図53

こうして，公式(16)(Diniによる)は問題の解を与えることが示された．

§4 面分布する質量の対数ポテンシャル

平面のある部分が密度 ρ の質量によって満たされていると仮定する．この質量分布によってつくられる重力場は，ポテンシャル

§4 面分布する質量の対数ポテンシャル

$$U(x) = \iint_S \rho \log \frac{1}{r} d\xi_1 d\xi_2 \tag{17}$$

をもつ.ここで r は点 x と質量が満たされている領域 S の点 ξ との距離である.このポテンシャルは,すでに調べられた体積分布の Newton ポテンシャルの性質と同様な性質をもっている.たとえば,$U(x)$ は S 外のすべての点 $x=(x_1, x_2)$ で x_1, x_2 の調和関数であり,また x が S の内部にあれば,Poisson の方程式

$$\frac{\partial^2 U}{\partial x_1^2} + \frac{\partial^2 U}{\partial x_2^2} = -2\pi\rho \tag{18}$$

を満足する.

L を閉曲線とすれば,つぎの公式が成り立つことを容易に示すことができる:

$$\int_L \frac{\partial U}{\partial n} dL = -2\pi m. \tag{19}$$

ここで,$\partial U/\partial n$ はポテンシャル (17) の L の外向き法線方向にとった導関数を,m は L で囲まれた部分の質量を表わす.

問　題

Poisson の積分公式 (12) を関数 f の Fourier 展開

$$f(r_0, \theta) = \frac{a_0}{2} + \sum_{\alpha=1}^{\infty} (a_\alpha \cos \alpha\theta + b_\alpha \sin \alpha\theta)$$

から導け.

上巻引用文献

下巻の末尾には，原著者および訳者の引用した文献を参考書と共に掲げるが，ここに読者の便宜のため，上巻において訳者が直接引用した文献の表を記しておく．

寺沢寛一[1]　自然科学者のための数学概論(増訂版)，基礎編，岩波書店，1954
吉田耕作[1]　微分方程式の解法，岩波全書，1954
　〃　　[2]　積分方程式論，岩波全書，1950
佐武一郎[1]　線型代数学，裳華房，1973
山内恭彦[1]　代数学および幾何学，共立出版，1956
加藤敏夫[1]　位相解析，共立出版，1967
犬井鉄郎[1]　特殊函数，岩波全書，1962
髙木貞治[1]　解析概論(改訂第3版)，岩波書店，1961
溝畑　茂[1]　ルベーグ積分，岩波全書，1966
数学辞典[1]　第2版，岩波書店，1968
三村征雄[1]　微分積分学 I, II，岩波全書，1970, 1972
H. カルタン(高橋礼司訳)[1]　複素函数論，岩波書店，1965
D. Menchoff[1]　Les conditions de monogénéité, Hermann, 1936
宇野利雄・洪姫植[1]　ポテンシャル論，培風館，1961
Smirnov, V. I., [1]　高等数学教程(全12巻)，共立出版，1958

■岩波オンデマンドブックス■

コシリヤコフ　グリニエル　スミルノフ
物理・工学における
偏微分方程式　上

1974年 6 月27日	第 1 刷発行
1992年10月25日	第 6 刷発行
2019年12月10日	オンデマンド版発行

訳　者　藤田　宏　池部晃生　高見穎郎
　　　　（ふじた　ひろし）（いけべ　てるお）（たかみ　ひでお）

発行者　岡本　厚

発行所　株式会社　岩波書店
　　　　〒101-8002　東京都千代田区一ツ橋2-5-5
　　　　電話案内　03-5210-4000
　　　　https://www.iwanami.co.jp/

印刷／製本・法令印刷

© Hiroshi Fujita, 池部響, 高見春江 2019
ISBN 978-4-00-730960-1　Printed in Japan